Mathematik Primarstufe und Sekundarstufe I + II

Reihe herausgegeben von

Friedhelm Padberg, Universität Bielefeld, Bielefeld, Deutschland

Andreas Büchter, Universität Duisburg-Essen, Essen, Deutschland

Die Reihe „Mathematik Primarstufe und Sekundarstufe I + II" (MPS I+II), heraus-gegeben von Prof. Dr. Friedhelm Padberg und Prof. Dr. Andreas Büchter, ist die führende Reihe im Bereich „Mathematik und Didaktik der Mathematik". Sie ist schon lange auf dem Markt und mit aktuell gut 80 erschienenen sowie einer größeren Zahl in konkreter Planung befindlichen Bänden breit aufgestellt. Zielgruppen sind Lehrende und Studierende an Universitäten und Pädagogischen Hochschulen sowie Lehrkräfte, die nach neuen Ideen für ihren täglichen Unterricht suchen.

Die Reihe MPS I+II enthält eine größere Anzahl weit verbreiteter und bekannter Klassiker sowohl bei den speziell für die Lehrerausbildung konzipierten Mathematik-werken für Studierende aller Schulstufen als auch bei den Werken zur Didaktik der Mathematik für die Primarstufe (einschließlich der frühen mathematischen Bildung), der Sekundarstufe I und der Sekundarstufe II.

Die schon langjährige Position als Marktführer wird durch in regelmäßigen Abständen erscheinende, gründlich überarbeitete Neuauflagen ständig neu erarbeitet und ausgebaut. Ferner wird durch die Einbindung jüngerer Koautorinnen und Koautoren bei schon lange laufenden Titeln gleichermaßen für Kontinuität und Aktualität der Reihe gesorgt. Die Reihe wächst seit Jahren dynamisch und behält dabei die sich ständig verändernden Anforderungen an den Mathematikunterricht und die Lehrerausbildung im Auge.

Konkrete Hinweise auf weitere Bände dieser Reihe finden Sie am Ende dieses Buches und unter http://www.springer.com/series/8296.

Weitere Bände in der Reihe: https://link.springer.com/bookseries/8296.

Stefan Krauss · Alfred Lindl
(Hrsg.)

Professionswissen von Mathematiklehrkräften

Implikationen aus der Forschung
für die Praxis

 Springer Spektrum

Hrsg.
Stefan Krauss
Faktultät für Mathematik
Universität Regensburg
Regensburg, Bayern, Deutschland

Alfred Lindl
Fakultät für Humanwissenschaften
Universität Regensburg
Regensburg, Bayern, Deutschland

ISSN 2628-7412   ISSN 2628-7439   (electronic)
Mathematik Primarstufe und Sekundarstufe I + II
ISBN 978-3-662-64380-8   ISBN 978-3-662-64381-5   (eBook)
https://doi.org/10.1007/978-3-662-64381-5

Die Deutsche Nationalbibliothek verzeichnet diese Publikation in der Deutschen Nationalbibliografie; detaillierte bibliografische Daten sind im Internet über http://dnb.d-nb.de abrufbar.

Planung/Lektorat: Annika Denkert
Springer Spektrum ist ein Imprint der eingetragenen Gesellschaft Springer-Verlag GmbH, DE und ist ein Teil von Springer Nature.
Die Anschrift der Gesellschaft ist: Heidelberger Platz 3, 14197 Berlin, Germany

Vorwort

Was macht eine gute Mathematiklehrkraft aus? – Mit dieser wichtigen Frage setzt sich dieses Buch auseinander. Ging man früher davon aus, dass es die vielbeschworene *Persönlichkeit* sei, die die Qualität einer Lehrperson bestimme, so zeigt die Forschung der letzten Jahre deutlich, dass es eher die *Kompetenzen* einer Lehrkraft und der damit in Zusammenhang stehende Unterricht sind, die darüber entscheiden, wie sich Schülerinnen und Schüler mit mathematischen Unterrichtsinhalten auseinandersetzen, wieviel und welches Wissen sie erwerben, wie gut sie ihr erworbenes Wissen vernetzen, inwieweit sie es anwenden können und wie sich ihr Interesse und ihre Lernfreude in Mathematik entwickeln.

Welche Kompetenzen von Lehrkräften sind in diesem Zusammenhang von Bedeutung? Die Forschung hat in verschiedenen Projekten Belege dafür erbracht, dass es u. a. auf das Professionswissen und damit auf das Fachwissen, das fachdidaktische Wissen und das pädagogisch-psychologische Wissen von Lehrkräften ankommt. Bekannte Projekte, die in den letzten Jahren die Kompetenzen von Lehrpersonen im mathematischen Bereich untersucht und mit neuen und innovativen Forschungsansätzen spannende Befunde zutage gefördert haben, sind z. B. COACTIV, KiL/KeiLa, M21, TEDS-M, MTLT und vACT. Bei dieser Vielzahl an Projekten gerade im Bereich des mathematikbezogenen Professionswissens fällt es einem nicht leicht, noch den Überblick zu bewahren. Insofern ist dieser Band, der wichtige Projekte versammelt und deren Befunde zusammenfasst, wichtig und längst überfällig.

Der Titel des Buchs „Professionswissen von Mathematiklehrkräften: Implikationen aus der Forschung für die Praxis" verrät bereits, dass es diesem Buch um mehr geht als interessierte Wissenschaftlerinnen und Wissenschaftler auf den aktuellen Stand der Forschung zu bringen. Im Sinne aktueller Clearing House-Projekte zielt es darauf ab, wichtige Befunde zum Professionswissen von Mathematiklehrkräften zu bündeln und für Lehrkräfte verständlich sowie nachvollziehbar aufzubereiten. Nach wie vor mangelt es an solchen Bemühungen zum Praxistransfer: Viele Ergebnisse der empirischen Forschung werden in Fachzeitschriften publiziert, die für Lehrkräfte mitunter schwer zugänglich sind. Hinzu kommt, dass wichtige Ergebnisse aus einem Projekt nicht selten über verschiedene Artikel in unterschiedlichen Journals verteilt sind, sodass man selbst als sehr interessierte Lehrkraft kaum den Überblick über die verstreut veröffentlichten Projektergebnisse erlangen kann. Die Fachsprache, die psychometrischen Details und der kleinteilig und häufig abstrakt dargestellte Untersuchungsgegenstand tragen ihr Übriges dazu bei, dass diese Publikationen von Lehrkräften nur selten wahrgenommen und gelesen werden. Darüber hinaus ist die Relevanz der jeweiligen Forschung für die Praxis oftmals nicht auf den ersten Blick erkennbar und selten werden aus den Forschungs-befunden konkrete Handlungsempfehlungen für Lehrkräfte im Beruf wie auch für Aus-und Fortbildende abgeleitet.

Damit ist eine weitere Funktion des vorliegenden Bandes umrissen: Er versammelt nicht nur die größten und wichtigsten empirischen Studien zum professionellen Wissen von Mathematiklehrkräften der letzten Jahre und gewährt Leserinnen und Lesern damit einen umfassenden Überblick über diesen Forschungsbereich, sondern er fasst die zentralen Ergebnisse aus den diversen Projekten auch zusammen, systematisiert sie und illustriert die Vorgehensweisen zur Erfassung des Lehrkräftewissens anhand vieler praxisnaher Beispiele.

Zentrale Leitidee des Bandes ist es, die existierenden Zugänge und Testverfahren, die dahinterstehenden Überlegungen der Forscherinnen und Forscher sowie die mit der Bearbeitung der Testaufgaben verbundenen Anforderungen an die Lehrkräfte transparent und für die Aus- und Fortbildung sowie für den täglichen Unterricht von Mathematik-lehrkräften nutzbar zu machen. Dementsprechend wird in jedem Kapitel zunächst geklärt, was unter fachdidaktischem Wissen (bzw. Fachwissen oder pädagogisch-psycho-logischem Wissen) von der jeweiligen Forschungsgruppe verstanden wird, mit welchen Aufgaben es gemessen wurde und welche Ergebnisse mit diesen Tests erzielt wurden. Dabei wird auch ausführlich auf Aufgabenbeispiele, z. B. zum Erklären von Fach-inhalten oder zu typischen Fehlern von Schülerinnen und Schülern, eingegangen und explizit erläutert, welche Antworten hier jeweils wünschenswert wären.

Für Mathematiklehrkräfte und Personen in der Aus- und Fortbildung von Mathematik-lehrkräften sind besonders auch die letzten Abschnitte der Kapitel interessant. Hier werden Fragen wie „Was können Lehrkräfte hieraus für ihren Unterricht lernen?", „Wie kann man diese Forschungsansätze für die Praxis nutzen?" und „Um welches Wissen sollte es in der zweiten und dritten Phase der Lehrkräftebildung gehen?" beantwortet.

Eine weitere Besonderheit dieses Bandes ist, dass Fachbegriffe nicht vorausgesetzt, sondern erläutert werden. Die Leserinnen und Leser erhalten dadurch einen fundierten Einblick in die Bedeutung wichtiger Grundbegriffe (z. B. implizites vs. explizites Wissen), theoretischer Modelle und Paradigmen (z. B. professionelle Kompetenz) sowie methodischer Ansätze (z. B. Testkonstruktion) der empirischen Bildungsforschung. Zudem wird dargestellt, mit welchen Fragestellungen sich die Professionswissens-forschung beschäftigt, welche Faktoren Einfluss auf die Entwicklung des Professions-wissens nehmen und welche Wirkungen das Professionswissen hat. Hierbei werden auch Bezüge zur Unterrichtsqualitätsforschung hergestellt. Der Band ist aber nicht nur für

Lehrkräfte und für Aus- und Fortbildende in Mathematik interessant, sondern kann durch die tiefen und verständlichen Einblicke auch Impulse für andere Fächer geben.

Die einzelnen Kapitel regen somit auf unterschiedlichen Ebenen zur Reflexion der eigenen Praxis an und tragen zur persönlichen Professionalisierung bei, die vor dem Hintergrund sich stetig wandelnder gesellschaftlicher Herausforderungen von erheblicher Relevanz ist.

Frank Lipowsky

Hinweis der Herausgeber

Dieser von Stefan Krauss und Alfred Lindl herausgegebene Band beschäftigt sich umfassend und vielseitig mit dem Professionswissen von Mathematiklehrkräften. Der Band erscheint in der Reihe Mathematik Primarstufe und Sekundarstufe I + II. Insbesondere die folgenden Bände dieser Reihe könnten Sie unter mathematikdidaktischen oder mathematischen Gesichtspunkten interessieren:

- R. Danckwerts/D. Vogel: Analysis verständlich unterrichten
- C. Geldermann/F. Padberg/U. Sprekelmeyer: Unterrichtsentwürfe Mathematik Sekundarstufe II
- G. Greefrath: Anwendungen und Modellieren im Mathematikunterricht der Sekundarstufe
- G. Greefrath/R. Oldenburg/H.-S. Siller/V. Ulm/H.-G. Weigand: Didaktik der Analysis für die Sekundarstufe II
- K. Heckmann/F. Padberg: Unterrichtsentwürfe Mathematik Sekundarstufe I
- W. Henn/A. Filler: Didaktik der Analytischen Geometrie und Linearen Algebra
- K. Krüger/H.-D. Sill/C. Sikora: Didaktik der Stochastik in der Sekundarstufe
- F. Padberg/S. Wartha: Didaktik der Bruchrechnung
- V. Ulm/M. Zehnder: Mathematische Begabung in der Sekundarstufe
- H.-J. Vollrath/J. Roth: Grundlagen des Mathematikunterrichts in der Sekundarstufe
- H.-G. Weigand et al.: Didaktik der Geometrie für die Sekundarstufe I
- H.-G. Weigand/G. Pinkernell/ A. Schüler-Meyer: Algebra in der Sekundarstufe
- H. Albrecht: Elementare Koordinatengeometrie
- S. Bauer: Mathematisches Modellieren
- A. Büchter/H.-W. Henn: Elementare Analysis
- A. Büchter/F. Padberg: Einführung in die Arithmetik
- A. Büchter/F. Padberg: Arithmetik und Zahlentheorie
- A. Filler: Elementare Lineare Algebra
- S. Krauter/C. Bescherer: Erlebnis Elementargeometrie
- H. Kütting/M. Sauer: Elementare Stochastik
- T. Leuders: Erlebnis Algebra

- F. Padberg/A. Büchter: Elementare Zahlentheorie
- F. Padberg/R. Danckwerts/ M. Stein: Zahlbereiche
- B. Schuppar: Geometrie auf der Kugel – Alltägliche Phänomene rund um Erde und Himmel
- B. Schuppar/H. Humenberger: Elementare Numerik für die Sekundarstufe

Bielefeld   Friedhelm Padberg
Essen   Andreas Büchter
Dezember 2021

Inhaltsverzeichnis

Teil I   Fachdidaktisches Wissen und Können – im „Herzen der Profession"

**Teil III   Mathematisches Professionswissen – nicht nur ein Aspekt für
Mathematiklehrkräfte der Sekundarstufe**

7   Das Professionswissen von Mathematiklehrkräften in der Grundschule . . .
Deborah Loewenberg Ball und Heather C. Hill

Professionswissen von Mathematiklehrkräften – eine einleitende Übersicht

Alfred Lindl, Stefan Krauss und Nils Buchholtz

► Im vorliegenden Beitrag werden zunächst grundlegende theoretische Konzepte der Forschung zum Professionswissen von Lehrkräften unter Berücksichtigung verwandter kognitionspsychologischer und bildungswissenschaftlicher Forschungsbereiche geklärt. Auch gängige Hypothesen zu Zusammenhängen zwischen professioneller Kompetenz von Lehrkräften, Unterrichtsqualität und unterrichtlichen Zielkriterien werden dargestellt und daraus typische Fragestellungen der Professionswissensforschung abgeleitet. Daran schließen Erläuterungen zu methodischen Grundbegriffen und Vorgehensweisen bei der Entwicklung von Professionswissenstests an, die Leserinnen und Lesern das Verständnis der Kapitel dieses Bandes erleichtern sollen. Daraufhin folgt eine umfassende Übersicht über bisherige deutsche und internationale Projekte sowie existierende Messinstrumente zum Professionswissen von Mathematiklehrkräften. Eingehende Betrachtungen, unter welchen Bedingungen ein Praxistransfer theoretischer und empirischer Erkenntnisse dieses Forschungszweigs gelingen kann und wie Gestaltung und Intention dieses Bandes dazu beitragen, leiten abschließend zu einer Vorstellung der einzelnen Beiträge über.

A. Lindl (✉)   S. Krauss
Universität Regensburg, Regensburg, Deutschland
E-Mail: Alfred.Lindl@ur.de

S. Krauss
E-Mail: Stefan.Krauss@ur.de

N. Buchholtz
Universität Hamburg, Hamburg, Deutschland
E-Mail: Nils.Buchholtz@uni-hamburg.de

© Springer-Verlag GmbH Deutschland, ein Teil von Springer Nature 2023
S. Krauss und A. Lindl (Hrsg.), *Professionswissen von
Mathematiklehrkräften*, Mathematik Primarstufe und Sekundarstufe I + II,
https://doi.org/10.1007/978-3-662-64381-5_1

1.1 Professionelles Wissen von Lehrkräften – theoretischer Hintergrund und Forschungskontext

Was zeichnet eine gute Lehrerin bzw. einen guten Lehrer aus? Sind universitäre oder schulpraktische Ausbildungsphasen für den Wissenserwerb von Lehrkräften relevanter? Wie umfangreich sollte das Wissen von Lehrkräften sein? Und vor allem: Welche Art von Wissen benötigen sie, um erfolgreich unterrichten zu können? Vergleichbare Fragen haben sich sicherlich schon viele Lehrkräfte während ihres Lehramtsstudiums, Referendariats oder auch noch in der beruflichen Praxis mindestens einmal gestellt. Doch Anlass hierzu bietet nicht nur die eigene Bildungsbiografie, sondern beispielsweise auch eine Mitwirkung oder Lehrtätigkeit im Rahmen der akademischen oder schulpraktischen Ausbildung zukünftiger Lehrkräfte oder bei der Gestaltung und Einführung verpflichtender Studienmodule, Lehramtsprüfungsordnungen oder Bildungscurricula und -standards für Lehramtsanwärterinnen und -anwärter (z. B. KMK, 2012, 2019).

Gerade in Bezug auf das Fach Mathematik erleben angehende Lehrkräfte sowohl beim Wechsel an die Universität als auch bei Antritt des Schuldiensts seit mehr als 100 Jahren heftige fachliche Diskontinuitäten, bei denen die Zusammenhänge zwischen Schul- und Hochschulmathematik nicht immer ersichtlich sind, wie entsprechende Ausführungen von Felix Klein (1908/2016) belegen. Die Diskussion darüber, welches Wissen für Lehrkräfte wirklich erforderlich ist, besitzt daher bereits eine lange, lebendige Tradition. Einen wesentlichen Impuls für eine wissenschaftliche Untersuchung dieses Wissens gaben jedoch erst die wider Erwarten wenig zufriedenstellenden Ergebnisse deutscher Schülerinnen und Schüler in Mathematik bei der internationalen Schulleistungsstudie PISA 2000 (Programme for International Student Assessment; Baumert et al., 2001). Sie leisteten einer evidenzbasierten Betrachtung der Qualität und Effektivität von Ausbildungsprozessen und Unterricht wie auch der jeweiligen Bedingungsfaktoren in der mathematikdidaktischen Forschung erheblichen Vorschub. Daraus entwickelte sich seither eine eigene Forschungsrichtung zum sogenannten Professionswissen von Lehrkräften, deren Wissen und Handeln allgemein als zentrale Determinanten erfolgreichen Unterrichts erachtet werden (z. B. Hattie, 2009; Helmke, 2017; Lipowsky, 2006).

1.1.1 Fachwissen und fachdidaktisches Wissen

Um das unterrichtsrelevante Wissen von Lehrkräften systematisch darzulegen, greifen die meisten Projekte und Studien aus dem skizzierten Forschungszweig – so auch viele der Beiträge in diesem Band – auf die wegweisende theoretische Typologie des amerikanischen pädagogischen Psychologen Lee Shulman (1986, 1987) zurück. Dieser fordert in seiner ausführlichen terminologischen Ausdifferenzierung des *professionellen Wissens von Lehrkräften* u. a. die drei Bereiche *Fachwissen (content knowledge), fachdidaktisches Wissen* (*pedagogical content knowledge*) und *pädagogisch-psychologisches Wissen (pedagogical knowledge)* – eine konzeptionelle Dreiteilung, die sich heute auch in vielen deutschen Lehrkräftebildungscurricula widerspiegelt. Dabei beschreibt er das Wesen dieser Wissenskategorien im Rahmen seiner theoretischen Anforderungsanalyse (einer besonderen Methode der Arbeitspsychologie) jeweils im Detail und räumt insbesondere den fachbezogenen Aspekten eine zentrale Bedeutung ein: „In their necessary simplification of the complexities of classroom teaching, investigators ignored one central aspect of classroom life: the subject matter" (Shulman, 1986, S. 6).[1] Seine dementsprechend eingehenden Charakterisierungen der beiden fachspezifischen Professionswissenskategorien, nämlich des Fach- und fachdidaktischen Wissens, werden hier im Original wiedergegeben, um interessierten Leserinnen und Lesern diese im vorliegenden Band zentralen Konzepte in der von Shulman geprägten Begrifflichkeit zugänglich zu machen (verständniserleichternde Übersetzungen finden sich in den jeweiligen Fußnoten; zum fachübergreifenden pädagogischen Wissen vgl. König in Kap. 9 dieses Bandes). Über das *Fachwissen* äußert sich Shulman folgendermaßen:

> To think properly about content knowledge requires going beyond knowledge of the facts or concepts of a domain. It requires understanding the structures of the subject matter [...]. For Schwab (1978) the structures of a subject include both the substantive and syntactic structure. The substantive structures are the variety of ways in which the basic concepts and principles of the discipline are organized to incorporate its facts. The syntactic structure of a discipline is the set of ways in which truth or falsehood, validity or invalidity, are established. [...] The teacher need not only to understand that something is so, the teacher must further understand why it is so, on what grounds its warrant can be asserted, and under what circumstances our belief in its justification can be weakened and even denied. (Shulman, 1986, S. 9)[2]

Bezüglich des *fachdidaktischen Wissens* findet Shulman nachstehende treffende Worte:

> Within the category of pedagogical content knowledge I include, for the most regularly taught topics in one's subject area, the most useful forms of representation of those ideas, the most powerful analogies, illustrations, examples, explanations, and demonstrations – in a word, the ways of representing and formulating the subject that make it comprehensible to others. Since there are no single most powerful forms of representation, the teacher must

---

[1] „Bei ihrer notwendigen Vereinfachung der Komplexität schulischen Unterrichts blendeten Forschende bisher einen zentralen Aspekt des Unterrichtsalltags aus: den Fachinhalt."

[2] „Eine angemessene Reflexion von Fachwissen erfordert nicht nur eine bloße Betrachtung des Fakten- und konzeptuellen Wissens einer Domäne, sondern ein Verständnis der Fachstrukturen [...]. Für Schwab (1978) beinhalten fachliche Strukturen sowohl inhaltliche als auch syntaktische Aspekte. Zu inhaltlichen Strukturelementen zählt die Vielfalt an Möglichkeiten, nach denen die grundlegenden Konzepte und Prinzipien eines Fachs organisiert sind, um dessen Gegenstände zu erfassen. Zu den syntaktischen Strukturelementen einer Disziplin gehört die Vielzahl methodischer Ansätze, mit deren Hilfe Wahrheit oder Irrtum, Gültigkeit oder Ungültigkeit festgestellt werden. [...] Eine Lehrkraft muss nicht nur wissen, dass etwas so ist, eine Lehrkraft muss zudem verstehen, warum es so ist, aus welchen Gründen dessen Gültigkeit behauptet und unter welchen Umständen unsere Überzeugung von dessen Richtigkeit vermindert und sogar verneint werden kann."

have at hand a veritable armamentarium of alternative forms of representation, some of which derive from research whereas others originate in the wisdom of practice. Pedagogical content knowledge also includes an understanding of what makes the learning of specific topics easy or difficult: the conceptions and preconceptions that students of different ages and backgrounds bring with them to the learning of those most frequently taught topics and lessons. If those preconceptions are misconceptions, which they so often are, teachers need knowledge of the strategies most likely to be fruitful in reorganizing the understanding of learners, because those learners are unlikely to appear before them as blank slates. (Shulman, 1986, S. 9 f.)[3]

Diese Darstellung des fachdidaktischen Wissens liefert nicht nur ein spezifisches Alleinstellungsmerkmal und eine Orientierung zur theoretischen Beschreibung der kognitiven Anforderungen, die der Lehrberuf an Lehrkräfte stellt. Vielmehr ermöglicht sie eine deskriptive Darlegung der fachbezogenen Tätigkeiten von Lehrkräften in praktischen Unterrichtssituationen und hebt insbesondere bereits zwei wichtige Facetten des fachdidaktischen Wissens hervor, nämlich ein *Wissen über fachliche Repräsentationsformen und Verständniskonzepte* sowie ein *Wissen über fachbezogene Fehlvorstellungen von Schülerinnen und Schülern*, die von der Professionswissensforschung häufig rezipiert werden (z. B. Bruckmaier et al. in Kap. 4 dieses Bandes; Krauss et al., 2017). Damit bildet das fachdidaktische Wissen ein *spezifisches Amalgam aus Fach- und pädagogischem Wissen*, das für fachbezogene Lehr- und Lernprozesse erforderlich ist und über das vor allem Lehrkräfte, nicht aber Fachwissenschaftlerinnen oder -wissenschaftler verfügen sollten (Shulman, 1987).

Das professionelle Wissen von Lehrkräften verdient des Weiteren auch unter Einbezug einer anderen Wissenschaftsperspektive besondere Beachtung. Die Forschung zum Lehrberuf erlebte nämlich seit den 1960er-Jahren mehrfach Paradigmenwechsel, die nicht nur zu Veränderungen im Untersuchungsfokus, sondern auch bezüglich der einflussnehmenden Theorien und verwendeten Methoden führte, wie Tab. 1.1 zu entnehmen ist. So ist das *Expertiseparadigma* bis heute von großer Bedeutung, da die kognitionspsychologische

---

[3] „Zur Kategorie des fachdidaktischen Wissens zähle ich bezüglich der zentralsten Unterrichtsthemen des eigenen Fachgebiets die nützlichsten Repräsentationsformen von deren Grundideen, die wirkungsvollsten Analogien, Darstellungen, Beispiele, Erklärungen und Veranschaulichungen – mit einem Wort: alle Möglichkeiten zur Präsentation und Formulierung von Fachgegenständen, die sie für andere verständlich machen. Da es nämlich nicht nur eine einzige, sehr effektive Darstellungsform gibt, muss die Lehrkraft ein regelrechtes Arsenal an alternativen Repräsentationsformen zur Hand haben, von denen einige aus der Forschung stammen, während andere der Praxiserfahrung entspringen. Außerdem gehört zum fachdidaktischen Wissen ein Verständnis dafür, was das Lernen bestimmter Themen leicht oder schwer macht: Vorstellungen und Vorannahmen, die Schülerinnen und Schüler unterschiedlichen Alters und Hintergrunds beim Erlernen der häufigsten Unterrichtsthemen und -einheiten mitbringen. Handelt es sich bei diesen Vorannahmen um Fehlvorstellungen, was recht häufig der Fall ist, müssen die Lehrkräfte die Strategien kennen, die am ehesten dazu geeignet sind, die Vorstellungen der Lernenden zu verändern, zumal diese sehr wahrscheinlich über gewisse Präkonzepte verfügen."

Tab. 1.1 Paradigmen der empirischen Bildungsforschung zu Lehrkräften im Wandel der Zeit (nach Krauss, 2020)

	Persönlichkeits-paradigma	Prozess-Produkt-Paradigma	Expertiseparadigma	Professionelle Kompetenz
Zeit	ca. ab 1900 (verstärkt empirisch etwa ab 1940)	ca. ab 1960 (bis heute)	ca. ab 1985 (bis heute)	ca. ab 2000 (heute zentral)
beeinflusst durch	eigenschafts-orientierte Persön-lichkeitstheorien (später auch „Big Five")	Behaviorismus (Verhalten der Lehrkraft)	Kognitivismus (Fokus auf Denken und Wissen der Lehrkraft)	Allgemeiner Kompetenz-begriff (begriff-liche Anlehnung an Schüler-kompetenzen)
Unter-suchungs-methode	• Tests und Frage-bögen (Labor) • Persönlichkeit der Lehrkraft im Vordergrund	• Unterrichts-beobachtung (später auch mit Videotechnik) • Handeln der Lehrkraft im Vordergrund	• v. a. Entwicklung von Professions-wissenstests für Lehrkräfte • Schwerpunkt wieder auf Person der Lehr-kraft	• Integration bisheriger Forschungs-methoden • Tests und Frage-bögen, aktuell auch Video-vignetten als Teststimuli
Anmer-kungen	• zunächst geistes-wissenschaft-licher Fokus und wenige empirisch belastbare Befunde • heute Renaissance auf der Basis moderner Persön-lichkeitstheorien	• erste robuste und stabile Befunde • Unterrichts-aspekte objektiv, reliabel und valide messbar	• Professions-wissen, aber auch Professionelle Überzeugungen entscheidend	• Berücksichtigung auch „nicht-kognitiver" Merkmale (z. B. motivationale Orientierungen, selbstregulative Fähigkeiten) • Ausweitung des Kompetenz-begriffs auf unterrichtliches Handeln

Expertiseforschung bereits für zahlreiche kognitiv anspruchsvolle, akademische und ein hohes Spezialisierungsniveau erfordernde Bereiche (z. B. Schach, Instrumentalspiel, aber auch die Professionen Medizin oder Rechtsprechung) belegt, dass gerade das *bereichs-spezifische Wissen* von Expertinnen und Experten eine hervorgehobene Relevanz für ihre herausragenden Leistungen besitzt. In Vergleichen mit Novizinnen und Novizen, von denen sie sich beispielsweise hinsichtlich ihres Ausbildungsstands, beruflicher Erfahrung oder positiver Beurteilungen durch Dritte abheben, sind sie zum einen nicht nur deshalb erfolgreicher, weil sie *mehr* wissen, sondern auch, weil ihr spezifisches Wissen *besser organisiert und vernetzt* vorliegt und sie *schnell und flexibel* darauf zugreifen können (z. B. Gruber & Mandl, 1996; Gruber & Harteis, 2018). Zum anderen nehmen sie im Unterschied zu Laiinnen und Laien eher die *bedeutungshaltigen Tiefen-* anstatt der *oberflächlichen Sichtstrukturen* domänenspezifischer Gegebenheiten wahr (Bromme, 1992). Weiterhin weisen Unterrichtssituationen, in denen sich Lehrkräfte alltäglich befinden, zahlreiche Anforderungsmerkmale auf, die für Tätigkeitsgebiete, in denen eine hohe Expertise zur erfolgreichen Bewältigung erforderlich ist, typisch sind. Hierzu gehören eine *Unmittelbarkeit des Handelns*, die von der verantwortlichen Lehrkraft in ihrem Unterricht erwartet wird, und der daraus resultierende *Zeitdruck* ebenso wie ein *Informationsdefizit* in Bezug auf die aktuelle Handlungssituation und deren *Komplexität* und *Dynamik*, die sich durch das eigene sowie komplementäre Verhalten der Schülerinnen und Schüler kontinuierlich verändert (Wahl, 1991; Lindmeier & Heinze in Kap. 3 dieses Bandes). Demgemäß werden Lehrkräfte in der Forschung – anders als im Alltagsverständnis dieser Begriffe – oftmals als Expertinnen und Experten für Unterricht angesehen und als Performanzmaßstab wird die souveräne, also dauerhafte, zuverlässige und qualitätsvolle Bewältigung ihrer beruflichen Anforderungen angelegt (z. B. Berliner, 2001; Bromme, 1992; Baumert & Kunter, 2006; Krauss, 2020).

Das Professionswissen der Lehrkräfte gilt dabei grundsätzlich als vermittel- und erlernbar sowie vor allem als notwendige Voraussetzung für ihr kompetentes Verhalten in der multiplen Anforderungsstruktur unterrichtlicher Situationen (Baumert & Kunter, 2006; Krauss et al., 2017). Das Wissen, auf welches hierbei zurückgegriffen wird, muss jedoch nicht, wie auch Befunde der Expertiseforschung nahelegen, für die Handelnden selbst bewusstseinsfähig sein und ist oftmals nur anhand der gezeigten Performanz beobachtbar. Folglich werden in der entsprechenden Literatur (z. B. Neuweg, 2014) wie auch von einigen Autorinnen und Autoren der Beiträge in diesem Band (z. B. Bruckmaier et al. in Kap. 4, Schwarz et al. in Kap. 2, König et al. in Kap. 9, Lindmeier & Heinze in Kap. 3) im Wesentlichen zwei verschiedene Wissensarten differenziert und diskutiert: ein *träges* und ein *implizites Wissen*. Als Hauptmerkmal trägen Wissens wird angenommen, dass es zwar jederzeit explizierbar ist, d. h. beispielsweise, dass Lehrkräfte auf Nachfrage zugehörige Elemente, Regeln und Prinzipien klar benennen, diese in ihrer abstrakten Form aber in einer kontextspezifischen Unterrichtssituation gegebenenfalls nicht direkt anwenden können, sodass dieses Wissen nicht unmittelbar handlungssteuernd ist. Deshalb wird es oftmals mit theoretischem Wissen gleichgesetzt, wie es in Lehrbüchern kodifiziert ist oder im Rahmen von Lehrveranstaltungen vermittelt wird. Implizites Wissen ist hingegen nicht direkt zugänglich und verbalisierbar, umfasst erlernte und von persönlicher Erfahrung geprägte Bestandteile und leitet das Verhalten in ganz bestimmten Praxissituationen – bei der Planung von Unterricht ebenso wie bei dessen Durchführung oder Nachbereitung. Ihm wird auch die Subkategorie kontextspezifischer Handlungsmuster und Routinen zugeordnet, für die der Begriff *prozedurales Wissen* gebräuchlich ist. Da implizites Wissen meist nur indirekt über das von Lehrkräften demonstrierte Verhalten und die Performanz wahrnehmbar ist, sind lediglich

Das Kaskadenmodell

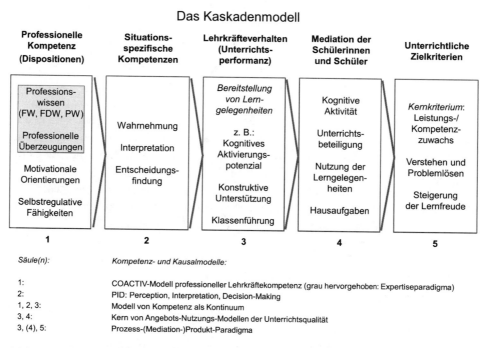

Professionelle Kompetenz (Dispositionen)	Situations- spezifische Kompetenzen	Lehrkräfteverhalten (Unterrichts- performanz)	Mediation der Schülerinnen und Schüler	Unterrichtliche Zielkriterien
Professions- wissen (FW, FDW, PW)	Wahrnehmung	*Bereitstellung von Lern- gelegenheiten*	Kognitive Aktivität	*Kernkriterium:* Leistungs-/ Kompetenz- zuwachs
Professionelle Überzeugungen	Interpretation	z. B.: Kognitives Aktivierungs- potenzial	Unterrichts- beteiligung	
Motivationale Orientierungen	Entscheidungs- findung	Konstruktive Unterstützung	Nutzung der Lerngelegen- heiten	Verstehen und Problemlösen
Selbstregulative Fähigkeiten		Klassenführung	Hausaufgaben	Steigerung der Lernfreude

| 1 | 2 | 3 | 4 | 5 |

Säule(n): Kompetenz- und Kausalmodelle:

1:	COACTIV-Modell professioneller Lehrkräftekompetenz (grau hervorgehoben: Expertiseparadigma)
2:	PID: Perception, Interpretation, Decision-Making
1, 2, 3:	Modell von Kompetenz als Kontinuum
3, 4:	Kern von Angebots-Nutzungs-Modellen der Unterrichtsqualität
3, (4), 5:	Prozess-(Mediation-)Produkt-Paradigma

Abb. 1.1 Das Kaskadenmodell als Wirkmodell von der Lehrkräftekompetenz zur Leistung von Schülerinnen und Schülern (nach Krauss et al., 2020)

indirekte Rückschlüsse auf die dahinterliegenden kognitiven Dispositionen und Fertig-keiten möglich (vgl. zur Problematik der Messung eines solchen Wissens Abschn. 1.2.1).

Erweitert man diese Überlegungen zu trägem und implizitem (Professions-)Wissen um motivationale, volitionale und soziale Bereitschaften und Fähigkeiten, gehen diese direkt im heute vorherrschenden Forschungsparadigma der *professionellen Kompetenz* von Lehr-kräften auf (vgl. Tab. 1.1 und zum zugrunde liegenden Kompetenzbegriff Weinert, 2001, bzw. Baumert & Kunter, 2006). Diese gründet – hier vor allem bezüglich der fachlichen Professionswissensaspekte betrachtet – auf den „bei Individuen verfügbaren oder durch sie erlernten kognitiven Fähigkeiten und Fertigkeiten, um bestimmte Probleme zu lösen […] (und) die Problemlösungen in variablen Situationen erfolgreich und verantwortungs-voll nutzen zu können" (Weinert, 2001, S. 27). In einer Weiterentwicklung dieses Ansatzes nehmen Blömeke et al. (2015) demgemäß eine *situationsspezifische Komponente* in ihr einflussreiches Modell von *Kompetenz als Kontinuum* auf, die die *professionelle Wahr-nehmung* konkreter Situationen, deren angemessene *Interpretation* und adäquate *Ent-scheidungsfindung* umfasst und damit zwischen den kognitiven Dispositionen, d. h. beispielsweise dem fachbezogenen Professionswissen, und dem tatsächlichen Unterrichts-handeln von Lehrkräften vermittelt. Darauf wird im Folgenden im Rahmen eines aktuellen integrativen Wirkmodells von der Lehrkräftekompetenz zur Leistung von Schülerinnen und Schülern noch näher eingegangen (vgl. Abb. 1.1).

1.1.2   Professionswissen, Unterrichtsqualität und unterrichtliche Zielkriterien

Die Untersuchung des *Professionswissens* von Lehrkräften beschäftigt sich nicht nur mit dessen Form und Struktur, d. h. dem Fach-, fachdidaktischen und pädagogischen Wissen selbst, sowie mit dessen Verhältnis zu weiteren Aspekten professioneller Kompetenz wie *Überzeugungen* (z. B. Werte und Werthaltungen, subjektive Theorien, normative Präferenzen und Ziele), *motivationalen Orientierungen* (z. B. Enthusiasmus für das Fach oder für das Unterrichten) oder *selbstregulativen Fähigkeiten* (z. B. Burn-out-präventives Verhalten und Einstellungen), die in Abb. 1.1 alle als zur ersten Säule der Dispositionen gehörig dargestellt sind. Von besonderer Relevanz sind vielmehr auch die Zusammenhänge mit den nebenstehenden Säulen der *situationsspezifischen Kompetenzen*, des *Lehrkräfteverhaltens,* der *schülerseitigen Mediation* und der *unterrichtlichen Zielkriterien.* Das zur Veranschaulichung hierfür verwendete Kaskadenmodell (Abb. 1.1) greift dabei auf verschiedene in der Forschungsliteratur existierende Kompetenz- und Kausalmodelle zurück und integriert diese anschaulich.

So repräsentiert die bereits beschriebene erste Säule das Modell professioneller Kompetenz aus der COACTIV-Studie (Bruckmaier et al. in Kap. 4 dieses Bandes; Kunter et al., 2011) unter gesonderter Berücksichtigung des Expertiseparadigmas (graue Hervorhebung). Einerseits wird angenommen, dass die kognitiven Dispositionen von Lehrkräften deren jeweilige kontextspezifische Fähigkeiten beeinflussen, die nach Blömeke et al. (2015) die professionelle Wahrnehmung, Interpretation und Entscheidung von Handlungssituationen umfassen (Säule 2 in Abb. 1.1). Andererseits zeigen sich diese situationsspezifischen Kompetenzen gerade anhand des beobachtbaren Verhaltens von Lehrkräften im Unterricht wie beispielsweise bei der Bereitstellung von Lerngelegenheiten, die sich u. a. nach den Kriterien Klassenführung, konstruktiver Unterstützung und kognitiver Aktivierung beurteilen lassen. Inklusive der Wirkungsannahme, die in Abb. 1.1 durch die Pfeile zwischen den Säulen angedeutet ist, spiegeln die Säulen 1, 2 und 3 damit das Modell von Kompetenz als Kontinuum nach Blömeke et al. (2015) wider, auf das auch mehrere Beiträge in diesem Band explizit Bezug nehmen (z. B. König et al. in Kap. 9, Schwarz et al. in Kap. 2).

Bei den in Säule 3 genannten Kategorien Klassenführung, konstruktive Unterstützung und kognitive Aktivierung handelt es sich um die drei derzeit viel zitierten *Basisdimensionen von Unterrichtsqualität*, die im diesbezüglichen Forschungszweig derzeit die größte Akzeptanz erfahren (Kunter & Voss, 2011; Praetorius et al., 2018, 2020a, b; Schlesinger et al., 2018). Unter *(effektiver) Klassenführung,* die häufig als fachunabhängiges Kriterium von Unterrichtsqualität angesehen wird (z. B. König et al. in Kap. 9 dieses Bandes), werden dabei u. a. Aktivitäten der Lehrkräfte wie Prävention von und Umgang mit Unterrichtsstörungen, effiziente Nutzung von Lernzeiten, überlegte Übergänge zwischen Unterrichtsphasen oder gezielter Einsatz und Wechsel von Sozialformen gefasst. Zu *konstruktiver Unterstützung* der Lernenden werden beispielsweise eine positive Fehlerkultur, ein (leistungs-)differenziertes Angebot an individuellen Hilfestellungen, ein wertschätzendes Feedbackverhalten und ein positiver Beziehungsaufbau bei Interaktionen zwischen Lehrkräften und Schülerinnen und Schülern gezählt.

Als Aspekt mit der größten inhaltlichen Nähe zum Fach beschreibt die *kognitive Aktivierung,* wie hoch das Anregungspotenzial der eingesetzten Unterrichtsmethoden und -materialien für Lernende ist, damit diese sich selbstständig und intensiv mit den verwendeten Lerngegenständen und Aufgaben auseinandersetzen, um beispielsweise durch lernförderliche kognitive Konflikte bestehende Wissensstrukturen aufzubauen und zu verändern.

Alle drei erläuterten Dimensionen werden allerdings nicht nur in der Forschung zur Beschreibung und Einschätzung von Unterrichtsqualität verwendet (vgl. z. B. Bruckmaier et al. in Kap. 4, König et al. in Kap. 9, Schwarz et al. in Kap. 2 dieses Bandes), sondern charakterisieren auch das Lernangebot, das Lehrkräfte für Schülerinnen und Schüler bereitstellen. Inwiefern diese gegebene Lerngelegenheiten konstruktiv nutzen, sich am Unterricht aktiv beteiligen oder Hausaufgaben etc. erledigen (vgl. Säule 4 in Abb. 1.1), ist dabei nur noch bedingt durch die Lehrkräfte steuerbar. So wären die zwei Extrembeispiele denkbar, dass einerseits ein qualitativ sehr hochwertiger Unterricht angeboten wird, aber die Schülerinnen und Schüler aufgrund individueller oder klassenbezogener Faktoren dieses Angebot nicht annehmen können oder wollen, sodass Unterrichtsziele nicht erreicht werden. Andererseits könnte ein eher mäßiges Unterrichtsangebot bei hoher Eigenbeteiligung der Lerngruppe dennoch zu wünschenswerten Lernergebnissen führen. Dieses komplementäre Verhältnis zwischen Säule 3 und 4 wird demgemäß in sogenannten *Angebots-Nutzungs-Modellen* diskutiert, wobei durchaus auch Wechselwirkungen zwischen beiden Säulen anzunehmen sind (z. B. Helmke, 2017; Vieluf et al., 2020). Unter der Voraussetzung, dass im Unterrichtsprozess das Lernangebot vonseiten der Schülerinnen und Schüler hinreichend wahrgenommen bzw. mediiert wird, sind in letzter Instanz (Säule 5) Produkte wie die Erfüllung von *kognitiven Lern-* (z. B. fachbezogene Leistung) oder *affektiven Bildungszielen* (z. B. Steigerung der Lernfreude, Reduktion von Leistungsangst) zu erwarten (sog. Prozess-[Mediation-]Produkt-Paradigma).

Somit modelliert das präsentierte Kaskadenmodell (Abb. 1.1) insgesamt eine theoretisch idealisierte, plausible Wirkungskette von der professionellen Kompetenz von Lehrkräften zur Performanz von Schülerinnen und Schülern (unter Ausblendung schulischer oder elterlicher Kontextfaktoren). Hierzu ist jedoch abschließend anzumerken, dass die darin enthaltenen (Kausal-)Annahmen in der Forschung bisher kaum vollständig, sondern – wenn überhaupt – bislang vornehmlich abschnittweise (z. B. in Bezug auf einzelne Säulen) empirisch überprüft wurden (vgl. Tab. 1.3). Daher ist zum Teil noch unklar, wie das Verhältnis der verschiedenen Säulen zueinander ist, ob direkte Einflüsse (z. B. von Säule 1 auf 2, von Säule 2 auf 3 usw.) und/oder auch indirekte Einflüsse (z. B. von Säule 1 auf 3 oder von Säule 1 auf 5) vorliegen.

1.1.3 Exemplarische Fragestellungen der Professionswissensforschung

Aus den theoretischen Betrachtungen des voranstehenden Abschnitts gehen bereits zahlreiche Forschungsaufgaben, -bereiche und -desiderate hervor, die mit einer Untersuchung des Professionswissens in (un-)mittelbarem Zusammenhang stehen. Diese lassen sich im Wesentlichen zu *drei verschiedenen Erkenntnisrichtungen* klassifizieren, wie sie sich auch in den Beiträgen dieses Bandes wiederfinden. Folglich begnügt sich die Zusammenstellung in Tab. 1.2 mit einer bloßen Auflistung prototypischer Fragestellungen und verweist interessierte Leserinnen und Leser bezüglich deren Beantwortung auf die entsprechenden Kapitel.

Tab. 1.2 Typische Fragestellungen der Professionswissensforschung

Exemplarische Fragestellungen zu(r) …	Behandelt in den Beiträgen dieses Bandes von …
Gestalt und Struktur des Professionswissens	
• Welche Art (und welchen Umfang) von Fachwissen benötigen (Mathematik-)Lehrkräfte, um erfolgreich zu unterrichten?	Bruckmaier et al.; Dreher et al.; Eberl et al.; Neumann & Neumann
• Welche (situationsspezifischen) Facetten umfasst das fachdidaktische Wissen von Mathematiklehrkräften?	Bruckmaier et al.; Hill & Ball; Lindmeier & Heinze; Schwarz et al.
• Hängen die Kategorien des fachdidaktischen Wissens und Fachwissens bzw. pädagogischen Wissens von Mathematiklehrkräften eng zusammen oder sind sie empirisch klar trennbar?	Bruckmaier et al.; Dreher et al.; Hill & Ball; König et al.; Lindmeier & Heinze; Schwarz et al.
Einflussfaktoren auf das Professionswissen sowie auf dessen Erwerb	
• Wie wirken sich individuelle Merkmale wie Geschlecht, kognitive Grundfähigkeiten, Zweitfach, Berufswahlmotive etc. auf das Professionswissen von Mathematiklehrkräften aus?	Dreher et al.; König et al.; Lindmeier & Heinze; Schwarz et al.
• Welchen Einfluss haben die universitäre bzw. schulpraktische Ausbildung auf die Entwicklung des Professionswissens von Mathematiklehrkräften?	Bruckmaier et al.; Dreher et al.; Eberl et al.; König et al.; Lindmeier & Heinze; Neumann & Neumann; Schwarz et al.
• Welche Rolle spielt die berufliche Erfahrung bzw. spielen berufsbegleitende Fortbildungsmaßnahmen für das Professionswissen von Mathematiklehrkräften?	Hill & Ball; König et al.; Lindmeier & Heinze
Wirkungen des Professionswissens	
• Wie wirkt sich das Professionswissen von Lehrkräften auf Merkmale der Unterrichtsqualität aus?	Bruckmaier et al.; König et al.; Lindmeier & Heinze; Schwarz et al.
• Lässt sich anhand des professionellen Wissens von Lehrkräften ein Leistungszuwachs von Schülerinnen und Schülern vorhersagen (sog. prädiktive Validität)?	Bruckmaier et al.; Hill & Ball; König et al.; Schwarz et al.
• Schützt professionelles Wissen von Lehrkräften vor Belastungserleben und Burn-out?	König et al.

1.2 Empirische Untersuchung des professionellen Wissens

1.2.1 Wie entsteht ein Professionswissenstest? – Erläuterungen zu zentralen methodischen Begriffen und Überlegungen bei der Testkonstruktion

In Abschnitt 1.1 wurde der theoretische Hintergrund der Professionswissensforschung vorgestellt, es wurden daraus typische Fragestellungen exemplarisch abgeleitet und somit implizit zwei wesentliche Schritte jedes empirischen Forschungsprozesses durchlaufen. Als Nächstes wäre folglich zu präzisieren – und dies geschieht in allen Beiträgen dieses Bandes auch in derselben Reihenfolge –, welcher Gegenstand oder welches Phänomen nun genau untersucht und wie dieses gemessen werden soll. Da hierbei immer wieder technische Begriffe und Überlegungen auftauchen, die für mit den Methoden empirischer Bildungsforschung bisher weniger vertraute Leserinnen und Leser möglicherweise unbekannt sind, werden einige dieser Verfahren im Folgenden knapp erläutert.

Bei der Betrachtung der hier behandelten Konzepte wie Fachwissen oder fachdidaktisches Wissen, situationsspezifischer Kompetenz, Unterrichtsqualität, aber auch Leistungen von Schülerinnen und Schülern wurde bereits evident, dass diese einerseits aufgrund ihrer Abstraktheit schwer eindeutig zu konkretisieren, andererseits inhaltlich, strukturell und prozessual so komplex sind, dass sie sich nur sehr selten vollständig darstellen und erfassen lassen: Welche Aspekte und Ebenen gehören beispielsweise zu „Unterricht"? Was ist unter den Begriffen „Wissen" bzw. „Kompetenz" zu verstehen? Wie lassen sich „Zielkriterien von Unterricht" sinnvoll bestimmen? Dies ist als eine prinzipielle Herausforderung empirischer Forschungsansätze anzusehen und macht deshalb zunächst die Identifikation aller Kernfacetten der zu untersuchenden Konstrukte und deren möglichst konkrete, nachvollziehbare konzeptuelle Beschreibung und Abgrenzung von möglicherweise ähnlichen Phänomenen notwendig. Eine solche theoretische Präzisierung des fokussierten Gegenstands und gegebenenfalls in diesem Kontext betrachteter Aspekte nennt man *Konzeptualisierung*. Diese unterscheidet sich von einer Definition insofern, als hierbei prinzipiell mehrere, auch inhaltlich variierende Ansätze möglich sind.

Ist der theoretische Rahmen eines Konstrukts hinreichend geklärt, muss in der *Operationalisierung* noch festgelegt werden, wie dieses am besten zu messen ist. Hierfür werden bei quantitativ ausgerichteten Verfahren zur Erfassung professionellen Wissens bzw. situationsspezifischer Kompetenzen von Lehrkräften, auf die alle Beiträge dieses Bandes zurückgreifen, üblicherweise *standardisierte Testinstrumente* eingesetzt, die im Kontext oftmals vereinfacht als *Tests* oder *Instrumente* bezeichnet werden. Im Gegensatz zu Erhebungen über die Beobachtung von individuellem Unterricht lassen sich nämlich auf deren Basis die Ergebnisse verschiedener Personen, auch *Studienteilnehmende* genannt, anschließend direkt vergleichen. Zudem können sie verschiedene *Formate* aufweisen, wobei zwischen *Papier-* und *Bleistifttests* sowie *computerbasierten Tests* unterschieden wird. Auch Mischformen sind möglich. Diese Tests enthalten entweder eine bestimmte Anzahl an *textbasierten Fallbeschreibungen didaktisch kritischer Situationen* und/oder an

Videovignetten, die als optimale Indikatoren für das jeweilige Konstrukt angesehen und (bestenfalls nur) mittels der fokussierten Wissensart oder Kompetenz gelöst werden können. Darin werden Mathematiklehrkräfte üblicherweise mittels einzelner Frage- bzw. Aufgabenstellungen, sogenannter *Items*, aufgefordert, einen mathematischen Sachverhalt (z. B. den Satz über die Innenwinkelsumme im Dreieck) für eine fiktive Adressatengruppe einer bestimmten Jahrgangsstufe kurz zu erläutern, auf eine konkret geschilderte Schülerfrage respektive ein Verständnisproblem einer Schülerin adäquat zu reagieren (z. B.: „Ich verstehe nicht, warum −1 mal −1 gleich 1 ist."; vgl. Bruckmaier et al. in Kap. 4 dieses Bandes) oder zu einem vollständig abgespielten bzw. an didaktisch kritischer Stelle gestoppten Unterrichtsvideo passende Handlungsmöglichkeiten aufzuzeigen (Schwarz et al. in Kap. 2, König et al. in Kap. 9, Lindmeier & Heinze in Kap. 3 dieses Bandes). Beziehen sich mehrere Items auf eine gemeinsame Problemstellung oder gehen sie von derselben Situation aus, spricht man von einem *Itemstamm*. Falls ein Itemstamm (gelegentlich auch ein einzelnes Item) sehr viele Informationen zur Bearbeitung der Aufgabenstellung bietet (z. B. zum curricularen Zusammenhang, zum Lernstand der Klasse, zur ausführlichen Schilderung der prototypischen Situation), wird hierfür auch der Begriff *Item-* oder *Textvignette* verwendet. Aus ihrer umfassenden Kontextualisierung, die Videos mit sich bringen, erklärt sich auch deren Bezeichnung als *Videovignetten*.

Ob Items in Papier- und Bleistifttests oder Videovignetten in computerbasierten Tests verwendet werden, hängt dabei vor allem davon ab, welche Art von Wissen damit gemessen werden soll. Das erstgenannte Testformat hat sich mittlerweile zwar vielfach für die Erfassung von Professionswissen bewährt (Säule 1 in Abb. 1.1; z. B. Bruckmaier et al. in Kap. 4 oder Schwarz et al. in Kap. 2 dieses Bandes), gelegentlich wird jedoch der Einwand geäußert, dass es sich bei dem hiermit gemessenen Wissen teilweise um *träges Wissen* handle (vgl. Abschn. 1.1.2). Das bedeutet, eine Lehrkraft könne vielleicht theoretisch über dieses Wissen verfügen (und es auch zu Papier bringen), sei allerdings eventuell nicht in der Lage, dieses Wissen in einer spezifischen Unterrichtssituation auch tatsächlich und flexibel einzusetzen. Umgekehrt ist es möglich, dass eine Lehrkraft im Unterricht etwas richtig macht, ohne sich über das zugrunde liegende *implizite Wissen* im Klaren zu sein. Um diese aufgeworfenen Kritikpunkte zu berücksichtigen, gewinnen kurze Videostimuli gerade bei der Erfassung situationsspezifischer Kompetenzen an Bedeutung (Säule 2 in Abb. 1.1; König et al. in Kap. 9, Lindmeier & Heinze in Kap. 3, Schwarz et al. in Kap. 2, Bruckmaier et al. in Kap. 4 dieses Bandes). Denn es wird angenommen, dass diese die Komplexität unterrichtlicher Handlungssituationen und damit die realen Anforderungsbedingungen besser als verschriftlichte Items abbilden können und aufgrund ihrer reichhaltigen Informationsdarbietung eine *ökologisch validere Messung* von Wahrnehmungs-, Interpretations- und Entscheidungsfähigkeiten erlauben, indem relevante wie auch irrelevante Details nahezu ungefiltert und gegebenenfalls auch nur zeitlich limitiert sichtbar sind (z. B. Mimik und Gestik, Unterrichtsstörungen der Schülerinnen und Schüler, Anordnung der Tische im Klassenzimmer etc.). Je nach konkretem Erkenntnisinteresse und zugrunde liegender Forschungsfrage sind die verschiedenen spezifischen Vor- und Nachteile, die die beiden Zugänge textbasierte Items bzw. Videovignetten besitzen (vgl. dazu auch Kaiser et al., 2017, Neuweg, 2015; Riegel & Macha, 2013; Rutsch et al., 2018), somit gegeneinander abzuwägen. Angesichts der gegenwärtigen Forschungslage ist noch kein Königsweg zur Erhebung professionellen Wissens und situationsspezifischer Kompetenzen von Lehrkräften auszumachen.

Eine weitere Möglichkeit, die Qualität der Messung zu steuern, bietet die Art der geforderten Bearbeitung von Items und Videovignetten, wobei formal zwischen *geschlossen* und *offenen Antwortformaten* unterschieden wird. Bei geschlossenen Formaten können die Lehrkräfte in der Regel eine oder mehrere richtige Antworten aus einer vorgegebenen Liste an Alternativen auswählen *(Single* oder *Multiple Choice)*. Dieser Ansatz besitzt zwar hinsichtlich der Auswertung eine hohe Objektivität und ist gerade bei einer großen Anzahl von mehreren hundert Studienteilnehmerinnen und -teilnehmern sehr ökonomisch durchzuführen (Hill & Ball in Kap. 7, Schwarz et al. in Kap. 2 dieses Bandes). Kritisiert wird daran allerdings, dass eine Auswahl bestimmter Optionen aus einer bestehenden Antwortliste nur bedingt zuverlässig auf zugrunde liegende Handlungsfähigkeiten schließen lasse und kaum Ähnlichkeiten mit realen Unterrichtssituationen aufweise, in denen schließlich keine expliziten Verhaltensalternativen von außen zur Verfügung gestellt werden. Aufgrund dieser Überlegungen werden zur Kompetenzerfassung oftmals offene Antwortformate bevorzugt, bei denen Lehrkräfte meist relativ kurz eine oder gegebenenfalls auch mehrere Lösungen in eigenen Worten – mündlich oder schriftlich – formulieren und begründen oder vor allem als Reaktion auf Videovignetten eine Handlungsoption darlegen und analytisch beschreiben sollen (Bruckmaier et al. in Kap. 4, Lindmeier & Heinze in Kap. 3 dieses Bandes). Damit wird die Gefahr, lediglich Wiedererkennungseffekte zu überprüfen, minimiert und zumindest ansatzweise Kompetenz im Sinne einer Fähigkeit zur spontanen Entwicklung unterrichtlicher Handlungsoptionen abgebildet, die sowohl auf theoretisch-formalem als auch erfahrungsbasiertem Episodenwissen beruhen kann.

Schließlich sind auch die inhaltliche Gestaltung und Entwicklung von Items sowie die Bestimmung von eindeutig als richtig zu erachtenden Lösungen ressourcen- und zeitintensive Prozesse, die von der ersten Idee bis zur finalen Formulierung über ein Jahr in Anspruch nehmen können. Ansatzpunkte hierfür sind in der Regel bisherige wissenschaftliche Vorarbeiten und fachspezifische Lehrbücher, Schul- und Lehrkräftebildungscurricula und -standards sowie eigene Praxisbeobachtungen, persönliche Erfahrungen und Beispiele aus Arbeiten von Schülerinnen und Schülern. Daraus werden erste Entwürfe erstellt und diese einem *zyklischen Optimierungsprozess* unterworfen. Zu diesem gehören u. a. Diskussionen darüber, ob eine Aufgabe wirklich zur Konzeptualisierung eines Konstrukts passt und auch alle Facetten des theoretischen Rahmens durch den Gesamtsatz an Items abgedeckt werden, Überprüfungen, ob die Fragestellungen verständlich und die Schwierigkeiten der Aufgaben angemessen sind, kritische Begutachtungen durch Mitglieder der eigenen oder fremder Forschungsgruppen wie auch durch Expertinnen und Experten für die Zielpopulation und letztlich wiederholte Überarbeitungen. Diese Abläufe sind parallel auch für die jeweiligen Bewertungskriterien durchzuführen, um gerade bei offenen Antwortformaten, bei denen stets eine gewisse Interpretation der gegebenen Lösungen erforderlich ist, einen geeigneten, leicht nachvollziehbaren Erwartungshorizont (sog. *Kodierleitfaden*) zu erstellen. Dies ist insbesondere für viele Bereiche des fachdidaktischen Wissens nicht einfach, weil der verfügbare Forschungsstand oftmals nicht ausreicht, um Lösungen eindeutig als didaktisch ungünstig oder didaktisch günstig zu klassifizieren, und sich selbst Expertinnen und Experten diesbezüglich gelegentlich uneins sind. Entsprechende Items sind dann unter Umständen auszusortieren, um die *Validität*, d. h. die Gültigkeit der Kompetenzmessung nicht zu gefährden. Ferner wird ein Kodierleitfaden auch hinsichtlich seiner *Auswertungsobjektivität*, d. h. dahingehend evaluiert, ob unabhängige Beurteilerinnen und Beurteiler mit dessen Hilfe bei der Bewertung derselben Antworten zu denselben Einschätzungen gelangen. Ist ihre Übereinstimmung hoch, nimmt man an, dass die Bewertungskriterien gut anwendbar sind und vergleichbare Antworten ähnlich beurteilt werden (sog. *Interraterreliabilität*). Erst wenn alle voranstehenden Schritte von Grund auf durchdacht und erfolgreich überprüft wurden, ist ein Professionswissenstest für weiterführende Untersuchungen einsatzbereit.

1.2.2 Forschungsprojekte und existierende Testinstrumente zum Professionswissen von Mathematiklehrkräften

Um grundlegende Fragen im Hinblick auf Ausbildung, auf relevante Wissens- respektive Kompetenzbereiche, auf Bedingungen zur Entwicklung dieser Kompetenzen sowie auf potenzielle Effekte professioneller Lehrkräftekompetenzen hinsichtlich des Lernerfolgs von Schülerinnen und Schülern zu untersuchen (vgl. Abschn. 1.1.3), wurden in den vergangenen zwanzig Jahren zahlreiche *Messinstrumente für das Professionswissen* bzw., allgemeiner, für die *professionelle Kompetenz von Lehrkräften* entwickelt. Dieser Forschungszweig ist gerade im deutschen Sprachraum stark vertreten, wobei das Unterrichtsfach Mathematik und die zugehörige fachdidaktische Forschung eine *Vorreiterrolle* einnehmen, ohne dass die wissenschaftliche Auseinandersetzung mit dieser Thematik jedoch auf den mathematischen Kontext beschränkt wäre.

Einen Überblick über entsprechende, teils sehr groß angelegte Projekte bietet Tab. 1.3: Zu den im vorliegenden Band vorgestellten gehören u. a. die COACTIV-Studien (**Co**gnitive **Activ**ation in the Classroom: COACTIV und COACTIV-R), das umfassende TEDS-Forschungsprogramm (**T**eacher **E**ducation and **D**evelopment **S**tudy: MT21, TEDS-M, TEDS-LT, TEDS-FU, TEDS-Unterricht/Validierung) oder die Studien am Kieler Institut für Pädagogik der Naturwissenschaften und der Mathematik (Messung professioneller **K**ompetenzen/**K**ompetenzentwicklung **i**n mathematischen und naturwissenschaftlichen **L**ehr**a**mtsstudiengängen: KiL und KeiLa) als prominente Vertreter dieser Forschungsrichtung in Deutschland. Im außereuropäischen Raum ist diesbezüglich die Arbeitsgruppe um Deborah Loewenberg Ball und Heather Hill (**M**athematics **T**eaching and **L**earning to **T**each: MTLT) wegweisend und hat mittlerweile eine Reihe weiterführender Nachfolgestudien angeregt (z. B. Kersting et al., 2012; Kelcey et al., 2019).

Tab. 1.3 Überblick über Arbeitsgruppen und Forschungsprojekte zum fachspezifischen Professionswissen von (angehenden) Mathematiklehrkräften (vgl. Krauss et al., 2020)

Projektakronym	Beteiligte Fächer	Wissenskategorien	Testformat	Untersuchte Aspekte und Zusammenhänge*	Zielpopulation	Referenz (z. B.)
COACTIV	Mathematik	FW, FDW	P&B, Vid	1, 2, 3, 4, 5	S & L; Sek	Krauss et al. (2008), Kunter et al. (2011), Bruckmaier et al. in Kap. 4 dieses Bandes
COACTIV-R	Mathematik	FW, FDW, PW	P&B	1	S & Ref; Sek	Voss & Kunter (2011), Kleickmann et al. (2013)
CVA	Mathematik	FW, FDW, (PW)	P&B, Vid	1, 2, 3, 5	Ref & L; Prim & Sek	Kersting et al. (2012), Santagata & Yeh (2016), Kelcey et al. (2019)
FALKO	Deutsch, Englisch, Ev. Religion, Latein, Mathematik (COACTIV), Musik, Physik	FW, FDW, PW	P&B	1	S, Ref & L; Sek	Krauss et al. (2017)
FuN-EKoL	Deutsch, Geschichte, Mathematik, Naturwissenschaften, Technik	FW, FDW, PW	P&B, Vid	2	S & Ref; Sek	Rutsch et al. (2018)
KiL/KeiLa	Biologie, Chemie, Mathematik, Physik	FW, FDW, PW	P&B	1	S; Sek	Kleickmann et al. (2014), Dreher et al. (2018), Dreher et al. in Kap. 5 dieses Bandes

(Fortsetzung)

Tab. 1.3 (Fortsetzung)

Projektakronym	Beteiligte Fächer	Wissenskategorien	Testformat	Untersuchte Aspekte und Zusammenhänge*	Zielpopulation	Referenz (z. B.)
MT21	Mathematik	FW, FDW, PW	P&B	1	S & Ref; Sek	Blömeke et al. (2008), Schwarz et al. in Kap. 2 dieses Bandes
MTLT	Mathematik, Lesen	FDW, (FW)	P&B	1, 5	L; Prim & Sek	Phelps & Schilling (2004), Ball et al. (2005), Hill (2007), Ball & Hill in Kap. 7 dieses Bandes
Scaling Up SimCalc	Mathematik	(FW), FDW	P&B	1, 2, 5	L; Sek	Shechtman et al. (2010)
TEDS-FU	Mathematik	FW, FDW, PW	P&B, Vid	1,2	L; Sek	Blömeke et al. (2016), Schwarz et al. in Kap. 2 sowie König et al. in Kap. 9 dieses Bandes
TEDS-LT	Mathematik, Deutsch, Englisch	FW, FDW, PW	P&B	1	S; Prim & Sek	Blömeke et al. (2011, 2013), Schwarz et al. in Kap. 2 sowie König et al. in Kap. 9 dieses Bandes

(Fortsetzung)

Tab. 1.3 (Fortsetzung)

Projektakronym	Beteiligte Fächer	Wissenskategorien	Testformat	Untersuchte Aspekte und Zusammenhänge*	Zielpopulation	Referenz (z. B.)
TEDS-M	Mathematik	FW, FDW, PW	P&B	1	Ref; Prim & Sek	Blömeke et al. (2010), Schwarz et al. in Kap. 2 sowie König et al. in Kap. 9 dieses Bandes
TEDS-Unterricht/-Validierung	Mathematik	FW, FDW, PW	P&B, Vid	1, 2, 3, 5	L; Sek	Blömeke et al. (2022), Schlesinger et al. (2018), Schwarz et al. in Kap. 2 sowie König et al. in Kap. 9 dieses Bandes
vACT	Mathematik	FDW	Vid	2	L; Prim	Lindmeier (2011), Lindmeier & Heinze in Kap. 3 dieses Bandes
–	Mathematik	FW, FDW	P&B	1, 5	L; Prim & Sek	Campbell et al. (2014)

FW: Fachwissen; FDW: fachdidaktisches Wissen; PW: pädagogisches Wissen; S: Studierende; Ref: Referendare; L: Lehrkräfte; Prim: Primarstufe; Sek: Sekundarstufe. *: Die Ziffern in der fünften Spalte beziehen sich auf die Säulen in Abb. 1.1: Säule 1: professionelle Kompetenz (Dispositionen), Säule 2: situationsspezifische Kompetenzen, Säule 3: Lehrkräfteverhalten (Unterrichtsperformanz), Säule 4: Mediation der Schülerinnen und Schüler, Säule 5: unterrichtliche Zielkriterien. P&B: Papier- und Bleistifttest, Vid: Videoformat.

Wie aus Tab. 1.3 hervorgeht, lassen die darin aufgeführten Projekte verschiedene Ausrichtungen bezüglich der daran teilnehmenden Unterrichtsfächer, der fokussierten Professionswissenskategorien, der untersuchten Wissensbereiche (inklusive deren gegenseitigem Verhältnis) sowie der Zielpopulationen erkennen. Die Arbeitsgruppen setzen sich zum Teil *interdisziplinär* zusammen und beschäftigen sich, auch wenn Tab. 1.3 dem Schwerpunkt des vorliegenden Bandes gemäß nur Studien mit Beteiligung der Mathematik listet, mit der systematischen Erforschung des Professionswissens von Lehrkräften in den verschiedensten Schulfächern (z. B. Deutsch, Englisch, Ev. Religion, Latein, Musik, Physik; vgl. Krauss et al., 2017). Im Vordergrund der hier ausgewählten Studien stehen die beiden fachbezogenen Professionswissenskategorien *Fachwissen* und *fachdidaktisches Wissen*, zu denen in Einzelfällen auch das *pädagogische Wissen* hinzutreten kann (vgl. für eine ausführliche Übersicht zu Testkonstruktionen zum pädagogischen Wissen König et al. in Kap. 9 dieses Bandes). Häufig beziehen sich die Erkenntnisziele direkt auf das professionelle Wissen, auf situationsspezifische Kompetenzen oder auf deren wechselseitige Relation (vgl. Abb. 1.1, Säulen 1 und 2) und erfordern je nachdem, ob beispielsweise Unterschiede zwischen Schularten, Kompetenzerwerb und -entwicklung oder Bedingungsfaktoren dieser Prozesse während bestimmter Ausbildungsphasen von Interesse sind, verschiedene *Zielpopulationen* (z. B. Lehramtsstudierende, Referendare, Lehrkräfte, häufig differenziert nach Primar- und Sekundarstufe). Erst vergleichsweise wenige Projekte untersuchen bislang allerdings (annähernd vollständig erfasste) Zusammenhänge entlang der Wirkungskette von der professionellen Kompetenz von Lehrkräften zur Leistung von Schülerinnen und Schülern (vgl. Abb. 1.1).

Obwohl dieses Forschungsfeld also keineswegs auf den mathematischen Kontext beschränkt ist und vor jeglicher Verallgemeinerung zunächst erst andere Unterrichtsfächer berücksichtigt werden sollten, ist der vorliegende Band speziell dem professionellen Wissen von Mathematiklehrkräften gewidmet. Die unterschiedlichen terminologischen Ausdifferenzierungen und Forschungsperspektiven in Bezug auf das Fach Mathematik, die nachfolgend in den einzelnen Beiträgen vorgenommen und eröffnet werden, können die Reflexion der eigenen Praxis bereichern, indem beispielsweise etwaige Wissenslücken leichter definiert und adressiert werden können und ein breites begriffliches Repertoire zur Beschreibung alltäglicher Unterrichtssituationen (z. B. bei der Ausbildung von Referendarinnen und Referendaren) bereitsteht – zumindest dann, wenn der Praxistransfer gelingt.

1.3   Implikationen aus der Forschung für die Praxis?

1.3.1   Kritik an der empirischen Bildungsforschung

Der empirischen fachdidaktischen Forschung als Teilgebiet der empirischen Bildungsforschung wird gelegentlich zum Vorwurf gemacht, dass sie professionellen Praktikerinnen und Praktikern wie auch den an der Lehrkräfteausbildung beteiligten

(Praktikums- und Seminar-)Lehrkräften *keine hinreichend fundierten, eindeutigen Hinweise oder klare Handlungsrichtlinien* für ihre Arbeit zur Verfügung stelle, dass sie lediglich *bruchstückhaft* und *nicht kumulativ* sei und *rein technisches, in der Praxis nur bedingt einsetzbares Wissen* generiere (Pring, 2000; Davies, 1999). Biesta (2011) kritisiert beispielsweise die klassisch evidenzbasierte Forschung sogar als rückwärtsgewandt und als nicht in der Lage, professionelle Pädagoginnen und Pädagogen, d. h. Lehrkräfte, angemessen mit neuen und auf konkrete Fälle anwendbaren Informationen zu versorgen:

> Wenn wir, um den Sachverhalt aus einer leicht veränderten Perspektive zu betrachten, eine Epistemologie einfordern, die praktisch genug ist, um zu verstehen, wie Wissen die Praxis unterstützen kann, müssen wir einräumen, dass das Wissen der Forschung nichts darüber aussagt, was funktioniert und funktionieren wird, sondern nur darüber, was in der Vergangenheit funktioniert hat. Nur als Instrument für intelligentes, professionelles Handeln können wir dieses Wissen nutzen. (Biesta, 2011, S. 112)

Um die Forschung zum Professionswissen von Lehrkräften nicht als isolierten Bereich erscheinen zu lassen, wurden in der einleitenden Darstellung und werden auch in den einzelnen Beiträgen die jeweiligen Bezüge zu *nahestehenden Forschungsbereichen* wie zur *Unterrichtsqualität*, zu *motivationalen und affektiven Merkmalen* von Lehrkräften sowie Schülerinnen und Schülern oder zur *Expertiseforschung* hergestellt und verdeutlicht. In einer Zusammenschau der einschlägigen Fragestellungen und der bestehenden Forschungsansätze sind zudem *klare, aufeinander abgestimmte Schwerpunktsetzungen* zu erkennen, die das farben- und schattierungsreiche Mosaik der Wirkungskette von der Lehrkräftekompetenz zur Leistung von Schülerinnen und Schülern sukzessive ergänzen und vervollständigen. Dass hierbei vielfach *kleinschrittige intensive Grundlagenforschung* zu betreiben ist, um zunächst bezüglich basaler Konzepte zu gesicherten Ergebnissen im Detail zu gelangen, bevor das große Ganze in den Blick genommen werden kann, ist im Sinne eines sinnvoll strukturierten, sorgfältigen Forschungsprozesses zuzugestehen. Was die Praxisrelevanz des generierten Wissens betrifft, unterliegt die Forschung zum Professionswissen von Lehrkräften wie auch andere Forschungsbereiche prinzipiell demselben Zwiespalt zwischen Abstrahierung, die zur Generalisierung der Ergebnisse notwendig ist, und Konkretisierung, die deren Anwendungsbezug fördern kann.

Aufgrund ihrer lebenswelt- und praxisnahen Untersuchungsgegenstände werden an sie aber vergleichsweise höhere Erwartungen herangetragen als beispielsweise an die theoretische Physik oder klassische Philologie, trotz der enormen Komplexität und Situationsabhängigkeit der Sachverhalte den Befunden unmittelbar *praktische Bedeutsamkeit* beizumessen und *direkt umsetzbare Verhaltensrichtlinien* oder gar *einfache Handlungsempfehlungen für den Unterrichtsalltag* zu generieren. Dieser Anspruch beruht auf der allgemeinen „Forderung nach dem Transfer von wissenschaftlich bewährten Erkenntnissen und Anwendungen in die Praxis pädagogischer Einrichtungen" (Prenzel, 2010, S. 22). Dem steht zwar einerseits die wissenschaftliche Verantwortung entgegen, Resultate und Maßnahmen nicht vorschnell und gegebenenfalls ohne ausreichende Evidenz zu empfehlen. Andererseits ist aber auch diesem Informationsbedürfnis der primären Adressatengruppe – Bildungspolitik, an der Lehrkräfteausbildung Beteiligte und berufstätige Lehrkräfte – hinreichend nachzukommen und es sind *Disseminationswege* zu finden sowie die wesentlichen Forschungstätigkeiten und zentralen Ergebnisse korrekt, nachvollziehbar und auf den Unterrichtsalltag übertragbar darzustellen. Die Bemühungen um diese wichtige Aufgabe empirischer Forschung, der sich auch der vorliegende Band verpflichtet sieht, finden jedoch nicht immer den fruchtbarsten Nährboden vor.

1.3.2   Warum ist Praxistransfer so schwer?

Im Rahmen sogenannter *Transferforschung* (z. B. Barnat, 2019; Buchholtz et al., 2019; Burkhard & Shoenfeld, 2003; Gräsel, 2010) wird analysiert, warum wissenschaftlich generiertes Wissen nicht einfach unverändert in die Praxis übernommen werden kann, und dass (empirische) Innovationen häufig aufgrund großer Beharrungskräfte und Akzeptanzprobleme nur bedingt ihren Weg in den Unterrichtsalltag finden. Vonseiten der Wissenschaft werden häufig eine unzureichende Bekanntmachung, mangelnde Kommunikation durch Multiplikatoren und nicht zielgruppenadäquate Aufbereitung der erzielten Ergebnisse, die häufig nur in Fachzeitschriften zugänglich sind, als mögliche Gründe für ein Ausbleiben dieses Transfers genannt. Aufseiten der Lehrkräfte gelten ein engmaschiger schulischer Arbeitstag mit wenig Raum für Fort- und Weiterbildung, dürftige diesbezügliche Angebotsstrukturen, fehlende karrierebezogene Anreize (oder gar Sanktionsmöglichkeiten) und eine geringe intrinsische Motivation als potenzielle Hindernisse (z. B. Barnat, 2019; Gräsel, 2019; Martin, 2019). Gerade in Bezug auf die Fort- und Weiterbildung bemerkt u. a. auch Martin (2019, S. 187):

> Vor dem Hintergrund eines komplexen und sich stetig wandelnden Tätigkeitsfeldes, in dem Lehrkräfte agieren, ist keineswegs anzunehmen (und auch nicht beabsichtigt), dass sich in den Ausbildungsjahren sämtliche Fähigkeiten und Dispositionen so entwickeln, dass damit das gesamte Berufsleben professionell bestritten werden kann. Der berufslebenslangen Professionalisierung kommt somit eine wichtige Bedeutung zu.

Anlage, Inhalt und Intention des vorliegenden Bandes können durchaus als Reaktion auf diese Herausforderungen verstanden werden. Er versucht, der *Disseminationsaufgabe* seitens der Forschung nachzukommen, und ist als ein Instrument zum *Selbststudium* für praktizierende Lehrkräfte und für alle angelegt, die an deren Aus-, Fort- und Weiterbildung beteiligt sind, im hektischen Unterrichtsalltag etwas Muße für die Lektüre fachbezogener Untersuchungsergebnisse finden und gegenüber (empirischen) Innovationen aufgeschlossen sind. Diese Publikation vereinigt nämlich Beiträge zu den *bekanntesten und zugleich umfassendsten empirischen Studien* zum professionellen Wissen von Mathematiklehrkräften der letzten Jahre, sodass Leserinnen und Lesern nicht nur ein *rascher Einstieg in diesen Forschungsbereich* ermöglicht und ein *informationsreicher Überblick* gewährt wird. Vielmehr werden die *wesentlichen Ergebnisse systematisch zusammengetragen* und hierbei darauf Wert gelegt, die empirischen Erkenntnisse anhand zahlreicher *praktischer Beispiele* für alle Interessentengruppen handlungsnah zu veranschaulichen, ihren unmittelbaren *Alltagsbezug* zu verdeutlichen und so für die *eigene Unterrichtstätigkeit* wie auch die *Aus-, Fort- und Weiterbildung von Mathematiklehrkräften* fruchtbar machen.

1.4   Überblick über die Beiträge des vorliegenden Bandes

Die Kapitel dieses Buches bilden drei Themenblöcke, die im Folgenden wie auch die Beiträge selbst kurz vorgestellt werden sollen. Zuerst liegt der Betrachtungsschwerpunkt auf der genuinen Professionswissenskategorie von Mathematiklehrkräften, dem *fachdidaktischen Wissen* (Kap. 2, 3 und 4), und verlagert sich daraufhin auf verschiedene Arten eines *Fachwissens* von Mathematiklehrkräften (Kap. 5 und 6). Zudem wird ein einflussreicher *außereuropäischer Ansatz* der Professionswissensforschung präsentiert (Kap. 7), das mathematikbezogene Professionswissen von *Physik*lehrkräften analysiert (Kap. 8) und letztlich auf das *pädagogische Wissen* von Mathematiklehrkräften eingegangen (Kap. 9).

1.4.1   Im Herzen der Profession: fachdidaktisches Wissen und Können

Der erste Abschnitt führt Leserinnen und Leser tief in grundlegende Aspekte der Profession von Mathematiklehrkräften ein. Die drei Buchkapitel 2, 3 und 4 fokussieren das *fachdidaktische Wissen und Können* und beleuchten dieses aus den differierenden Blickwinkeln dreier in der deutschsprachigen Forschung sehr einflussreicher Projekte.

Am Anfang steht der Beitrag von *Schwarz, Buchholtz* und *Kaiser,* die anhand des mittlerweile umfassenden und verzweigten TEDS-M-Forschungsprogramms die Untersuchungsdynamik bezüglich des fachdidaktischen Wissens von (angehenden) Mathematiklehrkräften im Zeitraffer der zugehörigen Einzelstudien darstellen. Ausgehend von der Frage nach dem Wesen von Mathematikdidaktik, deren deutschsprachige Tradition, wie Schwarz und Kollegen zeigen, zahlreiche Unterschiede zu internationalen Ansätzen aufweist, verdeutlichen sie die definitorische Unschärfe, den inhaltlichen Facettenreichtum und die Vielfalt an kognitiven Repräsentationsformen ihres Untersuchungsgegenstands, des mathematikdidaktischen Wissens. Dementsprechend verschiebt sich auch der theoretische Ansatz einer Erfassung entsprechender Kompetenzen im Verlauf der für den Zeitraum der Jahre 2004 bis 2020 vorgestellten Studien (MT21, TEDS-M, TEDS-LT, TEDS-FU, TEDS-Unterricht/Validierung) von vornehmlich wissensbezogenen (dispositionalen) zu eher situationsbezogenen Kompetenzaspekten.

So basieren die Studien bis inklusive TEDS-LT auf einem theoretischen Kompetenzraster, das einerseits zwischen stoffdidaktischem und unterrichtsbezogenem mathematikdidaktischem Wissen, andererseits nach kognitiven Anforderungsprozessen (Erinnern, Verstehen, Anwenden und Analysieren, Bewerten und Generieren von Handlungsoptionen) unterscheidet und der Konstruktion vorwiegend geschlossener Items zugrunde liegt, die in analogen Erhebungsverfahren eingesetzt werden. Dieses wird in späteren Untersuchungen weiterentwickelt, um die Anwendung verschiedener Formen fachdidaktischer Kompetenzen in unterschiedlichen unterrichtspraktischen Situationen in den Blick zu nehmen. Zur Erfassung dieser situativen Fähigkeiten praktizierender Lehrkräfte sehen Schwarz und Kollegen in ihrem theoretischen Modell von Kompetenz als Kontinuum die kognitiven und affektiv-motivationalen Dispositionen einer Lehrkraft nun als Voraussetzung für situationsspezifische Fähigkeiten (Wahrnehmung, Interpretation, Entscheidungsfindung), die schließlich das beobachtbare Verhalten einer Lehrkraft beeinflussen. Zur Erfassung dieser situativen Fähigkeiten biete sich nach Schwarz und Kollegen „der Einsatz von Videovignetten als Stimulus für das Beantworten von Testaufgaben" an.

Zahlreiche anschauliche Beispiele für wissensbezogene Items aus frühen Studien und zur Messung situationsspezifischer Fähigkeiten aus neueren Untersuchungen präsentiert die Autorengruppe im dritten Abschnitt ihres Beitrags, erläutert die jeweils zugrunde liegenden Inhalte und Konzepte, diskutiert Lösungsschwierigkeiten und -raten und geht dabei auch auf verschiedene Einzelheiten der Studiendurchführung ein. Daran schließt eine kurze Überblicksdarstellung zentraler Ergebnisse des mehr als 15-jährigen TEDS-M-Forschungsprogramms an, zu dessen bemerkenswertesten die Befunde zur Entwicklung des mathematischen bzw. mathematikdidaktischen Wissens in den ersten Berufsjahren sowie die positiven Zusammenhänge der drei Unterrichtsqualitätsdimensionen konstruktive Unterstützung, kognitive Aktivierung und fachdidaktische Strukturierung mit der professionellen Unterrichtswahrnehmung, nicht aber mit dem fachbezogenen Wissen gehören. Im letzten Abschnitt deuten Schwarz und Kollegen ihre Befunde vor dem Hintergrund des Unterrichtsalltags und leiten daraus wertvolle Hinweise für die Praxis ab.

Vonseiten der Performanz betrachtet, ist das Strukturmodell fachspezifischer Lehrkräftekompetenz von *Lindmeier* und *Heinze,* dem der zweite Beitrag gewidmet ist, zwar mit der theoretischen Auffassung von Kompetenz als Kontinuum, die im vorigen Beitrag vertreten wird, kompatibel. Der holistische Ansatz von Lindmeier und Heinze zielt jedoch weniger auf eine Zerlegung des professionellen Wissens in verschiedene Teilkomponenten ab, sondern betont die erforderliche Integration unterschiedlicher kognitiver Ressourcen in unterrichtlichen Handlungssituationen. Wie andere Problemstellungen, für deren erfolgreiche Bewältigung ein hoher Grad an Expertise notwendig ist, sind diese von einer unzureichenden Informationslage, einer enormen Handlungskomplexität, -dynamik und -unmittelbarkeit, vor allem aber von Zeitdruck geprägt, der im Modell der Autoren ein entscheidendes Kriterium darstellt. Sie unterscheiden hierfür eine aktionsbezogene Kompetenz, die sich bei einer anforderungsbezogenen Nutzung des professionellen Wissens unter Zeitdruck (z. B. im Unterrichtskontext) und somit in schnellen, assoziativen Denkprozessen und spontanen, raschen Entscheidungen zeigt, sowie eine reflexive Kompetenz, bei der auf professionelles Wissen auch ohne Zeitdruck beispielsweise während der Vor- und Nachbereitung von Unterricht, bei Korrekturen etc. in einer abwägenden, analytischen Art und Weise zurückgegriffen wird. Der jeweils explizite Anwendungsbezug bei der Bewältigung der beruflichen Anforderungen stellt dabei nach Lindmeier und Heinze das wesentliche Differenzierungsmerkmal gegenüber dem fachdidaktischen Wissen einerseits im Sinne eines kodifizierten, generalisierten und statischen Buchwissens und andererseits dem eher prototypischen Verständnis von fachdidaktischem Wissen als persönlichem integriertem Berufswissen dar, das sich vor allem im anglo-amerikanischen Raum findet. Bei der Erfassung aktionsbezogener und reflexiver Kompetenz erfordert diese Kontextgebundenheit zudem eine Berücksichtigung möglichst vieler charakterisierender Merkmale typischer Anforderungssituationen der Unterrichtstätigkeit (inkl. Zeitdruck) sowie der Vor- und Nachbereitung.

Wie deren Umsetzung in einem computerbasierten Test gelingt, erörtern die Autoren anschließend anhand zahlreicher anschaulicher Beispiele. Hierbei gehen sie ausführlich auf Möglichkeiten und Grenzen der Messung aktionsbezogener und reflektiver Kompetenz mittels Video- bzw. Textvignetten und mündlicher oder schriftlicher Antwortformate wie auch die Lösungsbewertung auf Basis theoretischer und normativer Vorstellungen guten Lehrkräftehandelns und qualitätsvollen Mathematikunterrichts ein. Die zentralen Ergebnisse ihrer verschiedenen Einzelstudien gliedern Lindmeier und Heinze nach den drei Leitaspekten Struktur, Einflussfaktoren und Wirkungen professioneller Kompetenz. Sie erläutern u. a., dass professionelles Wissen von aktionsbezogener und reflexiver Kompetenz empirisch abgrenzbar ist, auch wenn umfassenderes Wissen mit höheren Kompetenzen (erwartungsgemäß vor allem den reflexiven, aber auch aktionsbezogenen) zusammenhängt. Wissen wird damit zur theoretisch plausiblen Determinante, wohingegen das Zweitfach, Fortbildungsbesuche und die Berufserfahrung einer Lehrkraft kaum entsprechende Einflüsse haben, was bisherigen Forschungsbefunden vergleichbarer Studien entspricht. Der Beitrag schließt mit umfassenden Überlegungen zu erfolgreichem beruflichem Lernen und entsprechenden Handlungsempfehlungen für berufstätige Lehrkräfte wie auch Lehrerbildende. Hierzu entkräften die Autoren drei gängige Erklärungsmuster für suboptimales Lehrkräftehandeln, die mit ihren Forschungsergebnissen nicht vereinbar sind, und erläutern unter Rückgriff auf die *deliberate practice*-Theorie von Ericsson et al. (1993) potenzielle Bedingungen und evidenzbasierte Maßnahmen wie kollegiale Hospitation und fachspezifisches Coaching.

Die unterschiedlichen Schwerpunktsetzungen auf professionellem Wissen und professionellen Kompetenzen der beiden vorangehenden Kapitel vereinigt der Beitrag von *Bruckmaier, Krauss, Blum* und *Neubrand* im Kontext der COACTIV-Studie. Die Eingangsfrage, was eine fachdidaktisch gute Lehrkraft ausmacht, die aus den Blickwinkeln von Schülerinnen und Schülern einerseits und der Bildungs- und Expertiseforschung andererseits kurz verhandelt wird, sowie Informationen zu Anlass,

Durchführung und Intention der COACTIV-Studie in den Jahren 2003 und 2004 leiten zügig zur zentralen Thematik des Beitrags hin, wie darin fachdidaktisches Wissen und fachdidaktische Kompetenz gemessen wurden. Hierzu geben Bruckmaier und Kollegen zunächst eine detailreiche Übersicht über die Instrumente für das domänenspezifische Professionswissen, Fach- und fachdidaktisches Wissen, die als Komponenten mit eher deklarativem Charakter mit Papier-und-Bleistifttests erfasst wurden, und für die professionelle Kompetenz, fachdidaktische und methodische Kompetenz, die als handlungsnähere Konzepte mithilfe von Videovignetten erhoben wurden. Daran schließen analog aufgebaute Erläuterungen zu den theoretischen Fundierungen der jeweiligen Konstrukte und auch zu deren konkreter Umsetzung in Form von passenden Testaufgaben bzw. -vignetten an, die anhand illustrativer Beispiele besprochen werden. Zunächst wird das Konzept des fachdidaktischen Wissens vorgestellt, das sich in die Facetten eines Wissens über Erklären und Darstellen, eines Wissens über typische Schülerkognitionen und -fehler sowie eines Wissens über mathematische Aufgaben gliedert, und es werden jeweils zugehörige Aufgaben diskutiert. Diese Beispiele verdeutlichen ein Spezifikum der Items im fachdidaktischen Wissenstest, nämlich dass deren richtige Beantwortung oftmals auf mehrere verschiedene Arten erfolgen kann und auch soll, um das breite Wissensrepertoire in Bezug auf unterschiedliche Erklärungswege, die multiple Lösbarkeit von Aufgaben oder einen flexiblen und konstruktiven Umgang mit Schülerfehlern abzubilden. Bei den Aufgaben zum Fachwissen, das in COACTIV als vertieftes Verständnis der Fachinhalte des Curriculums der Sekundarstufe konzeptualisiert wird, genügt hingegen jeweils die Angabe der korrekten Lösung.

Des Weiteren motivieren Bruckmaier und Kollegen die separate zusätzliche Erfassung fachdidaktischer und methodischer Kompetenz mithilfe von Videovignetten, die online zugänglich sind, damit, dass eine Lehrkraft zwar theoretisch über ein entsprechendes Wissen verfügen (und es zu Papier bringen), dieses in einer spezifischen Unterrichtssituation aber nicht nutzbar machen könnte. Damit verstehen die Autoren „unter fachdidaktischer Kompetenz [...] kurz gesagt die Fähigkeit, handlungsnahes didaktisches Wissen in Unterrichtssituationen umsetzen zu können", und fassen darunter die Dimensionen der Nutzung didaktischer Chancen, der Verständnisorientierung und der fachlichen Präzision, die sie anhand sinnfälliger Beispiele konkretisieren. Die methodische Kompetenz bezieht sich hingegen auf eher überfachliche Qualitätsaspekte und gliedert sich in die Dimensionen der Schülerorientierung und methodischen Präzision, die ebenfalls exemplarisch veranschaulicht werden.

Als Ergebnisse berichten Bruckmaier und Kollegen neben einer nicht unerheblichen interindividuellen Varianz der Ausprägungen in den verschiedenen Wissens- und Kompetenzbereichen u. a. signifikante Schulformunterschiede zwischen nichtgymnasialen und gymnasialen Schularten (zugunsten der gymnasialen Lehrkräfte) und außerdem – wie schon bei Lindmeier und Heinze in Kap. 3 – einen ausbleibenden Zusammenhang zwischen dem Professionswissen und der Berufserfahrung von Lehrkräften. Besonders heben Bruckmaier und Kollegen einerseits die positiven Zusammenhänge zwischen dem fachdidaktischen Wissen, fachdidaktischer Kompetenz bzw. methodischer Kompetenz und verschiedenen Aspekten von Unterrichtsqualität, andererseits zwischen dem fachdidaktischen Wissen und dem Lernzuwachs von Schülerinnen und Schülern hervor. Die COACTIV-Studie und ihre Befunde sind nach Ansicht der Autoren in dreifacher Hinsicht für berufstätige Mathematiklehrkräfte und die Lehrkräfteaus- und -weiterbildung bedeutsam: Sie bieten Orientierungen für das konkrete Handeln im Mathematikunterricht, geben theoretische Anregungen und empirische Hinweise für Erweiterungen mathematikdidaktischer Wissenskomponenten (z. B. zu Aufgabenauswahl oder dem Umgang mit Fehlkonzepten) und sensibilisieren für eine reflektierende Betrachtung des Mathematikunterrichts sowie für stete Weiterentwicklungs- und Optimierungsmöglichkeiten.

1.4.2   Fachwissen: die Kluft zwischen Universität und Schule

Im zweiten Abschnitt des vorliegenden Bandes sind zwei Beiträge versammelt, die sich mit einem Phänomen beschäftigen, das Felix Klein bereits vor über 100 Jahren mit dem Begriff der doppelten Diskontinuität (Klein, 1908/2016) bezeichnete. Dieser spielt auf die – zumindest oberflächlich betrachtet – inhaltliche Bezugslosigkeit zwischen der Mathematik in der Schule und an der Universität an, die viele Lehramtsstudierende und Lehrkräfte sowohl am Anfang ihres Studiums als auch zu Beginn ihres Referendariats empfinden und die die Frage aufwirft, welches Fachwissen Mathematiklehrkräfte für den Unterricht eigentlich benötigen.

Zu dieser Fragestellung stellen *Dreher, Hoth, Lindmeier* und *Heinze* in ihrem Beitrag ihre diesbezüglichen Erkenntnisse aus den zwei Kieler Forschungsprojekten KiL (Messung professioneller Kompetenzen in mathematischen und naturwissenschaftlichen Lehramtsstudiengängen) und KeiLa (Kompetenzentwicklung in mathematischen und naturwissenschaftlichen Lehramtsstudiengängen) vor. Darin grenzen sie einleitend und unter Rückgriff auf entsprechende Konzeptualisierungen des Fachwissens von Studien wie TEDS oder COACTIV zunächst die Schulmathematik von der akademischen Mathematik ab. Anhand der gewählten Beispiele zu Ähnlichkeitsabbildungen und Bruchzahlen illustrieren sie, dass an der Universität ein axiomatisch-deduktiver Theorieaufbau „mittels einer Definition-Satz-Beweis-Systematik" verfolgt wird, wohingegen in der Schule die „Anwendung der Mathematik im Fokus (steht), um Mathematik als Werkzeug der Umwelterschließung und zum Problemlösen verwenden zu können". Zudem stellen Dreher und Kollegen mit Blick auf universitäre Studienpläne und dem Verweis auf Wu₃ (2015) sogenannte „Intellectual Trickle-down Theory" fest, dass der Ausrichtung der akademischen Ausbildung (offenbar) die Annahme zugrunde liege, dass aus dem Verständnis universitärer mathematischer Inhalte ein vertiefteres Verständnis der Schulmathematik resultiere. Unbeachtet und ungelehrt bleibt dabei ihrer Ansicht nach jedoch ein Fachwissen zum Aufbau und zur Begründung des Curriculums, das als „Metawissen über die Schulmathematik" zu einer erfolgreichen Bewältigung unterrichtlicher Alltagsanforderungen notwendig ist. Ebenso prangern Dreher und Kollegen eine mangelnde

universitäre Vermittlung eines Fachwissens über die Zusammenhänge zwischen Schul-
und akademischer Mathematik aus wechselseitiger Perspektive an, welches – wie sie an
weiteren Beispielen vorführen – zur Wahrung der mathematischen Integrität didaktisch
reduzierter Sachverhalte, zur vertieften Beurteilung und Analyse schulmathematischer
Elemente und zur Einschätzung der Lernpotenziale mathematischer Unterrichtsinhalte
unentbehrlich ist. Für diese zwei beschriebenen Facetten schlagen sie schließlich
die neue Fachwissenskategorie „schulbezogenes Fachwissen" vor und legen in ihren
Studien neben dem akademischen Fachwissen und dem fachdidaktischen Wissen
von Lehrkräften einen besonderen Untersuchungsfokus auf diese neue Art von fach-
mathematischem Wissen.

Dementsprechend illustrieren sie zunächst die Messung dieses schulbezogenen Fachwissens anhand zahlreicher exemplarischer Aufgaben aus schriftlichen Testinstrumenten,
die hierzu in den Projekten KiL und KeiLa eingesetzt wurden und verschiedene
mathematische Inhaltsbereiche abdecken, und diskutieren potenzielle Lösungen. Daraufhin verdeutlichen sie nicht nur mittels schlüssiger Beispiele Unterschiede zwischen
Items zur Erfassung schulnahen Fachwissens und von Formen des Fachwissens, wie
sie in TEDS oder COACTIV erhoben wurden, sondern grenzen die drei Wissensarten
akademisches Fachwissen, schulnahes Fachwissen und fachdidaktisches Wissen auch
mithilfe von Beispielen aus den eigenen Projekten KiL und KeiLa sorgfältig voneinander ab. Wie ein Blick auf die Ergebnisse zeigt, gelingt die Unterscheidung dieser
drei Wissenskategorien nicht nur theoretisch und anschaulich, sondern auch empirisch,
sodass Dreher und Kollegen das schulbezogene Fachwissen als neue Dimension des
Professionswissens postulieren. Entgegen der oben genannten „Intellectual Trickle-down
Theory" führt ein Anstieg an akademischem Fachwissen nicht automatisch zu einem
höheren schulbezogenen Fachwissen, dessen Zuwachs vielmehr von weiteren Faktoren
wie Geschlecht oder kognitiven Grundfähigkeiten beeinflusst wird. Zudem indizieren die
Studien einen Mangel an expliziten, systematischen und effektiven Lerngelegenheiten
für schulbezogenes Fachwissen während der Lehrkräfteausbildung, wobei insbesondere
auch unzureichend geklärt ist, wie genau diese aussehen könnten. Folglich schließt
der Beitrag von Dreher und Kollegen mit einem umfassenden Überblick über aktuelle
Konzepte von Lehrveranstaltungen und praxisorientierte Lösungsansätze zur Berücksichtigung des schulbezogenen Fachwissens in der Lehrkräfteausbildung, wie sie derzeit
u. a. an den Universitätsstandorten Freiburg, Gießen, Kiel, Marburg, München, Paderborn, Regensburg und Siegen erprobt werden.

Konkrete Einblicke in eines der soeben genannten universitären Lehrformate zum
schulbezogenen Fachwissen gewähren *Eberl, Krauss, Moßburger, Rauch* und *Weber,*
deren praxisorientierte Darstellung damit ein Pendant zum Forschungsblickwinkel
des vorausgehenden Kapitels bildet. In dem Regensburger Beitrag wird nämlich keine
empirische Studie beschrieben, sondern werden exemplarisch Erfahrungen aus der
Lehramtsausbildung berichtet, bei denen sich ein fundiertes akademisches Fachwissen
in Mathematik für den Unterrichtsalltag als besonders nützlich erwies. Ansatzpunkt

der Ausführungen der Autoren ist vor allem die zweite Diskontinuität beim Übergang in den Schuldienst, sodass sie in einer Bottom-up- wie auch Top-down-Perspektive zu zahlreichen schulmathematischen Elementen und Inhalten die hochschulmathematischen Grundlagen identifizieren und relevante Zusammenhänge zwischen den beiden Fachwissensbereichen verdeutlichen. Damit berühren sie u. a. Fragen der Art, „ob für Lehrkräfte das, was typischerweise in Schulbüchern steht, als fachliche Grundlage für das Unterrichten von Mathematik tatsächlich immer ausreicht" und „ob (und wenn ja, wie) man sich als Lehrkraft didaktisch (d. h. im Unterricht oder bei dessen Vorbereitung) der Hochschulmathematik bedienen kann".

Die zahlreichen inhaltlichen Beispiele und Anwendungsfälle, die die Autorengruppe als anschauliche Antworten darauf findet, beginnen stets mit einer (fingierten) Eingangsfrage einer Schülerin oder eines Schülers und erstrecken sich über die Themenbereiche der Arithmetik, Algebra und Analysis. Ein voranstehendes vollständiges Register aller behandelten Beispiele erleichtert der Leserin bzw. dem Leser die Suche nach einer bestimmten Thematik, soll aber keineswegs die erschöpfende Auflistung aller möglichen Anknüpfungspunkte zwischen Schul- und Hochschulmathematik suggerieren. Vielmehr können und sollen die 23 präsentierten Vignetten zum Selbststudium einladen, als Material für den eigenen Unterricht dienen, in der Aus- und Fortbildung von Lehrkräften eingesetzt werden und schließlich auch interessierte Rezipienten dazu anregen, vergleichbare Zusammenhänge zwischen Schul- und Hochschulmathematik zu entdecken und didaktisch nutzbar zu machen.

1.4.3 Mathematisches Professionswissen – nicht nur ein Aspekt für Mathematiklehrkräfte der Sekundarstufe

Den dritten und letzten Abschnitt des vorliegenden Bandes nehmen alternative Perspektiven auf das mathematikbezogene Professionswissen von Sekundarstufenlehrkräften ein. Zuerst verändern sich der regionale Betrachtungsstandpunkt und die Schulform, im zweiten Beitrag wechselt die primäre Fachzugehörigkeit der fokussierten Lehrkräfte und zum Ausklang weitet sich der Blick vom fachspezifischen zum pädagogischen Professionswissen von Mathematiklehrkräften.

Vor dem Hintergrund des amerikanischen Bildungssystems geben die beiden Autorinnen *Loewenberg Ball* und *Hill* in Kap. 7 zahlreiche Einblicke in die Forschung zum Professionswissen von Mathematiklehrkräften an Primarschulen in den USA und berichten aufschlussreiche Erfahrungen aus ihrem mittlerweile eine Vielzahl an Studien umfassenden Forschungsprogramm. Zur näheren Beschreibung des Professionswissens von Mathematiklehrkräften greifen sie – wie auch die meisten deutschsprachigen Ansätze (z. B. COACTIV oder TEDS) – zwar auf Shulmans Aufgliederung zentraler Wissenskategorien zurück (1986, 1987). Die Konkretisierung des Forschungsgegenstands durch die beiden US-Forscherinnen spiegelt jedoch hinsichtlich Terminologie, inhaltlicher Ausgestaltung und formaler Struktur kulturspezifische Einflüsse und Unterschiede der schulischen und akademischen Ausbildungssysteme wider. Dies wird u. a. an der theoretischen Fundierung des **M**athematical **K**nowledge for **T**eaching (MKT) deutlich, das sich aus zwei Wissensaspekten zusammensetzt: Einerseits modellieren die Autorinnen ein allgemeines mathematisches Wissen über die curricularen Inhalte der Grundschule, über das im Prinzip auch jeder Erwachsene verfügen sollte. Damit unterscheidet sich dieses curriculare Fachwissen jedoch grundlegend von konzeptuellen Zugängen zum Fachwissen in anderen Projekten, deren Fokus auf die Sekundarstufe gerichtet ist und in denen beispielsweise das Niveau eines vertieften Wissens über die Inhalte des Schulcurriculums (z. B. COACTIV oder TEDS) oder eines schulbezogenen Fachwissens (z. B. KiL oder KeiLa) in den Blick genommen wird, das in der Regel nicht jeder Schulabsolvent beherrscht. Andererseits analysieren Ball und Hill ein spezifisches Wissen für das Unterrichten von Mathematik in der Grundschule, dessen theoretische Konzeption inklusive der zugehörigen Facetten (Schülerschwierigkeiten identifizieren und analysieren, mathematische Sachverhalte erklären und repräsentieren, anschlussfähige Konzepte und jahrgangsstufenadäquate Sprache verwenden) einer Auffassung von fachdidaktischem Wissen ähnelt, wie sie andere Studien aus dem deutschsprachigen Forschungsraum verwenden (z. B. COACTIV). Die begriffliche Differenz begründet sich vor allem darin, dass die Fachdidaktik als Universitätsdisziplin in den USA und somit fachdidaktische Studienanteile in der amerikanischen Lehrkräfteausbildung unbekannt sind (vgl. hierzu Schilcher et al., 2021).

Damit bieten Ball und Hill eine alternative, außereuropäische Perspektive auf das, was unter Professionswissen von Mathematiklehrkräften zu verstehen ist und wie sich dieses messbar machen lässt. Die konkrete Operationalisierung des curricularen Fachwissens und des spezifischen Wissens für das Unterrichten von Mathematik, d. h. des fachdidaktischen Wissens, machen die präsentierten (Test-)Aufgaben mit geschlossenem Multiple-Choice-Antwortformat sowie die inhaltliche Ausrichtung der konstruierten Papier- und Bleistifttests ersichtlich. Abgesehen von einem durchgängigen Bemühen um Veranschaulichung und Praxisbezüge geht aus dem Beitrag auch eine interkulturelle Parallelität von bildungspolitischen Problemstellungen und grundlegenden Untersuchungszielen hervor, die amerikanischen und deutschen Forschungsansätzen gemeinsam sind. Im Vordergrund stehen die beiden Fragestellungen, durch welche Faktoren die Entwicklung eines mathematikspezifischen Professionswissens von Primarschullehrkräften während der Ausbildung gefördert werden kann und wie dieses Wissen mit Unterrichtsqualität und Lernerfolgen von Primarschülerinnen und -schülern zusammenhängt. Hierzu liefern die Autorinnen zahlreiche interessante Befunde, die im Kontext amerikanischer Bildungsdebatten und unter Einbezug spezifischer Themen wie Bildungsgerechtigkeit und sozialer Ungleichheit erörtert und eingeordnet werden. Die Relevanz der vorgestellten Ergebnisse für und deren Übertragbarkeit auf das deutsche Bildungssystem ist dabei hinsichtlich vieler Aspekte bemerkenswert.

Dass über ein mathematikbezogenes Professionswissen nicht nur Mathematik-lehrkräfte, sondern auch Physiklehrkräfte verfügen sollten, selbst wenn sie nicht Mathematik als Zweitfach studiert haben und unterrichten, führt der Beitrag von *Neumann* und *Neumann* transparent vor Augen und ist daher ausführlich der Frage gewidmet, was Physiklehrkräfte über Mathematik wissen sollten. Ausgehend von der immensen Bedeutung der Mathematik für die Physik insgesamt, die sich vor allem in ihrer sprachlichen, technischen und strukturierenden Funktion beim Modellieren physikalischer Phänomene und Probleme manifestiert, verdeutlicht das Autorenpaar die daraus resultierenden Implikationen für den Physikunterricht und das -studium. Unter Einbezug entsprechender empirischer Studien und anhand griffiger Beispiele legen sie einerseits dar, dass sich Lernschwierigkeiten von Schülerinnen und Schülern im Physikunterricht häufig „aus der starken Fokussierung auf die Mathematik als Werk-zeug unter Vernachlässigung der (konzeptuellen) Übersetzungsleistung zwischen Physik und Mathematik" ergeben. Andererseits beschreiben sie mathematische Fähigkeiten als wesentliche Lernvoraussetzung für eine erfolgreiche Bewältigung des Physikstudiums und demzufolge die Notwendigkeit einer Förderung physikbezogener mathematischer Kompetenz zu Beginn oder während der universitären Ausbildungsphase.

Vor dem Hintergrund dieser Überlegungen folgern Neumann und Neumann ein mathematikbezogenes Professionswissen für Physiklehrkräfte, das sich von demjenigen von Mathematiklehrkräften unterscheidet und sich im Wesentlichen in drei Bereiche gliedern lässt. Analog zum schulnahen Fachwissen, das Dreher und Kollegen für Mathematiklehrkräfte fordern, postuliert das Autorenpaar erstens ein ebensolches Wissen, das zum einen vertieft alle mathematischen Methoden umfasst, die für den Physikunterricht relevant sind, und zum anderen zumindest überblicks-haft die mathematischen Ansätze beinhaltet, die für die (moderne) Physik als Wissen-schaftsdisziplin bedeutsam sind. Zweitens halten sie das in den ersten Abschnitten des Beitrags ausführlich exemplifizierte Wissen über die Rolle der Mathematik in der Physik für wichtig, das sich in ein „Metawissen über die Mathematisierung im physikalischen Modellierungskreislauf" bzw. ein „Metawissen über die Physik als Wissenschaft sowie die Bedeutung der Mathematik für die Physik und die Entwicklung der Physik" aufteilen lässt. Als dritte Kategorie formulieren Neumann und Neumann ein physikdidaktisches Wissen zur Vermittlung von Physik mittels Mathematik, zu dem mathematikbezogenes Wissen aus den folgenden Bereichen gehört: „Wissen über typische Schülerprobleme mit der Mathematik beim physikalisch(-mathematischen) Modellieren (Schülerkognitionen), Wissen über Instruktionsstrategien zur Vermittlung der Rolle der Mathematik beim physikalisch(-mathematischen) Modellieren (Instruktionsstrategien), Wissen über das Mathematikcurriculum der Sekundarstufe I und II (Curriculum) und Wissen über die Diagnose physikalischer Kompetenz jenseits (aber inklusive) mathematischen Formel-wissens (Diagnose)". Mit Hinweisen auf die diesbezügliche Forschungslage sowie Untersuchungsdesiderate schließt der Beitrag.

Während der Fokus der vorausgehenden Kapitel auf den fachspezifischen Wissensbereichen, Fach- und fachdidaktisches Wissen, liegt, ergänzt der Beitrag von *König, Felske* und *Kaiser* den bisherigen Blickwinkel um das fachübergreifende pädagogische Wissen von Lehrkräften, das für erfolgreichen Unterricht – in Mathematik wie auch in allen anderen Fächern – von großer Relevanz ist. Zunächst bietet das Autorentrio eine konzeptuelle Verortung des pädagogischen Wissens innerhalb der professionellen Kompetenz von Lehrkräften, benennt zentrale Inhaltsbereiche, die dieser Wissenskategorie im internationalen Diskurs übereinstimmend zugeordnet werden, und geht auf deklarative sowie prozedurale Wissensanteile ein. Daraufhin verweisen sie auf die Situationsspezifität wissensbasierter pädagogischer Fähigkeiten und deren Bedeutung für die Prozessqualität von Unterricht, als deren Indikatoren wieder die drei Basisdimensionen effektive Klassenführung, konstruktive Unterstützung und kognitive Aktivierung gelten. Damit sind die drei in diesem Beitrag zentralen theoretischen Konstrukte, pädagogisches Wissen, pädagogische Kompetenz und Unterrichtsqualität, eingeführt, auf deren empirische Messung im Folgenden unter überblickshafter Berücksichtigung der jeweils wichtigsten Forschungsprojekte, anhand zahlreicher anschaulicher Aufgabenbeispiele und informativer Verweise auf empfehlenswerte weiterführende Online-Ressourcen näher eingegangen wird. So legen König und Kollegen dar, dass zur Erhebung pädagogischen Wissens vorwiegend Papier-und-Bleistifttests mit offenem und geschlossenem Antwortformat wie in TEDS-M zum Einsatz kommen, wohingegen kontextualisierte pädagogische Kompetenzen eher mittels videobasierter Instrumente erfasst werden. Diese zeigen in Einzelvideos und Videosequenzen typische unterrichtliche Problemsituationen und nutzen diese als Ausgangspunkt für anschließende Aufgaben. Als Beispiele werden die zwei Untersuchungsinstrumente aus den Studien CME (**C**lassroom **M**anagement **E**xpertise) und TEDS-FU (**T**eacher **E**ducation and **D**evelopment **S**tudy – **F**ollow **U**p) erläutert, aber auch ein textbasierter Ansatz aus den Projekten PlanvoLL und PlanvoLL-D (**Plan**ungskompetenz **vo**n [**D**eutsch-]**L**ehrerinnen und **L**ehrern) genannt, in denen situationsspezifische pädagogische Fähigkeiten anhand schriftlicher Unterrichtsplanungen analysiert wurden. Schließlich werden verschiedene Ansätze zur Messung von Unterrichtsqualität und deren Vor- und Nachteile gegenübergestellt (z. B. Selbsteinschätzungen von Lehrkräften, Bewertung durch externe Beobachterinnen und Beobachter, Einschätzungen von Schülerinnen und Schülern) und die Vorgehensweise mittels externer Beobachterinnen und Beobachter in der autoreneigenen Studie TEDS-Unterricht/Validierung erläutert.

In den verbleibenden Abschnitten bieten König und Kollegen eine detaillierte, nach Ausbildungsphasen im Lehramt ansprechend gegliederte Zusammenschau von Studienergebnissen zum pädagogischen Wissen, zu pädagogischer Kompetenz und zu Unterrichtsqualität sowie zu deren gegenseitigem Verhältnis und Zusammenhang. Dies umfasst zum einen reichhaltige Befunde zur Wirksamkeit des Lehramtsstudiums, zu individuellen Eingangsvoraussetzungen wie der allgemeinen kognitiven Leistungsfähigkeit oder pädagogischer Vorbildung und zu institutionellen Gelingensbedingungen der Kompetenzentwicklung sowie dem Umfang, der inhaltlichen Breite, der Qualität und den schulpraktischen Anteilen universitärer Veranstaltungsangebote. Zum anderen werden vom Autorentrio – trotz eines vorläufigen Forschungsstands – erste Befunde zur Wissens- und Kompetenzentwicklung im Referendariat und während des Berufs erläutert. Zu betonen sind ferner u. a. die Resultate, dass sich das pädagogische Wissen auch empirisch von fachdidaktischem und von Fachwissen trennen lässt, zur Berufszufriedenheit und einem niedrigeren Belastungserleben beiträgt, die professionelle Unterrichtswahrnehmung erhöht, die Unterrichtsqualität steigert und so indirekt auch die fachlichen Leistungen von Schülerinnen und Schülern positiv beeinflusst. Aus diesen beeindruckenden Befunden leiten König und Kollegen schließlich Empfehlungen für die Lehramtsausbildung an der Universität und im Referendariat wie auch für das Lernen im Beruf ab, die von einer kritischen Überprüfung von Berufseingangsbeschränkungen über eine stärkere Verzahnung von Theorie-und-Praxis-Elementen (z. B. durch fallbasierte Lehr-Lern-Formate) oder strukturierter Unterrichtsreflexion bis zu mentorieller Unterstützung über das Referendariat hinaus reichen.

Literatur

Ball, D. L., Hill, H. H., & Bass, H. (2005). Knowing mathematics for teaching: Who knows mathematics well enough to teach third grade, and how can we decide? *American Educator, 29*(3), 14–46.

Barnat, M, (2019). Die Nutzung von Forschungsergebnissen in der Lehrpraxis von Schule und Hochschule. In N. Buchholtz, M. Barnat, E. Bosse, T. Heemsoth, K. Vorhölter, & J. Wibowo (Hrsg.), *Praxistransfer in der tertiären Bildungsforschung. Modelle, Gelingensbedingungen und Nachhaltigkeit* (S. 17–27). Hamburg University Press.

Baumert, J., & Kunter, M. (2006). Stichwort: Professionelle Kompetenz von Lehrkräften. *Zeitschrift für Erziehungswissenschaft, 9*(4), 469–520.

Baumert, J., Klieme, E., Neubrand, M., Prenzel, M., Schiefele, U., Schneider, W., Stanat, P., Tillmann, K.-J., & Weiß, M. (2001). *PISA 2000. Basiskompetenzen von Schülerinnen und Schülern im internationalen Vergleich.* Leske + Budrich.

Berliner, D. C. (2001). Learning about and learning from expert teachers. *International Journal of Educational Research, 35*(5), 463–482.

Biesta, G. (2011). Warum „What works" nicht funktioniert: Evidenzbasierte pädagogische Praxis und das Demokratiedefizit der Bildungsforschung. In J. Bellmann & T. Müller (Hrsg.), *Wissen, was wirkt. Kritik evidenzbasierter Pädagogik* (S. 95–121). VS Verlag. https://doi.org/10.1007/978-3-531-93296-5_4.

Blömeke, S., Bremerich-Vos, A., Haudeck, H., Kaiser, G., Nold, G., Schwippert, K., & Willenberg, H. (Hrsg.) (2011). *Kompetenzen von Lehramtsstudierenden in gering strukturierten Domänen. Erste Ergebnisse aus TEDS-LT.* Waxmann.

Blömeke, S., Bremerich-Vos, A., Kaiser, G., Nold, G., Haudeck, H., Keßler, J.-U., & Schwippert, K. (Hrsg.) (2013). *Professionelle Kompetenzen im Studienverlauf. Weitere Ergebnisse zur Deutsch-, Englisch-, und Mathematiklehrerausbildung aus TEDS-LT.* Waxmann.

Blömeke, S., Jentsch, A., Ross, N., Kaiser, G., & König, J. (2022). Opening up the black box: Teacher competence, instructional quality, and students' learning progress. *Learning and Instruction, 79*, 101600.

Blömeke, S., Busse, A., Kaiser, G., König, J., & Suhl, U. (2016). The relation between content-specific and general teacher knowledge and skills. *Teaching and Teacher Education, 56,* 35–46.

Blömeke, S., Gustafsson, J.-E., & Shavelson, R. J. (2015). Beyond Dichotomies. Competence Viewed as a Continuum. *Zeitschrift für Psychologie, 223*(1), 3–13. https://doi.org/10.1027/2151-2604/a000194.

Blömeke, S., Kaiser, G., & Lehmann, R. (Hrsg.) (2010). TEDS-M 2008. *Professionelle Kompetenz und Lerngelegenheiten angehender Primarstufenlehrkräfte im internationalen Vergleich.* Waxmann.

Blömeke, S., Kaiser, G., & Lehmann, R. (Hrsg.). (2008). *Professionelle Kompetenz angehender Lehrerinnen und Lehrer. Wissen, Überzeugungen und Lerngelegenheiten deutscher Mathematik-studierender und -referendare. Erste Ergebnisse zur Wirksamkeit der Lehrerausbildung.* Waxmann.

Bromme, R. (1992). *Der Lehrer als Experte. Zur Psychologie des professionellen Wissens.* Huber.

Buchholtz, N., Barnat, M., Bosse, E., Heemsoth, T., Vorhölter, K., & Wibowo, J. (Hrsg.). (2019). *Praxistransfer in der tertiären Bildungsforschung. Modelle, Gelingensbedingungen und Nachhaltigkeit.* Hamburg University Press.

Burkhardt, H., & Schoenfeld, A. H. (2003). Improving educational resrach: Toward a more useful, more influential, and better-funded enterprise. *Educational Researcher, 32*(9), 3–14.

Campbell, P. F., Nishio, M., Smith, T. M., Clark, L. M., Conant, D. L., Rust, A. H., DePiper, J. N., Frank, T. J., Griffin, M. J., & Choi, Y. (2014). The relationship between teachers' mathematical content and pedagogical knowledge, teachers' perceptions, and student achievement. *Journal for Research in Mathematics Education, 45*(4), 419–459.

Davies, P. (1999). What is evidence-based education? *British Journal of Educational Studies, 47*(2), 108–121.

Dreher, A., Lindmeier, A., Heinze, A., & Niemand, C. (2018). What kind of content knowledge do secondary mathematics teachers need? *Journal für Mathematik-Didaktik, 39*(2), 319–341.

Ericsson, K. A., Krampe, R. T., & Tesch-Römer, C. (1993). The role of deliberate practice in the acquisition of expert performance. *Psychological Review, 100,* 363–406. https://doi.org/10.1037//0033-295X.100.3.363.

Gräsel, C. (2010). Stichwort: Transfer und Transferforschung im Bildungsbereich. *Zeitschrift für Erziehungswissenschaft, 13,* 7–20.

Gruber, H., & Harteis, C. (2018). *Individual and social influence on professional learning. Supporting the acquisition and maintenance of expertise.* Springer.

Gruber, H., & Mandl, H. (1996). Das Entstehen von Expertise. In J. Hoffmann & W. Kintsch (Hrsg.), *Enzyklopädie der Psychologie, Theorie und Forschung, Kognition* (Bd. 7: Lernen; S. 583–615). Hogrefe.

Hattie, J. (2009). *Visible Learning. A synthesis of over 800 meta-analyses relating to achievement.* Routledge.

Helmke, A. (2017). *Unterrichtsqualität und Lehrerprofessionalität. Diagnose, Evaluation und Verbesserung des Unterrichts* (7. Aufl.). Klett.

Hill, H. C. (2007). Mathematical knowledge of middle school teachers: Implications for the No Child Left Behind policy initiative. *Educational Evaluation and Policy Analysis, 29,* 95–114.

Kaiser, G., Blömeke, S., König, J., Busse, A., Döhrmann, M., & Hoth, J. (2017). Professional competencies of (prospective) mathematics teachers – cognitive versus situated approaches. *Educational Studies in Mathematics, 94*(2), 161–182.

Kelcey, B., Hill, H. C., & Chin, M. J. (2019). Teacher mathematical knowledge, instructional quality, and student outcomes: A multilevel quantile mediation analysis. *School Effectiveness and School Improvement, 30(4),* 398-431.

Kersting, N., Givvin, K., Thompson, B., Santagata, R., & Stigler, J. (2012). Measuring usable knowledge. Teachers' analyses of mathematics classroom videos predict teaching quality and student learning. *American Educational Research Journal, 49* (3), 568–589. https://doi.org/10.3102/0002831212437853.

Kleickmann, T., Großschedl, J., Harms, Z., Heinze, A., Herzog, S., Hohenstein, F., & Zimmermann, F. (2014). Professionswissen von Lehramtsstudierenden der mathematisch-naturwissenschaftlichen Fächer – Testentwicklung im Rahmen des Projektes KIL. *Unterrichtswissenschaft, 42*(3), 280–288.

Kleickmann, T., Richter, D., Kunter, M., Elsner, J., Besser, M., Krauss, S., & Baumert, J. (2013). Teachers' content knowledge and pedagogical content knowledge: The role of structural differences in teacher education. *Journal of Teacher Education, 64*(1), 90–106.

Klein, F. (1908/2016). *Elementary Mathematics from a Higher Standpoint.* Springer (Erstveröffentlichung 1908).

KMK – Ständige Konferenz der Kultusminister der Länder in der Bundesrepublik Deutschland (Hrsg.). (2019). Ländergemeinsame inhaltliche Anforderungen für die Fachwissenschaften und Fachdidaktiken in der Lehrerbildung. http://www.kmk.org/fileadmin/Dateien/veroeffentlichungen_beschluesse/2008/2008_10_16-Fachprofile-Lehrerbildung.pdf.

KMK – Ständige Konferenz der Kultusminister der Länder in der Bundesrepublik Deutschland (Hrsg.). (2012). Ländergemeinsame Anforderungen für die Ausgestaltung des Vorbereitungsdienstes und die abschließende Staatsprüfung. http://www.kmk.org/fileadmin/Dateien/veroeffentlichungen_beschluesse/2012/2012_12_06-Vorbereitungsdienst.pdf.

Krauss, S. (2020). Expertise-Paradigma in der Lehrerinnen- und Lehrerbildung. In C. Cramer, J. König, M. Rothland, & S. Blömekc (Hrsg.), *Handbuch Lehrerinnen- und Lehrerbildung* (S. 154–162). Klinkhardt. https://doi.org/10.35468/hblb2020-018.

Krauss, S., Bruckmaier, G., Lindl, A., Hilbert, S., Binder, K., Steib, N., & Blum, W. (2020). Competence as a continuum in the COACTIV study: The "cascade model". *ZDM Mathematics Education, 52,* 311–327.

Krauss, S., Brunner, M., Kunter, M., Baumert, J., Blum, W., Neubrand, M., & Jordan, A. (2008). Pedagogical content knowledge and content knowledge of secondary mathematics teachers. *Journal of Educational Psychology, 100*(3), 716–725.

Krauss, S., Lindl, A., Schilcher, A., Fricke, M., Göhring, A., Hofmann, B., Kirchhoff, P., & Mulder, R. H. (Hrsg.) (2017). *FALKO – Fachspezifische Lehrerkompetenzen. Konzeption von Professionswissenstests in den Fächern Deutsch, Englisch, Latein, Physik, Musik, Evangelische Religion und Pädagogik.* Waxmann.

Kunter, M., & Voss, T. (2011). Das Modell der Unterrichtsqualität in COACTIV: Eine multikriteriale Analyse. In M. Kunter, J. Baumert, W. Blum, U. Klusmann, S. Krauss, & M. Neubrand (Hrsg.), *Professionelle Kompetenz von Lehrkräften. Ergebnisse des Forschungsprogramms COACTIV* (S. 85–113). Waxmann.

Kunter, M., Baumert, J., Blum, W., Klusmann, U., Krauss, S., & Neubrand, M. (Hrsg.) (2011). *Professionelle Kompetenz von Lehrkräften, Ergebnisse des Forschungsprogramms COACTIV.* Waxmann.

Lindmeier, A. (2011). *Modeling and measuring knowledge and competencies of teachers· A threefold domain-specific structure model for mathematics.* Waxmann.

Lipowsky, F. (2006). Auf den Lehrer kommt es an. In C. Allemann-Ghionda & E. Terhart (Hrsg.), *Kompetenzen und Kompetenzentwicklung von Lehrerinnen und Lehrern: Ausbildung und Beruf* (S. 47–70). Beltz.

Martin, A. (2019). Lehrkräftefortbildungen als Promotoren für Praxistransfer. Ein Vorschlag zur Reorganisation der Fortbildungsstruktur. In N. Buchholtz, M. Barnat, E. Bosse, T. Heemsoth, K. Vorhölter, & J. Wibowo (Hrsg.), *Praxistransfer in der tertiären Bildungsforschung. Modelle, Gelingensbedingungen und Nachhaltigkeit* (S. 185–194). Hamburg University Press.

Neuweg, G. H. (2015). Kontextualisierte Kompetenzmessung: Eine Bilanz zu aktuellen Konzeptionen und forschungsmethodischen Zugängen. *Zeitschrift für Pädagogik, 61*(3), 377–383.

Neuweg, H. G. (2014). Das Wissen der Wissensvermittler. Problemstellungen, Befunde und Perspektiven der Forschung zum Lehrerwissen. In E. Terhart, H. Bennewitz, & M. Rothland (Hrsg.), *Handbuch der Forschung zum Lehrberuf* (2. Aufl., S. 583–614). Waxmann.

Phelps, G., & Schilling, S. (2004). Developing measures of content knowledge for teaching reading. *Elementary School Journal, 105,* 31–48.

Praetorius, A.-K., Grünkorn, J., & Klieme, E. (2020a). Empirische Forschung zu Unterrichtsqualität. Theoretische Grundfragen und quantitative Modellierungen. *Zeitschrift für Pädagogik, 66. Beiheft,* 9–14.

Praetorius, A.-K., Klieme, E., Kleickmann, T., Brunner, E., Lindmeier, A., Taut, S., & Charalambous, Ch. (2020b). Towards developing a theory of generic teaching quality. Origin, current status, and necessary next steps regarding the three basic dimensions model. *Zeitschrift für Pädagogik, 66. Beiheft,* 15–36.

Praetorius, A.-K., Klieme, E., Herbert, B., & Pinger, P. (2018). Generic dimensions of teaching quality. The German framework of three basic dimensions. *ZDM Mathematics Education, 50*(3), 407–426. https://doi.org/10.1007/s11858-018-0918-4.

Prenzel, M. (2010). Geheimnisvoller Transfer? Wie Forschung der Bildungspraxis nützen kann. *Zeitschrift für Erziehungswissenschaft, 13,* 21–37.

Pring, R. (2000). *Philosophy of Educational Research.* Continuum.

Riegel, U., & Macha, K. (Hrsg.) (2013). *Videobasierte Kompetenzforschung in den Fachdidaktiken.* Waxmann.

Rutsch, J., Rehm, M., Vogel, M., Seidenfuß, M., & Dörfler, T. (Hrsg.). (2018). *Effektive Kompetenzdiagnose in der Lehrerbildung. Professionalisierungsprozesse angehender Lehrkräfte untersuchen.* Springer.

Santagata, R., & Yeh, C. (2016). The role of perception, interpretation, and decision making in the development of beginning teachers' competence. *ZDM Mathematics Education, 48*(1), 153–165.

Schilcher, A., Krauss, S., Kirchhoff, P., Lindl, A., Hilbert, S., Asen-Molz, K., Ehras, C., Elmer, M., Frei, M., Gaier, L., Gastl-Pischetsrieder, M., Gunga, E., Murmann, R., Röhrl, S., Ruck, A.-M., Weich, M., Dittmer, A., Fricke, M., Hofmann, B., Memminger, J., Rank, A., Tepner, O., & Thim-Mabrey, C. (2021). FALKE: Experiences from transdisciplinary educational research by fourteen disciplines. *Frontiers in Education, 5* (579982). https://doi.org/10.3389/feduc.2020.579982.

Schlesinger, L., Jentsch, A., Kaiser, G., König, J., & Blömeke, S. (2018). Subject-specific characteristics of instructional quality in mathematics education. *ZDM Mathematics Education, 50*(3), 475–490.

Schwab, J. J. (1978). *Science, curriculum and liberal education.* University of Chicago Press.

Shechtman, N., Roschelle, J., Haertel, G., & Knudsen, J. (2010). Investigating Links from Teacher Knowledge, to Classroom Practice, to Student Learning in the Instructional System of the Middle-School Mathematics Classroom. *Cognition and Instruction, 28*(3), 317–359.

Shulman, L. S. (1986). Those who understand: Knowledge growth in teaching. *Educational Researcher, 15*(2), 4–14.

Shulman, L. S. (1987). Knowledge and teaching: Foundations of the new reform. *Harvard Educational Review, 57*(1), 1–22.

Vieluf, S., Praetorius, A.-K., Rakoczy, K., Kleinknecht, M., & Pietsch, M. (2020). Angebots-Nutzungs-Modelle der Wirkweise des Unterrichts. Ein kritischer Vergleich verschiedener Modellvarianten. *Zeitschrift für Pädagogik, 66. Beiheft,* 63–80.

Voss, T., & Kunter, M. (2011). Pädagogisch-psychologisches Wissen von Lehrkräften. In M. Kunter, J. Baumert, W. Blum, U. Klusmann, S. Krauss, & M. Neubrand (Hrsg.), *Professionelle Kompetenz von Lehrkräften. Ergebnisse des Forschungsprogramms COACTIV* (S. 193–214). Waxmann.

Wahl, D. (1991). *Handeln unter Druck: Der weite Weg vom Wissen zum Handeln bei Lehrern, Hochschullehrern und Erwachsenenbildern.* Deutscher Studien.

Weinert, F. E. (2001). Vergleichende Leistungsmessung in Schulen – eine umstrittene Selbstverständlichkeit. In F. E. Weinert (Hrsg.), *Leistungsmessungen in Schulen* (S. 17–31). Beltz.

Wu, H.-H. (2015). *Textbook School Mathematics and the preparation of mathematics teachers.* https://math.berkeley.edu/~wu/Stony_Brook_2014.pdf.

Teil I
Fachdidaktisches Wissen und Können – im „Herzen der Profession"

Professionelle Kompetenz von Mathematiklehrkräften aus einer mathematikdidaktischen Perspektive

2

Björn Schwarz, Nils Buchholtz und Gabriele Kaiser

▶ Seit mehr als zehn Jahren liefern uns verschiedene groß angelegte nationale und internationale Vergleichsstudien immer neue und vielschichtige Erkenntnisse über die professionelle Kompetenz angehender und praktizierender Lehrkräfte. Speziell für Mathematiklehrkräfte kann hier auf ein breites Spektrum entsprechender Studien verwiesen werden. In diesem Kapitel werden anhand von Studien zur professionellen Kompetenz von Mathematiklehrkräften aus dem TEDS-M-Forschungsprogramm wesentliche Charakteristika solcher Studien an konkreten Beispielen aufgezeigt. Das Kapitel beschreibt insbesondere unterschiedliche Möglichkeiten der theoretischen Konzeptualisierung von mathematikdidaktischen Kompetenzen und stellt jeweils zugehörige Aufgabenbeispiele vor. Eine Zusammenfassung zentraler Ergebnisse der Studien aus dem TEDS-M-Forschungsprogramm unter besonderer Berücksichtigung der Praxisrelevanz schließt das Kapitel ab.

B. Schwarz (✉)
Universität Vechta, Vechta, Deutschland
E-Mail: bjoern.schwarz@uni-vechta.de

N. Buchholtz
Universität Hamburg, Hamburg, Deutschland
E-Mail: Nils.Buchholtz@uni-hamburg.de

G. Kaiser
Universität Hamburg, Hamburg, Deutschland
E-Mail: gabriele.kaiser@uni-hamburg.de

© Springer-Verlag GmbH Deutschland, ein Teil von Springer Nature 2023
S. Krauss und A. Lindl (Hrsg.), *Professionswissen von Mathematiklehrkräften,* Mathematik Primarstufe und Sekundarstufe I + II,
https://doi.org/10.1007/978-3-662-64381-5_2

2.1   Einleitung

Wenn Sie eine Mathematiklehramtsausbildung an einer deutschen Lehrerausbildungs-
institution absolviert haben (oder vielleicht gerade für eine solche eingeschrieben sind),
werden Sie sicherlich auch fachdidaktische Lehrveranstaltungen besucht haben und verbinden damit möglicherweise prägende motivierende oder (hoffentlich eher nicht) unan-
genehme Erinnerungen. Möglicherweise haben Sie dann ähnliche Empfindungen wie die
Studierenden in unserem Beispiel, die über die Frage nachdenken, was die Fachdidaktik
Mathematik für ihre professionelle Ausbildung bedeutet.

Fachdidaktik bedeutet für mich …

Im Prinzip ist Didaktik dann nochmal der Mittler, um zurückgucken zu können oder wieder
zur Schule gucken zu können. Dass man halt einmal guckt, von der Schule hoch in die
Mathematik [...] und dann aber durch die Didaktik dann jetzt wieder guckt, wie kriege ich
das Große jetzt wieder in die Schule rein? (Student, Universität Siegen)

Also die Fachdidaktik muss natürlich den Bezug nehmen auf universitäre Sachen, aber
eigentlich muss ja die Didaktik die Brücke schlagen zwischen universitärer Ausbildung
und dem Ganzen für die Schule, also [...] einfach die abstrakten Sachen, die vorher schon
sind, aufgreifen und dann, [...] ja, wie können wir das jetzt für die Schule passend machen.
(Student, Universität Bielefeld) ◄

Diese Zitate entstammen einer Studie zum mathematikdidaktischen Kompetenzerwerb
von Lehramtsstudierenden (Buchholtz, 2017) und illustrieren die Auffassungen der
Studierenden in Hinblick auf die Frage, was sie – gemäß ihren Erfahrungen – unter der
Aufgabe fachdidaktischer Lehrveranstaltungen verstehen. Deutlich wird daran, dass
bereits der Begriff der Fachdidaktik sehr individuelle Vorstellungen nach sich zieht,
die es mehr oder weniger schwermachen, die Ausprägung oder den Erwerb von fachdidaktischen Kompetenzen im Rahmen der Lehrkräftebildung objektiv einzuschätzen.

Was erwartet Sie in diesem Kapitel?
Schon die Zitate deuten an, dass das Thema Fachdidaktik vielschichtig ist. Und sie leiten
uns mitten hinein in ganz typische Diskussionen, die immer dann zu führen sind, wenn
man etwas empirisch messen möchte, um Aussagen darüber treffen zu können, wie stark
oder gering etwas ausgeprägt ist, um dann beispielsweise Ideen für die Verbesserung von
Lehrveranstaltungen zu kreieren. In diesem Kapitel wollen wir einen solchen Prozess
der empirischen Messung einmal ganz konkret und Schritt für Schritt nachzeichnen. Wie
der Titel des Kapitels schon andeutet, geschieht dies am Beispiel der professionellen
Kompetenz von Mathematiklehrkräften, und noch genauer widmen wir uns der
mathematikdidaktischen Kompetenz. Wir haben dafür als Beispiel verschiedene Studien
aus dem TEDS-M-Forschungsprogramm ausgewählt (das ist eine Reihe von Studien zu
professionellen Kompetenzen von angehenden und praktizierenden Mathematiklehrkräften,

ausgehend von der internationalen Studie zur Effektivität der Mathematiklehrerausbildung TEDS-M; für einen Überblick siehe Kaiser et al., 2017; Kaiser & König, 2019). Das TEDS-M-Forschungsprogramm umfasst unter anderem die Studien TEDS-M, TEDS-LT, TEDS-FU, TEDS-Unterricht und TEDS-Validierung, die alle auf Mathematiklehrkräfte ausgerichtet waren und daher zentral auch mathematikdidaktische Kompetenzen berücksichtigt haben. Es sei angemerkt, dass es neben dem TEDS-M-Forschungsprogramm auch einige andere empirische Studien gibt, die in diesem Buch dargestellt werden (ein weiteres Beispiel für eine große Studie über praktizierende Lehrkräfte im Anschluss an PISA 2003 ist die COACTIV-Studie, siehe Kap. 4 in diesem Band, sowie Kunter et al., 2011).

Wenn man die mathematikdidaktischen Anteile der professionellen Kompetenz von Mathematiklehrkräften empirisch messen möchte, muss man sich zunächst darüber verständigen, was man unter Mathematikdidaktik verstehen möchte. Die beiden obigen Zitate verdeutlichen schon, dass es ganz offenbar keinen Konsens darüber gibt, sondern vielmehr unterschiedliche individuelle Sichtweisen existieren. Und wie wir merken werden, wird es noch komplizierter – und interessanter! –, wenn man die Diskussionen mit Kolleginnen und Kollegen aus anderen Ländern führt (vgl. z. B. Ball & Hill in Kap. 7 dieses Bandes). Wir werden der Frage, was man unter Mathematikdidaktik verstehen könnte, im Abschn. 2.2 nachgehen und dabei versuchen, einige zentrale Aspekte zu verdeutlichen.

Wenn man sich dann zumindest in großen Teilen geeinigt hat, was man gemeinsam unter Mathematikdidaktik verstehen möchte, folgt daraus in einer Studie gleich die nächste Herausforderung. Gerade, weil der Begriff der Mathematikdidaktik so weit ist, ist es aussichtslos, *alle* mathematikdidaktischen Kompetenzen als Ganzes erheben zu wollen. Vielmehr muss man sich einigen, welche Aspekte mathematikdidaktischer Kompetenz man messen möchte. Dafür einigt man sich auf einen theoretischen Rahmen. Wir werden in Abschn. 2.3 diesen theoretischen Rahmen für unsere ausgewählten Studien vorstellen.

Um Kompetenzen messen zu können, braucht man entsprechende Aufgaben (die in der Fachsprache auch „Items" genannt werden). Konkret geht es bei dieser sog. *Operationalisierung* darum, dass man den festgelegten theoretischen Rahmen anhand von Aufgaben abbilden muss. Auch das ist kein selbstverständlicher Prozess, sondern erfordert Diskussionen zum Beispiel darüber, ob eine Aufgabe wirklich das abprüft, was im theoretischen Rahmen festgelegt wurde, ob eine Aufgabe angemessen schwierig ist oder ob alle Aspekte, die im theoretischen Rahmen festgelegt worden sind, sich auch in den Aufgaben wiederfinden. In Abschn. 2.4 stellen wir konkret einige dieser Aufgaben aus verschiedenen Studien des TEDS-M-Forschungsprogramms vor und beschreiben, wie damit jeweils der theoretische Rahmen umgesetzt wurde.

Nach der Durchführung der Studie geht es dann typischerweise an die Auswertung. Wir werden in diesem Kapitel die zugehörigen methodischen Fragen (die man ebenfalls vor der Erhebung parallel zur Gestaltung der Items noch klären muss) nur gelegentlich streifen (zur Vertiefung dieser Aspekte sei die interessierte Leserin oder der interessierte

Leser auf die genannten weiterführenden Literaturhinweise verwiesen). Vielmehr stellen wir in Abschn. 2.5 für die Unterrichtspraxis relevante Ergebnisse in den Mittelpunkt und beschreiben schlaglichtartig einige zentrale Resultate verschiedener Studien des TEDS-M-Forschungsprogramms. Da wir hierbei einen Schwerpunkt auf praxisrelevante Ergebnisse setzen, liegt es nahe, im Anschluss zu hinterfragen, was genau man aus diesen Ergebnissen für die Weiterentwicklung der Praxis bzw. die praktische Arbeit lernen kann. Wir wollen diese Fragen im abschließenden Abschn. 2.6 diskutieren, indem wir die Ergebnisse mit verschiedenen Praxisfeldern in Beziehung setzen. Wir werden feststellen, dass daraus wiederum neue Fragen resultieren und wir damit auch den letzten Schritt einer typischen empirischen Untersuchung nachzeichnen können, nämlich den, dass jede Studie Fragen beantwortet und mindestens ebenso viele neue aufwirft. Beginnen wir nun mit der Frage, was unter Mathematikdidaktik verstanden werden kann.

2.2   Was ist eigentlich „Mathematikdidaktik"?

2.2.1   Die fachdidaktische Ausbildung von Mathematiklehrkräften in Deutschland

Internationale Vergleichsstudien zum Fachwissen und zum fachdidaktischen Wissen im Fach Mathematik wie u. a. TEDS-M im Jahr 2008 (Blömeke et al., 2010a, b) ermöglichen einen eigenen Blick auf den Status quo der Lehrerausbildung in diesem Fach in Deutschland und stellen manche „gefühlte" Wahrheit über professionelle Kompetenzen von Lehrkräften infrage. Eine integrierte Form der Mathematiklehrerausbildung, die Ausbildungsanteile fachlicher, fachdidaktischer und pädagogischer Art miteinander verzahnt und sie mit praktischen Ausbildungsanteilen verbindet, wie wir sie in Deutschland an so gut wie allen Hochschulen kennen und etabliert sehen, ist im Ausland keinesfalls selbstverständlich. Dies kann folgende Anekdote vielleicht verdeutlichen, die ein Mitglied der Autorengruppe beispielsweise bei seiner Umsiedelung nach Norwegen erlebte. So arbeiten in Norwegen aufgrund von Konjunkturschwankungen in der ölfördernden Industrie viele ausgebildete Mathematikerinnen und Mathematiker bzw. Ingenieure und Ingenieurinnen temporär oder längerfristig alternativ als Mathematiklehrkräfte in Schulen. Sie beginnen zum Teil erst nach einigen Berufsjahren in der Schule eine zusätzliche pädagogisch-praktische Ausbildung, die Ähnlichkeiten zum Referendariat in Deutschland aufweist. In dieser Ausbildung werden dann erstmals Begegnungen mit originär fachdidaktischen Ausbildungsinhalten gemacht, die die Lehrkräfte nicht selten in Staunen versetzen. Sie verfügen nämlich oft nur über ein begrenztes erfahrungsbasiertes Handlungsrepertoire, mit dem die tägliche Unterrichtspraxis zwar instrumentell gemeistert werden kann. Eine fachlich-orientierte und fachdidaktisch fundierte Unterrichtsgestaltung über das Arbeiten mit dem Schulbuch hinaus unterbleibt aber nicht selten aufgrund mangelnder Kenntnisse (Kunnskapsdepartementet, 2015). Auch wenn es eine europäische Tradition der Mathematikdidaktik gibt, so hat sich doch in den 1970er-Jahren in Deutschland die Mathematikdidaktik als eigenständige Wissenschafts-disziplin aus der Mathematik heraus entwickelt und insbesondere für die Ausbildung von Lehrkräften einen ganz eigenen Wissenskorpus sui generis hervorgebracht, die sog. „Stoffdidaktik", die auch im Ausland als eine starke deutschsprachige Tradition wahr-genommen wird (exemplarisch Kirsch, 1969; vgl. Kasten „Was verstehen wir unter Stoffdidaktik?").

Was verstehen wir unter Stoffdidaktik?

Stoffdidaktik ...

- wurde insbesondere in den 1970er-Jahren unter dem Stichwort „didaktische Sach-analyse" bekannt, stellt aber auch heute noch einen Zweig mathematikdidaktischer Grundlagenforschung dar, u. a. im Verbund mit der Entwicklung und Erprobung von Lernumgebungen,
- bezeichnet die Entwicklung mathematischer Unterrichtsinhalte aus dem Fach Mathematik heraus,
- greift spezifische mathematische Inhalte wie z. B. den Bruchzahlbegriff oder Vorstellungen zum Ableitungsbegriff auf und entwickelt dazu im Unterricht praktikable mathematische „Hintergrundtheorien", d. h. didaktisch aufbereitete (axiomatische) Darstellungen des Inhalts, die vollständig, klar abgegrenzt, aber fachmathematisch anschlussfähig sind (z. B. die Schlussrechnung),
- beschreibt einschlägige theoretische Abhandlungen zur schulischen Vermittlung von mathematischen Bildungsinhalten im Sinne des „Zugänglichmachens ohne zu verfälschen" und
- umfasst fachdidaktische Konzepte wie z. B. Grundvorstellungen oder Stufen des Begriffslernens. ◄

Durch den Einfluss der Tradition einer wissenschaftlich weit entwickelten Stoff-didaktik beinhaltet die fundierte fachdidaktische Lehrerausbildung im Fach Mathematik in Deutschland neben den – wie in anderen Ländern ebenso üblichen – unterrichts-praktischen Ausbildungsinhalten (wie beispielsweise dem Umgang mit Heterogenität oder der Leistungsmessung) vor allem einen Schwerpunkt in mathematisch-inhaltlichen Verständnis- und Zugänglichkeitsweisen (wie etwa Grundvorstellungen zu einzelnen Inhalten oder inhaltlich-anschauliche Beweise), die sich eng an der Fachsystematik orientieren (z. B. Blum & Henn, 2003; Kirsch, 1977; Griesel, 1974). Wir werden auf derartige Länderunterschiede im nächsten Abschnitt zurückkommen. Setzen wir aber zunächst einmal voraus, dass der Besuch derartiger Lehrveranstaltungen im Studium zum Aufbau eines sogenannten professionellen Wissens von Lehrkräften beiträgt,

so sprechen wir davon, dass Lehrkräfte im Studium neben Fachwissen auch fachdidaktisches Wissen erwerben.

2.2.2 Fachdidaktisches Wissen

Wo benötigen Lehrkräfte die Wissensinhalte, die sie in fachdidaktischen Lehrveranstaltungen im Studium gelernt haben, in ihrer Unterrichtspraxis? Und welche Wissensanteile werden in welchen Situationen benötigt? Sind es eher unterrichtspraktische
oder eher stoffdidaktische Wissensanteile? Und sind es Situationen, in denen Unterricht geplant wird, oder Situationen im Klassenraum, etwa wenn eine Schülerin oder ein
Schüler darum bittet, etwas erklärt zu bekommen? In vielen Fällen lässt sich dies gar
nicht eindeutig bestimmen. Das liegt an dem komplexen Verhältnis zwischen Theorie
und Praxis in der Mathematikdidaktik, auf das wir an dieser Stelle nicht umfänglich eingehen können. Vielleicht haben Sie aber schon einmal an der einen oder anderen Stelle
in Ihrer Praxis gesagt: „Das habe ich mal im Studium gelernt oder verstanden." In der
Forschung gehen wir davon aus, dass Lehrkräfte in bestimmten Situationen der Praxis –
zum Beispiel bei der Planung von Unterricht oder bei der Erklärung von Begriffen – auf
implizit (d. h. nicht unmittelbar zugängliche) vorhandene und von persönlicher Erfahrung
untermauerte Wissensbestandteile zurückgreifen; beispielsweise darauf, mit welcher
Erklärung selbst einmal ein wichtiger Beweis oder Begriff verstanden wurde oder welche
unterschiedlichen Vorstellungen zum Bruchzahlbegriff es in bestimmten Kontexten gibt
(selbst wenn die Lehrkraft hierbei bestimmte Vorstellungen präferiert). Dies würden wir
als klassische mathematikdidaktische Wissensanteile bezeichnen.

    Im Rahmen von Unterrichtsbeobachtungen stellte u. a. der US-amerikanische Erzie-
hungswissenschaftler und Psychologe Lee S. Shulman in seinem 1986 erschienenen, viel
zitierten Artikel „Those Who Understand: Knowledge Growth in Teaching" die Relevanz
des fachlichen Bezugs in den Vordergrund. Er warnte bereits damals vor einem zu dieser
Zeit vorherrschenden Verständnis von Lehrkraftkompetenz, das rein auf generisches Lehr-
kraftverhalten fokussierte (wie beispielsweise die Orientierung an einfachen Regeln wie
angemessene Wartezeiten auf Antworten von Schülerinnen und Schülern). Shulman ent-
warf eine Typologie des Professionswissens von Lehrkräften, die insbesondere dem spezifischen fachdidaktischen Wissen eine zentrale Stellung einräumt und auch heute noch die
theoretische Grundlage für viele Studien im Bereich des Professionswissens von Lehrkräften bildet, wobei vor allem das Fachwissen (FW), das pädagogische Wissen (PW) und
das fachdidaktische Wissen (FDW) im Zentrum des Diskurses stehen.

Typologie des Lehrerprofessionswissens nach Shulman

Shulman (1987) unterscheidet in seiner Typologie ...

- allgemeines pädagogisches Wissen (Strategien des Unterrichtsmanagements und der Unterrichtsorganisation),
- Kenntnis der Lernenden und ihrer Merkmale,
- Kenntnisse über Bildungskontexte (z. B. Arbeitsweise von Gruppen, Verwaltung und Finanzierung von Schulbezirken oder Charakter von Gemeinschaften und Kulturen),
- Kenntnis der Bildungsziele und -werte sowie ihrer philosophischen und historischen Begründungen,
- Fachwissen,
- curriculares Wissen (u. a. Lehrpläne, die als „Handwerkszeug" für Lehrkräfte dienen) und
- fachdidaktisches Wissen, eine besondere „Mischung" aus Fachinhalt und Pädagogik, die sich ausschließlich bei Lehrkräften findet und die Grundlage ihres professionellen Selbstverständnisses bildet. ◄

Shulman selbst intendierte nicht die Entwicklung eines Katalogs mit entsprechenden Wissensinhalten, sondern spezifizierte seine Idee des „Pedagogical Content Knowledge" (PCK) – unter dem in der Forschung zumeist das fachdidaktische Wissen verstanden wird – in seinem im darauffolgenden Jahr erschienenen Artikel „Knowledge and Teaching: Foundations of the New Reform" (Shulman, 1987, vgl. Kasten „Typologie des Lehrerprofessionswissens nach Shulman") als ein „spezifisches Amalgam" des Wissens über Fachinhalte und Pädagogik. Dieses fokussiert auf fachliche Repräsentationsformen und Verständniskonzepte sowie Fehlvorstellungen und ist damit nicht nur reines Fachwissen oder reines Pädagogikwissen, sondern ein Wissen, das für spezifisch fachliche Lehr- und Lernprozesse erforderlich ist und über das insbesondere Lehrkräfte, aber nicht etwa Fachmathematikerinnen und -mathematiker verfügen.

2.2.3 Fachdidaktisches Wissen aus der Perspektive der Forschung

Shulmans Terminologie und sein Verständnis von fachdidaktischem Wissen (FDW) dienen bis heute vielen Forschungsarbeiten als theoretische Grundlage. Insbesondere in der mathematikdidaktischen Forschung ist immer wieder versucht worden, die fachlichen Aspekte dieses Wissens herauszustellen und es für verschiedene Lehramtstypen und Schulformen zu beschreiben und zu interpretieren – nicht zuletzt um Besonderheiten des Mathematikunterrichts gegenüber anderen Fächern abbilden zu können und zumindest im deutschsprachigen Raum auch die Bedeutung der Stoffdidaktik für den Unterricht zu verdeutlichen (z. B. Blum & Henn, 2003; Prediger & Hefendehl-Hebeker, 2016). Die Forschung beschreibt anhand definierter Listen dabei meist normativ, was im Zusammenhang mit mathematikdidaktischen Studien unter mathematikdidaktischem Wissen zu verstehen ist („Konzeptualisierung"), und entwickelt exemplarisch Aufgabenstellungen („Operationalisierung"), die darauf abzielen, entsprechende Wissensressourcen „zwischen Mathematik und Pädagogik" zu aktivieren und adäquat zu „messen" (vgl. Abschn. 2.3.1 und 2.4.1). Beim Vergleich mit anderen Ländern – wie in unserem angeführten Beispiel Norwegen – erscheinen diese Setzungen überraschenderweise jedoch als normativer geprägt als zunächst angenommen. Kann ein Konsens über Ausbildungsinhalte jedoch über Ländergrenzen hinweg formuliert werden, so ermöglicht dies sogar internationale Vergleiche von verschiedenen Facetten des Lehrerprofessionswissen, wie sie etwa in der Studie TEDS-M durchgeführt wurden.

2.2.4 Das TEDS-M-Forschungsprogramm

Die Studie TEDS-M war zusammen mit der Vorläuferstudie MT21, die als Vorbereitung für die Entwicklung der theoretischen Konstrukte und der Testaufgaben fungierte, seinerzeit die Initialstudie für eine Reihe von nationalen Folgestudien, die die Lehrerausbildung in Deutschland insbesondere mit Blick auf fachdidaktische und unterrichtsrelevante Ausbildungs- und Wissensinhalte untersucht haben (vgl. Kasten „Die wichtigsten Studien des TEDS-M-Forschungsprogramms inkl. MT21").

Die wichtigsten Studien des TEDS-M-Forschungsprogramms inkl. MT21

MT21 (Mathematics Teaching in the 21st Century):

- **Rahmen:** internationale Vergleichsstudie in sechs Ländern, Laufzeit 2004–2008
- **Ziel:** Untersuchung der Wirksamkeit von Lehrerausbildung und Entwicklung entsprechender Konzepte als Vorbereitung für TEDS-M
- **Stichprobe:** angehende Sekundarstufen-I-Mathematiklehrkräfte im Grundstudium, im Hauptstudium und im Referendariat (Quasi-Längsschnittdesign mit drei Messzeitpunkten)
- **Umfang der deutschen Teilstichprobe:** $N = 849$
- **Getestete Wissensdimensionen:** Fachwissen (FW); fachdidaktisches Wissen (FDW); pädagogisches Unterrichtswissen (PUW)
- **Zentrale Publikation:** Blömeke et al. (2008)

TEDS-M (Teacher Education and Development Study in Mathematics)

- **Rahmen:** internationale Vergleichsstudie in 17 Ländern, Laufzeit 2006–2010
- **Ziel:** Untersuchung des mathematischen, mathematikdidaktischen und erziehungswissenschaftlichen Wissens sowie der professionellen Überzeugungen zur Mathematik und zum Lehren und Lernen von Mathematik

- **Stichprobe:** angehende Primarstufen- und Sekundarstufen-I-Lehrkräfte im letzten Jahr ihrer Ausbildung (Referendariat); in Deutschland repräsentative Stichprobe aus allen Bundesländern
- **Umfang der deutschen Teilstichprobe:** TEDS-M Primarstufe: $N = 1032$; TEDS-M Sekundarstufe I: $N = 771$ (sowie studienübergreifend 482 Lehrerausbilderinnen und -ausbilder)
- **Getestete Wissensdimensionen:** Fachwissen (FW); fachdidaktisches Wissen (FDW); pädagogisches Unterrichtswissen (PUW)
- **Zentrale Publikationen:** Blömeke et al. (2010a, b)

TEDS-LT:

- **Rahmen:** interdisziplinäre Vergleichsstudie, Laufzeit 2008–2012
- **Ziel:** Aussagen über die Entwicklung professioneller Kompetenzen angehender Sekundarstufen-I-Lehrkräfte der Unterrichtsfächer Deutsch, Englisch und Mathematik in der Bachelor- und Masterstruktur
- **Stichprobe:** Deutsch-, Englisch- und Mathematiklehramtsstudierende an acht deutschen Hochschulen (Hamburg, Berlin, Nordrhein-Westfalen, Hessen, Baden-Württemberg, Bayern) im Bachelor- und im Masterstudium (Längsschnitt- und Quasi-Längsschnittdesign mit zwei Messzeitpunkten)
- **Umfang der Teilstichprobe der Mathematiklehramtsstudierenden:** 1. MZP: $N = 500$; 2. MZP: $N = 602$
- **Getestete Wissensdimensionen:** Fachwissen (Arithmetik und Algebra, FW); fachdidaktisches Wissen (stoffdidaktisch und unterrichtsbezogen, FDW); pädagogisches Unterrichtswissen (PUW)
- **Zentrale Publikationen:** Blömeke et al. (2011, 2013)

TEDS-FU:

- **Rahmen:** Längsschnittliche Folgestudie zu TEDS-M mit einer zusätzlichen videobasierten Erfassung von professioneller Unterrichtswahrnehmung, d. h. der situationsspezifischen Wahrnehmung, Interpretation von zentralen unterrichtlichen Ereignissen und Entscheidung über adäquate unterrichtliche Handlungen (Perception – Interpretation – Decision-Making, PID), Laufzeit 2010 2011
- **Ziel:** Aussagen über die Kompetenzentwicklung von Berufsanfängerinnen und -anfängern in den ersten Jahren ihrer Tätigkeit als Mathematiklehrkraft
- **Stichprobe:** praktizierende Mathematiklehrkräfte der Sekundarstufe I in ihrem vierten Berufsjahr, die vorher an der Studie TEDS-M teilgenommen haben
- **Umfang der Stichprobe:** $N = 171$
- **Getestete Wissensdimensionen:** Fachwissen (FW); fachdidaktisches Wissen (FDW); pädagogisches Unterrichtswissen (PUW); professionelle Unterrichtswahr-

nehmung (situationsspezifische Wahrnehmung, Interpretation und Entscheidung); schnelle Schülerfehlererkennung
- **Zentrale Publikationen:** Kaiser et al. (2015), Blömeke et al. (2014)

TEDS-Unterricht/Validierung:

- **Rahmen:** videobasierte Erweiterungsstudie von TEDS-FU, Laufzeit 2014–2019
- **Ziel:** Untersuchungen des über die Unterrichtsqualität vermittelten Einflusses der Kompetenz von Mathematiklehrkräften auf die Leistungszuwächse von Schülerinnen und Schülern (TEDS-Unterricht) und Validierung dieser Zusammenhänge (TEDS-Validierung)
- **Stichprobe:** praktizierende Mathematiklehrkräfte der Sekundarstufe I aus Hamburg, Thüringen, Sachsen, Hessen
- **Umfang der Stichprobe:** $N = 233$
- **Getestete Wissensdimensionen:** Fachwissen (FW); fachdidaktisches Wissen (FDW); pädagogisches Unterrichtswissen (PUW); professionelle Unterrichtswahrnehmung; Expertise zur Klassenführung
- **Zusätzliche Instrumente:** Unterrichtsbeobachtungen zur Erhebung der Unterrichtsqualität begleitet von Analysen zur Qualität der im Unterricht verwendeten Aufgaben
- **Zentrale Publikationen:** Kaiser & König (2020), Blömeke et al. (2022) ◄

Im Anschluss werden nun ausgehend von einzelnen Studien des TEDS-M-Forschungsprogramms Weiterentwicklungen innerhalb dieser Studien detaillierter dargestellt und zentrale Grundannahmen und Ergebnisse dieser Studien sowie ihre Erträge für die Praxis zusammengetragen. Hierzu beschreiben wir in Abschn. 2.3, was in diesen Studien unter mathematikdidaktischen Kompetenzen jeweils verstanden wird.

2.3   Was wird in den verschiedenen Studien des TEDS-M-Forschungsprogramms unter mathematikdidaktischen professionellen Kompetenzen verstanden?

Die Studien aus dem TEDS-M-Forschungsprogramm fokussieren in jeweils unterschiedlichen Schwerpunktsetzungen auf verschiedene Aspekte professioneller Kompetenzen. Während frühere Studien wie MT21, TEDS-M oder TEDS-LT unter Bezug auf den Kompetenzbegriff nach Weinert (2001) noch hauptsächlich auf wissensbezogene (dispositionale) Aspekte (siehe Abschn. 2.3.1) sowie Überzeugungen und Werthaltungen fokussierten, standen in den nachfolgenden Studien des TEDS-M-Forschungsprogramms im Sinne eines weiterentwickelten Verständnisses von Kompetenz als Kontinuum (siehe Abschn. 2.3.2) eher situationsbezogene Aspekte der professionellen fachdidaktischen Kompetenzen im Vordergrund.

2.3.1 Wissensbezogene Aspekte der mathematikdidaktischen professionellen Kompetenzen

Sprechen wir von fachdidaktischem Wissen, so fokussieren wir in erster Linie auf kognitive Aspekte der mathematikdidaktischen professionellen Kompetenzen, also insbesondere das von Shulman (1986), aber auch von Bromme (1992) herausgearbeitete theoretische Lehrerprofessionswissen. Um dieses fachdidaktische Wissen für das Fach Mathematik auszuformen, reicht es jedoch nicht aus, lediglich auf mathematische bzw. stoffdidaktische Inhalte zu fokussieren – dies wäre eine unzureichende Reduktion, die

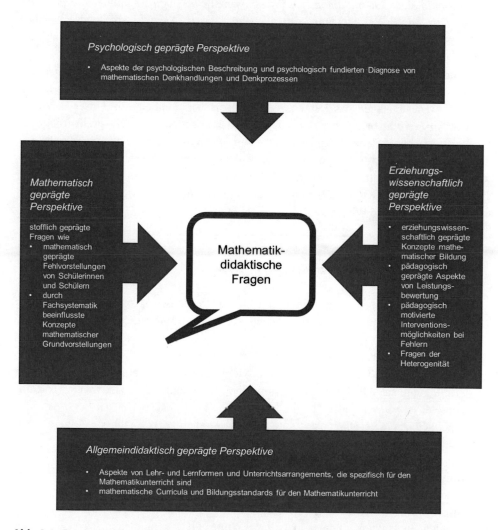

Abb. 2.1 Perspektiven auf fachdidaktisches Wissen (nach Buchholtz et al. 2014)

etwa kognitive und soziale Voraussetzungen von Lernprozessen vernachlässigen würde (Otte, 1974). Unser Verständnis des mathematikdidaktischen Wissens orientiert sich daher an allgemeinen Perspektiven der Bezugswissenschaften der Disziplin Mathematik-didaktik (d. h. Mathematik, Psychologie, Erziehungswissenschaft, Allgemeine Didaktik), die bereits seit den 1970er-Jahren diskutiert werden und bis heute den mathematik-didaktischen Diskurs formen (Bigalke, 1974; Wittmann, 1992; siehe Abb. 2.1).

In der Formulierung dieser Perspektiven beziehen wir eine klare Stellung zur fach-lichen Spezifität des fachdidaktischen Wissens. Genauer gesagt ermöglichte die Formulierung dieser Perspektiven, fachdidaktisches Wissen vor allem in den späteren Studien des TEDS-M-Forschungsprogramms (TEDS-LT und folgende) sowohl in Hin-blick auf *mathematisch-stoffdidaktische* Wissensanteile als auch auf *mathematisch-unter-richtspraktische* Wissensanteile zu verstehen (vgl. Kasten „Aspekte des fachdidaktischen Wissens") und damit insbesondere die deutschsprachige Tradition der Stoffdidaktik als zentralen Orientierungspunkt im Wissen zu verorten, das Wissen gleichzeitig aber auch nicht nur darauf zu beschränken. Unter **stoffbezogenem mathematikdidaktischem Wissen** (kurz: „**stoffdidaktisches Wissen**") verstehen wir daher primär stofflich geprägte Fragestellungen des Lehrens und Lernens von Mathematik. Unser Verständ-nis von **unterrichtsbezogenem mathematikdidaktischem Wissen** greift hingegen die Perspektiven jenseits des mathematischen Fachwissens auf, die sich mehr auf erziehungswissenschaftlich-psychologische Inhaltsbereiche konzentrieren, die aber konstitutiv für den Mathematikunterricht sind, worunter wir beispielsweise auch das von Shulman (1987, vgl. Kasten „Typologie des Lehrerprofessionswissens nach Shulman") aufgelistete curriculare Wissen zählen.

Aspekte des fachdidaktischen Wissens

Stoffbezogenes mathematikdidaktisches Wissen:

- Grundvorstellungen zu bestimmten mathematischen Inhalten (mentale Repräsentationen) wie z. B. zu Brüchen, zur Prozentrechnung oder zum Ableitungs-konzept
- fachliche Analyse von Fehlern, fundamentale Ideen (z. B. Abstraktion, algorithmisches Denken), fachlich motivierte Zugänge zu mathematischen Inhalten (z. B. unterschiedliche Zugänge zum Kongruenzbegriff, Begründungen für Zahl-bereichserweiterungen)
- fachlich geprägte Diagnostik von Schülerlösungen (z. B. fachliche Angemessen-heit, Nutzen von Aufgaben als Ausgangspunkt für Lernprozesse)

Unterrichtsbezogenes mathematikdidaktisches Wissen:

- Konzepte mathematischer Bildung (z. B. Grunderfahrungen des allgemein-bildenden Mathematikunterrichts nach Winter (1995), mathematische Denkhand-lungen wie z. B. Beweisen)

- Leistungsbewertung im Mathematikunterricht (z. B. Bezugsnormen, Auswahl von Methoden zur Leistungsbewertung, Heterogenität)
- psychologisch geprägte Diagnostik der Ursachen von Fehlvorstellungen (z. B. Rechenschwäche, Interventionsmöglichkeiten, Erstellen von Förderplänen)
- Lehr- und Lernformen und Unterrichtsarrangements (z. B. Genetisches Lernen, Begriffslernen)
- Curricula und Bildungsstandards für den Mathematikunterricht (z. B. Lehrpläne, Schulbücher, Bildungsstandards) ◄

Mit dieser Unterscheidung wurden spezielle Aspekte aufgegriffen, die bereits in MT21 oder TEDS-M in ähnlicher Form eine Rolle spielten. Diese wiesen jedoch durch ihre internationale Ausrichtung andere Schwerpunkte auf. So unterschieden die Studien MT21 (Blömeke et al., 2008) und TEDS-M (Blömeke et al. 2010a, b) im fachdidaktischen Wissen curriculares und planungsbezogenes Wissen einerseits und interaktionsbezogenes Wissen andererseits (vgl. hierzu auch Lindmeier & Heinze in Kap. 3 dieses Bandes). Die Neuorientierung im Rahmen der nationalen Folgestudien (insbesondere TEDS-LT) führte jedoch je nach Studienschwerpunkt (vgl. Kasten „Die wichtigsten Studien des TEDS-M-Forschungsprogramms inkl. MT21") letztendlich zu einer genaueren Untersuchung der strukturellen Zusammenhänge des Fachwissens und verschiedener Subdimensionen des fachdidaktischen Wissens, einer adäquateren Berücksichtigung der deutschsprachigen Lehrerausbildung sowie auch einer stärkeren Berücksichtigung genuin unterrichtspraktischer Wissensinhalte in der Erhebung mathematikdidaktischen Wissens.

Um auf Grundlage dieser theoretischen Orientierung fachdidaktisches Wissen möglichst umfassend in Aufgaben erheben zu können, mussten auch unterschiedliche, zur Lösung von Testaufgaben nötige kognitive Prozesse (Anforderungsbereiche) berücksichtigt werden. Das auch vielen schulischen Lehrplänen zur Unterscheidung von Aufgabenniveaus zugrunde liegende Kognitionsmodell von Anderson und Krathwohl (2001) bietet hierbei einen geeigneten Ansatzpunkt für die Unterscheidung von Prozessen des Erinnerns, des Verstehens und Anwendens und Analysierens sowie des Bewertens und Generierens von Handlungsoptionen (Tab. 2.1). Das Ergebnis einer derartigen inhaltlichen und kognitiven Ausdifferenzierung ist ein Kompetenzraster für die mathematikdidaktischen Subdimensionen, die die Inhalte zusammen mit den zugrunde liegenden kognitiven Prozessen abbilden. Das Kompetenzraster diente insbesondere in der Studie TEDS-LT als theoretisch fundierte Heuristik bei der Auswahl und Entwicklung der Testaufgaben und Frageeinheiten (psychometrisch: Items), da sich theoretisch jedes Item einem bestimmten kognitiven Prozess und einem bestimmten Inhalt zuordnen lässt. Das Raster wurde aber auch für die weiteren Studien aus dem TEDS-M-Forschungsprogramm als Heuristik bei der Erstellung von Items berücksichtigt. In ähnlicher Weise wurde im Zusammenhang mit der Entwicklung von Testitems in den Studien des TEDS-M-Forschungsprogramms auch das pädagogische Wissen operationalisiert (vgl. König et al. in Kap. 9 dieses Bandes).

Tab. 2.1 Kompetenzraster mathematikdidaktischen Wissens in der Studie TEDS-LT (Buchholtz et al., 2014, S. 113).

	Erinnern und Abrufen	Verstehen und Anwenden	Bewerten und Generieren von Handlungsoptionen
Stoffdidaktisches Wissen	• Kenntnis über: – Fachspezifische Zugangsweisen, Grundvorstellungen und paradigmatische Beispiele – Begriffliche Vernetzungen (z. B. fundamentale Ideen) – Fachspezifische Präkonzepte und Verständnishürden – Stufen der begrifflichen Strenge und Formalisierung • Reflexion der Rolle von Alltagssprache und Fachsprache bei mathematischer Begriffsbildung	• Nutzung von – Grundvorstellungen und fachspezifischen Zugängen bei der Erstellung von Unterrichtsmaterial • Auswahl von geeigneten Sachverhalten für den thematischen Unterrichtseinstieg	• Konstruktion von diagnostischen Mathematikaufgaben, Analyse und Interpretation von Schülerlösungen und Schülerfragen • Nutzung von Mathematikaufgaben als Ausgangspunkt für Lernprozesse • Herstellung von Verbindungen zwischen den Themenfeldern des Mathematikunterrichts und ihren mathematischen Hintergründen • Kenntnis über fächerverbindendes Lernen • Beurteilung von Schülerlösungen auf fachliche Angemessenheit
Unterrichtsbezogenes mathematikdidaktisches Wissen	• Kenntnis über: – Konzepte „mathematischer" Bildung – Theoretische Konzepte zu mathematischen Denkhandlungen bzw. allgemeinen Kompetenzen (z. B. Begriffsbilden, Modellieren, Problemlösen und Argumentieren) – Heterogenität im Mathematikunterricht – Rechenschwäche und mathematische Hochbegabung – Konzepte für schulisches Mathematiklehren und -lernen (genetisches Lernen, entdeckendes Lernen, dialogisches Lernen) – Bildungsstandards, Lehrpläne und Schulbücher – Fehlvorstellungen von Schülerinnen und Schülern – Verschiedene Bezugsnormen der Leistungsmessung und Diagnostik	• Nutzung von: – Bildungsstandards, Lehrplänen und Schulbüchern für den Mathematikunterricht, Implementation von Lernzielen – Lehr- und Lernkonzepten des Mathematikunterrichts für die Gestaltung von Unterrichtsprozessen • Anwendung von: – Individualdiagnostischen Verfahren – Methoden der Leistungsbewertung im Mathematikunterricht	• Reflexion über: – Die Bedeutung von Bildungsstandards, Lehrplänen und Vergleichsuntersuchungen – Ziele, Methoden und Grenzen der Leistungsbewertung im Mathematikunterricht – Verfahren für den Umgang mit Heterogenität im Mathematikunterricht – Erstellung von Förderplänen für rechenschwache und hochbegabte Lernende oder Lerngruppen unter Berücksichtigung spezifischer Lernvoraussetzungen – Diagnostizieren von Fehlvorstellungen – Beurteilung von fachspezifischen Interventionsmöglichkeiten von Lehrpersonen

In den Studien wurde dabei von jeweils (trotz gewisser Überlappungen) trennbaren Subdimensionen (den eben beschriebenen Wissensfacetten) ausgegangen, die dann gemessen und deren Zusammenhänge betrachtet werden können (analytischer Ansatz, siehe Abschn. 2.3.2; konkrete Beispiele, wie dieser Ansatz in entsprechenden Testitems gemessen wurde, finden sich in Abschn. 2.4.1). Neben den kognitiven Dispositionen spielten in den Studien dabei zusätzlich auch affektiv-motivationale Dispositionen, wie etwa Einstellungen zur Mathematik und zum Lehren und Lernen von Mathematik eine Rolle.

2.3.2 Situationsbezogene Aspekte der mathematikdidaktischen professionellen Kompetenzen

Ein neuer Ansatz zur Untersuchung von Kompetenz
Mit dem vorangegangenen beschriebenen Ansatz war der Grundstein für wissenschaftliche Weiterentwicklungen gelegt. Da Lehrkräfte in unterschiedlichen unterrichtlichen Kontexten auf verschiedene Formen fachdidaktischen Wissens zugreifen – so die Annahme –, erschien es fortan sinnvoll, bei der Untersuchung fachdidaktischen Wissens insbesondere dessen Anwendung in unterschiedlichen praktischen Situationen in den Blick zu nehmen. Als neue Leitfrage kam hinzu, wie sich fachdidaktisches Wissen in Verbindung mit der Unterrichtspraxis erheben lässt, was insbesondere zu der Untersuchung situativer Fähigkeiten (als professionelle Unterrichtswahrnehmung bezeichnet) praktizierender Lehrkräfte in den Studien TEDS-FU und TEDS-Unterricht/Validierung führte.

Wenn im Rahmen neuerer empirischer Studien situationsbezogene Aspekte der mathematikdidaktischen professionellen Kompetenz angesprochen werden, geht es also vor allem darum, die Kompetenz möglichst nah an echten Situationen aus dem Lehreralltag zu erheben. Häufig liest man dann, Kompetenz werde als Kontinuum verstanden. Mit dieser Idee intendierten Blömeke et al. (2015) einen Gegensatz zu überwinden, der sich immer mehr zwischen verschiedenen Ansätzen des Verständnisses von Kompetenz aufgetan hatte. Auf der einen Seite stand dabei der analytische Ansatz, der im Wesentlichen beispielsweise der Studie TEDS-M zugrunde lag. Gemäß diesem Ansatz geht man von analytisch trennbaren Kompetenzbereichen aus (z. B. den eben beschriebenen Wissensfacetten), die dann gemessen und deren Zusammenhänge betrachtet werden können. Kompetenz umfasst dabei sowohl kognitive als auch affektiv-motivationale Bereiche. Dem analytischen Ansatz entgegen stand nun ein holistischer Ansatz, der die Beobachtung von Verhalten in einem entsprechenden Kontext in den Mittelpunkt rückt.

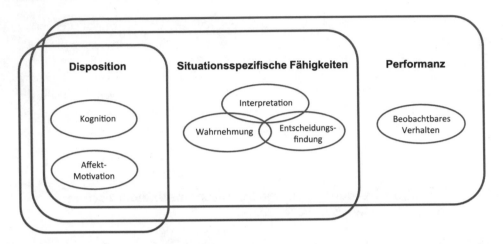

Abb. 2.2 Kompetenz als Kontinuum (Blömeke et al., 2015, 7, übersetzt)

Kompetenz beeinflusst dann dieses Verhalten, wobei unter Kompetenz nach wie vor eine Sammlung vielfältiger kognitiver und affektiv-motivationaler Anteile verstanden wird, die sich ständig – je nach Situation und Anforderung – verändert. Die Idee von Blömeke und Kollegen war nun, beide Ansätze in einem gemeinsamen Modell zu vereinen (Abb. 2.2). Konkret geht man dabei davon aus, dass das Verhalten zum Beispiel einer Lehrerin oder eines Lehrers in konkreten Situationen durch ihre oder seine Kompetenz beeinflusst wird (im Sinne des holistischen Ansatzes). Kompetenz wird dann aber nicht als eine sich ständig verändernde Sammlung verschiedener Bestandteile verstanden, sondern als feste Summe klar beschreibbarer einzelner Bestandteile (im Sinne des analytischen Ansatzes).

Ausgangspunkt des neuen Modells von Kompetenz als Kontinuum (Abb. 2.2) ist die „Disposition" einer Lehrkraft, die durch kognitive (FW, FDW, PUW) und affektiv-motivationale Bereiche (Überzeugungen) geprägt ist. Diese kognitiven und affektiv-motivationen Dispositionen werden durch situationsspezifische Fähigkeiten erweitert, die im TEDS-M-Forschungsprogramm als professionelle Unterrichtswahrnehmung bezeichnet werden (im Englischen *noticing*, siehe Sherin et al. 2011). Das heißt, in einer konkreten Situation nimmt eine Lehrkraft die Situation zunächst wahr, interpretiert das Wahrgenommene und trifft entsprechende Entscheidungen. Die Lehrkraft tut dies beeinflusst durch die jeweilige Situation, aber natürlich auch durch ihre grundsätzliche Disposition. Ausgehend von der Wahrnehmung, Interpretation und Entscheidung der Lehrkraft entsteht dann ihr tatsächliches Handeln in der Situation. Man spricht daher davon, dass die professionelle Unterrichtswahrnehmung bestehend aus den Bereichen Wahrnehmung, Interpretation und Entscheidung eine vermittelnde oder transformierende Rolle zwischen der Disposition und dem tatsächlichen Handeln einnimmt.

Weiterentwicklungen der Studien des TEDS-M-Forschungsprogramms

Denkt man über reale Unterrichtssituationen nach und versucht diese schriftlich fest-zuhalten, muss man fast zwingend stark zusammenfassen und viele Details weglassen. Während reine Befragungen mit Tests daher eine bewährte Möglichkeit zur Unter-suchung von Kompetenz im Sinne des analytischen Ansatzes waren (etwa bei TEDS-M oder TEDS-LT), ist unmittelbar klar, dass situationsbezogene Aspekte so nicht erhoben werden können, weil sich die Realität von Unterricht eben nur eingeschränkt in Test-aufgaben darstellen lässt, d. h., dass beispielsweise die Facette der Wahrnehmung einer unterrichtlichen Situation nur wenig angemessen über schriftlich gegebene Testitems erhoben werden kann. Eine alternative Möglichkeit, Kompetenz situationsbezogen zu erheben, stellt daher der Einsatz von Videovignetten als Stimulus für das Beantworten von Testaufgaben dar (vgl. Abschn. 2.4.2). Auf diesem Ansatz basiert zum Beispiel die Studie TEDS-FU (Kaiser et al., 2015), die darauf abzielt, die Kompetenzentwicklung von Mathematiklehrkräften in den ersten Jahren ihrer beruflichen Tätigkeit zu unter-suchen. Zentral ist dafür das skizzierte Verständnis von Kompetenz als Kontinuum. Daneben bildet jedoch auch die Expertiseforschung (Berliner, 2001) mit der grund-legenden Unterscheidung zwischen Expertinnen und Experten bzw. Novizinnen und Novizen eine zentrale Säule des konzeptuellen Rahmens von TEDS-FU. Konkret wurden dafür die verschiedenen Bereiche von Kompetenz aus TEDS-M konzeptuell um die situationsspezifischen Fähigkeiten der professionellen Unterrichtswahrnehmung ergänzt (für einen Überblick über die Diskussion siehe König et al., 2022), die mit den bereits erwähnten Videovignetten erhoben wurden, welche auf die Erhebung von verschiedenen Aspekten von Expertise abzielen (konkrete Beispiele, wie dies in TEDS-FU durchgeführt wurde, folgen in Abschn. 2.4.2). Die Messung der professionellen Unterrichtswahrnehmung erlaubte eine konkret situationsspezifische Möglichkeit der Kompetenzmessung in den Bereichen der unterrichtlichen Wahrnehmung, der Inter-pretation unterrichtlicher Situationen und der zugehörigen Entscheidungsfindung, womit Fähigkeiten dichter am tatsächlichen unterrichtlichen Handeln gemessen werden konnten, als dies mit den in TEDS-M verwendeten Papier- und Bleistifttests mög-lich war, die auf affektiv-motivationale Aspekte und rein kognitive Wissensbestand-teile fokussierten. Konkret wurden dafür in TEDS-FU Lehrkräfte, die 3,5 Jahre zuvor an TEDS-M teilgenommen hatten, erneut befragt. Diese Lehrkräfte verfügten damit inklusive Referendariat über eine mindestens fünfjährige Berufspraxis als Lehrkraft und konnten damit im Sinne von Berliner (2001) als kompetente Lehrkraft angesehen werden. So konnten zum einen Kompetenzentwicklungen der Lehrkräfte in den ersten Jahren ihrer beruflichen Tätigkeit untersucht werden. Zum anderen war es weiterhin möglich, den Zusammenhang zwischen Testergebnissen von TEDS-M (also Ergeb-nissen am Ende der Ausbildung) und Ergebnissen aus TEDS-FU (also Ergebnissen nach 3,5 Jahren Berufspraxis) zu untersuchen und beispielsweise zu überprüfen, ob ein

Zusammenhang zwischen dem mathematischen und mathematikdidaktischen Wissen am
Ende der Ausbildung und Fähigkeiten im Bereich der professionellen Unterrichtswahrnehmung nach einigen Jahren Berufspraxis festzustellen ist.

2.4 Wie wurde mathematikdidaktisches Wissen in den Studien des TEDS-M-Forschungsprogramms gemessen?

Nachdem wir im letzten Abschnitt festgestellt haben, wie sich die theoretischen
Konzepte von mathematikdidaktischen Kompetenzen in verschiedenen Studien des
TEDS-M-Forschungsprogramms unterscheiden, wird es nicht überraschen, dass auch die
jeweils für die Messung in den Studien entwickelten Aufgaben sich stark unterschieden.
Analog zum Abschn. 2.3 stellen wir daher zuerst Aufgaben aus TEDS-LT als Beispiele
für wissensbezogene Items vor, die auf unterschiedliche Aspekte des fachdidaktischen
Wissens fokussieren. Anschließend folgen Beispiele für die Messung der professionellen
Unterrichtswahrnehmung als situationsspezifische Fähigkeiten, wie sie in TEDS-FU
untersucht wurden.

2.4.1 Aufgabenbeispiele zum mathematikdidaktischen Wissen

Formal kann man zwischen geschlossenen und offenen Aufgaben unterscheiden. Bei
geschlossenen Aufgaben kreuzt die Lehrkraft eine von mehreren vorgegebenen Antwort-
möglichkeiten an, bei offenen Aufgaben antwortet sie in eigenen Worten. Bei der
Erhebung des mathematikdidaktischen Wissens in den TEDS-Studien werden beide
Formate eingesetzt, wobei der Anteil von geschlossenen Fragen deutlich höher ist.
Um das dargestellte Kompetenzraster (Tab. 2.1) mit einem anschaulichen Beispiel zu
illustrieren, präsentieren wir ein typisch stoffdidaktisch geprägtes Item aus der Studie
TEDS-LT in Abb. 2.3.

Die Lösungshäufigkeiten für diese Items betrugen in der TEDS-LT Studie bei A)
68,6 % (beide Interpretationen sind korrekt), bei B) 59,8 % (keine Interpretation ist
korrekt) und bei C) 58,4 % (nur eine Interpretation (der Zeitpunkt) ist korrekt). Das
heißt, rund die Hälfte bis zwei Drittel der teilnehmenden Lehramtsstudierenden konnte
die Aufgaben richtig beantworten (Buchholtz & Kaiser, 2013). Die Aufgabe entspringt
einem mittleren Schwierigkeitsbereich. Die Aufgabe erfordert ein ausreichendes Verständnis des Differenzenquotienten sowie der Ableitung als Grenzwert des Differenzenquotienten bzw. als lokale Änderungsrate. Vor diesem eher mathematisch geprägten
Hintergrund müssen die Interpretationen von Abszisse und Ordinate der Schülerinnen
und Schüler auf fachliche Angemessenheit hin eingeschätzt werden (Anforderung

Bakterienwachstum

In einer Anwendungsaufgabe werden der Differenzenquotient und der Grenzwert der Differenzenquotienten (Differenzialquotient) in einem Sachkontext folgendermaßen interpretiert:

$\dfrac{f(x+h)-f(x)}{h}$	$\lim\limits_{h\to 0}\dfrac{f(x+h)-f(x)}{h}$
Durchschnittliche Wachstumsgeschwindigkeit einer Bakterienkultur	Momentane Wachstumsgeschwindigkeit einer Bakterienkultur

Schülerinnen und Schüler wurden daraufhin nach einer Interpretation von x und $f(x)$ gefragt. Bitte bewerten Sie die folgenden Schülerantworten. Entscheiden Sie, ob *beide*, *eine* oder *keine* der Interpretationen korrekt sind.

Kreuzen Sie <u>einen</u> Kreis pro <u>Zeile</u> an.

		Beide korrekt	Eine korrekt	Keine korrekt
A)	„x=Zeitpunkt; $f(x)$=Größe der Bakterienkultur zu diesem Zeitpunkt"	◯	◯	◯
B)	„x=Anzahl der Bakterien; $f(x)$=Wachstumsgeschwindigkeit"	◯	◯	◯
C)	„x=Zeitpunkt t; $f(x)$=Geschwindigkeit in Abhängigkeit der Zeit"	◯	◯	◯

Abb. 2.3 Beispielaufgabe für das stoffdidaktische Wissen aus TEDS-LT

„Bewerten und Generieren von Handlungsoptionen"; rechte Spalte von Tab. 2.1). Den mathematikdidaktischen Charakter erhält die Aufgabe aber nicht nur aus der diagnostischen Aufgabenstellung, sondern auch aus dem in der Aufgabe auftretenden Sachkontext, der mit den mathematischen Begriffen in Form von Realitätsbezügen in Beziehung gesetzt werden muss, sowie nicht zuletzt aus dem Konzept der Grundvorstellungen zum Ableitungsbegriff.

Beim unterrichtsdidaktischen Wissen wurden auf der Ebene der Testaufgaben stärker spezifisch den Mathematikunterricht betreffende didaktische Inhalte und pädagogische

Satz des Pythagoras

Stellen Sie sich vor, Sie planen eine Stunde für eine Klasse des achten Jahrgangs, in der Ihre Schüler und Schülerinnen den Satz des Pythagoras beweisen sollen. Da die Klasse leistungsmäßig sehr heterogen ist, wollen Sie drei Aufgabentypen anbieten, die jeweils einem Repräsentationsmodus von Bruner entsprechen: enaktiv, ikonisch, symbolisch.
Ordnen Sie die folgenden Beispiele den drei Aufgabentypen zu.

Kreuzen Sie ein Kästchen pro Zeile an.

		enaktiv	ikonisch	sym-bolisch
A)	Berechnungsbeweis, der auf binomischen Formeln beruht.	☐	☐	☐
B)	Ergänzungsbeweis mit Puzzle	☐	☐	☐
C)	Einzeichnen der Einheitsquadrate	☐	☐	☐

Abb. 2.4 Beispielaufgabe für das unterrichtsdidaktische Wissen aus TEDS-LT

Fragestellungen eingebunden und fachdidaktische „Einkleidungen" mathematischer Aufgaben vermieden (Abb. 2.4).

Die Lösungshäufigkeiten für diese Items betrugen in der TEDS-LT Studie bei A) 34,3 % (symbolisch), bei B) 36,5 % (enaktiv) und bei C) 58,0 % (ikonisch). Auch hier entstammen die Aufgaben einem mittleren Schwierigkeitsbereich. Trotzdem konnten deutlich weniger Lehramtsstudierende diese Aufgaben lösen. Die Aufgabe setzt Wissen über psychologische Repräsentationsformen voraus und erfragt darüber hinaus die richtige Zuordnung von einem mathematischen Aufgabentypus zu einem Repräsentationsmodus. Der US-amerikanische Psychologe Jerome Bruner unterscheidet dabei klassischerweise drei Darstellungsebenen oder psychologische Repräsentationsmodi (Bruner, 1974):

- die enaktive Darstellung und Erfassung von Inhalten durch eigene Handlungen,
- die ikonische Darstellung und Erfassung von Inhalten durch Bilder oder Grafiken sowie
- die symbolische Darstellung und Erfassung von Inhalten durch Sprache oder mathematische Zeichen.

Diagnose von Fehlern

Welche Fehlerart liegt den folgenden, mathematisch nicht korrekt durchgeführten Berechnungen jeweils zugrunde?

Kreuzen Sie ein Kästchen pro Zeile an.

		Falsches Kürzen	Fehlvor-stellung vom Gleich-heits-zeichen	Über-generali-sierung
A)	$a = \dfrac{x}{b+c} \mid \cdot b$ $a \cdot b = \dfrac{x}{c} \mid \cdot c$ $x = a \cdot b \cdot c$	☐	☐	☐
B)	Berechne die Fläche des Halbkreises mit dem Radius $r = 2$: $\pi 2^2 = 4\pi{:}2 = \dfrac{4}{2}\pi = 2\pi$	☐	☐	☐
C)	$\log(a \cdot b) = \log a \cdot \log b$	☐	☐	☐

Abb. 2.5 Beispielaufgabe für das mathematikdidaktische Wissen aus TEDS-LT

Die mathematikdidaktische Berücksichtigung dieser Repräsentationsmodi hat sich heute in der Schulpraxis – insbesondere im Primarstufenbereich – weitgehend durchgesetzt und ist zentraler Bestandteil der mathematikdidaktischen Lehrerausbildung, hier liegt also ein echter „Klassiker" der Mathematikdidaktik vor. Da allerdings eher Wissen abgerufen werden muss, lässt sich das Item in Tab. 2.1 daher in der linken Spalte verordnen.

In Abb. 2.5 stellen wir ein weiteres Itembeispiel vor, das beiden mathematikdidaktischen Subdimensionen zugeordnet werden kann, da es sowohl das der Stoffdidaktik zugeordnete fachliche Nachvollziehen der Berechnungen voraussetzt als auch das diagnostisch-psychologische mathematikdidaktische Wissen über die Klassifikation von Fehlern in der Algebra erfordert (rechte Spalte von Tab. 2.1).

Die Lösungshäufigkeiten dieser Items lagen in der TEDS-LT-Studie bei A) 60,2 % (falsches Kürzen), B) 82,2 % (Fehlvorstellung vom Gleichheitszeichen) und C) 81,5 % (Übergeneralisierung). Obwohl die Lösungshäufigkeit insbesondere bei B) und C) recht hoch liegt, konnte für die Items noch ein mittlerer Schwierigkeitsbereich festgestellt werden (Blömeke et al. 2013).

2.4.2 Aufgabenbeispiele zu den situierten Facetten

Bevor im Folgenden situierte Aufgabenstellungen aus TEDS-FU betrachtet werden, sollen kurz Art und Umfang der in der Studie verwendeten Videovignetten skizziert werden, auf die sich die Aufgabenstellungen bezogen (siehe Kaiser et al., 2015). In TEDS-FU wurden drei Videovignetten eingesetzt, was einen Kompromiss zwischen dem Wunsch der Forscherinnen und Forscher, möglichst viele unterschiedliche Schulformen, Lerngruppen und Themen in der Studie durch Videos berücksichtigen zu können, sowie der Tatsache darstellt, dass die Testzeit nicht zu lang werden sollte, zumal die Lehrkräfte in ihrer Freizeit an der Studie teilnahmen. Konkret wurden in der Studie zwei Videos mit einer neunten und einer zehnten Klasse einer Gesamtschule und ein Video mit einer neunten Gymnasialklasse eingesetzt, die jeweils typische mathematische Inhalte der Jahrgangsstufen thematisieren (elementare Volumen- und Oberflächenberechnungen, Volumen eines Kastens aus einem Blatt Papier in Abhängigkeit des Zuschnitts und die mathematische Modellierung zur Bestimmung des Gewichts einer Goldkugel). In den Videosequenzen war jeweils ein Zusammenschnitt verschiedener Phasen einer Stunde zu sehen, die in einem inhaltlichen Zusammenhang standen (z. B. Einführung einer Stunde und anschließende Erarbeitungsphase mathematischer Inhalte). Damit die getesteten Lehrkräfte einen möglichst guten Eindruck von der Stunde gewinnen konnten, wurden ihnen ergänzende Kontextinformationen über die Einbettung der Stunde in die Unterrichtseinheit sowie über das in der Stunde bearbeitete mathematische Problem gegeben. Diese Informationen standen den Lehrkräften durchgehend zur Verfügung und konnten bei Bedarf erneut angesehen werden.

Im Gegensatz zu anderen Studien mit Videoeinsatz haben die Videovignetten mit bis zu 3,5 Minuten eine relativ lange Dauer (Kersting, 2008: 1–3 min). Bei allen Einschränkungen, die auch Videoinstrumente noch haben (z. B. Auswahl von Szenen und darin die Auswahl von Perspektiven), konnte dadurch ein möglichst repräsentativer Einblick in die jeweilige Stunde gegeben werden, um tatsächlich die Fähigkeit der Lehrkräfte zur Wahrnehmung und Interpretation von Unterricht sowie der zugehörigen Entscheidungsfähigkeit zu erheben. Um im Rahmen der zur Verfügung stehenden Länge der Videos ein möglichst dichtes Bild des Unterrichts zeichnen zu können, waren sämtliche Videos (nach)gespielt. Der Effekt eines möglichst realen Eindrucks wurde weiterhin dadurch erhöht, dass die Lehrkräfte jedes Video nur einmal sehen und – wie im Klassenraum auch – nicht zurückspulen konnten. Also lasen die Lehrkräfte zuerst die Informationen, konnten daher schon vorher über das Problem nachdenken, schauten sich dann das Video einmal an und beantworteten anschließend in gemischter Reihenfolge mathematikdidaktische und erziehungswissenschaftlich orientierte Fragen zu diesem Video.

Auf der Ebene der konkreten Formulierung von Fragen steht man zuerst vor der Entscheidung, ob man eher allgemein gehaltene Fragestellungen (wie z. B. die generelle Wahrnehmung der Unterrichtsqualität) verwenden möchte oder die Fragen eher auf spezielle, durch die Frage vorgegebene Aspekte des Videos lenkt (wie z. B. spezifische Handlungen der Lehrkraft wie etwa den Umgang mit Fehlern). Während die erste Variante den Vorteil hat, dass die Lehrkräfte stärker ihre eigenen individuellen Schwerpunkte setzen können, kann man durch den zweiten Ansatz stärker absichern, dass bestimmte, in der Studie interessierende Aspekte auf jeden Fall bearbeitet werden. Weiterhin sind die verschiedenen Antworten der Lehrkräfte durch die extern vorgegebene, einheitliche Schwerpunktsetzung natürlich besser vergleichbar. In TEDS-FU wurde vor dem Hintergrund solcher Überlegungen die zweite Variante der stärker inhaltlich fokussierten Fragestellungen gewählt. Konkret waren die mathematikdidaktischen Fragen zum Beispiel ausgerichtet auf

- verschiedene Möglichkeiten, einen mathematischen Gegenstand zu erklären,
- das Erkennen von unterschiedlichen Aufgabentypen,
- die Analyse von Schülervorstellungen,
- das Erkennen von für eine Aufgabe notwendigen mathematischen Kompetenzen und
- das Erkennen von einer Aufgabe zugrunde liegenden fundamentalen Ideen der Mathematik.

In TEDS-FU kann man grob sagen, dass bei Fragen, die sich auf die reine Wahrnehmung beziehen, sowohl geschlossene als auch offene Items zum Einsatz kamen und bei Fragen, die Interpretation oder Entscheidungen erforderten, ein offenes Antwortformat gewählt wurde. Ein Beispiel für ein geschlossenes Item zur Unterrichtswahrnehmung bezieht sich auf eine Aufgabe, die im gezeigten Unterricht eine Rolle spielt. Konkret wurden im Video Teile des Mathematikunterrichts einer leistungsheterogenen 9. Klasse eines Gymnasiums gezeigt, in dem die Schülerinnen und Schüler in Partnerarbeit berechnen, wie groß das Volumen einer quaderförmigen Schachtel wird, wenn man diese aus einem DIN-A4-Blatt zusammenfaltet. Die Lehrkräfte sollten dann auf einer vierstufigen Skala einschätzen, inwieweit diese Aufgabe Merkmale enthält, die zu einer offenen Aufgabenstellung passen. Als korrekt wurde angesehen, wenn man vollständig zugestimmt hat („trifft voll und ganz zu"). Um die Frage zu beantworten, muss die Lehrkraft die Wahrnehmung der im Video gezeigten Aufgabe mit elementarem mathematikdidaktischem Wissen zu unterschiedlichen Aufgabentypen verbinden (Blömeke et al., 2014).

Ein Beispiel für eine offene Aufgabe zum Bereich der Interpretation findet sich in Abb. 2.6, die sich ebenfalls auf die bereits oben dargestellte Partnerarbeit zur Volumenberechnung der Papierschachtel bezieht. Im Video werden drei Schülertandems gezeigt, die hinsichtlich einer pädagogisch orientierten Perspektive auf deren Arbeits-

	1		2		3

> Im Video wurden drei Paare in ihrem Arbeitsprozess genauer betrachtet. Diese Arbeitsprozesse sollen im Folgenden aus zwei Perspektiven - einer (a) MATHEMATIKDIDAKTISCHEN und einer (b) PÄDAGOGISCHEN – betrachtet werden:
>
> (a) MATHEMATIKDIDAKTISCHE PERSPEKTIVE
>
> In jeder der drei gezeigten Herangehensweisen wird die Aufgabe MATHEMATISCH auf eine GANZ EIGENE ART DARGESTELLT UND BEARBEITET.
>
> Beschreiben Sie kontrastierend die WESENTLICHEN Aspekte der Herangehensweise aus mathematikdidaktischer Sicht (in Stichworten).
>
> Nennen Sie dabei – falls möglich – auch die dazugehörigen Fachbegriffe.
>
> (b) PÄDAGOGISCHE PERSPEKTIVE
>
> Beschreiben Sie kontrastierend für jedes der drei Paare das WESENTLICHE DER ART UND WEISE, in der die beiden jeweiligen Jugendlichen ihre ZUSAMMENARBEIT gestaltet haben (in Stichworten).

Abb. 2.6 Offenes Item aus TEDS-FU zur Interpretation (Blömeke et al., 2014, S. 523)

prozesse unterschiedlich zusammenarbeiten: Ein Tandem arbeitet tatsächlich kooperativ, in einem anderen arbeitet nur eine Person, im dritten arbeiten beide relativ unabhängig. Weiterhin unterscheiden sich die Arbeitsprozesse der Tandems aus einer mathematik-didaktischen Perspektive in der gewählten Darstellungsform: Im Video ist bei einem Tandem eine enaktive, beim nächsten Tandem eine ikonische und beim dritten Tandem eine symbolische Aufgabenbearbeitung (Bruner, 1974) erkennbar.

Man erkennt, dass die Aufgabe in Abb. 2.6 ebenfalls eine Wahrnehmung der unter-richtlichen Situation erfordert. Im Gegensatz zur ersten Beispielaufgabe zur Wahr-nehmung enthält diese Aufgabe darüber hinaus jedoch zusätzlich deutlich komplexere mathematikdidaktische und erziehungswissenschaftliche Anforderungen. So wurde in der Antwort ein gewisses Maß an Verallgemeinerung erwartet, welche über die unmittel-bare Wiedergabe der wahrgenommenen Unterrichtsszenen hinausgeht und die einzelnen Schülerpaare kontrastierend beschreibt. Dabei sollten gewisse Fachtermini verwendet werden, wobei anstelle der Brunerschen Bezeichnung „symbolisch" auch der Ausdruck „analytisch" oder „algebraisch" als korrekte Antwort gewertet wurde, nicht aber der Aus-druck „mathematisch". Das zur Auswertung entwickelte umfangreiche Kodiermanual mit im Idealfall erwarteter korrekter Beschreibung, falscher Antwort und im Grenzfall korrekter Antwort wurde aus wörtlichen Antworten von Lehrkräften vor allem aus der

	Im Idealfall erwartete Beschreibung	Minimales Maß an Verallgemeinerung (als Grenzfall korrekt)	Unmittelbare Wiedergabe des Gesehenen ohne Hervorhebung des Relevanten (nicht korrekt)
Paar 1	Sie arbeiten mithilfe einer bildhaften Darstellung des Objekts.	Sie arbeiten an einem Modell.	Sie einigen sich auf eine Seitenlänge.
Paar 2	Sie arbeiten am konkreten Objekt.	Sie messen am Quader.	Sie schneiden die Ecken aus und biegen sie hoch.
Paar 3	Sie arbeiten mit abstrakten Repräsentanten wesentlicher Problemaspekte.	Sie arbeiten mit einer variablen Länge.	Sie rechnen mit x, ziehen $2x$ von $29{,}7$ ab, ziehen $2x$ von $21{,}0$ ab und multiplizieren alle drei Faktoren.

Abb. 2.7 Kodierbeispiele für die in Abb. 2.6 gezeigte Aufgabe (Blömeke et al., 2014, S. 524)

Pilotierungsstudie entwickelt. Beispielhafte Antworten aus dem Kodiermanual für die Fragestellung aus obiger Aufgabe unter einer mathematikdidaktischen Perspektive finden sich in Abb. 2.7 (Blömeke et al., 2014)

Bei den in TEDS-FU verwendeten offenen mathematikdidaktischen Fragen, die auf die Entscheidungsfindung ausgerichtet waren, können weiterhin zwei grobe Typen von Fragestellungen unterschieden werden: Fragen, bei denen es darum geht, alternative Vorgehensweisen zu der im Video gezeigten unterrichtlichen Vorgehensweise zu formulieren, und Fragen, bei denen es darum geht, zu beschreiben, wie man selber die im Video gezeigte Szene fortsetzen würde (ein Beispiel findet sich in Abb. 2.8). Um eine gewisse Beliebigkeit der Antworten zu vermeiden, die zu Problemen bei der Auswertung geführt hätten, wurden deutlich einschränkende Anforderungen formuliert, die die möglichen Antworten begrenzten (Blömeke et al., 2014; Kaiser et al., 2015).

Die vorgestellte Aufgabe zur Wahrnehmung und die in Abb. 2.8 gezeigte Aufgabe zur Entscheidungsfindung unterscheiden sich deutlich in ihren Anforderungen: So muss man bei dem Item zur Wahrnehmung nur wenige eigene Schlüsse ziehen, während das zweite Item auch nach „erfolgreicher Wahrnehmung" noch viele weitere mathematikdidaktische oder erziehungswissenschaftliche Schlüsse von der Lehrkraft erfordert (im ersten Fall

In den Bildungsstandards der Kultusministerkonferenz werden ALLGEMEINE MATHEMATISCHE KOMPETENZEN formuliert.
Nehmen Sie an, Sie müssten die Stunde an der Stelle, an der das Video endet, INHALTLICH SINNVOLL ANKNÜPFEND WEITERFÜHREN.
Formulieren Sie in einem Satz wörtlich jeweils einen Arbeitsauftrag, den Sie der Klasse geben würden, ...

... wenn Sie die allgemeine mathematische Kompetenz MATHEMATISCHE DARSTELLUNGEN VERWENDEN betonen wollen.

... wenn Sie die allgemeine mathematische Kompetenz MATHEMATISCH ARGUMENTIEREN betonen wollen.

Abb. 2.8 Offenes Item aus TEDS-FU zu Überlegungen zur Fortsetzung der im Video gezeigten Sequenz (Blömeke et al., 2014, S. 525)

spricht man von sogenannten „niedriginferenten", im zweiten Fall von „hochinferenten" Items). Praktisch lassen sich damit unterschiedlich hohe Anforderungen und damit eine unterschiedliche Komplexität der Aufgabenstellungen realisieren. Die Sache birgt jedoch umgekehrt natürlich auch das zentrale Problem einer Entscheidung, wann ein Item richtig bzw. angemessen bearbeitet wurde und wann nicht. Bereits das niedriginferente Item erlaubt Diskussionen darüber, ob die Aufgabe die Kriterien für offene Aufgaben gänzlich oder nur in großen Teilen erfüllt. Umso mehr werden verschiedene Annahmen und auch individuelle Schwerpunktsetzungen dazu führen, dass Lehrkräfte das hochinferente Item gänzlich unterschiedlich bearbeiten. Die mit diesen Fragen einhergehenden methodischen Herausforderungen wurden nach einer Pilotierungsphase u. a. mithilfe eines Experten-ratings gelöst, d. h., Expertinnen und Experten aus der ersten und zweiten Phase der Lehrerausbildung legten fest, welche Antworten als richtig anzusehen sind, bei Uneinigkeit wurden die Aufgaben modifiziert oder gestrichen (Details in Kaiser et al., 2015 sowie Hoth et al., 2016).

2.5 Was waren die wichtigsten Ergebnisse der TEDS-Studien zum mathematikdidaktischen Wissen?

Wiederum mit Bezug zu TEDS-FU soll der Frage nachgegangen werden, wie sich die Kompetenz von Mathematiklehrkräften in den ersten vier Jahren ihres Berufslebens entwickelt.

2.5.1   Verschiedene Modelle passen verschieden gut

Praktisch unterscheidet TEDS-FU verschiedene Modelle zum Zusammenhang zwischen dem Wissen der Lehrkräfte und ihren Testleistungen bezogen auf die situierten Facetten, wobei jeweils überprüft wird, inwieweit die Daten zu den Modellen passen, diese also bestätigen oder nicht. Ein erstes mögliches Modell beruht auf der Annahme, dass das Wissen am Ende der Ausbildung direkt und unmittelbar die handlungsnahen Fähigkeiten der Lehrkräfte (hier also professionelle Unterrichtswahrnehmung) beeinflusst. Dieses Modell wird im Folgenden als einstufiges Modell bezeichnet. Zusammenfassend lässt sich sagen, dass dieses Modell eine eher geringe Erklärungskraft besitzt. Deutlich besser zu den Daten passt im Gegensatz dazu ein Modell, das im Folgenden als zweistufiges Modell bezeichnet werden soll. Hierbei wird davon ausgegangen, dass das Wissen am Ende der Ausbildung erst einmal das Wissen vier Jahre später beeinflusst (also das dann unter dem Eindruck der Schulpraxis veränderte Wissen) und dass dieses veränderte Wissen dann wiederum einen deutlich stärkeren Effekt auf die handlungsnahen Fähigkeiten hat. Dies entspricht der Beobachtung, dass man als Lehrerin oder Lehrer ja auch nicht einfach das in der Ausbildung erworbene Wissen behält, vielmehr verändert sich das Wissen unter den Erfahrungen aus der Arbeit in der Schule und entwickelt sich weiter. Es liegt also nahe, diesen praktisch beobachtbaren Effekt in die Datenauswertung miteinzubeziehen. Und tatsächlich lässt sich – wie bereits erwähnt – festhalten, dass die Daten in TEDS-FU besser zum zweistufigen als zum einstufigen Modell passen. Am besten beschreibt jedoch eine Kombination beider Modelle die Datenlage. Konkret bestätigen die Daten von TEDS-FU vor allem das Modell, bei dem im Bereich der professionellen Unterrichtswahrnehmung (also Wahrnehmung, Interpretation und Entscheidung) ein zweistufiges Modell zugrunde gelegt wird (für Details siehe Blömeke et al., 2014).

2.5.2   Entwicklung des Wissens in den ersten Berufsjahren

Wenn offenbar ein entscheidender Unterschied darin besteht, ob man den Einfluss des Wissens direkt am Ende der Ausbildung oder den Einfluss des Wissens nach einigen Jahren im Lehrerberuf auf die handlungsnahen Fähigkeiten fokussiert, liegt es nahe, einmal das Verhältnis zwischen dem Wissen am Ende der Ausbildung und dem Wissen nach vier Jahren Berufspraxis näher zu untersuchen (z. B. Blömeke et al., 2014). Interessanterweise lassen sich hier starke Unterschiede zwischen den mathematischen und den mathematikdidaktischen Wissenskomponenten beobachten. Im Bereich des mathematischen Wissens erlaubt die Höhe des Wissens am Ende der Ausbildung eine deutliche Voraussage der Höhe des Wissens nach vier Jahren in der Praxis. Die sogenannte Rangreihe der Lehrkräfte ist relativ stabil, das heißt, wer am Ende der Ausbildung ein höheres mathematisches Wissen hatte, wird auch nach vier Jahren mit einer hohen Wahrscheinlichkeit höhere Testleistungen in diesem Bereich zeigen. Im Bereich des mathematikdidaktischen Wissens lässt sich nun ein ähnlicher Zusammenhang zwischen dem Wissen am Ende der Ausbildung und dem Wissen nach vier Jahren Berufspraxis beobachten, der Effekt ist jedoch geringer. Die Rangreihe ist hier deutlich weniger stabil. Unter dem Eindruck von Schulpraxis verändert sich das mathematikdidaktische Wissen also in dieser Hinsicht stärker als das mathematische Wissen.

2.5.3 Zusammenhänge zur Unterrichtsqualität

Die bisher vorgestellten Ergebnisse geben uns Hinweise über den Zusammenhang zwischen dem Wissen der Lehrkräfte und ihren handlungsnahen Fähigkeiten. Zu hinterfragen ist aber, warum man überhaupt entsprechende Fähigkeiten als wertvolle Bestandteile von Lehrkraftkompetenz ansieht. Eine naheliegende Antwort wäre, dass damit ein Beitrag zur Unterrichtsqualität geleistet wird, und es erscheint plausibel, dass beispielsweise Fähigkeiten im Bereich der professionellen Unterrichtswahrnehmung hilfreich für die Gestaltung von gutem Unterricht sind. Tatsächlich gibt es auch empirische Hinweise für diese Annahme, die damit die Bedeutung der Ergebnisse aus TEDS-FU auch für Fragen der Unterrichtsqualität untermauern. Konkret wurde der Zusammenhang zwischen Lehrkraftkompetenzen und Unterrichtsqualität in der Studie TEDS-Unterricht erhoben. Hierbei wurde Mathematikunterricht der Sekundarstufe I von jeweils zwei Beobachterinnen bzw. Beobachtern bezüglich verschiedener Kriterien eingeschätzt, und zwar mittels eines umfangreichen Ratingmanuals, das auf vier Facetten der Qualität von Unterricht fokussierte, nämlich effiziente Klassenführung, konstruktive Unterstützung, Potenzial zur kognitiven Aktivierung und fachdidaktische Strukturierung. Gleichzeitig lagen für die beteiligten Lehrkräfte Ergebnisse zu den fachbezogenen Kompetenzfacetten vor, die anhand von TEDS-M- und TEDS-FU-Instrumenten erhoben wurden (für Details siehe Schlesinger et al., 2018). Dabei hängt effiziente Klassenführung nicht signifikant mit den fachbezogenen Kompetenzfacetten zusammen. Die übrigen drei Qualitätsdimensionen korrelieren signifikant positiv mit der bei Lehrkräften vorliegenden professionellen Wahrnehmung von Mathematikunterricht, dagegen deutlich schwächer bzw. gar nicht mit dem fachbezogenen Wissen (Jentsch et al., 2021).

2.5.4 Gemeinsamkeiten und Unterschiede in den Erhebungsformaten

Im Beitrag wurde bisher – sowohl auf theoretischer Ebene als auch auf der Ebene der Umsetzung in konkrete Aufgaben – zwischen stärker wissensbezogenen Ansätzen zur Erhebung der Kompetenz von Mathematiklehrkräften und der Ausrichtung auf die situativen Facetten der professionellen Unterrichtswahrnehmung unterschieden. Damit liegt aber auch die Frage nahe, ob diese unterschiedlichen Ansätze der Erhebung von professioneller Kompetenz von Mathematiklehrkräften auch etwas Unterschiedliches messen, oder anders formuliert, ob es sein kann, dass Lehrkräfte in dem einen Test vergleichsweise besser sind als in dem anderen. Dieser Frage sind Busse & Kaiser (2015) nachgegangen. Sie haben dabei ausgenutzt, dass in TEDS-FU quasi beide Ansätze enthalten sind: der videobasierte, also situierte Ansatz zur professionellen Unterrichtswahrnehmung und die Fragen aus TEDS-M 2008, die einen wissensbezogenen Ansatz darstellen. Erwartungskonform ließen sich verschiedene Gruppen innerhalb der teilnehmenden Lehrkräfte unterscheiden, die jeweils in einem der unterschiedlichen Tests besonders gut waren. Offenbar erfassten die Tests also tatsächlich verschiedene Facetten von Lehrerkompetenz.

Ein zentraler Aspekt für die erfolgreiche Bearbeitung der wissensbezogenen Tests in TEDS-FU war Wissen über stoffdidaktische Inhalte wie zum Beispiel eine fachbezogene Einordnung von Schülerantworten. Im Videotest standen hingegen – ganz im Einklang mit seiner theoretischen Zielsetzung – Fragen der Wahrnehmung von Unterricht sowie die Verbindung der wahrgenommenen Inhalte mit mathematikdidaktischem Wissen im Vordergrund. Umgekehrt wäre es aber natürlich auch verwunderlich, wenn die beiden Tests keine gemeinsamen Charakteristika hätten, also Items, die von den verschiedenen Gruppen ähnlich beantwortet wurden. Tatsächlich konnten auch solche Items identifiziert werden. In diesen ging es darum, Mathematikaufgaben curricular einzuordnen und diese Einordnung stoffdidaktisch orientiert mit wahrgenommenen Inhalten zu verbinden. Exemplarisch zeigt sich dies an einer Aufgabe zu einer in einer Videovignette gezeigten Fehlvorstellung eines Schülers zur Linearität zwischen Durchmesser und Masse einer Kugel, zu der verschiedene Erklärungswege erfragt werden, um auf diese Fehlvorstellung zu reagieren. Diese Aufgabe ist zum einen stoffdidaktisch orientiert, da verschiedene mathematische Erklärungen angemessen sind, zum anderen ist diese Aufgabe integriert in den Wahrnehmungs- und Analysefokus der Videovignette (Busse & Kaiser, 2015).

2.6 Was können Lehrkräfte für den Unterricht und Lehrerbildnerinnen und -bildner aus den Projekten lernen?

Wir kommen noch einmal auf Shulman zurück. Auch gut 30 Jahre nach seiner richtungsweisenden Arbeit scheint sich nur wenig an der Forderung nach einer soliden fachlichen und insbesondere fachdidaktischen Wissensbasis für angehende und praktizierende

Lehrerinnen und Lehrer geändert zu haben. Die Ergebnisse des TEDS-M-Forschungsprogramms zeigen hierzu ein eindeutiges Bild. Der Wissensbestand wandelt sich in der
Berufseingangsphase unter den vielen Erfahrungen des Lehrerberufs und viele in der
Ausbildung gelernte Einzelaspekte zu bestimmten mathematischen Inhaltsbereichen
(z. B. zum Problemlösen) oder unterrichtlichen Situationen (z. B. Planung, Leistungsmessung) werden im Lichte praktischer Erfahrungen integriert. Aber es werden eher
wenige neue fachliche und fachdidaktische Kenntnisse aus der reinen Unterrichtspraxis
erworben – zumindest was theoretische fachliche und fachdidaktische Wissensinhalte
angeht. Das Wissen, das von Lehrkräften in den ersten Berufsjahren erworben wird,
ist durch die Praxis geprägt und ersetzt möglicherweise auch nach und nach Wissensbestände der Ausbildung, die mit zunehmender Berufserfahrung immer weiter in die
Ferne rückt. Es können aber auch – je nach schulischem Kontext – andere routinegeprägte
Wissensfacetten in den Vordergrund rücken, weil eine Lehrkraft beispielsweise nur in
bestimmten Jahrgängen unterrichtet, schulische Funktionsaufgaben übernimmt oder verstärkt mit sonderpädagogisch arbeitenden Kolleginnen und Kollegen zusammenarbeitet,
um nur einige Beispiele zu nennen. Möglicherweise hat sich Shulmans Typologie in
Zeiten des Umgangs mit digitalen Werkzeugen im Unterricht zudem erweitert, etwa um
technologiebasiertes fachdidaktisches Wissen, wie es etwa von Mishra und Koehler im
Rahmen des sog. TPACK-Ansatzes diskutiert wird (Mishra & Koehler, 2006). Auch in
der steten Beschäftigung mit den mathematischen Fachinhalten und ihrer Vermittlung im
Unterricht gibt es immer wieder fachdidaktische Entdeckungen zu machen, beispielsweise auch durch das Lesen von unterschiedlichen Zeitschriften für Lehrkräfte oder den
Besuch von Fortbildungen. Wir regen an, im Unterricht u. a. mit formativer Leistungsmessung, diagnostischen Aufgaben oder Lerntagebüchern zu experimentieren. Bei der
fachlichen Bewertung von Schülerleistungen – und beim Verstehen ihrer Fehler – wird
auf diagnostische Kompetenzen zurückgegriffen, die benötigt werden, um Maßnahmen
für die Lernentwicklung der Schülerinnen und Schüler zu ergreifen (Blum & Henn,
2003). Die Ergebnisse der TEDS-Studien erlauben die Annahme, dass hierbei auf
Wissensbestände zurückgegriffen wird, die bereits in der Ausbildung gelernt wurden, und
dass u. a. konkret bei der Diagnose von Fehlern sowohl stoffdidaktische als auch unterrichtspraktische Wissensanteile aktiviert werden. Dennoch schaffen oft erst praktische
Situationen einen Anlass, das latente, als Disposition vorhandene theoretische Wissen
zugänglich zu machen und es in handlungsleitende Optionen wie etwa das Entwickeln
von geeigneten Maßnahmen zur Überwindung von Fehlvorstellungen zu übersetzen.
Doch was, wenn man auf das Ausbildungswissen gar keinen Zugriff (mehr) hat?

2.6.1   Ein erster Zugang

Den gesteigerten Anforderungen des Lehrerberufs – beispielsweise durch eine stärker zu
berücksichtigende Heterogenität der Schülerinnen und Schüler oder die Veränderungen
durch die Digitalisierung – steht heute eine immer größere Anzahl Seiteneinsteigerinnen
und -einsteiger in den Lehrerberuf gegenüber. Zumindest kurzfristig machen diese einen

Teil der Lösungsstrategie einzelner Länder für das zunehmende Problem der Lehrerknappheit in den MINT-Fächern aus. Oftmals – ähnlich wie im Beispiel aus Norwegen – verfügen sie aber nur über eine unzureichende fachdidaktische Wissensbasis. Gerade für Berufsanfängerinnen und -anfänger kann die durch Shulman beschriebene Typologie der verschiedenen Wissensaspekte und deren inhaltliche Ausgestaltung durch Wissenskataloge in den TEDS-Studien daher eine erste Orientierung darüber sein, welche Kompetenzen relevant sein könnten. Was wird beispielweise unter einer Diagnostik von Schülerfehlvorstellungen verstanden. Veröffentlichte Testaufgaben illustrieren verschiedene Wissensfacetten und greifen aufgrund der an der Erstellung beteiligten Expertinnen und Experten oft die „Klassiker" der fachdidaktischen Ausbildungsinhalte auf, die den Einstieg in ein Thema erleichtern können. Lösungshäufigkeiten von Items geben dazu Auskunft über Schwierigkeiten und beim Blick auf die falschen Antworten auch über vermeidbare Fehler. Ausgewählte Aufgaben aus dem TEDS-M-Forschungsprogramm können den Testmaterialien entnommen werden. Die Materialien von TEDS-M aus dem Primarstufentest sind beispielsweise verfügbar unter: http://www.ugr.es/~tedsm/resources/Informes/Result_Viejo/PrimariaItemsLiberados.pdf. Eine Kurzfassung der mathematischen und mathematikdidaktischen Testinstrumente aus weiteren Studien des TEDS-M-Forschungsprogramms (Buchholtz et al., 2016) ist ferner auf Anfrage bei der Autorengruppe erhältlich.

2.6.2   Und was ist mit dem Referendariat?

Im Referendariat lernen angehende Lehrerinnen und Lehrer weiter, sie befinden sich in der Lehrer*ausbildung*, und arbeiten doch auch schon selbstständig in der Schule. Ihr Wissen entwickelt sich also gerade gleichsam zweigleisig weiter: durch die vermittelten Ausbildungsinhalte ebenso wie durch die gesammelten Praxiserfahrungen. Gerade in dieser Phase können die vorgestellten theoretischen Zugänge ebenso wie die Ergebnisse der Studien aus dem TEDS-M-Forschungsprogramm daher wichtige Impulse bieten, etwa eine Orientierung über lehramtsspezifische Stärken und Schwächen. Ein Verständnis dafür, dass im Sinne der Ergebnisse von TEDS-FU sich das Wissen unter den Praxiseindrücken wandelt, aber nichtsdestoweniger auch zentral für unterrichtliches Handeln ist, kann Grundlage für eine theorie- und praxisintegrierende Ausbildung sein, die Fragen nach der Rolle und Veränderung von Wissensbeständen reflexiv aufgreift (etwa indem Referendarinnen und Referendare für konkrete Stunden jeweils einmal vor und einmal nach der Stunde explizit verschriftlichen, welche fachlichen und fachdidaktischen Wissensbestände sie für diese Stunde tatsächlich benötigen) und Fragen nach Theorie-Praxisbezügen (indem beispielsweise mehrere Beteiligte eine Stunde hospitieren und anschließend jeweils rückmelden, welche theoretischen Bezüge für die Gestaltung der Stunde nützlich waren bzw. gewesen wären) stellt. Die besondere Rolle der professionellen Unterrichtswahrnehmung im Modell der Kompetenz als Kontinuum verweist weiterhin auf einen möglichen Schwerpunkt im Bereich des Umgangs mit Praxiserfahrungen im Rahmen des Referendariats: Der konzeptuelle Zusammenhang zwischen den Bereichen individueller Disposition, professioneller Unterrichtswahrnehmung und

tatsächlichem unterrichtlichem Handeln (siehe Abb. 2.2) kann als Folie dienen, anhand
der angehende Lehrkräfte eigenen Unterricht ebenso wie hospitierten fremden Unterricht reflektieren können. Aber natürlich gilt dies nicht nur im Referendariat: Reflexion
von eigenem wie auch fremdem Unterricht sollte nicht am Ende der Lehrerausbildung
aufhören, sondern ein bereichernder Teil des eigenen Professionsverständnisses sein.
Im Idealfall lassen sich hier, im Einklang mit Elementen einer Lehrerfortbildung,
beständig Akzente im Sinne der Unterrichtsqualität setzten. Der letzte Abschnitt dieses
Kapitels soll daher diesem Bereich gewidmet werden.

2.6.3   Ein Blick auf die Unterrichtsqualität

Die Erweiterung von Wissensbeständen zu stärker performanzorientierten Kompetenzfacetten in den Studien des TEDS-M-Forschungsprogramms lässt zwangsläufig auch
die Unterrichtsqualität als Arbeitsfeld für die Weiterentwicklung fachdidaktischer
Kompetenzen in den Blick treten. Folgt man dem Modell von Blömeke et al. (2015),
so besteht für die Weiterentwicklung der Kompetenzen von Lehrkräften hier die Notwendigkeit einer holistischen Wahrnehmung von Unterricht basierend auf einem soliden
mathematikdidaktischen Wissensfundament. Eine Empfehlung, die wir auf Grundlage
der Ergebnisse der Studien des TEDS-M-Forschungsprogramms geben möchten, ist die
fortwährende Analyse von eigenem oder fremdem Unterricht. So führt die Zusammenarbeit mit einem „critical friend" (d. h. einem Kollegen oder einer Kollegin) oft zum
gegenseitigen Austausch der Expertise. Unterricht kann auch gemeinsam geplant und
analysiert werden. Dabei ist es ratsam, der hospitierenden Person einen Beobachtungs-
auftrag zu erteilen, beispielsweise zu analysieren, wie ein Lehrervortrag zum Thema
„Division von Brüchen" strukturiert ist und wie den Schülerinnen und Schülern
dabei das Verstehen dieser Operation ermöglicht wird. Ähnlich dem Vorgehen in der
TEDS-FU-Studie wäre es dabei empfehlenswert, sich immer nur auf eine konkrete
Situation (oder sogar nur auf einen kleinen didaktischen Aspekt) zu fokussieren, die
(der) sich im Hinblick auf ihre (seine) Optimierung viel leichter wahrnehmen, interpretieren und bewerten lässt, als wenn dies für den gesamten Unterricht und nicht zielgerichtet geschehen würde. Lässt sich beispielsweise identifizieren, wo genau in einer
beobachteten Situation auf aktive fachdidaktische Wissensbestände zugegriffen wurde?
Was kann ein „critical friend" in einer bestimmten Situation wahrnehmen bezüglich des Lehrkraftverhaltens, aber auch bezüglich der Schülerinnen und Schüler? Und
wie sind konkrete Situationen, die sich im Unterrichtsgeschehen entwickeln, mit den
mathematischen Inhalten verknüpft? Welche Handlungen erfolgten in einer konkreten
Situation und gab es vielleicht alternative Handlungen, die sich theoretisch begründen
lassen? Vielleicht entdeckt man bei dieser aktiven Auseinandersetzung mit dem Unterricht auch potenzielle neue Wissensbestände, die relativ unaufwendig zu erschließen
sind. So oder so hoffen wir, dass wir einige Impulse oder Anregungen geben konnten:
Impulse, sich in ein Thema zu vertiefen oder es neu zu entdecken und Anregungen zur

Entwicklung von Bezügen zwischen Theorie und Praxis im immerwährend spannenden und immer wieder neuen Bezugsfeld Schule.

Literatur

Anderson, L.W., & Krathwohl, D.R. (2001). *A taxonomy for learning, teaching, and assessing: A revision of Bloom's taxonomy of educational objectives*. Addison – Wesley.

Berliner, D. C. (2001). Learning about and learning from expert teachers. *International Journal of Educational Research, 35*(5), 463–482.

Bigalke, H.-G. (1974). Sinn und Bedeutung der Mathematikdidaktik. *ZDM – Zentralblatt für Didaktik der Mathematik, 6*(3), 109–115.

Blömeke, S., Kaiser, G., & Lehmann, R. (Hrsg.). (2008). *Professionelle Kompetenz angehender Lehrerinnen und Lehrer. Wissen, Überzeugungen und Lerngelegenheiten deutscher Mathematikstudierender und –referendare. Erste Ergebnisse zur Wirksamkeit der Lehrerausbildung*. Waxmann.

Blömeke, S., Kaiser, G., & Lehmann, R. (Hrsg.). (2010a). *TEDS-M 2008. Professionelle Kompetenz und Lerngelegenheiten angehender Primarstufenlehrkräfte im internationalen Vergleich*. Waxmann.

Blömeke, S., Kaiser, G., & Lehmann, R. (Hrsg.). (2010b). *TEDS-M 2008. Professionelle Kompetenz und Lerngelegenheiten angehender Mathematiklehrkräfte für die Sekundarstufe I im internationalen Vergleich*. Waxmann.

Blömeke, S., Bremerich-Vos, A., Haudeck, H., Kaiser, G., Nold, G., Schwippert K., & Willenberg H. (Hrsg.). (2011). *Kompetenzen von Lehramtsstudierenden in gering strukturierten Domänen. Erste Ergebnisse aus TEDS-LT*. Waxmann.

Blömeke, S., Bremerich-Vos, A., Kaiser, G., Nold, G., Haudeck, H., Keßler, J.-U., & Schwippert, K. (Hrsg.). (2013). *Professionelle Kompetenzen im Studienverlauf: Weitere Ergebnisse zur Deutsch-, Englisch- und Mathematiklehrerausbildung aus TEDS-LT*. Waxmann.

Blömeke, S., König, J., Busse, A., Suhl, U., Benthien, J., Döhrmann, M., & Kaiser, G. (2014). Von der Lehrerausbildung in den Beruf – Fachbezogenes Wissen als Voraussetzung für Wahrnehmung, Interpretation und Handeln im Unterricht. *Zeitschrift für Erziehungswissenschaft, 17*(3), 509–542.

Blömeke, S., Gustafsson, J., & Shavelson, R. J. (2015). Beyond dichotomies—Competence viewed as a continuum. *Zeitschrift für Psychologie, 223*(1), 3–13.

Blömeke, S., Jentsch, A., Ross, N., Kaiser, G., & König, J. (2022). Opening up the black box: Teacher competence, instructional quality, and students' learning progress. *Learning and Instruction, 79,* 101600.

Blum, W., & Henn, H.-W. (2003). Zur Rolle der Fachdidaktik in der universitären Gymnasial- lehrerausbildung. *Der Mathematische und Naturwissenschaftliche Unterricht, 56*(2), 68–76.

Bromme, R. (1992). *Der Lehrer als Experte. Zur Psychologie des professionellen Lehrerwissens.* Huber.

Bruner, J. S. (1974). *Entwurf einer Unterrichtstheorie*. Berlin-Verlag.

Buchholtz, N. (2017). The acquisition of mathematics pedagogical content knowledge in uni- versity mathematics education courses: Results of a mixed methods study on the effectiveness of teacher education in Germany. *ZDM, 49*(2), 249–264.

Buchholtz, N., & Kaiser, G. (2013). Professionelles Wissen im Studienverlauf: Lehramt Mathematik. In S. Blömeke, A. Bremerich-Vos, G. Kaiser, G. Nold, H. Haudeck, J.-U. Keßler & K. Schwippert (Hrsg.), *Professionelle Kompetenzen im Studienverlauf* (S. 107–143). Waxmann.

Buchholtz, N., Kaiser, G., & Blömeke, S. (2014). Die Erhebung mathematikdidaktischen Wissens – Konzeptualisierung einer komplexen Domäne. *Journal für Mathematik-Didaktik, 35*(1), 101–128.

Buchholtz, N., Scheiner, T., Döhrmann, M., Suhl, U., Kaiser, G., & Blömeke, S. (2016). *TEDS-shortM. Teacher Education and Development Study – Short Test on Mathematics Content Knowledge (MCK) and Mathematics Pedagogical Content Knowledge (MPCK). Kurzfassung der mathematischen und mathematikdidaktischen Testinstrumente aus TEDS-M, TEDS-LT und TEDS-Telekom* (2. Aufl.). Universität Hamburg.

Busse, A., & Kaiser, G. (2015). Wissen und Fähigkeiten in Fachdidaktik und Pädagogik. Zur Natur der professionellen Kompetenz von Lehrkräften. *Zeitschrift für Pädagogik, 61*(3), 328–344.

Griesel, H. (1974). Überlegungen zur Didaktik der Mathematik als Wissenschaft. *Zentralblatt für Didaktik der Mathematik, 6*(3), 115–119.

Hoth, J., Schwarz, B., Kaiser, G., Busse, A., König, J., & Blömeke, S. (2016). Uncovering predictors of disagreement: Ensuring the quality of expert ratings. *ZDM, 48*(1–2), 83–95.

Jentsch, A., Schlesinger, L., Heinrichs, H., Kaiser, G., König, J., & Blömeke, S. (2021). Erfassung der fachspezifischen Qualität von Mathematikunterricht: Faktorenstruktur und Zusammenhänge zur professionellen Kompetenz von Mathematiklehrpersonen. *Journal für Mathematik-Didaktik, 42*(1), 97–121.

Kaiser, G., Busse, A., Hoth, J., König, J., & Blömeke, S. (2015). About the complexities of video-based assessments: Theoretical and methodological approaches to overcoming shortcomings of research on teachers' competence. *International Journal of Science and Mathematics Education, 13*(2), 369–387.

Kaiser, G., Blömeke, S., König, J., Busse, A., Döhrmann, M. & Hoth, J. (2017). Professional competencies of (prospective) mathematics teachers – cognitive versus situated approaches. *Educational Studies in Mathematics, 94*(2), 161–182.

Kaiser, G., & König, J. (2019). Competence measurement in (Mathematics) teacher education and beyond: Implications for policy. *Higher Education Policy, 32,* 597–615.

Kaiser, G., & König, J. (2020). Analyses and validation of central assessment instruments of the research program TEDS-M. In O. Zlatkin-Troitschanskaia, H. A. Pant, M. Toepper, & C. Lautenbach (Hrsg.), *Student learning in German higher education* (S. 29–51). Springer.

Kersting, N. B. (2008). Using video clips of mathematics classroom instruction as item prompts to measure teachers` knowledge of teaching mathematics. *Educational and Psychological Measurement, 68*(5), 845–861.

Kirsch, A. (1969). Eine Analyse der sogenannten Schlußrechnung. *Mathematisch-Physikalische Semesterberichte, 16*(1), 41–55.

Kirsch, A. (1977). Aspekte des Vereinfachens im Mathematikunterricht. *Zentralblatt für Didaktik der Mathematik, 2,* 87–101.

König, J., Santagata, R., Scheiner, T., Adleff, A.-K., Yang, X., & Kaiser, G. (2022). Teacher noticing: A systematic literature review on conceptualizations, research designs, and findings on learning to notice. *Educational Research Review, 36.* https://doi.org/10.1016/j.edurev.2022.100453

Kunnskapsdepartementet. (2015). *REALFAG. Relevante – Engasjerende – Attraktive – Lærerike. Rapport fra Ekspertgruppa for realfagene.* Kunnskapsdepartementet.

Kunter, M., Baumert, J., Blum,W., Klusmann, U., Krauss, S., & Neubrand, M. (Hrsg.) (2011). *Professionelle Kompetenz von Lehrkräften. Ergebnisse des Forschungsprogramms COACTIV.* Waxmann.

Mishra, P., & Koehler, M. J. (2006). Technological pedagogical content knowledge: A framework for teacher knowledge. *Teachers College Record, 108*(6), 1017–1054.

Otte, M. (1974). Didaktik der Mathematik als Wissenschaft. *Zentralblatt für Didaktik der Mathematik, 6*(3), 125–128.

Prediger, S., & Hefendehl-Hebeker, L. (2016). Zur Bedeutung epistemologischer Bewusstheit für didaktisches Handeln von Lehrkräften. *Journal für Mathematik Didaktik, 37*(1), 239–262.

Schlesinger, L., Jentsch, A., Kaiser, G., König, J., & Blömeke, S. (2018). Subject-specific characteristics of instructional quality in mathematics education. *ZDM, 50*(3), 475–490.

Sherin, M. G., Jacobs, V. R., & Philipp, R. A. (2011). *Mathematics teacher noticing. Seeing through teachers' eyes.* Routledge.

Shulman, L. S. (1986). Those who understand: Knowledge growth in teaching. *Educational Researcher, 15*(2), 4–14.

Shulman, L. (1987). Knowledge and teaching: Foundations of a new reform. *Harvard Educational Research, 57,* 1–22.

Weinert, F. E. (2001). Vergleichende Leistungsmessung in Schulen – eine umstrittene Selbstverständlichkeit. In F. E. Weinert (Hrsg.), *Leistungsmessung in Schulen* (S. 17–31). Beltz.

Winter, H. (1995). Mathematikunterricht und Allgemeinbildung. *Mitteilungen der Gesellschaft für Didaktik der Mathematik, 61,* 31–46.

Wittmann, E. C. (1992). Mathematikdidaktik als „design science". *Journal für Mathematik-Didaktik, 13*(1), 55–70.

Lehrerwissen wirksam werden lassen: Aktionsbezogene und Reflexive Kompetenz zur Bewältigung der fachlichen Anforderungen des Lehrberufs – Befunde auf Basis des Strukturmodells fachspezifischer Lehrkräftekompetenz nach Lindmeier

3

Anke Lindmeier und Aiso Heinze

► In diesem Kapitel stellen wir ein Modell zur Beschreibung fachspezifischer Kompetenz von Mathematiklehrkräften vor, das von den beruflichen Anforderungen her strukturiert ist. Dabei werden zwei Anforderungsbereiche unterschieden: Aufgaben der Unterrichtsvor- und -nachbereitung sowie Aufgaben des Unterrichtens. Der Beitrag erläutert, warum es sinnvoll ist, die Bereiche getrennt in den Blick zu nehmen. Weiter wird erklärt, wie die sogenannte Aktionsbezogene Kompetenz mit Bezug zum Handeln im Unterricht in neuartigen Erhebungsformaten erfasst wird, in denen Lehrkräfte unter Zeitdruck auf kurze Unterrichtsvideos (z. B. eine Schülerfrage) mündlich reagieren (z. B. eine Erklärung geben). In mehreren Studien aus dem Sekundar- und Primarbereich, aber auch dem Kindergarten konnten mit dem Modell bereits wichtige Erkenntnisse erlangt werden. Wir legen dar, wie diese Forschung für die gezielte Entwicklung von Maßnahmen zur Stärkung der verschiedenen Kompetenzen genutzt werden kann.

A. Lindmeier (✉)
Friedrich-Schiller-Universität Jena, Jena, Deutschland
E-Mail: anke.lindmeier@uni-jena.de

A. Heinze
IPN – Leibniz-Institut für die Pädagogik der Naturwissenschaften und Mathematik,
Kiel, Deutschland
E-Mail: heinze@leibniz-ipn.de

© Springer-Verlag GmbH Deutschland, ein Teil von Springer Nature 2023
S. Krauss und A. Lindl (Hrsg.), *Professionswissen von Mathematiklehrkräften,* Mathematik Primarstufe und Sekundarstufe I + II,
https://doi.org/10.1007/978-3-662-64381-5_3

3.1   Vom Handeln her gedacht: Kompetenzen von Mathematiklehrkräften beschreiben

Die Bestimmung von Expertise bei Lehrkräften folgt in der Praxis unterschiedlichsten Kriterien. Ein Grund sind unterschiedliche Referenzsysteme, die unterschiedliche Interessensvertretungen *(stakeholder)* anlegen. So argumentiert der Staat bei der Einstellung, dass die Lehrkraft mit der besseren Staatsexamensnote die bessere ist. Schülerinnen und Schüler argumentieren vielleicht, dass die Lehrkraft, die ein besseres Verhältnis zu Lernenden herstellen kann, die bessere ist. Oder Eltern würden vielleicht die Lehrkraft, bei der weniger Stunden ausfallen, als die bessere verstehen. Ausbildende und Dozierende an Universitäten sehen ein wichtiges Kriterium von Expertise gegebenenfalls darin, dass eine Lehrkraft fachlich besonders viel fordert und bei den Lernenden bessere Voraussetzungen für die weitere berufliche oder universitäre Ausbildung erzielt.

Auch in der Forschung werden unterschiedliche Zugänge und Kriterien genutzt, um die Expertise von Lehrkräften zu bestimmen. Für die Interpretation und Nutzung von Studienergebnissen ist es wichtig zu verstehen, welches Verständnis jeweils zugrunde liegt, da sich daraus bestimmt, welche Reichweite etwaige Schlussfolgerungen aus der jeweiligen Forschung haben.

3.1.1   Wissen haben und Wissen nutzen können – ein Unterschied?

Der in diesem Kapitel skizzierte Zugang ist entstanden, weil der seit den 2000er-Jahren besonders betonte Blick auf das *Wissen* von Lehrkräften einige Einschränkungen mit sich bringt. So ist etwa bekannt, dass man bei der Bestimmung des Wissensstandes einer Person allgemein mit den Phänomenen des trägen und des impliziten Wissens umgehen muss. Im Folgenden werden diese Phänomene erklärt. Wie sie sich in verschiedenen Situationen bei Lehrkräften auswirken können, wird zudem in den Kästen „Träges Wissen", „Träges Wissen in schnellen Denkprozessen" und „Implizites Wissen in schnellen Denkprozessen" illustriert.

Träges Wissen

Eine Lehrkraft möchte zu Beginn der Unterrichtsstunde den in der letzten Stunde thematisierten Größenvergleich von Brüchen wiederholen. Sie weiß, dass Schülerinnen und Schüler häufig Probleme mit dem Bruchvergleich haben, vor allem weil sie nur Zähler oder nur Nenner vergleichen. Sie hat deswegen einen Einstieg geplant, der ihr schnell einen Überblick über den Kenntnisstand der Klasse ermöglicht. In Abhängigkeit davon sollen aus dem Buch weitere Übungsaufgaben zum Bruchvergleich oder aber weiterführende Sachaufgaben bearbeitet werden.

Sie hat dazu die erste Aufgabe von einem Arbeitsblatt übernommen, das im Kollegium vor einiger Zeit zur Sicherung von Grundfertigkeiten erarbeitet wurde.

Schnellcheck: Brüche vergleichen, Brüche addieren und subtrahieren

1. Größer, kleiner oder gleich?

a) $\frac{2}{13}$? $\frac{4}{6}$ b) $\frac{1}{5}$? $\frac{1}{3}$ c) $\frac{5}{6}$? $\frac{4}{8}$ d) $2\frac{3}{4}$? $1\frac{1}{2}$ e) $\frac{5}{9}$? $\frac{6}{13}$ f) $\frac{6}{7}$? $\frac{4}{7}$ g) $\frac{1}{5}$? $\frac{3}{4}$

Die Lehrkraft bittet die Schülerinnen und Schüler, in Einzelarbeit die Lösungen zu notieren. Sie bespricht nacheinander die Ergebnisse. Zuerst lässt sie sich einen Vorschlag geben („Wie lautet das Zeichen? Größer, kleiner oder gleich?"). Per Handzeichen „stimmen" die Lernenden dann über den Vorschlag ab („Wer ist derselben Meinung, dass $\frac{2}{13}$ kleiner als $\frac{4}{6}$ sind?"). Im Anschluss notiert sie die Lösung unter der Dokumentenkamera für alle sichtbar. Bei Aufgabe c) und d) ergänzt sie mündlich folgende Erläuterungen. Zu Aufgabe c): „Statt $\frac{4}{8}$ könnte man ja auch $\frac{1}{2}$ schreiben. Und das wären in Sechsteln $\frac{3}{6}$, also stimmt hier euer Vorschlag, größer." Und zu Aufgabe d): „Und vielleicht habt ihr das auch direkt gesehen. Das Erste sind mehr als 2 und das Zweite $1\frac{1}{2}$. Deswegen also auch hier, richtig, größer.").

a) $\frac{2}{13}$ < $\frac{4}{6}$ b) $\frac{1}{5}$ < $\frac{1}{3}$ c) $\frac{5}{6}$ > $\frac{4}{8}$ d) $2\frac{3}{4}$ > $1\frac{1}{2}$ e) $\frac{5}{9}$ > $\frac{6}{13}$ f) $\frac{6}{7}$ > $\frac{4}{7}$ g) $\frac{1}{5}$ < $\frac{3}{4}$

Die Lösungsvorschläge waren alle beim ersten Aufruf richtig, die Handzeichen deuten auf hohe Lösungsraten hin. Aufgabe e) wurde schlechter gelöst als die vorherige (d) und unmittelbar folgende (f). Die Lehrkraft interpretiert dies als Konzentrationsschwierigkeiten und verzichtet daher auf eine weitere Übungseinheit zum Bruchvergleich. Später zeigt sich aber, dass viele Schülerinnen und Schüler doch noch Schwierigkeiten beim Bruchvergleich haben.

Bei genauerer Analyse der Aufgaben hätte die Lehrkraft erkennen können, dass die Aufgaben nicht geeignet sind, um die von ihr bereits vermuteten Fehlstrategien aufzudecken. In der Tat führen einfache Vergleichsstrategien, bei denen alleine Nenner oder Zähler berücksichtigt werden, nur bei Aufgabe e) zu falschen Lösungen (ggf. auch bei Aufgabe d), wenn Ganze ebenfalls nicht berücksichtigt werden). Aus den hohen Lösungsraten im „Schnellcheck" kann mit Hilfe dieser Aufgaben also nicht geschlossen werden, dass die Schülerinnen und Schüler keine fehlerhaften Strategien anwenden. ◄

Träges Wissen bezeichnet Wissen, das eine Person zwar wiedergeben kann (etwa bei direkter Abfrage in einer Testsituation), das aber in einer Handlungssituation für die Person nicht nutzbar, d. h. nicht handlungsleitend ist. Beispielsweise kann es sein, dass man die Rettungsstellentelefonnummer und das richtige Verhalten im Notfall zwar kennt und aufsagen kann, man in einer akuten Notsituation aber trotzdem hilflos ist, weil man das Wissen just in diesem Moment nicht abrufen kann. Verfügt eine Lehrkraft über viel träges Wissen, so würde sie in einem Wissenstest gut abschneiden, das Testergebnis ihr tatsächlich im Beruf nutzbares Wissen aber überschätzen. Sie könnte beispielsweise angeben, welche Fehler beim Vergleich von Brüchen häufig auftreten, würde aber trotzdem im Unterricht ungünstige Aufgabenstellungen spontan nicht erkennen und somit gegebenenfalls die Schülerleistungen überschätzen (vgl. Kästen „Träges Wissen" und „Träges Wissen in schnellen Denkprozessen" zu verschiedenen Situationen, in denen träges Wissen von der Lehrkraft nicht genutzt werden kann).

Implizites Wissen ist ein dem trägen Wissen gegenläufiges Phänomen. Damit bezeichnet man das Wissen, das eine Person zwar in Handlungssituationen anwenden, aber auf Nachfrage nicht beschreiben kann (etwa in einer Testsituation). Beispielsweise kann es sein, dass eine Person, obwohl sie sicher Autos mit manueller Schaltung fahren kann, keine Anleitung dazu verfassen könnte, wie Kupplung und Gas beim Anfahren aufeinander abgestimmt werden müssen, damit der Motor nicht abstirbt. Ein klassisches Beispiel aus der Mathematik bezieht sich auf die mathematischen Kompetenzen von brasilianischen Straßenkindern, die zwar in Verkaufskontexten mit ihren Waren Preise berechnen und zum Beispiel die Assoziativität der Addition nutzen, aber kontextfreie Rechenaufgaben mit denselben Werten nicht lösen können, weil „ihr" Wissen an die Verkaufssituation gebunden ist (Schliemann & Carraher, 2002). Wenn eine Lehrkraft beim Unterrichten häufig implizites Wissen anwendet, dann würde ein Wissenstest unterschätzen, was ihr im Beruf tatsächlich als nutzbare Wissensressource zur Verfügung steht. Sie könnte beispielsweise in einem Test nicht angeben, welche Fehlermuster beim Bruchvergleich typisch sind, obwohl sie solche bei Lernenden sofort erkennen und zielführende Hilfestellungen geben könnte (vgl. Kasten „Träges Wissen in schnellen Denkprozessen" zu einer Situation, in der implizites Wissen zum Tragen kommt).

Phänomene wie träges und implizites Wissen stellen in der Wissenschaft große Herausforderungen dar, da die Forschung zur Expertise von Lehrkräften letztendlich Fragen klären möchte wie:

- Was unterscheidet erfolgreiche von weniger erfolgreichen Lehrkräften?
- Wie entwickelt sich die Expertise von Lehrkräften im Verlauf ihres Berufslebens?
- Welche Maßnahme ist für die Entwicklung von Expertise besonders wirksam?

Für die Untersuchung solcher Fragen stehen bisher hauptsächlich Wissenstests zur Verfügung (vgl. z. B. Kap. 2 oder Kap. 4 dieses Bandes). Wenn diese gegebenenfalls nur eine ungenaue Abschätzung dafür liefern können, welche Wissensbasis eine Lehrkraft tatsächlich für das Unterrichten nutzen kann, so können die zuvor genannten Fragen nur eingeschränkt bearbeitet werden. Beispielsweise kann im Extremfall nur untersucht werden, welche Entwicklungsmaßnahme höheren Zuwachs des in Testsituationen abrufbaren Wissens hervorruft, was aber in der Praxis im seltensten Fall das oberste Ziel etwa einer Fortbildung sein dürfte. Auch bei der Untersuchung von Entwicklungsverläufen im Berufsleben würden Probleme auftreten. Bei einer Engführung des Expertisebegriffs auf akademisches Fachwissen wäre sogar mit zunehmendem Abstand vom Studium eher eine

Abnahme denn eine Zunahme von Wissen zu erwarten. Man dürfte allerdings auch bei den verfügbaren fachdidaktischen Wissenstests skeptisch sein, ob diese für das Lernen im Beruf – wenn es stattfindet – sensitiv sind, da durch Erfahrung erworbenes Wissen häufig implizites Wissen ist, was fachdidaktische Wissenstests kaum abbilden können (vgl. Hodgen, 2011). Beispielsweise können Lehrkräfte im Laufe des Berufslebens durch Erfahrung umfangreiches „Fallwissen" ansammeln, wie sich gewisse Fehlvorstellungen bei Schülerinnen und Schülern zeigen, ohne dass ihnen selbst dieses erweiterte Wissen über Schülerkognitionen bewusst ist. Tatsächlich zeigen u. a. die Ergebnisse der Wissenstests im FALKO-Projekt (Fachspezifische Lehrerkompetenzen: Krauss et al., 2017; Bruckmaier et al. in Kap. 4 dieses Bandes) keine systematischen Zusammenhänge zur Berufserfahrung.

3.1.2 Anforderungsbezogene Beschreibung der Expertise von Lehrkräften

Ein zur Wissensbeschreibung komplementärer Ansatz für die Forschung zur Expertise von Lehrkräften nimmt die unterrichtlichen Handlungssituationen statt des professionellen Wissens als Ausgangspunkt. Grundlegend ist dabei folgende Überlegung aus der Expertiseforschung: Personen zeigen herausragende Leistung in einem Bereich, weil ihre geistigen Ressourcen besonders gut auf die Bewältigung der Anforderungen in genau diesem Bereich ausgelegt sind. Schachspielende beispielsweise haben nicht nur besonders viel Wissen über Schach (professionelles Wissen), sondern dieses liegt auch in einer besonderen Qualität vor, die es ihnen ermöglicht, das Wissen in Anforderungssituationen schnell abzurufen. Gleichzeitig sind mit diesem Wissen noch weitere Fähigkeiten und Fertigkeiten verbunden, die man zum Schachspielen auf hohem Niveau benötigt. Zeigt man solchen Expertinnen oder Experten beispielsweise für wenige Sekunden eine Konstellation aus einer bestimmten Schachpartie, so können sie diese wiedergeben, erkennen sofort, wer im Vorteil ist, können im Kopf mögliche nächste Züge simulieren und haben quasi automatisch eine Strategie zum Weiterspielen zur Verfügung. Damit sind alle Voraussetzungen gegeben, um die Anforderungen des Schachspiels zu bewältigen (vgl. Überblick zur Expertiseforschung bei Gruber & Harteis, 2018).

Übertragen auf die Forschung zur Expertise von Lehrkräften hieße dies: Statt guter Ergebnisse in einem Wissenstest wird das Potenzial, berufliche Anforderungen bewältigen zu können, als Prüfstein für die Expertise von Lehrkräften gewählt. In diesen sogenannten *anforderungsbezogenen Ansätzen* steht damit zu Beginn die Frage, welchen Herausforderungen, Teilaufgaben oder typischen Anforderungssituationen eine Fachlehrkraft im beruflichen Alltag begegnet (und wann diese als „bewältigt" gelten können). Die Frage der „Bewältigung" soll an dieser Stelle kurz zurückgestellt werden, um zuerst die Überlegungen zur Anforderungsklassifizierung auszuführen.

Zu den beruflichen Anforderungen für Mathematiklehrkräfte gehört beispielsweise die Vorbereitung von Unterricht mit den vielen zu treffenden Entscheidungen (u. a.: Welcher inhaltliche Schwerpunkt wird gewählt? Wie wird die fachliche Strukturierung realisiert? Welche Repräsentationen und Aufgaben werden genutzt? Welche Vorerfahrungen und Verständnishürden sind zu erwarten? Vgl. dazu auch Aufgabenauswahl im Kasten „Träges Wissen".). Beim Unterrichten müssen es die Lehrkräfte dann schaffen, spontan auf Fragen der Lernenden zu reagieren, Fehler sofort zu erkennen, schnell präzise, aber auch verständliche Erklärungen zu generieren und gegebenenfalls Aufgaben oder Problemstellungen spontan zu verändern, ohne das unterrichtliche Ziel aus den Augen zu verlieren. In der Nachbereitung von Unterricht treten weitere Herausforderungen auf: Sind die Lernziele erreicht? Müssen gegebenenfalls Folgestunden angepasst werden? Liegen Korrekturen an, so müssen Schülerlösungen gesichtet und gegebenenfalls bewertet werden, um den aktuellen Kenntnisstand der Lernenden zu diagnostizieren.

Forschende, die einem anforderungsbezogenen Ansatz zur Bestimmung der Expertise von Lehrkräften folgen möchten, stehen also schnell vor der Herausforderung, wie die vielfältigen beruflichen Anforderungssituationen mit fachlichem Bezug beschrieben werden sollen. Die konkrete Auflistung von Herausforderungen kann unterschiedlich fein erfolgen und sehr verschieden strukturiert werden. Ist etwa die Anforderung, spontan ein Beispiel für einen Begriff zu generieren, eine andere, als spontan ein Gegenbeispiel zu generieren? Ist die Diagnose eines Schülerfehlers im Unterricht von der Diagnose eines Fehlers in einer Schularbeit zu unterscheiden? Ist die Auswahl einer Übungsaufgabe oder aber die Auswahl eines Einführungsbeispiels grundlegend eine unterschiedliche berufliche Anforderung? Oft wirken Auflistungen oder Klassifizierungen von Anforderungen im Lehrberuf sogar beliebig (und sind es zu einem gewissen Grad auch), vor allem wenn unklar ist, warum eine bestimmte Strukturierung gewählt wurde. An dieser Stelle wird in dem hier vorgestellten Ansatz ein weiterer theoretischer Bezugspunkt herangezogen, um das Problem der Anforderungsbestimmung in den Griff zu bekommen.

Da für Expertise entscheidend ist, dass das professionelle Wissen in den verschiedenen Anforderungssituationen genutzt werden kann, werden Anforderungssituationen in Bezug auf charakteristische Ähnlichkeiten oder Unterschiede überprüft. Dabei ist ausschlaggebend, ob es eine begründete Annahme gibt, dass ein Unterschied zwischen Anforderungen Auswirkungen auf die Nutzbarkeit des Wissens hat. Befunde aus anderen Bereichen (z. B. Entscheidungsfindung im Cockpit von Flugzeugen oder bei medizinischem Personal in der Notaufnahme) weisen darauf hin, dass das Handeln unter Zeitdruck anders funktioniert als das Handeln ohne Zeitdruck. Als Erklärung wird herangezogen, dass das menschliche Gehirn (genauer die menschliche Kognition) zwei verschiedene Funktionsmodi für schnelle und langsame Entscheidungen kennt (*dual processing theory*): Während in dem einen Fall (langsames Denken ohne Zeitdruck) eine gründliche Analyse einer Situation und rationale Abwägungen von Alternativen durchgeführt werden können (etwa mit Hilfe komplexer Entscheidungsregeln), sind unter Zeitdruck (schnelles Denken) eher assoziative Prozesse wie die schnelle Kategorisierung einer Situation und der Rückgriff auf bekannte Handlungsmuster zu beobachten (für einen Überblick s. Evans, 2008). Im Lehrberuf stellen sich die Anforderungen während des Unterrichtens im Vergleich zu den Anforderungen der Vor- und Nachbereitung von Unterricht als zeitkritisch dar. Beispielsweise besteht bei der Auswahl von Aufgaben vor dem Unterricht wie in der Situation im Kasten „Träges Wissen" die Möglichkeit, die Eignung der Aufgabe eingehender zu prüfen, während in den Situationen in den Kästen „Träges Wissen in schnellen Denkprozessen" und „Implizites Wissen in schnellen Denkprozessen" spontan gehandelt werden muss. Entsprechend kann man annehmen, dass Lehrkräfte gegebenenfalls das professionelle Wissen in den schnellen und langsamen Anforderungen unterschiedlich gut nutzen können.

Träges Wissen in schnellen Denkprozessen

In einer Unterrichtsstunde wird $\sqrt{2}$ mithilfe einer Intervallschachtelung angenähert. Ein Schüler tippt nebenbei wild auf dem Taschenrechner herum und produziert zu verschiedenen, zufällig gewählten Zahlen die Quadratwurzeln. Er meldet sich am Ende des längeren Abschnitts, in dem die Intervallschachtelung für $\sqrt{2}$ erarbeitet wurde. „Das ist ja voll aufwendig. Mein Taschenrechner hier, der kann aber alle möglichen Wurzeln in Sekundenschnelle berechnen. Sogar von Komma-Zahlen. Wie macht er das? Oder kennt er die einfach alle, hat die eingespeichert?" Die Lehrkraft antwortet spontan bestätigend: „Gute Frage! Aber ja, das ist fast so wie in einer Tabelle, also eingespeichert, da kann der Taschenrechner schnell nachschlagen. Ok, die $\sqrt{2}$ ist 1,41 und so weiter und von dieser Zahl, da ist die Wurzel so und so."

Nach der Stunde ärgert sich die Lehrkraft über ihre Antwort. „Ich habe diese Frage echt nicht erwartet. Ich habe schon gesehen, dass er mit dem Taschenrechner rumgespielt hat. Und die Frage hat mich richtig gefreut, da denkt jemand mit. Aber natürlich ist das mit der Tabelle Quatsch gewesen. Genau deswegen wollte ich ja die Intervallschachtelung so ausführlich durchgehen, weil man sonst nicht wissen kann, wie der Taschenrechner beim Wurzelziehen vorgeht. Das mit der Tabelle geht schon alleine wegen der unendlich vielen Einträge nicht, die die Tabelle haben müsste. Ich weiß gar nicht, was ich mir da gedacht habe." ◄

Implizites Wissen in schnellen Denkprozessen

Eine Lehrkraft wählt kurz vor dem Ende einer Unterrichtsstunde – es sind noch wenige Minuten Unterrichtszeit übrig – spontan eine Aufgabe aus dem ihr vertrauten Schulbuch zur Bearbeitung aus. Obwohl sie die Aufgaben zu diesem Kapitel in der Vorbereitung noch gar nicht angeschaut hat, ist am Ende der Stunde die Aufgabe voll ständig behandelt und eine Lösung erarbeitet.

Bei der folgenden Besprechung mit einer hospitierenden Studentin kann die Lehrkraft nicht begründen, warum sie genau diese Aufgabe gewählt hat. Sie ist aber auch im Nachhinein mit der Wahl und Umsetzung der Aufgabe im Unterricht zufrieden. „Warum ich genau diese Aufgabe gewählt habe? Weiß nicht, ich habe einfach kurz die Anwendungsaufgaben angeschaut und dann wusste ich, ja, diese hier. Die passt jetzt grade gut. Und so war es dann ja auch." ◄

Im Kasten „Träges Wissen in schnellen Denkprozessen" bleibt das Handeln der Lehrkraft in der schnellen Situation hinter dem optimalen Handeln zurück, was an das oben skizzierte Phänomen des trägen Wissens erinnert. Trotz des offensichtlich vorhandenen Fachwissens bringt die Lehrkraft die Metapher der Tabelle ein und kann dies im Nachgang als Fehlentscheidung charakterisieren. Im Kasten „Implizites Wissen in schnellen Denkprozessen" kann die Lehrkraft die Auswahlsituation zwar erinnern, aber der Auswahlprozess weist eher auf assoziative Prozesse hin, die eine Aufgabe direkt mit einem verfügbaren Handlungsmuster in Verbindung bringen. Die Lehrkraft „wusste", dass die Aufgabe jetzt passt. In solchen Fällen gelingt das Handeln trotz der zeitkritischen Situation, ohne dass aufwendige Abwägungen oder im Vorfeld Planungen durchgeführt werden müssen; es zeigt sich das oben skizzierte Phänomen des impliziten Wissens.

Wichtig bei der Unterscheidung zwischen schnellen und langsamen Denkprozessen ist, dass keine der Denkarten per se als besser oder schlechter angesehen werden kann. Sie weisen aber sehr wohl charakteristische Vor- und Nachteile auf und sind auch mit Expertise in einem Bereich auf eine gewisse Art und Weise verbunden: Die schnellen Denkprozesse sind im Allgemeinen sehr effizient und befähigen Expertinnen und Experten in einem Gebiet zu Höchstleistungen unter Zeitdruck. Wenn allerdings Situationen auftauchen, die unvertraut oder unüblich sind, dann kann die schnelle Entscheidung zu typischen Fehlern führen. In der schnellen Verarbeitung könnten zum Beispiel untypische Merkmale einer Situation unberücksichtigt bleiben (beschrieben sind z. B. schnelle Fehldiagnosen von Ärztinnen und Ärzten bei seltenen Krankheiten mit ähnlichem Symptombild wie bei häufigen Krankheiten). Die langsamen Denkprozesse hingegen brauchen viele kognitive Ressourcen und zeigen ihre Stärke vor allem dann, wenn die Lösung eines neuen Problems notwendig ist, unvertraute Aspekte auftauchen oder beispielsweise eine Lösung erfordert, dass anders als üblich gehandelt wird. Es ist damit deutlich geworden, dass sich für besondere Expertise in einem Bereich beide Denkweisen komplementär ergänzen und im Idealfall – je nach Merkmal der Anforderungssituation – flexibel eingesetzt werden können.

Dabei sei noch darauf hingewiesen, dass eine alleinige Fokussierung auf den Faktor „Zeitdruck" als Charakterisierung der Anforderungen beim Unterrichten die tatsächlichen Anforderungen unterkomplex beschreibt. Beim Unterrichten kommt erschwerend dazu, dass die Informationslage über die aktuelle Situation für die Lehrkraft oft mangelhaft ist (Unsicherheit, z. B.: Warum bearbeiten Lernende die Aufgabe jetzt auf diese Weise? Wie kam es zur aktuellen Situation?), die komplexe Situation sich ständig dynamisch durch das eigene Handeln und das der Lernenden verändert (Komplexität, Dynamik) und von der Lehrkraft als Verantwortliche unmittelbar ein Handeln erwartet wird (Unmittelbarkeit, z. B. bei Schülerfragen, in kritischen Situationen). Handeln in diesem Anforderungsmuster wird deswegen auch als „Handeln unter Druck" bezeichnet (Wahl, 1991). Im Folgenden wird diese Terminologie verwendet, da sie die im Lehrberuf auftretenden schnellen Anforderungen besser beschreibt als eine reine Engführung auf das zeitkritische Charakteristikum (etwa gespiegelt im Begriff „Handeln unter Zeitdruck").

3.1.3 Das Strukturmodell fachspezifischer Lehrkräftekompetenz nach Lindmeier

In der Zusammenschau dieser Überlegungen wurde von Lindmeier (2011) ein Modell für Kompetenz von Lehrkräften vorgeschlagen, das auf der zuvor genannten Anforderungsorientierung basiert. Das Modell nimmt die verschiedenen Anforderungen des Lehrberufs zum Ausgangspunkt, statt exklusiv auf professionelles Wissen von Lehrkräften zu schauen. Professionelles Wissen bleibt dabei die Basis von Expertise, aber der Zugang lenkt das Augenmerk auf die Frage, ob das Wissen in Anforderungssituationen *nutzbar* ist. Zusätzlich wird in dem Modell die Unterscheidung nach Anforderungen *ohne* und *mit Druck* aufgegriffen, da es begründete Annahmen gibt, dass das professionelle Wissen in den für die unterschiedlichen Anforderungssituationen notwendigen Denkmodi unterschiedlich genutzt wird. Zum einen unterrichten Lehrkräfte und müssen dafür professionelles Wissen spontan und unmittelbar in Situationen anwenden (z. B. wenn Lernenden eine Erklärung gegeben werden soll). Die dazu notwendigen Fähigkeiten werden im Modell von Lindmeier (2011) als *Aktionsbezogene Kompetenz* (AC, *action-related competence*) gefasst. Es wird davon ausgegangen, dass professionelles Wissen dafür in einer Weise vorliegen muss, die es erlaubt, das Wissen in schnellen, assoziativen Denkprozessen zu nutzen. Zum anderen steht bei prä- und postinstruktionalen Tätigkeiten (z. B. bei der Unterrichtsplanung oder dem Korrigieren) ein vertiefender, reflexiver Umgang mit dem professionellen Wissen im Vordergrund. Die dazu benötigten Fähigkeiten werden als Reflexive Kompetenz (RC, *reflective competence*) gefasst (Lindmeier, 2011). Es wird davon ausgegangen, dass professionelles Wissen in solchen Anforderungssituationen auf eine abwägende, analytische Art und Weise nutzbar sein muss. Eine grafische Darstellung des Modells findet sich in Abb. 3.1.

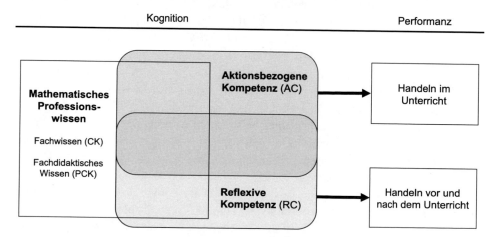

Abb. 3.1 Strukturmodell fachspezifischer Lehrkräftekompetenz nach Lindmeier (2011) auf Basis der Grundannahme: Zwei unterschiedliche Typen von Anforderungen des Lehrberufs (mit/ohne Druck) strukturieren die professionelle Kompetenz. Sie befähigt zur Bewältigung entsprechender Anforderungen unter Nutzung professionellen Wissens (Abbildung aus Jeschke et al., 2021)

Der Unterschied zwischen Kompetenz und Wissen von Lehrkräften kristallisiert sich also in diesem Ansatz entlang der Frage, ob in Anforderungssituationen kompetent gehandelt werden kann. Damit wird ein spezifisches Kompetenzverständnis genutzt, das sich deutlich von anderen Ansätzen abgrenzt, die Kompetenz analytisch in einzelne Bestandteile zergliedern (z. B. professionelles Wissen, Motivation, Fähigkeiten der Wahrnehmung, Selbstwirksamkeit; vgl. Schwarz et al. in Kap. 2 dieses Bandes; vgl. auch Kasten „Vertiefung: Kompetenzbegriffe in der Forschung"). Erweisen sich die hier vorgeschlagenen Kompetenzkonstrukte AC und RC in Ergänzung zum professionellen Wissen als geeignete Grundlage für die Forschung, so können die oben genannten zentralen Fragen der Forschung zur Expertise von Lehrkräften besser untersucht werden.

Während in der Herleitung des genutzten Modells die Abgrenzung zwischen Aktionsbezogener Kompetenz und Reflexiver Kompetenz über die Anforderungen mit/ ohne Druck ausführlich behandelt wurde, wurde die Abgrenzung zwischen den *Lehr-kräftekompetenzen* und dem *professionellen Wissen* der Lehrkräfte – insbesondere der Reflexiven Kompetenz und dem fachdidaktischen Wissen sowie schulnahen Fach-wissenskonstrukten (vgl. SRCK, Dreher et al. in Kap. 5 dieses Bandes) – bisher nur oberflächlich gestreift und soll deswegen noch kurz thematisiert werden. So stellt sich bei genauerer Betrachtung heraus, dass auch der Begriff „Wissen" in den Forschungs-arbeiten unterschiedlich verstanden wird. Legt man für *fachdidaktisches Wissen* – wie bei den Ansätzen im europäischen Raum geschehen – den durch einschlägige Lehr-bücher der Didaktik der Mathematik (z. B. Padberg & Wartha, 2017) bestimmten Korpus zugrunde, so wird fachdidaktisches Wissen als ein von konkreten Situationen abstrahiertes Wissen über Schülerkognitionen, Aufgaben und ihre Lösungen sowie das Erklären und Repräsentieren von mathematischen Sachverhalten (vgl. Bruckmaier et al. in Kap. 4 dieses Bandes) beschrieben. Dieses Verständnis von fachdidaktischem Wissen entspricht einem „Buchwissen" im Sinne von kodifiziertem, generalisiertem und eher statischem (Fakten-)Wissen (vgl. auch Depaepe et al., 2013). Die genutzten Testaufgaben bestätigen diese Auffassung (z. B. im COACTIV-Projekt). Damit Lehr-kräfte das so gefasste fachdidaktische Wissen in konkreten Planungssituationen, bei der Aufgabenauswahl, bei der Erklärung oder Hilfestellung im Unterricht für einen konkreten Lernenden nutzen können, müssen sie dieses „Buchwissen" jedoch erst als relevant für den Anwendungsfall erkennen und dann in einer Handlung umsetzen. Wie im Abschn. 3.1.1 dargestellt, gelingt dies beispielsweise nicht, wenn es sich um träges Wissen handelt. Das so verstandene fachdidaktische Wissen grenzt sich von Aktions-bezogener und Reflexiver Kompetenz also deutlich ab.

Daneben gibt es aber auch ein weiteres Verständnis von fachdidaktischem Wissen aus anderen Forschungstraditionen (vgl. Depaepe et al., 2013). In den USA wird fach-didaktisches Wissen beispielsweise stärker als eine Art „persönliches integriertes Berufs-wissen in Anwendung" verstanden. In den zugehörigen Forschungsarbeiten werden dann auch Testaufgaben vorgelegt, die eher auf die Nutzung von Wissen in prototypischen Fällen *(knowing how)* abzielen und in unserem Verständnis Anforderungen mit Bezug zu Reflexiver Kompetenz darstellen. Auch dieses Verständnis von fachdidaktischem Wissen umfasst allerdings nicht die in der Aktionsbezogenen Kompetenz gefassten Fähigkeiten zur Anwendung des Wissens bei der Bewältigung von beruflichen Anforderungen unter Druck, weswegen sich fachdidaktisches Wissen von Aktionsbezogener Kompetenz theoretisch deutlich schärfer abgrenzen lässt als von Reflexiver Kompetenz.

Vertiefung: Kompetenzbegriffe in der Forschung

Im deutschsprachigen Raum hat sich in weiten Teilen in Anlehnung an Weinert (2001) und mit Klieme & Hartig (2008) der *kognitiv orientierte Kompetenzbegriff* durchgesetzt. Dabei werden Kompetenzen als eine Voraussetzung für die Bewältigung von (professionellen) Anforderungen verstanden (Leistungsdispositionen), die zudem erlernbar sind. Das Modell von Lindmeier folgt einem kognitiv orientierten Kompetenzbegriff.

Unter dieser Forschungsrichtung gibt es weiter zwei grundlegend verschiedene Forschungsansätze (vgl. McMullan et al., 2003). Der häufig gewählte *analytische Zugang* zielt darauf ab, wichtige Einflussfaktoren für solche Leistungsdispositionen zu isolieren (z. B. Fachwissen, Motivation, Persönlichkeitsmerkmale). Diese Zerlegung in Teilkomponenten ist ein typisches Vorgehen der Psychologie. Der seltener gewählte *holistische Zugang* sieht von einer Zerlegung in Teilkomponenten ab und betont die anforderungsbezogene Integration der geistigen Ressourcen. In eine griffige Kurzformel gefasst meint dies, dass das Ganze mehr ist als die Summe der Teile.

Der in diesem Kapitel dargestellte Ansatz verfolgt einen *holistischen Zugang*. Dazu muss der Referenzrahmen, also die professionellen Anforderungen, die als Prüfstein für das Vorhandensein der Kompetenz in dieser Forschungsarbeit gelten, klar dargelegt werden. Der holistische Kompetenzbegriff für Lehrkräfte ist somit nur unter der Berücksichtigung von *Berufsanforderungen* sinnvoll. Wie oben dargelegt argumentiert Lindmeier für die Unterscheidung zweier Anforderungen mit/ ohne Druck. Das professionelle Wissen kann dann als wichtiger Einflussfaktor für die so verstandene Kompetenz – oder wenn verschiedene Anforderungsbereiche herausgearbeitet wurden: die so verstandenen Kompetenzen – berücksichtigt werden. Streng genommen macht die Berücksichtigung eines einzelnen Einflussfaktors (wie im Strukturmodell nach Lindmeier die Berücksichtigung von professionellem Wissen) dann aus dem holistischen Ansatz einen hybriden Ansatz.

Darüber hinaus gibt es Versuche, die verschiedenen Kompetenzbegriffe zueinander in Beziehung zu setzen, was nicht immer widerspruchsfrei gelingt. Ein prominenter Versuch zur wechselseitigen Verortung ist das Kontinuumsmodell für Kompetenz von Blömeke et al. (2015), das von Schwarz et al. (in Kap. 2 dieses Bandes) detaillierter dargestellt wird. Betrachtet man dieses Modell von der Performanzseite her, dann ist es mit den einzelnen Komponenten (z. B. AC) aus dem Strukturmodell nach Lindmeier (Abb. 3.1) kompatibel. Da in dem Kontinuumsmodell keine Differenzierung nach RC und AC auf der Performanzseite erfolgt, müsste es für RC und AC jeweils einzeln angewendet werden.

3.2 Das Problem der Kompetenzmessung bei Lehrkräften

Die zuvor dargelegte Unterscheidung von Kompetenz und Wissen von Lehrkräften ist erst einmal als eine theoretische Abgrenzung zu verstehen. Ob diese Unterscheidung – wie überzeugend sie auch sein mag – forschungspraktisch relevant für den Bereich der Lehrkräfteexpertise ist, ist damit noch nicht gesichert. Die folgenden Überlegungen gelten für die Verwendung des Modells in der empirischen Forschung mit einem Schwerpunkt auf quantifizierenden Verfahren. In diesem Paradigma werden Erhebungen von Wissen, Kompetenzen etc. standardisiert, um Ergebnisse verschiedener Personen vergleichen zu können. Dazu werden in der Regel standardisierte Tests eingesetzt und nicht etwa Beobachtungen im individuellen Unterricht durchgeführt[1].

Dazu stellt sich – wie bei jeder Testkonstruktion – zuerst die Frage, welche Verfahren zur Erhebung der Lehrerkompetenzen im Speziellen geeignet sind. Wir haben bereits erörtert, dass die meisten vorliegenden Tests (vgl. etwa Schwarz et al. in Kap. 2, Bruckmaier et al. in Kap. 4, Dreher et al. in Kap. 5, König et al. in Kap. 9 dieses Bandes) einzelne Komponenten (etwa gewisse Wissensbereiche), die zur Kompetenz beitragen sollten, erfassen können. Es ist aber nicht davon auszugehen, dass jemand mit viel Wissen auch automatisch zu kompetenter Handlung befähigt wird und dass jedes in einer Handlung genutzte Wissen auch als abstraktes Wissen verschriftlicht werden kann.

Weiter beziehen sich Lehrkräftekompetenzen auf berufliche Anforderungssituationen, sodass ein Verfahren zur Feststellung sich eher im Sinne eines praktischen Eignungstests anbieten würde. Bei der Entwicklung eines Erhebungsverfahrens beispielsweise für Aktionsbezogene Kompetenz sind etwa „typische Anforderungen des Unterrichtens" zu bestimmen und es muss geklärt werden, was es bedeutet, dass so eine Anforderung erfolgreich bewältigt wurde. Analoges gilt für die Reflexive Kompetenz, wo „typische Anforderungen der Vor- und Nachbereitung" der Referenzrahmen sind. Dies wird weiter unten noch ausgeführt. Die bestimmten Anforderungen müssen dann – möglichst unter Erhaltung der charakteristischen Merkmale – so abgebildet werden können, dass man begründet davon ausgehen kann, dass eine erfolgreiche Bewältigung der Testaufgaben auch tatsächlich mit der Kompetenz der Person einhergeht (Frage der Gültigkeit des Testverfahrens). Der Test für Reflexive Kompetenz muss dabei langsame Denkprozesse ermöglichen. Der Test für Aktionsbezogene Kompetenz sollte gemäß der theoretischen Fundierung in der *dual processing theory* ein „Handeln unter Druck" erfordern. Wie im Folgenden dargelegt, wurde ein Testverfahren entwickelt, das

---

[1] Es gibt auch andere Auffassungen, die sogar im Extremfall davon ausgehen, dass fachdidaktisches Wissen als situiertes Wissen einer standardisierten Erhebung nicht zugänglich ist (s. Hodgen, 2011). Dies wird hier nicht ausgeführt.

die den Druck erzeugenden Merkmale *Komplexität, Unsicherheit* und *Unmittelbarkeit* in einem standardisierten Testinstrument abbildet[2].

In einem computerbasierten Test kann zum einen Zeitdruck erzeugt werden, sodass eine Aufgabe schnell erledigt werden muss (sog. Test unter Speed-Bedingung). Die Komplexität und Unsicherheit können zu einem gewissen Grad durch die Nutzung von Videos bei der Aufgabenstellung abgebildet werden (Lindmeier, 2013). Dazu werden (sehr) kurze, videographierte Unterrichtsausschnitte (sog. Videovignetten) einmalig und ohne Anhaltemöglichkeit gezeigt. Ihnen wird zugeschrieben, dass sie besser als andere Aufgabendarbietungen (z. B. verschriftlichte Unterrichtssituationen) die Komplexität von Unterricht – und somit die realen Anforderungen – abbilden können (vgl. Lindmeier, 2013). Videos sind zudem eine reichhaltigere Informationsquelle als verschriftlichte Unterrichtssituationen (z. B. sind Elemente wie Mimik, Gestik, das Aussehen der Schülerinnen und Schüler, des Klassenraums etc. sichtbar). Da zur Kompetenz auch die Wahrnehmung von relevanten Informationen in einer Anforderungssituation gehört, ist die Reichhaltigkeit im Rahmen der Erhebung durchaus erwünscht. Die Entnahme der relevanten Informationen aus einem – einmalig ohne Stopp durchlaufenden – Video ist wiederum zeitkritisch, sodass schnelle Denkprozesse benötigt werden.

Weiterhin können die charakteristischen Merkmale der beruflichen Anforderungen nicht nur bei der Darbietung der Situationen in den Testaufgaben, sondern auch bei der Wahl des Bearbeitungsformats berücksichtigt werden. Häufig genutzte Aufgabenformate (vgl. Aufgabenbeispiele bei Schwarz et al. in Kap. 2 oder Dreher et al. in Kap. 5 dieses Bandes) aus Wissenstests sind beispielsweise geschlossene Antwortformate, d. h. die Auswahl einer richtigen Antwort aus gegebenen Alternativen oder die Entscheidung, ob eine Aussage über Lehr-Lern-Prozesse als richtig/falsch einzustufen ist. Solche Testformate sind eher weniger für die Erhebung von Kompetenzen in dem hier betrachteten Sinne geeignet, da man beispielsweise aus der Auswahl einer guten Handlungsoption aus mehreren Möglichkeiten kaum auf Fähigkeiten zur Handlung schließen kann. Darüber hinaus werden in Wissenstests teilweise offene Antwortformate wie die schriftliche Angabe einer kurzen Begründung, einer Darstellung oder eines passenden Beispiels genutzt. Manchmal muss zu einer gegebenen Unterrichtsvignette eine Handlungsoption dargelegt und analysiert werden. Die Formulierung von offenen Antworten in einer Textform erfordert neben der Entscheidung für eine Antwort nachfolgend die Formulierung dieser Antwort, was die Bearbeitenden in einen langsamen Denkprozess zwingt. Solche Formate sind also für die Erfassung von RC durchaus geeignet. Für die Erfassung der

---

[2] Das vierte Merkmal, *Dynamik*, wurde bisher bei der Erhebung von AC nicht berücksichtigt, obwohl simulationsbasierte Testverfahren dafür gegebenenfalls geeignet wären. Diese sind allerdings sehr aufwendig in der Entwicklung. Deswegen wird im ersten Zugriff geprüft, ob die professionellen Anforderungen „unter Druck" schon durch die entwickelten Testformate für Forschungszwecke hinreichend gut abgebildet werden können (vgl. aber Ansätze in Bezug auf Kompetenzen zum Führen von Elterngesprächen, Gartmeier, 2018).

„schnell einzusetzenden" AC eignen sich diese Formate jedoch nicht: Durch die „Entschleunigung" der Testsituation besteht die Gefahr, dass nicht eine „unter Druck" entstandene Antwort gegeben wird, sondern eine, die während der Verschriftlichung mithilfe von langsamen Denkprozessen optimiert, revidiert oder gar erst kreiert wird.

Das Verfahren zur Erhebung der Aktionsbezogenen Kompetenz muss also die *Unmittelbarkeit* der beruflichen Anforderungen abbilden. Dazu wurde ein natürliches Antwortformat umgesetzt, in dem die Lehrkräfte nahtlos auf eine Unterrichtsvignette reagieren, so als ob sie sich in dieser Situation befänden (vgl. auch *virtual realities,* Jurecka & Hartig, 2007). Die Lehrkräfte reagieren also beispielsweise mündlich auf Schülerfragen in natürlicher Sprache, wobei die Antworten als Tonaufzeichnungen festgehalten werden. In Abgrenzung zu anderen Erhebungsformaten, beispielsweise wenn abstrakte Handlungsoptionen genannt werden sollen, wird in den Tests für Aktionsbezogene Kompetenz eine konkrete Handlung eingefordert und dementsprechend auch nur eine Reaktion, die als unmittelbare Handlung erscheint, bewertet.

Im Folgenden sind zwei Beispielitems für die Erhebung Aktionsbezogener Kompetenz aus dem Bereich der Sekundarstufe (Abb. 3.2) und der Primarstufe (Abb. 3.3) skizziert, die beide, wie erläutert, kurze Videos (Unterrichtsvignetten) nutzen, um die Lehrpersonen möglichst nah an eine unterrichtliche Situation heranzubringen. In beiden Fällen müssen die Lehrkräfte mündlich unter Druck (innerhalb einer kurzen Zeitspanne von ca. 30 Sekunden nach Betrachten der ca. 60-sekündigen Videos) eine Antwort geben, die der Computer dann aufzeichnet. Die entwickelten AC-Aufgaben beziehen sich ähnlich wie die beiden Beispiele durchgängig auf typische Anforderungen, indem sie von der Lehrkraft etwa eine Hilfestellung (im Sinne eines kognitiv aktivierenden Impulses) oder die Erklärung eines Sachverhalt erfordern.

Die dargestellten neuartigen Erhebungsformate für Aktionsbezogene Kompetenz sind im Vergleich zu den Erhebungsformaten für Professionswissen als aufwendig zu charakterisieren. In der Entwicklung müssen passende Videovignetten erstellt werden, die natürlich anders als textbasierte Aufgabenformate bei Überarbeitungen schwieriger anzupassen sind. Die Durchführung erfordert, dass ausreichend Computer mit ggf. spezieller Software zum Abspielen der Aufgaben und zur Aufnahme der Antworten zur Verfügung stehen. Die Testumgebung muss hinsichtlich der Umgebungslautstärke oder Lichtverhältnisse sorgfältiger vorbereitet werden als bei einem papierbasierten Test. Liegen Bearbeitungen von Lehrkräften vor, so müssen die Audioaufnahmen zur weiteren Verarbeitung erst verschriftlicht werden. Die Bewertung mündlicher Antworten auf offene Aufgaben ist aufwendiger als die Bewertung von schriftlich ausformulierten oder von Auswahlantworten, da die Anwendung der Bewertungskriterien (siehe Beispielaufgaben) immer einer gewissen Interpretation bedarf. Deswegen werden Vorsichtsmaßnahmen getroffen, um die Objektivität der Bewertung abzusichern: Bei der Entwicklung der Bewertungskriterien werden die Antworten in der Regel von zwei unabhängigen Personen bewertet, sodass die Übereinstimmung geprüft werden kann. Liegt eine hohe Übereinstimmung vor, so wird davon ausgegangen, dass die Bewertungskriterien gut anwendbar sind und bei vergleichbaren Antworten zu vergleichbaren Bewertungen führen (sog. Interraterreliabilität).

Kontext-information	6. Klasse, Thema Ordnungsrelation auf Bruchzahlen. Die Schülergruppe sollte fünf Bruchzahlen zwischen 3/8 und 7/8 finden. Da sie offensichtlich Schwierigkeiten haben, möchten Sie den Schülern – ohne direkt die Lösung zu verraten – einen unterstützenden Impuls geben, der möglicherweise weiterhilft.
Transkript des Filmes	L'in: Und, seid ihr schon fertig? Was hattet ihr denn für eine Aufgabe? S 1: Ja, also wir sollten fünf Bruchzahlen zwischen 3/8 und 7/8 finden L'in: Und? S 2: Wir haben aber nur 4, 5, und 6/8 gefunden. L'in: Und, gibt's noch mehr? S 3: Nö, was soll's denn da noch geben? S 1: Hmm, naja, ich glaub schon, dass es noch mehr gibt…
Handlungs-aufforderung	Geben Sie einen unterstützenden Impuls. Adressieren Sie bitte direkt die Schüler! *(30 Sekunden Zeit, mündliche Antwort, ggf. Skizze möglich)*
Hinweise zur Bewertung	Antwort muss enthalten: (1) Spezifischen Impuls, der das Problem der Quasi-Kardinalität aufgreift (2) Hinweis muss generischen Charakter haben. Beispiele: - B1 „Stell dir vor, du nutzt eine feinere Unterteilung zwischen 4/8 und 7/8." - B2 „Deine Brüche sind immer gleich weit voneinander entfernt. Muss das so sein?" Gegenbeispiele: - G1 „Erweitern" - G2 „Probier`s mal mit 16-tel" Erläuterung: Die Schüler äußern ein quasi-kardinales Verständnis der Anordnung der Brüche: Es wird in Analogie zu den natürlichen Zahlen davon ausgegangen, dass Brüche äquidistant auf der Zahlengerade liegen und man auf ihnen „weiterzählen" kann. Liegt dieses Verständnis vor, ist es schwierig zur Einsicht zu gelangen, dass Brüche dicht auf der Zahlengerade liegen. Die beiden Antwortbeispiele weisen die Lernenden beide – auf unterschiedliche Weise – auf den Kern des Problems hin. Während B2 durch das generelle Infragestellen der Äquidistanz einen kognitiven Konflikt aufwerfen kann, adressiert B1 generisch die Frage nach der Feinheit der Einteilung. Beide Antworten erfüllen also die Kriterien, indem sie einen Impuls geben, ohne die Lösung zu verraten. Die Gegenbeispiele erfüllen die Kriterien nicht: Das Gegenbeispiel G1 kann zwar als Frage nach einer Verfeinerung der Unterteilung verstanden werden, kommt aber in Form eines produkt-orientierten Hinweises: Erweitern wird als Lösungsprozedur empfohlen, ohne das dahinterliegende Schülerproblem zu adressieren. Folgen die Schüler der Empfehlung und erweitern etwa auf 24-tel, finden sie unter Wahrung ihrer Vorstellungen bereits 9 Brüche zwischen den Grenzen, ohne dass ein Denkprozess über die Anordnung der Brüche in Gang gesetzt und das eingeschränkte Bruchverständnis adressiert wird. G2 ist im Vergleich zu G1 noch spezifischer für diese konkrete Aufgabenstellung und weist die gleichen Probleme wie G1 auf.

Abb. 3.2 Beispielaufgabe Aktionsbezogene Kompetenz (AC) Sekundarstufe (vgl. Lindmeier, 2011)

Kontext-information	In dem Video sehen Sie Anton, einen Schüler aus der ersten Klasse. Das Thema der Stunde ist Halbieren und Verdoppeln von Zahlen. Die Schülerinnen und Schüler haben als Hilfsmittel Wendeplättchen.
Transkript des Filmes	*Anton hat 14 Plättchen und verteilt diese auf zwei Reihen.* A: 14, die Hälfte ist 7. Mhm und die Hälfte von 7… *A nimmt 7 Plättchen und verteilt diese auf zwei Reihen.* A: Und die Hälfte von 7 ist 3… nee 4. Mhm, das geht nicht! *A blickt in die Kamera.* A: Hat 7 gar keine Hälfte?
Handlungs-aufforderung	Geben Sie Anton einen unterstützenden Impuls, der möglicherweise weiterhilft. Adressieren Sie bitte direkt den Schüler! *(30 Sekunden Zeit, mündliche Antwort)*
Hinweise zur Bewertung	Antwort muss enthalten: (1) Sieben hat eine Hälfte (kann auch implizit sein) (2) Verdeutlichung der Beschränkung durch verwendetes Material (3) Erklärung/Veranschaulichung für Sachverhalt „Sieben hat eine Hälfte" Beispiele: - B1 „Stell dir vor du würdest das Plättchen in der Mitte durchteilen." - B2 „Stell Dir vor das wären Kekse, dann könnte man kleinere Teile machen." Gegenbeispiele: - G1 „Das stimmt, 7 hat keine Hälfte." - G2 „Später hat 7 eine Hälfte, jetzt in der ersten Klasse aber nicht." - G3 „Doch, die Hälfte ist 3,5. Das geht hier aber nicht." Erläuterung: Der Schüler erwirbt handelnd am Material die Operationen des Verdoppelns und Halbierens. Er entdeckt, dass die Zahl 7 nicht als Doppelreihe dargestellt werden kann, was für ihn zu einem kognitiven Konflikt führt (oder zumindest überraschend ist). Er äußert eine klare begriffliche Frage, die je nach gesetztem Referenzrahmen unterschiedlich beantwortet werden kann. Nimmt man alleine auf den derzeitigen Lernstand Bezug (Verfügbarkeit des Zahlenraums bis 20, Operation des Halbierens als Doppelreihe bilden), hätte 7 keine Hälfte. Berücksichtigt man aber das Kriterium der Anschlussfähigkeit des Begriffserwerbs, so ist mit J. Bruner eine „intellektuell ehrliche", weil aufwärtskompatible Antwort auf Basis des aktuellen Lernstands möglich, indem man die sinnstiftende Handlung so wie aus dem Alltag bekannt erweitert („Zerbrechen"). Orientiert an den normativen Vorstellungen eines anschlussfähigen Mathematikunterrichts ist die zweite Auflösung zu bevorzugen. Die Bewertungskriterien spiegeln ein entsprechendes Vorgehen und werden in B1 und B2 umgesetzt. Während Gegenbeispiel G1 im Referenzrahmen 1. Klasse verhaftet bleibt, sind G2 und G3 Beispiele für intellektuell unredliche Lösungen: Während G2 quasi axiomatisch ein stufenspezifisches Verständnis von „Hälfte" transportiert, wird in G3 das Begriffsverständnis im ersten Satz geweitet, während es im zweiten Satz mit Verweis auf die sinnstiftende Handlung wieder eingeschränkt wird. Bemerkung: Es ist nicht auszuschließen, dass die Antworten G2 und G3 kognitive Konflikte der Lehrkräfte spiegeln: Diese wissen zwar, dass 7 in einem erweiterten Referenzrahmen eine Hälfte hat, können dies aber unter Druck offensichtlich nicht mit dem in der Situation gegebenen Referenzrahmen in Einklang bringen. Gerade in solchen Antworten zeigt sich die Stärke der Erhebung unter Druck.

Abb. 3.3   Beispielaufgabe Aktionsbezogene Kompetenz (AC) Primarstufe (vgl. Knievel et al., 2015)

Zur Erhebung von Reflexiver Kompetenz müssen in Analogie zur oben geführten Argumentation Anforderungen der Unterrichtsvor- und -nachbereitung abgebildet werden. Die Lehrkräfte müssen also berufliche Handlungen durchführen, beispielsweise zu einem gegebenen Stundenende den Anschluss planen oder aber zu einer gegebenen Schülerbearbeitung ein diagnostisches Feedback geben. Im hier vorgestellten Zugang wird auch RC situativ erhoben, indem ein Video, ein Bild oder eine Textbeschreibung der zu betrachtenden Situation vorgelegt wird. Im Gegensatz zu den Aufgaben zur Messung Aktionsbezogener Kompetenz wird den Lehrkräften aber die notwendige Zeit für langsame Denkprozesse gegeben, beispielsweise können Videos mehrfach angeschaut, angehalten und so während der schriftlichen Bearbeitung der eigentlichen Aufgabe tiefergehend analysiert werden. Die Antwort muss dann meist in einem offenen Format als Text gegeben werden, wobei ggf. auch die ökonomischeren Auswahlformate genutzt werden.

Im Folgenden sind zwei Beispielitems für die Erhebung Reflexiver Kompetenz aus dem Bereich der Sekundarstufe (Abb. 3.4) und Primarstufe (Abb. 3.5) skizziert. Das erste Beispiel nutzt ein Bild einer Schülerbearbeitung, die mit einer Rückmeldung versehen werden soll. Das zweite nutzt ein Schulbuchbeispiel und bezieht sich auf die Anforderung der begründeten Aufgabenauswahl unter Berücksichtigung des Aufgabenpotenzials. Somit bilden beide Beispiele typische Anforderungen der Unterrichtsvor- und -nachbereitung ab.

Am Schluss dieses methodischen Abschnitts soll noch einmal kurz auf die Frage eingegangen werden, welche Referenzkriterien zur Entwicklung der Bewertungshinweise herangezogen wurden. Die Frage danach, welche Antworten als „gut" (oder besser gesagt „kompetent") zu charakterisieren sind, ist ein kritischer Punkt bei der Messung der Kompetenz. Wie oben eingeführt, entscheidet die Bestimmung der Anforderungen sowie der Referenzkriterien über die Gültigkeit einer Kompetenzmodellierung. Letztlich führt dies zur Frage, ob Expertinnen und Experten im Bereich des Lehrens und Lernens von Mathematik eine einhellige Auffassung davon haben, was gutes Lehrerhandeln in einem Inhaltsbereich in spezifischen Situationen ist. Eine Grundlage stellt dabei die klassische mathematikdidaktische Literatur dar, die beispielsweise Empfehlungen zur Adressierung von gut beschriebenen Schülerfehlern bereithält. Teilweise kann auf beschriebene Fälle von (meist in gewissen Punkten suboptimalem) Handeln von Lehrkräften zurückgegriffen werden. Häufig gründen Empfehlungen auf normativ-theoretischen Vorstellungen von gutem Mathematikunterricht und gutem Lehrerhandeln, seltener gibt es zusätzlich auch empirische Untersuchungen dazu, was wirksames Handeln charakterisiert. Als weitere Quelle können geteilte Auffassungen über guten, nicht notwendigerweise spezifisch mathematischen Unterricht herangezogen werden. Beispielsweise sind Klarheit und Kohärenz ebenso wie eine Schülerorientierung im Handeln von Lehrkräften als wichtige Merkmale guten Unterrichts charakterisiert (z. B. Praetorius et al., 2018; Riecke-Baulecke, 2017). Im Idealbild des kognitiv aktivierenden Unterrichts werden

Aufgaben-stellung	Hier sehen Sie die Bearbeitung eines Schülers aus der zweiten Klasse mit einem systematischen Rechenfehler. Bitte geben Sie dem Schüler eine individuelle Rückmeldung.	$22+34=65$ $25+25=50$ $27+36=36$
Hinweise zur Bewertung	Antwort muss enthalten: (1) Spezifische Rückmeldung, die den Schülerfehler aufgreift (2) Hinweis muss generischen Charakter haben. Beispiel: - B1 „Bei der ersten und letzten Aufgabe ist etwas durcheinandergeraten, obwohl du vermutlich richtig gerechnet hast. Achte auf den Stellenwert. Wo stehen die Einer? Wo die Zehner?" Gegenbeispiele: - G1 „Zahlendreher" - G2 „20+30=50, 2+4=6, also Sechsundfünfzig. Rechne genauso auch die letzte Aufgabe." - G3 „Rechne nochmal die erste und letzte Aufgabe." - G4 „Du musst sauberer arbeiten. Nutze Schritte." Erläuterung: Die Bearbeitung des Schülers lässt in der ersten und dritten Aufgabe (hier sogar mit Zehnerübertrag) systematische Inversionsfehler bei der Notation des Ergebnisses erkennen. Die zweite Aufgabe zeigt diesen Fehler nicht, kann aber gegebenenfalls als Faktenwissen abgerufen worden sein („25 ist die Hälfte von 50") und taugt somit nicht als Kontraindikation. Das Beispiel leistet diese Diagnose und gibt mit dem Verweis auf den Stellenwert (konkretisiert zu Einern und Zehnern) einen spezifisches, aber für die Fehlerart generisches Feedback. Gegenbeispiele G3 und G4 lassen nicht erkennen, dass eine Diagnose der Fehlerursache stattgefunden hat, dabei ist G4 noch weniger spezifisch als G3, das die falschen Rechnungen immerhin lokalisiert. G1 kann als (sehr knappe) Diagnose gelesen werden, die allerdings das Kriterium einer inhaltsbezogenen Rückmeldung nicht erfüllt (kein lernwirksames Feedback). G2 hingegen fokussiert auf die Teilschritte der Rechnung, die der Schüler allerdings bereits bewältigt. Die spezifische Schwierigkeit der stellengerechten Notation ist hier nicht explizit adressiert, insofern ist die Rückmeldung vergleichbar zu G3. Bemerkung: Anders als bei den AC Items stand den Lehrkräften hier ausreichend Zeit zur Verfügung, um mit dem Hinweis auf einen systematischen Rechenfehler die Lösungen zu analysieren, was teilweise nicht gelang bzw. sich zumindest in den Antworten nicht spiegelt.

Abb. 3.4 Beispielaufgabe Reflexive Kompetenz (RC) Primarstufe (vgl. Knievel et al., 2015)

zudem Schülerfehler im Sinne einer Lerngelegenheit verstanden, was sich in den Bewertungskriterien spiegelt. Schlussendlich wird natürlich auch die mathematische Korrektheit einer Antwort berücksichtigt. Bei der Entwicklung von Aufgaben werden in diesem Zugang also vielfältige Quellen genutzt, um die Bewertungskriterien abzusichern und damit die Gültigkeit der Kompetenzmessung zu erhöhen. Die Kriterien werden im

Aufgaben-stellung	Zum Thema graphisches Ableiten mithilfe der Tangente sieht ein Schulbuch für die 11./12. Klassenstufe die abgebildete Aufgabe als Übungsaufgabe vor.	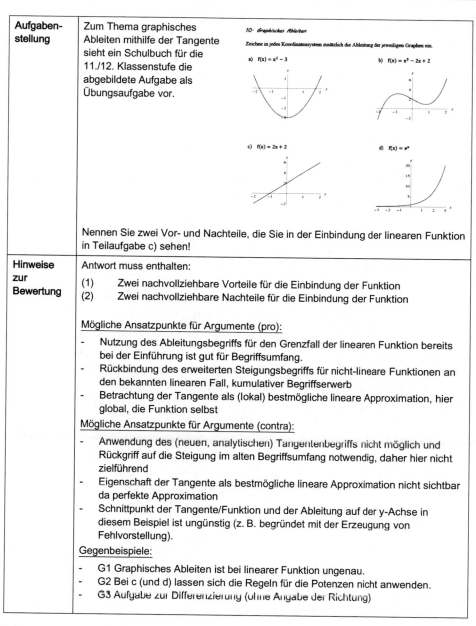
	Nennen Sie zwei Vor- und Nachteile, die Sie in der Einbindung der linearen Funktion in Teilaufgabe c) sehen!	
Hinweise zur Bewertung	Antwort muss enthalten: (1) Zwei nachvollziehbare Vorteile für die Einbindung der Funktion (2) Zwei nachvollziehbare Nachteile für die Einbindung der Funktion Mögliche Ansatzpunkte für Argumente (pro): - Nutzung des Ableitungsbegriffs für den Grenzfall der linearen Funktion bereits bei der Einführung ist gut für Begriffsumfang. - Rückbindung des erweiterten Steigungsbegriffs für nicht-lineare Funktionen an den bekannten linearen Fall, kumulativer Begriffserwerb - Betrachtung der Tangente als (lokal) bestmögliche lineare Approximation, hier global, die Funktion selbst Mögliche Ansatzpunkte für Argumente (contra): - Anwendung des (neuen, analytischen) Tangentenbegriffs nicht möglich und Rückgriff auf die Steigung im alten Begriffsumfang notwendig, daher hier nicht zielführend - Eigenschaft der Tangente als bestmögliche lineare Approximation nicht sichtbar da perfekte Approximation - Schnittpunkt der Tangente/Funktion und der Ableitung auf der y-Achse in diesem Beispiel ist ungünstig (z. B. begründet mit der Erzeugung von Fehlvorstellung). Gegenbeispiele: - G1 Graphisches Ableiten ist bei linearer Funktion ungenau. - G2 Bei c (und d) lassen sich die Regeln für die Potenzen nicht anwenden. - G3 Aufgabe zur Differenzierung (ohne Angabe der Richtung)	

Abb. 3.5 Beispielaufgabe Reflexive Kompetenz (RC) Sekundarstufe

Mehr-Augen-Prinzip auch innerhalb und zwischen Forschungsgruppen mit sogenannten Reviews von Expertinnen und Experten auf die Probe gestellt. Allerdings zeigt sich, dass für einige Bereiche der Schulmathematik die bestehenden Erkenntnisse kaum ausreichen, um Testaufgaben zu entwickeln, die auch intersubjektiv als geeignet bestätigt werden können. Dies weist auf einen Forschungsbedarf zur fachspezifischen Sicht auf Unterrichtsqualität hin (vgl. Brunner, 2018).

Abschließend ist anzumerken, dass im Zuge von Studien untersucht wurde, wie gut die Lehrkräfte die Erhebungsformate annehmen. Es wurde durchweg zurückgemeldet, dass die präsentierten Situationen als sehr authentisch wahrgenommen werden. Probleme mit den Antwortformaten tauchen kaum auf, auch wenn beispielsweise das Sprechen in den Computer für die Teilnehmenden anfangs etwas ungewohnt ist. Eine vorgeschaltete Trainingseinheit kann dies abmildern. Die Lehrkräfte geben in unseren Studien durchgängig an, dass sie sich durch die Testaufgaben im positiven Sinne herausgefordert fühlen und es Spaß macht, das eigene Handeln auf diese Weise auf die Probe zu stellen.

3.3 Zentrale Forschungsergebnisse zum Strukturmodell fachspezifischer Lehrkräftekompetenz

Der in diesem Beitrag beschriebene Bereich der Lehrkräftekompetenzforschung ist erst in den letzten Jahren entstanden. Die Zugänge haben den Anspruch, im Vergleich zur Erforschung des Wissens von Lehrkräften stärker die Anforderungen des Lehrberufs zu berücksichtigen und entsprechend besser zur Untersuchung von Fragen, die aus dem Praxisfeld der Lehrkräftebildung entstehen, nutzbar zu sein. Es wird sich erst in Zukunft zeigen, inwiefern dieser Anspruch eingelöst werden kann.

Bisher wurde der hier dargestellte Zugang des Strukturmodells fachspezifischer Lehrkräftekompetenz in Studien mit Lehrkräften der Mathematik für folgende Fragestellungen genutzt:

1. **Struktur:** Inwiefern ist die Kognition von Lehrkräften durch die verschiedenen Anforderungen des Lehrberufs geprägt (Vor- und Nachbereitung von Unterricht vs. Unterrichten)? Sind professionelles Wissen und die Lehrkräftekompetenzen AC und RC voneinander abgrenzbar? Wie hängen die verschiedenen Bereiche zusammen?
2. **Einflussfaktoren** auf Lehrkräftekompetenzen: Inwiefern sind Lehrkräftekompetenzen vom professionellen Wissen und anderen Einflussfaktoren bestimmt? Lassen sich die Kompetenzen durch Fortbildungen fördern? Haben Lehrkräfte für zwei verwandte Fächer einen Vorteil, da sich die Kompetenzen der beiden Fächer positiv beeinflussen? Bilden sich solche Beziehungen für Studierende des Lehramts und Lehrkräfte unterschiedlich ab?
3. **Wirkungen** von Lehrkräftekompetenzen: Inwiefern hängen Lehrkräftekompetenzen mit Merkmalen von Unterrichtsqualität zusammen?

Die vorliegenden Erkenntnisse sollen im Folgenden entlang dieser drei Punkte strukturiert werden. Diese bilden eine aufsteigende Folge von immer komplexer werdenden und aufeinander aufbauenden Forschungsinteressen und sind deswegen bisher unterschiedlich gut untersucht.

3.3.1 Struktur der Kompetenz von Lehrkräften

Das in Abb. 3.1 beschriebene Modell professioneller Kompetenz wurde bisher u. a. in Studien mit angehenden sowie examinierten Lehrkräften der Mathematik aus der Primarstufe (Knievel et al., 2015) und Sekundarstufe (u. a. Lindmeier et al., 2013; Jeschke et al., 2021) sowie mit pädagogischen Fachkräften im Kindergarten (u. a. Projekt WILMA[3]; Lindmeier et al., 2020; Hepberger et al., 2017, 2020) umgesetzt. Wir konnten zudem ein fächervergleichendes Forschungsprojekt ELMaWi[4] in Kooperation mit dem Fach Wirtschaftswissenschaften durchführen (Kuhn et al., 2018; Jeschke et al., 2019a, b). Der erste Schritt in einem solchen Projekt besteht immer darin, Testaufgaben zu entwickeln, zu erproben und zu einem Testinstrument zusammenzustellen. Nach der Bearbeitung der Tests in einer Studie und der Bewertung kann statistisch geprüft werden, ob sich in den Daten die angenommene Strukturierung wiederfindet. Es zeigt sich durchgängig, dass die empirischen Daten eine Abgrenzung von Kompetenzen und professionellem Wissen stützen. Das bedeutet, dass man – wie theoretisch angenommen – aus den Ergebnissen eines Wissenstests nur teilweise ableiten kann, welche Kompetenz eine Lehrkraft hat. Die Aktionsbezogene und Reflexive Kompetenz der Studienteilnehmenden gehen ebenso nicht direkt Hand in Hand.

Beispielsweise haben in der Studie von Knievel et al. (2015) 85 Primarschullehrkräfte den Test bearbeitet. Eine Struktur, die die drei Komponenten (Wissen, AC, RC) wie theoretisch angenommen unterscheidet, passt besser zu den Daten als eine eindimensionale Struktur. Natürlich hängen die drei Bereiche zusammen, das heißt: Wer mehr Wissen hat, weist tendenziell auch höhere Kompetenzen (RC bzw. AC) auf, aber trotzdem bilden die drei Bereiche nicht das gleiche Konstrukt ab (als eindimensionale Struktur). Die vertiefte Analyse der Ergebnisse von fachfremd (41 Lehrkräfte) und nicht fachfremd unterrichtenden Lehrkräften (44 Lehrkräfte) ergab, dass Erstere in Bezug auf professionelles Wissen und Reflexive Kompetenz schwächer abschnitten. Gegen jede Erwartung zeigte sich dies in besagter Studie jedoch nicht für die Aktionsbezogene Kompetenz. Die Autorinnen und Autoren weisen darauf hin, dass dies auch auf die

---

[3] WILMA – Wir lernen Mathematik!: Struktur fachspezifischer professioneller Kompetenzen von pädagogischen Fachkräften und ihre differenziellen Effekte auf die Qualität von mathematischen Lehr-Lern-Situationen im Kindergarten. Gefördert von der DFG unter den Kennzeichen LI 2616/1–1, HE 4561/8–1, LE 3327/2–1 sowie dem SNF unter dem Kennzeichen 100019 L-156680.

[4] ELMaWi – Erfassung von fachspezifischen Kompetenzen bei Lehramtsstudierenden der Fächer Mathematik und Wirtschaftswissenschaften. Gefördert vom BMBF unter dem Kennzeichen 01PK15012.

genutzten Aufgaben zurückzuführen sein könnte: Da für eine klare Bewertung die in den Videovignetten dargestellten Situationen sehr prototypische Anforderungen abbilden, könnten diese auch fachfremd unterrichtenden Lehrkräften bereits aus der Praxis bekannt sein. Es kann damit noch nicht ausgeschlossen werden, dass bei weniger prototypischen, unerwarteten Schülerproblemen im Fach qualifizierte Lehrkräfte trotzdem im Vorteil sind. In Studien im Bereich des Kindergartens wurde das Modell für fachspezifische Anforderungen bei der Begleitung frühkindlicher Lernprozesse (in Bezug auf Zahlen und Operationen) angewendet. In zwei Studien bearbeiteten 112 bzw. 170 Erzieherinnen und Erzieher aus Deutschland und der Schweiz das entwickelte Instrument (Hepberger et al., 2020; Lindmeier et al., 2020). Auch hier ließ sich die dreidimensionale Strukturierung in etwa vergleichbar zu den Ergebnissen aus der oben genannten Studie mit Primarstufenlehrkräften finden. Der Zugang kann zusammenfassend also als erfolgversprechend eingestuft werden, um Kompetenzen „jenseits von Wissen" abzubilden.

In den bisherigen Studien wurde auch eine Wissenskomponente, meist operationalisiert über Testaufgaben zu fachlichem und fachdidaktischem Wissen, erhoben. Eine Differenzierung zwischen den zwei verschiedenen Wissensbereichen wurde dabei meist nicht vorgenommen, da für jedes untersuchte Unterkonstrukt eine gewisse Anzahl an Testaufgaben hätte vorliegen müssen, was den Test zu sehr verlängert hätte (idealerweise mindestens 8–10 Aufgaben pro Konstrukt). Anders als in reinen Untersuchungen zum Professionswissen interessierte uns nicht die feinkörnige Unterscheidung verschiedener Wissensbereiche, sondern der Zusammenhang zwischen Wissen und Kompetenzen auf einer gröberen Ebene, wobei Wissen theoretisch ein Einflussfaktor für Kompetenz ist (z. B. Schwarz et al. in Kap. 2, Bruckmaier et al. in Kap. 4 dieses Bandes). Man kann theoretisch argumentieren, dass Professionswissen und Reflexive Kompetenz enger verbunden sein müssten als Professionswissen und Aktionsbezogene Kompetenz, da in den langsamen Denkprozessen das Professionswissen leichter nutzbar sein müsste. In allen Studien zeigt sich dieses Muster bisher erwartungsgemäß: Reflexive Kompetenz zeigt einen höheren Zusammenhang mit dem Professionswissen, Aktionsbezogene Kompetenz einen niedrigeren. Reflexive und Aktionsbezogene Kompetenz selbst weisen dabei einen Zusammenhang auf, der in Bezug auf die Stärke zwischen den beiden Zusammenhängen zum Wissen liegt.

Im Forschungsprojekt ELMaWi wurde geprüft, inwiefern sich diese Muster auch für andere Fächer zeigen. Dazu wurden das Wissen und die Kompetenzen RC und AC von Sekundarstufenlehrkräften der Mathematik und der Wirtschaftswissenschaften (WiWi) erhoben. Es zeigte sich, dass bei WiWi-Lehrkräften das professionelle Wissen auf vergleichbare Weise auf die Kompetenzen wirkt wie bei Mathematiklehrkräften. Ferner konnten in dieser Studie die Wissenskomponenten fachliches und fachdidaktisches Wissen getrennt untersucht werden. Die Studie auf der Basis von 239 Lehrkräften der Mathematik und 321 Lehrkräften der Wirtschaftswissenschaften konnte dabei für Aktionsbezogene Kompetenz (in Mathematik bzw. Wirtschaft) beide Wissenskomponenten (im jeweiligen Fach) als eigenständige Einflussfaktoren bestätigen (Jeschke et al., 2019a). Dabei zeigt sich im direkten Vergleich, dass auf die Schule bezogenes fachliches Wissen in dieser Studie sogar einen etwas stärkeren Einfluss auf Aktionsbezogene Kompetenz hat als fachdidaktisches Wissen.

Diese Zusammenhangsmuster stehen also im Einklang mit den theoretischen Überlegungen, die davon ausgehen, dass das Anwenden von professionellem Wissen in schnellen unterrichtlichen Situationen eine zusätzliche oder zumindest deutlich andersartige Herausforderung darstellt als das Anwenden in den langsamen Situationen der Unterrichtsvor- und -nachbereitung. Plausibel auf Basis der theoretischen Grundlagen wäre zudem, dass eine gelungene Wissensaktivierung in Unterrichtsvor- und -nachbereitung Lehrkräfte auch auf das Handeln im Unterricht vorbereitet. Wir haben daher geprüft, inwiefern die Reflexive Kompetenz eventuell als eine vermittelnde Größe auftritt, sodass Lehrkräfte mit höherer Reflexiver Kompetenz ihr professionelles Wissen auch besser in Aktionsbezogene Kompetenz umsetzen können (Jeschke et al., 2021). Unsere Daten aus dem Projekt ELMaWi stützen diese Annahme.

3.3.2 Einflussfaktoren auf Lehrkräftekompetenz

Die spezielle Anlage der schulfachvergleichenden ELMaWi-Studie ermöglicht es zu untersuchen, inwiefern professionelle Kompetenz fachspezifisch geprägt ist. Dazu wurde konkret der Frage nachgegangen, ob Lehrkräfte, die die *beiden* verbundenen Fächer[5] Mathematik und Wirtschaftswissenschaften unterrichten, von der Fächerkombination profitieren. Solche Studien, die intraindividuelle Merkmale (also Merkmale innerhalb einer Person) vergleichen und nicht auf Basis von Gruppenunterschieden (interindividuelle Merkmale) argumentieren, sind bisher in der Forschung zur Kompetenz von Lehrkräften sehr selten. Beispielsweise könnte man annehmen, dass Lehrkräfte im wirtschaftswissenschaftlichen Unterricht einen Vorteil haben, wenn sie zugleich als Mathematiklehrkräfte typische Schülerschwierigkeiten kennen, die etwa beim Umgang mit mathematischen Modellen von wirtschaftswissenschaftlichen Sachverhalten auftreten können. In umgekehrter Richtung könnte es für Mathematiklehrkräfte günstig sein, wenn sie wegen ihres Zweitfachs Wirtschaftswissenschaften ein typisches Anwendungsfeld der Mathematik gut kennen und so die in Schulbüchern zwar seltenen, aber aus Berufsbildungssicht interessanten wirtschaftswissenschaftlichen Kontexte besonders gut nutzen können (vgl. von Hering et al., 2020). Im Fächervergleich zeigten sich in den Daten wenige Wechselwirkungen, etwa dass das mathematische Wissen das wirtschaftsdidaktische Wissen positiv beeinflusst, wobei dies umgekehrt nicht gilt

---

[5]Mathematik und Wirtschaftswissenschaften werden als verbundene Fächer charakterisiert, da die Wirtschaftswissenschaften sich mathematischer Modelle bedienen und wirtschaftswissenschaftliche Modelle im Umkehrschluss als Anwendungen von Mathematik das mathematische Verständnis bereichern können. Auf diese Weise können charakteristische Wechselwirkungen angenommen werden.

(Jeschke et al., 2019a, b). Mit Blick auf die Aktionsbezogene Kompetenz der Lehrkräfte konnten keine Wechselwirkungen beobachtet werden, die über die Zusammenhänge des Wissens hinausgehen: Es scheint, als ob die Aktionsbezogene Kompetenz einer Lehrkraft in einem Fach nichts mit der Aktionsbezogenen Kompetenz im anderen Fach zu tun hat, wenn man die Wechselwirkungen zwischen den jeweiligen Wissensbereichen ignoriert. Durch eine detailliertere qualitative Analyse von Antwortmustern bei solchen Lehrkräften konnte herausgearbeitet werden, dass, selbst wenn die Lehrkräfte in beiden Fächern fachliches und fachdidaktisches Wissen haben, ihre Aktionsbezogene Kompetenz unterschiedlich gut ausgeprägt sein kann. Dies untermauert die Schlussfolgerung, dass professionelle Kompetenzen im Sinne des Lindmeier-Modells nicht übergreifende Fähigkeiten (z. B. pädagogische Kompetenzen, vgl. König et al. in Kap. 9 dieses Bandes) sind. Im Einklang mit der theoretischen Beschreibung stellen sie eher eigene, fachlich geprägte Kompetenzen dar.

Um grundsätzlich abzuklären, ob Kompetenz in diesem Sinne erlernbar ist, haben wir im WILMA-Projekt Fortbildungen durchgeführt und Kompetenzveränderungen im Vorher-Nachher-Studiendesign geprüft. Thematisch bezogen sich die Maßnahmen dabei auf die Begleitung von Kindern beim Spielen von mathematikreichen Regelspielen. Dazu lernten die Fachkräfte, den Entwicklungsstand der Kinder in Bezug auf numerische Fähigkeiten einzuschätzen, passende Spiele auszuwählen und gute Impulse während der Spielbegleitung zu setzen. Es zeigte sich, dass die pädagogischen Fachkräfte im Laufe der Studie ihr professionelles Wissen sowie ihre Aktionsbezogene und Reflexive Kompetenz ausbauen konnten. Dabei entwickelten die Fachkräfte in verschiedenen Fortbildungskonzeptionen unterschiedliche Kompetenzprofile, was im Wesentlichen für das Kompetenzmodell nach Lindmeier spricht (Lindmeier et al., 2020).

Als Einflussfaktor für professionelle Kompetenz wurde neben Aus- und Fortbildung bisher die praktische Erfahrung thematisiert. Naturgemäß ist es sehr schwierig, geeignete Maße für den Umfang praktischer Erfahrung zu gewinnen. Nutzt man Berufsjahre als Maß, zeigt sich dieses beim Wissen von Lehrkräften, wenn überhaupt, nur als wenig relevanter Einflussfaktor (z. B. Brunner et al., 2006; Krauss et al., 2017). Ältere Entwicklungsmodelle für die Expertise von Lehrkräften schlugen statt linearen Entwicklungsmodellen im Zeitverlauf eher Stufenmodelle vor. Beispielsweise differenzierte Berliner (1988) in fünf Stufen zwischen Novizen (Berufsanfängern), fortgeschrittenen Anfängern, qualifizierten Lehrkräften, geübten Lehrkräften bis hin zu Expertenlehrkräften[6], wobei die Gruppen nach qualitativen Veränderungen ihrer Fähigkeiten zu unterscheiden sind. So werden mit zunehmender Expertise Situationen eher holistisch wahrgenommen und umfassender erinnert, Entscheidungen können zunehmend intuitiver gefällt werden und das Handeln braucht weniger Aufmerksamkeit, fällt also leichter. Die Stufen können auch als unterschiedlich gut ausgeprägte Kompetenz im Sinne von Lindmeier gelesen werden.

---

[6] Im englischen Original: *novice, advanced beginner, competent, proficient, expert level.*

Untersucht man in Anlehnung an die Experten-Novizenforschung die Unterschiede zwischen angehenden Lehrkräften, Lehrkräften im Vorbereitungsdienst und Lehrkräften im Beruf, so verfügt die zuletzt genannte Gruppe üblicherweise über mehr Wissen, was sich vor allem in einem Mehr an fachdidaktischem Wissen niederschlägt (z. B. Krauss et al., 2017). Für professionelle Kompetenz konnte ebenfalls beobachtet werden, dass Lehrkräfte im Vergleich zu angehenden Lehrkräften höhere Werte erlangen (z. B. Jeschke et al., 2021). Allerdings ist in den bisherigen Studien noch nicht detailliert untersucht worden, was die Entwicklung von professioneller Kompetenz im Laufe des Berufslebens begünstigt. Aus der Expertiseforschung weiß man, dass nicht der Umfang, sondern die Qualität der praktischen Erfahrung ein ausschlaggebender Faktor für die Entwicklung von Kompetenz ist. In einer qualitativen Studie konnten wir ebenfalls beobachten, dass sich bei Lehrkräften im Verlauf des Vorbereitungsdiensts zwar keine sprunghafte Verbesserung der professionellen Kompetenz abbildet, jedoch Veränderungen im Antwortverhalten nachweisen lassen, die mit dem Lernangebot im Vorbereitungsdienst eng zusammenhängen. Beispielsweise lassen die Antworten am Ende des Vorbereitungsdienstes eine höhere Schülerorientierung erkennen, was auch ein Schwerpunkt des in der Studie betrachteten praktischen Ausbildungsgangs ist (Kleinfeld, 2018). Das zugehörige Schlagwort, um zwischen praktischen Lerngelegenheiten und praktischen Nicht-Lerngelegenheiten zu unterscheiden, ist die *deliberate practice* (Ericsson et al., 1993). Damit sind Maßnahmen gemeint, die aus praktischen Erfahrungen zielgerichtete praktische Lerngelegenheiten machen. In Abschn. 3.4 sind einige Ansatzpunkte dazu skizziert.

3.3.3   Wirkung von Lehrkräftekompetenz

Im Rahmen der WILMA-Studie im Kindergartenbereich wurden Kompetenzen gemäß der hier vorgenommenen Grundlegung mit Maßen der Qualität von Lernsituationen in Verbindung gebracht. Die Erhebung der Qualitätsmerkmale bezog sich auf die Vorbereitung, Durchführung und Nachbereitung von mathematischen Lerngelegenheiten im Kindergarten unter Nutzung mathematikhaltiger Regelspiele. Die Erzieherinnen und Erzieher bearbeiteten dazu das oben beschriebene Testinstrument für professionelle Kompetenz und wurden bei zwei ca. 15-minütigen Spielsituationen mit einer Kleingruppe von Kindern videographiert. Anhand der Videos wurde eingeschätzt, inwiefern es den Erzieherinnen und Erziehern gelang, das Spielen der Kinder adaptiv zu begleiten und somit eine gute mathematische Lerngelegenheit zu schaffen. Ein kurzes Interview gab zudem Einblick in die Qualität der vorgenommenen Planungs- und Diagnoseprozesse der Erzieherinnen und Erzieher. Es zeigte sich, dass Fachkräfte mit höheren Testwerten in Bezug auf Reflexive Kompetenz tatsächlich die Lerngelegenheiten besser vor- und nachbereiten konnten. Sie konnten die Lernenden auch besser beim Spielen unterstützen. Den theoretisch angenommenen Zusammenhang mit Aktionsbezogener Kompetenz konnten wir in dieser Studie nicht nachweisen, was teilweise wohl auch daran lag, dass in einer Feldstudie in über 80 Kindergärten nicht alle Unterschiede optimal berücksichtigt werden konnten. Hier wären weitere Studien nötig, um die Ergebnisse besser einordnen zu können.

Insgesamt ist die Modellierung von Lehrereffekten auf Unterrichtsqualität (oder Schülerleistungszuwachs) ein schwieriges Unterfangen, was sich auch in anderen bisher durchgeführten Studien zeigt (vgl. COACTIV, Bruckmaier et al. in Kap. 4 dieses Bandes). Die zu untersuchenden Modelle müssen viele Faktoren berücksichtigen, was zu sehr aufwendigen Studien führt. Daher sind die Möglichkeiten, die Wirkung von Kompetenzen von Lehrkräften zu untersuchen, ernsthaft eingeschränkt. Die bereits mehrfach erwähnte WILMA-Studie zu Effekten der Kompetenzen von Erzieherinnen und Erziehern zielt darauf ab, den kausalen Zusammenhang zwischen deren Kompetenzen und dem Leistungszuwachs der betreuten Kinder nachzuweisen. Die finalen Analysen stehen allerdings noch aus.

Die Zusammenschau der Erkenntnisse zeigt, dass es trotz wichtiger Erkenntnisse noch eine Reihe von offenen Punkten gibt. Beispielsweise ist die Rolle vieler potenzieller Einflussfaktoren beim Erwerb von Lehrkräftekompetenz noch ungeklärt. Wie oben dargelegt, wurde professionelles Wissen als eine wichtige Ressource für Kompetenzen theoretisch identifiziert, was sich empirisch auch in den bisher durchgeführten Studien abbildet. Zudem wird davon ausgegangen, dass auch Eigenschaften von Lehrkräften, die nicht fachspezifisch sind, ihren Beitrag zur Kompetenz liefern. Beispielsweise ist ein Einfluss von Persönlichkeitsmerkmalen wie eine gewisse Ambiguitätstoleranz (Wie gut kann ich mit Unsicherheiten beim Handeln umgehen?) oder aber fachübergreifendes Professionswissen wie pädagogisch-psychologisches Wissen zu erwarten. Die weitere Kombination des holistischen Zugangs zur Lehrerkompetenz mit analytischen Zugängen, die die wechselseitige Beeinflussung von potenziellen Ressourcen untersuchen, wäre ein wichtiger nächster Schritt zum besseren Verständnis von professioneller Kompetenz.

Für die Praxis ist es besonders wichtig, zu untersuchen, wie der Erwerb von Aktionsbezogener und Reflexiver Kompetenz unterstützt werden kann. Beispielsweise ist es aufgrund der theoretischen Fassung naheliegend, dass praktische Lerngelegenheiten für den Erwerb von Kompetenzen eine Rolle spielen. Allerdings sind mit dem Kompetenzbegriff a priori keine Annahmen darüber verbunden, wie Kompetenzen im Laufe des Berufslebens auf Basis des Professionswissens erworben werden (Klieme & Hartig 2008). Unsere Vorschläge zur gezielten Adressierung von Reflexiver und Aktionsbezogener Kompetenz in Aus- und Weiterbildung stellen erste Schritte in diese Richtung dar.

3.4   Was können Lehrkräfte für den Unterricht bzw. Lehrerbildende aus den Forschungsarbeiten auf Basis des Kompetenzmodells nach Lindmeier lernen?

Trotz des noch recht jungen Forschungszugangs lassen sich erste Schlussfolgerungen für die Praxis anbieten. Wir gehen davon aus, dass Lehrkräften und allen, die an der Lehrkräftebildung beteiligt sind, bewusst ist, dass der Beruf der Lehrkraft extrem unterschiedliche Anforderungen stellt. Vor allem das Unterrichten an sich ist eine besondere Herausforderung. Sie wissen – sicherlich deutlicher aus Situationen, die nicht optimal gelaufen sind –, dass es schwierig sein kann, in der unterrichtlichen Situation zu handeln. Probleme der Unterrichtsvor- und -nachbereitung werden etwa im Vorbereitungsdienst sichtbar, was aber nicht heißt, dass sich nicht auch bei routinierten Praktikerinnen und Praktikern in diesem Bereich Verbesserungspotenzial verbergen kann. Unser Zugang bietet eine Perspektive, die typische Erklärungsmuster für suboptimales Handeln von Lehrkräften herausfordert und deswegen den Blick für Entwicklungsprozesse weiten kann. Dies soll zuerst entlang dreier Erklärungsmuster kurz skizziert werden.

Wenn Lehrkräfte suboptimal handeln, dann fehlt es an persönlichen Voraussetzungen. Dieses Erklärungsmuster bietet kaum Ansatzpunkte für eine Entwicklungsperspektive, da die Frage nach einer guten Lehrkraft im Prinzip als eine Frage der Auswahl der richtigen Persönlichkeit gesehen wird. Unter Nutzung der *Kompetenzperspektive* können Persönlichkeitsfaktoren zwar Kompetenz beeinflussen, es wird aber nicht angenommen, dass diese die Kompetenz bestimmen. Vielmehr ist Kompetenz lernbar, was einer durchaus Fehler-bejahenden Perspektive entspricht.

Wenn Lehrkräfte suboptimal handeln, dann fehlt es an Erfahrung. Dieses Erklärungsmuster führt in logischer Konsequenz dazu, dass praktischer Erfahrung ein sehr hoher Stellenwert zukommt, im Extremfall wird die praktische Erfahrung sogar als wichtiger als „theoretische" Grundlagen angesehen. Unter Nutzung der *Kompetenzperspektive* ist Letzteres nicht zu begründen, denn auch wenn praktische Erfahrungen, wie erörtert, als wichtig angesehen werden, liegt der Fokus auf der Qualität praktischer Lerngelegenheiten, nicht auf deren Quantität. Damit steigt der Anspruch an praktische Lernprozesse und den Personen, die diese begleiten, kommt eine hohe Verantwortung zu.

Wenn Lehrkräfte suboptimal handeln, fehlt es an professionellem Wissen. Unter diesem Erklärungsmuster ist die Lehreraus-, -fort- und -weiterbildung (mit Fokus auf professionellem Wissen) die zentrale Stellschraube für Entwicklungsprozesse. Dies ist auch mithilfe der Erkenntnisse der Forschung zu Lehrkräften gut zu begründen. Unter Nutzung der *Kompetenzperspektive* ist diese Sichtweise jedoch stark verkürzend, da professionelles Wissen zwar als wichtiger Einflussfaktor erkannt ist, allerdings die Fähigkeiten zum Handeln nicht als einfache Funktion von professionellem Wissen verstanden werden können. Vielmehr erlaubt die Kompetenzperspektive den Blick auf das professionelle Handeln als eigenständig zu entwickelnder Fähigkeitsbereich auf der Grundlage professionellen Wissens. In Abgrenzung zu anderen theoretischen Grundverständnissen müssen aus der hier angelegten holistischen Kompetenzsicht nicht nur verschiedene Fähigkeitsbereiche zusätzlich zum Wissen entwickelt werden. Vielmehr ist der Aufbau integrierter kognitiver Strukturen, die passgenau zum Handeln in den gegebenenfalls sehr unterschiedlichen professionellen Anforderungsbereichen befähigen, das Ziel. Und selbst wenn dasselbe Wissen zum Planen von Unterricht und zum eigentlichen Unterrichten relevant ist, kann es sein, dass es in zwei verschiedenen Strukturierungen vorliegen muss, um auch in beiden Anforderungsbereichen handlungsleitend werden zu können.

Es wurde in anderen Gebieten des professionellen Lernens beobachtet, dass die Entwicklung von Expertise von einem langjährigen, gezielten Prozess der *deliberate practice* (etwa „reflektierte Erfahrung", Ericsson et al., 1993; im Überblick s. Gruber & Harteis, 2018) abhängt. In einer Sache richtig gut werden Personen, die sich mindestens zehn Jahre fortlaufend, mit einer gewissen Anstrengung und eingebettet in ein beruflich-soziales Umfeld exklusiv und gezielt dem Besser-Werden in einem Bereich widmen. *Deliberate practice* bezeichnet damit nicht eine Methode, sondern eher eine Haltung und umfasst verschiedene Bausteine, die sich in idealerweise lebenslanges Streben nach professioneller Entwicklung einbetten. Diese Bausteine haben aber gemeinsam, dass sie gezielte Lerngelegenheiten im praktischen Tun darstellen.

Deliberate practice-Maßnahmen sind in der Forschung dann als wirksam identifiziert worden, wenn die Ausgangslage bekannt ist und eine klare Zielsetzung erarbeitet wurde. Sie profitieren von externem Feedback zum Handeln, sei es von Peers, Coaches oder Mentorinnen bzw. Mentoren, und benötigen längerfristiges Engagement. Die im Folgenden dargestellten praktischen Ansatzpunkte sollen in diesem Sinne mögliche Maßnahmen skizzieren. *Deliberate practice* ist damit natürlich weder exklusiv noch erschöpfend beschrieben. In der Hintergrundinformation zum erfolgreichen Lernen im Beruf sind typische Hürden skizziert.

Hintergrundinformation: Erfolgreiches Lernen im Beruf

Die folgende Hintergrundinformation basiert auf der Zusammenfassung von Gruber & Harteis (2018) zum Lernen im Beruf allgemein, wobei für den Zweck dieser Darstellung Bezüge zum Lernen von Lehrkräften vorgenommen wurden. Die allgemeine Forschung zum Lernen im Beruf beschreibt typische (negativ wirkende) Einflussfaktoren, wobei neben individuellen Merkmalen insbesondere auch Merkmale des sozialen Umfelds zu berücksichtigen sind.

Individuelle Einflussfaktoren auf berufliche Lernprozesse:

- Wahrgenommene Selbstwirksamkeit und Handlungsmächtigkeit: Personen können sich schlechter weiterentwickeln, wenn sie ein mangelndes Gefühl der Selbstwirksamkeit haben (beispielsweise in Bezug auf ihre Fähigkeit, ihr Lehren zu verbessern) oder aber sich selbst als Objekt der Umstände statt als ein handlungsmächtiges Subjekt erleben (beispielsweise als ohnmächtige(r) Gefangene(r) in schlechten Arbeitsstrukturen).
- Emotionen und Affekt: Personen, die negative Gefühle gegenüber der Arbeit selbst oder aber Aus- und Fortbildungsmaßnahmen entwickeln, lernen schlechter. Beispielsweise kann Angst als Folge von ungünstigem Feedback und auch Desinteresse aufgrund von langjähriger Frustration oder Langeweile das Lernen im Beruf behindern.

- Aktiver Widerstand gegenüber Aus- und Fortbildungsmaßnahmen: Dass aktiver Widerstand das Lernen behindert, ist eingängig. Interessanter ist dabei allerdings, welche Faktoren so einen Widerstand auslösen können. Es ist beschrieben, dass Personen vor allem bei großen Umbrüchen Angst vor dem Umbruch entwickeln können und deswegen Widerstand leisten. Zudem können allgemeiner Konflikte zwischen individuellen und organisationalen Zielsetzungen zum Widerstand führen, beispielsweise wenn die Schulleitung erwartet, dass eine Lehrkraft im Unterricht etwas umsetzt, bei dem die Lehrkraft moralische oder ethische Konflikte erlebt.

Soziale Einflussfaktoren auf berufliche Lernprozesse:

- Verhältnis zu Kolleginnen und Kollegen, Team-Klima: In einem von einem negativen Klima geprägten professionellen Umfeld sind Lernprozesse weniger erfolgreich, vor allem da Veränderungen dann nicht gewagt werden. Es wird allerdings beschrieben, dass bereits wenige, qualitativ hochwertige Beziehungen das Klima am Arbeitsplatz positiv beeinflussen können, etwa eine beste Kollegin oder ein bester Kollege.
- Hierarchische Strukturen: Die Forschungslage beschreibt, dass in streng hierarchischen, von starker Kontrolle geprägten Strukturen Lernprozesse eher beeinträchtigt werden. Angehende Lehrkräfte empfinden teilweise im Vorbereitungsdienst solche starken hierarchischen Strukturen. Bei wenig ausgeprägten Hierarchien wurde aber auch beobachtet, dass ein negativer Einfluss auf das Lernen im Beruf auftreten kann, da dann keine verbindlichen Verantwortlichkeiten vorliegen. Dies kann beispielsweise bei Lehrkräften, die sich in Bezug auf professionelles Lernen nur sich selbst verpflichtet fühlen, zu negativen Effekten führen. Die als optimal beschriebene Organisationsstruktur wird durch Gleichheit, Offenheit sowie eine gemeinsam getragene Verantwortung mit wechselseitigem kritischen Blick geprägt.
- Auseinanderklaffen von Zielen des Lernens im Beruf und beruflichen Zielen: Dies ist vor allem bei Unternehmen beschrieben, wo ökonomische Ziele und Weiterbildungsziele in Konkurrenz zueinander stehen können. Ähnliche Konflikte können aber auch im Bildungsbereich auftreten, beispielsweise wenn eine teilweise Unterrichtsfreistellung für professionelle Entwicklungsmaßnahmen zu Unterrichtsausfall führt. Ausschlaggebend ist hier die Bewertung aus längerfristiger Perspektive, etwa ob kurzfristig weniger Unterricht zu langfristig besserem Unterricht führt oder aber der Nachteil des Unterrichtsausfalls überwiegt.
- Fehlendes professionelles Netzwerk: Fehlen Austauschmöglichkeiten über die eigene Profession, ihre Standards, Verbesserungsansätze oder aktuelle Entwicklungen, wird professionelles Lernen beeinträchtigt. Dabei meint dieser Faktor – anders als der oben bereits angesprochene Faktor des Team-Klimas – gezielte

inhaltsbezogene Austauschmöglichkeiten, wie sie beispielsweise im Rahmen des SINUS-Programms (Steigerung der Effizienz des mathematisch-naturwissenschaftlichen Unterrichts) implementiert wurden.

- Kulturelle Unterschiede: Lernen im Beruf kann durch kulturelle Unterschiede beeinflusst werden. Lehrkräfte sind in verschiedenen Fächern sozialisiert, sie können aber beispielsweise auch in verschiedenen Schulformen, pädagogischen Kulturen oder auch soziodemografischen Milieus sozialisiert sein, sodass auch relativ homogen erscheinende Kollegien durchaus heterogen sein können. Vor diesem Hintergrund kann es eine Herausforderung darstellen, in einem Kollegium eine gemeinschaftliche Vision von beruflichen Lernprozessen zu erlangen.

Für Lehrkräfte, die ihre professionelle Kompetenz entwickeln möchten, stellt sich also zuerst die Frage, welcher Bereich fokussiert werden soll. Welche Anforderungen möchte ich besser bewältigen? Was ist mir dabei jetzt am wichtigsten? Woran würde ich es festmachen, dass ich dazugelernt habe? Wer kann mir als „Coach" zur Seite stehen? Dabei ist zu beachten, dass gerade die Analyse der Ausgangslage schwierig sein kann und von der Auswahl der Begleitpersonen abhängt.

Ausgehend von Antworten, die Personen mit niedriger professioneller Kompetenz in unseren Studien geben, können folgende typische Schwachstellen identifiziert werden: Manche Antworten von Lehrkräften lassen zum Beispiel erkennen, dass das dargestellte Problem in der Unterrichtsvignette erkannt wurde. In diesem Fall ist auch den Lehrkräften oft bewusst, dass eine Schülerschwierigkeit oder -fehlvorstellung aufgetreten ist, sie aber keine Handlung in der Situation hervorbringen (Aktionsbezogene Kompetenz) oder ihr Wissen nicht zielführend, beispielsweise bei der Planung, anwenden konnten (Reflexive Kompetenz). Durch die gezielte Reflexion solcher Schwierigkeiten, beispielsweise mit Kolleginnen und Kollegen, kann im Sinne der Handlungstheorie am Handlungsrepertoire gearbeitet werden (z. B. Wahl, 2002). Was war genau das Problem? Wie habe ich gehandelt? Warum? Was hindert mich vielleicht an einer alternativen Handlung? Wie könnte man handeln? Warum? Welche Konsequenz hätte dies im besten/ schlechtesten Fall? Idealerweise könnte zudem, beispielsweise in einer Parallelklasse, dieser Themenbereich zeitnah noch einmal unterrichtet werden. Ansätze der Lehrkräftebildung aus dem asiatischen Raum haben mit der *lesson study* eine Methode entwickelt, um mit wiederholter Durchführung derselben Stunden gemeinsam an Handlungsmöglichkeiten zu arbeiten (vgl. Huang & Shimizu, 2016). Dabei muss nicht unbedingt eine ganze Stunde Gegenstand der gemeinsamen Entwicklung sein, es kann im Rahmen von sogenanntem *microteaching* (vgl. Allen, 1980) auch eine einzelne Fertigkeit adressiert werden. Ist beispielsweise bei einer Lehrkraft zu beobachten, dass sie Schülerfehler häufig direkt korrigiert und sie somit nicht als Lerngelegenheit nutzt, so kann ganz passgenau anhand einzelner Aufgaben der Umgang mit Schülerfehlern trainiert werden. Kleine gezielte Variationen können dabei den Lehrkräften helfen zu erkennen, wie sich eine Verhaltensänderung auf den Unterricht auswirkt. Wenn die gewünschte Veränderung sogar eine reine Verhaltensänderung ist (z. B. einen gegebenen Arbeitsauftrag nicht durch schnelle Nachfragen kleinschrittig zerlegen; Wartezeit nach Lehrerfragen einhalten; Schülerantworten nicht direkt werten/kommentieren), dann bieten sich auch Rollenspiele außerhalb des Unterrichts an, um das neue Verhalten sozusagen „im Labor" einzuprägen.

Bei manchen Situationen fällt es den Lehrkräften in unseren Studien allerdings auch schwer, einen Schülerfehler, eine mathematisch problematische Darstellung oder einen anderen didaktischen Knackpunkt überhaupt zu erkennen. Diese Lehrkräfte merken dann beispielsweise selbst nicht, dass ihre Analysen oder Antworten am Kern eines Problems vorbeigehen, sie würden also gegebenenfalls ihr Handeln gar nicht selbst als suboptimal erkennen. Für solche Lehrkräfte kann eine Kompetenzillusion entstehen, längerfristig wären aber auch negative Auswirkungen auf das Lernen von Schülerinnen und Schülern zu erwarten. In solchen Fällen lässt sich nicht sicher aus der Beobachtung schließen, ob die Lehrkräfte über das notwendige professionelle Wissen (fachliches und fachdidaktisches Wissen) gar nicht verfügen oder aber es in dieser Situation nur nicht als relevant erkennen.

In der Forschung zur professionellen Wahrnehmung von Lehrkräften (*teacher noticing*, Dreher & Kuntze, 2015) wird angenommen, dass die Fähigkeiten zur Wahrnehmung und wissensbasierten Interpretation von unterrichtlichen Situationen eine Fähigkeit ist, die zwischen professionellem Wissen und dem Handeln vermittelt. Wahrnehmungsprozesse selbst wiederum werden durch eine gründliche Vorbereitung unterstützt, beispielsweise wenn in der Unterrichtsplanung bereits analysiert wurde, welche typischen Schülerfehler bei einem Thema auftreten können und wie sich diese bei den vorgesehenen Arbeitsaufträgen äußern könnten. Kurz gesagt gilt auch für Lehrkräfte: Man sieht nur, was man erwartet, und nur, was man sieht, kann man auch adressieren. Werden beispielsweise durch fehlendes professionelles Wissen oder ungenügende Unterrichtsvorbereitung Dinge nicht erwartet, so entgehen diese schnell der Aufmerksamkeit. Auch an dieser Stelle empfiehlt es sich, bei Schwierigkeiten spezifisch herauszuarbeiten, ob gegebenenfalls eine Aktualisierung des professionellen Wissens notwendig ist oder aber Maßnahmen zur Verbesserung der Wahrnehmung (z. B. gemeinsame Planung von Stunden mit „gedanklichem Vorwegnehmen" möglicher Schwierigkeiten) ein geeigneter Ansatzpunkt sind. Im ersten Fall ist gegebenenfalls ganz klassisch eine Fortbildung zur Auffrischung des Wissens geeignet (vgl. Lipowsky, 2010 zu Merkmalen guter Lehrerfortbildung). Soll die Wahrnehmung verbessert werden, so empfehlen sich wiederum etwa kollegiale Entwicklungsmaßnahmen oder ein fachspezifisches Coaching (vgl. Staub, 2004), zum Beispiel im Rahmen von Unterrichtsentwicklungsmaßnahmen (vgl. Abshagen et al., 2017).

Stehen solche Unterstützungsmöglichkeiten nicht direkt zur Verfügung oder möchte eine Lehrkraft niederschwelliger an ihrem Unterricht arbeiten, so könnte ein erster Schritt sein, im Unterricht Feedback zu seinem eigenen Lehrerhandeln zu gewinnen. Die Grundidee ist, bereits bei der Unterrichtsplanung gezielt zu berücksichtigen, an welcher Stelle man von den Schülerinnen und Schülern Information über den eigenen Unterricht einholen kann. Dies kann etwa über kurze Rückfragen und den Vergleich mit der eigenen Wahrnehmung geschehen (z. B.: Was war für euch hier leicht/schwer? Wer kann meine Erklärung nochmal in eigenen Worten wiedergeben?), über das Einsammeln und Analysieren von Aufgabenbearbeitungen (z. B. von ausgewählten Lernenden unterschiedlicher Leistungsstärke) oder sogar über digitale Assessment-Tools (z. B. ein Quiz im „Wer wird Millionär?"-Stil) realisiert werden.

Es ist allerdings zu betonen, dass solche Selbsthilfemaßnahmen stark davon abhängen, welche Information eingeholt und wie diese interpretiert wird. Diese – auf den ersten Blick vielleicht sehr gewohnten Elemente von Unterricht – *können* eine niedrigschwellige, eigengesteuerte Maßnahme der *deliberate practice* darstellen, *wenn* sie entsprechend vor- und nachbereitet sind. Allerdings tritt hier ein Dilemma auf: Nur Lehrkräfte mit einem gewissen Grad an Kompetenz können solche „Extra-Aufgaben", die auf die eigene Entwicklung abzielen, im Unterricht „nebenbei" verfolgen. Eine solche erhöhte Reflexivität in Bezug auf das eigene Lehrerhandeln kann aber vorbereitend für Entwicklungsmaßnahmen sein, beispielsweise wenn das Feedback die eigenen Wahrnehmungsfähigkeiten schärft und man dann selbst mögliche Ansatzpunkte für die professionelle Entwicklung sieht.

Auch in der Lehrkräftebildung sind in den klassischen Ausbildungsabschnitten Universität – Vorbereitungsdienst – Lernen im Beruf (sog. 1., 2. und 3. Phase) unterschiedliche Schwerpunktsetzungen zu erkennen, die vor dem Hintergrund des Kompetenzmodells reinterpretiert werden können: Die grundständige Ausbildung an der Universität fokussiert zuerst klassischerweise auf eine wissenschaftlich orientierte Grundlegung des notwendigen professionellen Wissens. In den schulpraktischen Studien, also den Praktika, gegebenenfalls dem Praxissemester sowie speziellen zugehörigen Lehrveranstaltungen, werden üblicherweise mithilfe von Unterrichtsreflexion, *microteaching,* dem Entwerfen von Unterrichtsentwürfen sowie im Rahmen von Lehrversuchen Lernziele verfolgt, die der Anbahnung Reflexiver Kompetenz zugeordnet werden können. Der eigentliche Aufbau professioneller Handlungsfähigkeit, also Aktionsbezogener und Reflexiver Kompetenz, ist klassischerweise im Vorbereitungsdienst als Hauptziel zu verorten. Die professionelle Weiterentwicklung dieser Kompetenzen, beispielsweise auch die im Laufe des Berufslebens notwendigen Aktualisierungen der Kompetenzen als Reaktion auf sich verändernde Ausgangslagen, wäre dann entsprechend in Maßnahmen der berufsbegleitenden Lehrkräftefortbildung zu verorten. *Deliberate practice* lässt sich in dieser Kette mit zunehmend komplexer werdenden Lerngelegenheiten realisieren.

In den hier skizzierten Ansatzpunkten gibt es neben der Lehrkraft, die ihre Kompetenzen entwickeln soll oder möchte, immer wichtige „dritte" Personen, die in Form von Mentorinnen und Mentoren, Beratenden, Dozierenden, Coaches, aber auch von Kolleginnen und Kollegen entscheidend zum Lernprozess beitragen. Diese Personen prägen das Bild von den professionellen Anforderungen, sie geben Feedback oder zertifizieren gegebenenfalls sogar die Professionalität in Prüfungen. Auf diese Weise wirken sie normvermittelnd, das heißt, mit diesen Personen wird das gemeinsame Bild von „gutem" Unterricht, der „richtigen" Mathematik, dem „besten" Zugang und dem „tiefen" Verständnis von mathematischen Konzepten ausgehandelt, um ein paar Aspekte zu benennen. Gruber & Harteis (2018) lokalisieren ganz allgemein in dieser sozialen Natur beruflichen Lernens ein Problemfeld, das besonders auch für Lehrkräfte relevant ist: Diese „Dritten" bleiben häufig im Verborgenen, aber es sind diejenigen, die die professionelle Entwicklung entscheidend prägen und häufig erst ermöglichen. Auf diese Weise tragen sie – ebenso wie die Lehrkräfte selbst – eine hohe Verantwortung für die beruflichen Lernprozesse. Gleichzeitig haben die in der Lehrkräftebildung aktiven Personen häufig selbst einen Hintergrund als Lehrkraft und sind selten extra für die Begleitung von beruflichen Lernprozessen qualifiziert. Der eigentlich wichtige Diskurs über die notwendige Qualifizierung, um beispielsweise verschiedene Maßnahmen der *deliberate practice* entlang der lebenslangen Lehrkräftebildung zielführend zu begleiten, wird in Deutschland kaum geführt (siehe aber DZLM, 2015). Seit Kurzem füllt diese Lücke ein Weiterbildungsstudiengang der „Berufsbegleitenden Lehrerbildung Mathematik", in dem eine entsprechende Qualifikation erworben werden kann, sodass langfristig die Qualität beruflicher Lernprozessunterstützung verbessert werden kann (Lindmeier et al., 2018).

Literatur

Abshagen, M., Riecke-Baulecke, T., & Rösken-Winter, B. (2017). Unterrichtsentwicklung. In M. Abshagen, B. Barzel, J. Kramer, T. Riecke-Baulecke, B. Rösken-Winter, & C. Selter (Hrsg.), *Basiswissen Lehrerbildung: Mathematik unterrichten*. Klett.

Allen, D. W. (1980). Microteaching: A personal review. *British Journal of Teacher Education, 6*(2), 147–151.

Berliner, D.C. (1988). *The development of expertise in pedagogy*. Charles W. Hunt Memorial Lecture presented at the Annual Meeting of the American Association of Colleges for Teacher Education (New Orleans, LA, February 17–20, 1988). AACTE Publications.

Blömeke, S., Gustafsson, J., & Shavelson, R. J. (2015). Beyond dichotomies – Competence viewed as a continuum. *Zeitschrift für Psychologie, 223*(1), 3–13.

Brunner, E. (2018). Qualität von Mathematikunterricht: Eine Frage der Perspektive. *Journal für Mathematik-Didaktik, 39*(2), 257–284.

Brunner, M., Kunter, M., Krauss, S., Baumert, J., Blum, W., Dubbeke, T., et al. (2006). Welche Zusammenhänge bestehen zwischen dem fachspezifischen Professionswissen von Mathematiklehrkräften und ihrer Ausbildung sowie beruflichen Fortbildung? *Zeitschrift für Erziehungswissenschaft, 9*(4), 521–544.

Depaepe, F., Verschaffel, L., & Kelchtermans, G. (2013). Pedagogical content knowledge: A systematic review of the way in which the concept has pervaded mathematics educational research. *Teaching and teacher education, 34*, 12–25.

Dreher, A., & Kuntze, S. (2015). Teachers' professional knowledge and noticing: The case of multiple representations in the mathematics classroom. *Educational Studies in Mathematics, 88*(1), 89–114.

DZLM (2015). Qualifizierung von Multiplikatorinnen und Multiplikatoren. Konzeptpapier vom 7.3.2015, Berlin: Deutsches Zentrum für Lehrerbildung Mathematik. https://dzlm.de/files/uploads/DZLM-2.0-Konzept%20Multiplikatoren-20150316_FINAL.pdf. Zugegriffen: 12. Febr. 2019.

Ericsson, K. A., Krampe, R. T., & Tesch-Römer, C. (1993). The role of deliberate practice in the acquisition of expert performance. *Psychological review, 100*(3), 363.

Evans, J. S. B. (2008). Dual-processing accounts of reasoning, judgment, and social cognition. *Annual Review of Psychology, 59*, 255–278.

Gartmeier, M. (2018). *Gespräche zwischen Lehrpersonen und Eltern: Herausforderungen und Strategien der Förderung kommunikativer Kompetenz.* Springer VS.

Gruber, H., & Harteis, C. (2018). *Individual and social influence on professional learning. Supporting the acquisition and maintenance of expertise.* Springer.

Hepberger, B., Lindmeier, A., Moser Opitz, E., & Heinze, A. (2017). „Zähl' nochmal genauer!" – Handlungsnahe mathematikbezogene Kompetenzen von pädagogischen Fachkräften erheben. In S. Schuler, C. Streit, & G. Wittmann (Hrsg.), *Perspektiven mathematischer Bildung im Übergang vom Kindergarten zur Grundschule* (Kap. 16, S. 239–253). Springer. https://doi.org/10.1007/978-3-658-12950-7_16.

Hepberger, B., Moser Opitz, E., Heinze, A., & Lindmeier, A. (2020). Entwicklung und Validierung eines Tests zur Erfassung der mathematikspezifischen professionellen Kompetenzen von frühpädagogischen Fachkräften der Elementarstufe. *Psychologie in Unterricht und Erziehung, 67*(2), 81–94. https://doi.org/0.2378/peu2019.art24d.

Hodgen, J. (2011). Knowing and identity: A situated theory of mathematics knowledge in teaching. In T. Rowland & K. Ruthven (Hrsg.), *Mathematical knowledge in teaching* (S. 27–42). Springer.

Huang, R., & Shimizu, Y. (2016). Improving teaching, developing teachers and teacher educators, and linking theory and practice through lesson study in mathematics: An international perspective. *ZDM, 48*(4), 393–409.

Jeschke, C., Kuhn, C., Lindmeier, A., Zlatkin-Troitschanskaia, O., Saas, H., & Heinze, A. (2019a). Performance assessment to investigate the domain-specificity of instructional skills among pre-service and in-service teachers of mathematics and economics. *British Journal of Educational Psychology, 89*(3), 538–550. https://doi.org/10.1111/bjep.12277.

Jeschke, C., Kuhn, C., Lindmeier, A., Zlatkin-Troitschanskaia, O., Saas, H., & Heinze, A. (2019b). What is the relationship between knowledge in mathematics and knowledge in economics? Investigating the professional knowledge of (pre-service) teachers trained in two subjects. *Zeitschrift für Pädagogik, 65*(4), 511–524. https://doi.org/10.3262/ZP1904511.

Jeschke, C., Lindmeier, A. & Heinze, A. (2021). Vom Wissen zum Handeln: Vermittelt die Kompetenzzur Unterrichtsreflexion zwischen mathematischem Professionswissen und der Kompetenz zumHandeln im Mathematikunterricht? Eine Mediationsanalyse. *Journal für Mathematikdidaktik, 42*,159–186. https://doi.org/10.1007/s13138-020-00171-2.

Jurecka, A., & Hartig, J. (2007). Computer- und netzwerkbasiertes Assessment. In Bundesministerium für Bildung und Forschung (BMBF) (Hrsg.), *Möglichkeiten und Voraussetzungen technologiebasierter Kompetenzdiagnostik* (S. 37–48). BMBF.

Kleinfeld, H. (2018). *Veränderungen fachdidaktischer Kompetenz bei Lehramtsanwärterinnen und Lehramtsanwärtern während des Vorbereitungsdienstes.* Unveröffentlichte Masterarbeit im Studiengang „Berufsbegleitende Lehrerbildung Mathematik" an der CAU Kiel.

Klieme, E., & Hartig, J. (2008). Kompetenzkonzepte in den Sozialwissenschaften und im erziehungswissenschaftlichen Diskurs. In M. Prenzel, I. Gogolin, & H.-H. Krüger (Hrsg.), *Kompetenzdiagnostik* (S. 11–29). VS Verlag.

Knievel, I., Lindmeier, A. M., & Heinze, A. (2015). Beyond knowledge: Measuring primary teachers' subject-specific competences in and for teaching mathematics with items based on video vignettes. *International Journal of Science and Mathematics Education, 13*(2), 309–329. https://doi.org/10.1007/s10763-014-9608-z.

Krauss, S., Lindl, A., Schilcher, A., Fricke, M., Göhring, A., & Hofmann, B. (Hrsg.) (2017). *FALKO: Fachspezifische Lehrerkompetenzen: Konzeption von Professionswissenstests in den*

Fächern Deutsch, Englisch, Latein, Physik, Musik, Evangelische Religion und Pädagogik. Waxmann.

Kuhn, C., Zlatkin-Troitschanskaia, O., Brückner, S., & Saas, H. (2018). A new video-based tool to enhance teaching economics. *International Review of Economics Education, 27*, 24–33.

Lindmeier, A. (2011). *Modeling and measuring knowledge and competences of teachers: A threefold domain-specific structure model*. Waxmann.

Lindmeier, A. (2013). Video-vignettenbasierte standardisierte Erhebung von Lehrerkognitionen. In U. Riegel & K. Macha (Hrsg.), *Videobasierte Kompetenzforschung in den Fachdidaktiken* (S. 45–62) (Fachdidaktische Forschungen; Bd. 4). Waxmann.

Lindmeier, A. M., Heinze, A., & Reiss, K. (2013). Eine Machbarkeitsstudie zur Operationalisierung aktionsbezogener Kompetenz von Mathematiklehrkräften mit video-basierten Maßen. *Journal für Mathematik-Didaktik, 34*(1), 99–119. https://doi.org/10.1007/s13138-012-0046-6.

Lindmeier, A. M., Seemann, S., Kuratli Geeler, S., Wullschleger, A., Dunekacke, S., Leuchter, M., Vogt, F., Moser Opitz, E., & Heinze, A. (2020). Modelling early childhood teachers' mathematics-specific professional competence and its differential growth through professional development – An aspect of structural validity. *Research in Mathematics Education, 22*(2), 168–187. https://doi.org/10.1080/14794802.2019.1710558.

Lindmeier, A., Riecke-Baulecke, T., & Barzel, B. (2018). Berufsbegleitende Lehrerbildung als Profession verstehen–Konzeption eines Weiterbildungsmasterstudiengangs für Fort-und Aus-bildende von Mathematiklehrpersonen. In R. Biehler, T. Lange, T. Leuders, B. Rösken-Winter, P. Scherer, & C. Selter (Hrsg.), *Mathematikfortbildungen professionalisieren* (S. 435–452). Springer. https://doi.org/10.1007/978-3-658-19028-6_22.

Lipowsky, F. (2010). Lernen im Beruf – Empirische Befunde zur Wirksamkeit von Lehrerfort-bildung. In F. H. Müller, A. Eichenberger, M. Lüders, & J. Mayr (Hrsg.), *Lehrerinnen und Lehrer lernen. Konzepte und Befunde zur Lehrerfortbildung* (S. 51–72). Waxmann.

McMullan, M., Endacott, R., Gray, M. A., Jasper, M., Miller, C. M., Scholes, J., & Webb, C. (2003). Portfolios and assessment of competence: A review of the literature. *Journal of advanced nursing, 41*(3), 283–294.

Padberg, F., & Wartha, S. (2017). *Didaktik der Bruchrechnung*. Springer Spektrum.

Praetorius, A. K., Klieme, E., Herbert, B., & Pinger, P. (2018). Generic dimensions of teaching quality: The German framework of Three Basic Dimensions. *ZDM, 50*(3), 407–426.

Riecke-Baulecke, T. (2017). Unterrichtsqualität. In M. Abshagen, B. Barzel, J. Kramer, T. Riecke-Baulecke, B. Rösken-Winter, & C. Selter (Hrsg.), *Basiswissen Lehrerbildung: Mathematik unterrichten*. Klett.

Schliemann, A. D., & Carraher, D. W. (2002). The evolution of mathematical reasoning: Everyday versus idealized understandings. *Developmental Review, 22*(2), 242–266.

Staub, F. C. (2004). Fachspezifisch-Pädagogisches Coaching: Ein Beispiel zur Entwicklung von Lehrerfortbildung und Unterrichtskompetenz als Kooperation. *Zeitschrift für Erziehungs-wissenschaft, 7*(3), 113–141.

von Hering, R., Zingelmann, H., Heinze, A., & Lindmeier, A. (2020). Lerngelegenheiten mit kauf-männischem Kontext im Mathematikunterricht der allgemeinbildenden Schule: Eine Schul-buch- und Aufgabenanalyse. *Zeitschrift für Erziehungswissenschaft, 23*(1), 193–213. https://doi.org/10.1007/s11618-019-00925-w

Wahl, D. (1991). *Handeln unter Druck: Der weite Weg vom Wissen zum Handeln bei Lehrern, Hochschullehrern und Erwachsenenbildern*. Deutscher Studien.

Wahl, D. (2002). Mit Training vom trägen Wissen zum kompetenten Handeln. *Zeitschrift für Pädagogik, 48*(2), 227–241.

Weinert, F. (2001). Concept of competence: A conceptual clarification. In D. Rychen & L. Salyanik (Hrsg.), *Defining and selecting key competencies* (S. 45–65). Hogrefe & Huber.

Die Messung fachdidaktischen Wissens in der COACTIV-Studie

4

Georg Bruckmaier, Stefan Krauss, Werner Blum und Michael Neubrand

▶ Nach den ersten, enttäuschend ausgefallenen PISA-Untersuchungen wurde in der empirischen Bildungsforschung zunehmend die entscheidende Rolle der Lehrkräfte für die Entwicklung von Schülerkompetenzen im Mathematikunterricht in den Blick genommen. Aber wie kann man Wissen und Fähigkeiten von Lehrkräften erfassen? Dafür aussagekräftige Modelle sowie Messmethoden zu entwickeln und diesbezüglich erhobene Daten statistisch zu analysieren, war das Ziel von COACTIV. In dieser Studie wurden fachdidaktische, fachliche und methodische Kompetenz- und Wissensbereiche von Mathematiklehrkräften empirisch untersucht. Im vorliegenden Beitrag werden zahlreiche Beispielaufgaben für diese COACTIV-Messinstrumente vorgestellt, das konkrete Prozedere der Bewertung der von den Lehrkräften gegebenen Antworten

G. Bruckmaier (✉)
Pädagogische Hochschule FHNW, Windisch, Schweiz
E-Mail: georg.bruckmaier@fhnw.ch

S. Krauss (✉)
Universität Regensburg, Regensburg, Deutschland
E-Mail: stefan.krauss@mathematik.uni-regensburg.de

W. Blum
Universität Kassel, Kassel, Deutschland
E-Mail: blum@mathematik.uni-kassel.de

M. Neubrand
Carl von Ossietzky Universität Oldenburg, Oldenburg, Deutschland
E-Mail: michael.neubrand@uni-oldenburg.de

illustriert sowie die wesentlichen Ergebnisse zum Einfluss solcher Kompetenz- und Wissensaspekte auf die Unterrichtsqualität und den Lernzuwachs der Schülerinnen und Schüler präsentiert.

4.1 Was macht eine „fachdidaktisch gute" Mathematiklehrkraft aus?

Fragt man Schülerinnen und Schüler, was eine gute Mathematiklehrkraft können sollte, erhält man u. a. Antworten folgender Art[1]:

Eine Mathematiklehrkraft soll u. a. ...

- gut (und für jede Schülerin bzw. jeden Schüler individuell) erklären können,
- auf die Fragen und Bedürfnisse der Schülerinnen und Schüler eingehen,
- gute (und nicht zu schwere) Aufgaben auswählen,
- den Unterricht interessant und alltagsbezogen gestalten,
- im Unterricht spontan und situationsangemessen reagieren können,
- den Schulstoff absolut sicher beherrschen,
- die Schülerinnen und Schüler bei Verständnisschwierigkeiten unterstützen,
- gerecht sein,
- den Schülerinnen und Schülern Dinge beibringen, die man später auch gebrauchen kann,
- locker und humorvoll sein und auch mal einen Spaß mitmachen.

Solche (subjektiven) Aussagen beinhalten erstaunlich viel Fachdidaktik und geben konkrete Hinweise darauf, was zu einem gelingenden Mathematikunterricht beitragen kann. Inwieweit sind diese Schülerwünsche aber auch kompatibel mit einschlägigen Forschungsfeldern der Mathematikdidaktik (z. B. Baumert et al., 2004)?

In der empirischen Bildungsforschung konnte gezeigt werden, dass *professionelle Kompetenzen* von Lehrkräften großen Einfluss auf die Erreichung unterrichtlicher Zielkriterien haben (vgl. z. B.: „Auf die Lehrkraft kommt es an", Lipowsky, 2006). In der COACTIV-Studie, die im vorliegenden Beitrag dargestellt wird, stellt das Professionswissen einen von vier übergeordneten Aspekten professioneller Handlungskompetenz von Lehrkräften dar (vgl. Abb. 4.1), die modelliert, empirisch erfasst und statistisch-analytisch mit unterrichtlichen Zielkriterien (wie z. B. Schülerleistungen und Lernfreude) in Zusammenhang gebracht wurden. Wir werden hier vor allem die Messung des fach-

---

[1] Hierbei handelt sich um die zehn häufigsten Antworten aus einer informellen Befragung unter etwa 1500 Schülerinnen und Schülern aus zahlreichen Praktikumsklassen, in denen Mathematik-Lehramtsstudierende der Universität Regensburg unterrichteten (Eberl, 2019).

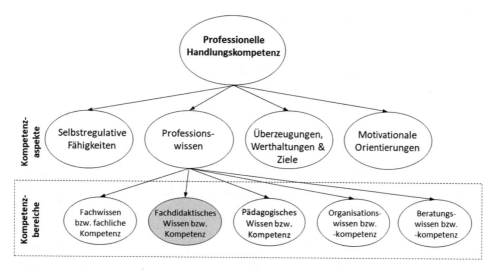

Abb. 4.1   Kompetenzmodell von COACTIV (Abbildung in Anlehnung an Baumert et al., 2011, S. 32); hervorgehoben ist der Fokus des vorliegenden Kapitels (fachdidaktisches Wissen bzw. Kompetenz)

didaktischen Wissens bzw. fachdidaktischer Kompetenzen von Mathematiklehrkräften beschreiben, ergänzend aber auch kurz die Erhebung fachlicher und pädagogischer Kompetenzbereiche beleuchten.

Auch die allgemeine psychologische Expertiseforschung (z. B. Ericsson, 2014), in der Expertinnen und Experten aus zahlreichen „Domänen" (wie z. B. Schach, Musik, Medizin oder Jura) untersucht werden, hat für viele kognitive Bereiche und akademische Professionen wiederholt gezeigt, dass „Expertinnen" und „Experten" oftmals vor allem deswegen besser sind, weil sie mehr wissen, dieses Wissen besser strukturiert parat haben und sehr flexibel darauf zurückgreifen können. In zahlreichen Domänen konnte dieses bereichspezifische Wissen sogar als der bedeutsamste Faktor der Leistungen von Expertinnen und Experten identifiziert werden (Ericsson, 2014).

Auch bei Lehrkräften ist das *Professionswissen* (oft auch *professionelles Wissen* genannt) von hervorgehobener Bedeutung (Abb. 4.1). Mit Blick auf die eingangs erwähnten Schüleraussagen wird schnell klar, dass zur „Erfüllung" der Wünsche von Schülerinnen und Schülern vor allem fachdidaktisches Wissen vonnöten ist.

Um das professionelle Wissen von Lehrkräften aus einer Forschungsperspektive greifbar – also benennbar und untersuchbar – zu machen, braucht man theoretische Modelle für dieses spezielle domänenspezifische Wissen. Eine heute noch sehr einflussreiche theoretische Klassifizierung des Wissens von Lehrkräften wurde von Shulman (1986, 1987) vorgelegt: Er führte die Begriffe *pedagogical knowledge, content knowledge* und *pedagogical content knowledge* ein, also *pädagogisches Wissen, Fachwissen* und *fachdidaktisches Wissen* (siehe auch Abb. 4.1). Diese drei Kategorien bilden aus heutiger Sicht die allgemein akzeptierten Kernkategorien des Professionswissens von Lehrkräften und es besteht kein Zweifel, dass allen dreien eine zentrale Bedeutung bei der Bewältigung von unterrichtlichen Aufgaben zukommt (z. B. Busse & Kaiser, 2015; Döhrmann et al., 2018; Lipowsky, 2006).

Im vorliegenden Kapitel beantworten wir vor allem folgende Fragen aus Sicht der COACTIV-Studie:

1. Was kann unter fachdidaktischem Wissen bzw. fachdidaktischer Kompetenz verstanden werden („Konzeptualisierung")?
2. Wie können diese Aspekte gemessen werden („Operationalisierung")?

Entscheidend für die Praxisrelevanz ist dann vor allem folgende Frage:

3. Welche Auswirkungen hat fachdidaktisches Wissen bzw. fachdidaktische Kompetenz auf die Unterrichtsqualität und den Lernzuwachs der Schülerinnen und Schüler („prädiktive Validität")?

Bei der Beantwortung dieser Fragen sollen auch das Fachwissen bzw. methodische Kompetenzen nicht außer Acht gelassen werden. Die Antworten aus Sicht der COACTIV-Studie (auf die Fragen 1 und 2 siehe Abschn. 4.3, auf Frage 3 siehe Abschn. 4.4) werden vor allem auf Grundlage zahlreicher Aufgaben (sog. „Items") erläutert, die die Lehrkräfte zu bearbeiten hatten (für entsprechende Ergebnisse zu allen anderen in Abb. 4.1 aufgeführten professionellen Kompetenzaspekten, die jeweils ebenfalls in Unterbereiche aufgesplittet werden können, siehe Kunter et al., 2011).

Um die theoretischen und empirischen Zugänge besser nachvollziehbar zu machen, schildern wir zunächst (in Abschn. 4.2) die Historie der COACTIV-Studie.

Wozu braucht es überhaupt „Testkonstruktionen" zu fachdidaktischem Wissen bzw. fachdidaktischer Kompetenz?
Mit Professionswissenstests …

1. können statistische Aussagen über bestimmte Populationen getroffen werden (z. B. Wissensunterschiede zwischen gymnasialen und nichtgymnasialen Lehrkräften bzw. jeweils Unterschiede von praktizierenden Lehrkräften zu Referendarinnen und Referendaren bzw. zu Lehramtsstudierenden).
2. können wichtige Determinanten der Wissensentwicklung identifiziert sowie der Wissenserwerbsverlauf nachgezeichnet werden.
3. kann überprüft werden, ob es sich bei den theoretisch postulierten Wissenskategorien auch tatsächlich um verschiedene, empirisch trennbare Wissensbereiche handelt (und wie genau sie zusammenhängen).
4. kann – last but not least – die Bedeutung professionellen Wissens für die Unterrichtsqualität und das Lernen der Schülerinnen und Schüler untersucht werden.

Ergebnisse zu den Aspekten (1) bis (4) können dann als evidenzbasierte Grundlage zur Weiterentwicklung der Ausbildung von Lehrkräften dienen.

4.2   Hintergrund: Die COACTIV-Studie 2003/2004

In der ersten PISA-Studie im Jahr 2000 schnitten die deutschen Schülerinnen und Schüler der neunten Jahrgangsstufe im internationalen Vergleich nur unterdurchschnittlich ab (Baumert et al., 2001). Dieses heute als „PISA-Schock" bekannte Ereignis führte sowohl in den Medien als auch in der Wissenschaft schnell zu einer heftigen Diskussion über mögliche Ursachen, da man bis zu diesem Zeitraum noch davon überzeugt gewesen war, dass Deutschland gerade in Bezug auf die Qualität seines Bildungs- und Schulsystems vorbildlich sei.

Bei PISA 2000 wurden neben den viel zitierten Tests in Lesen, Mathematik und Naturwissenschaften von den Schülerinnen und Schülern mittels Fragebogen auch zahlreiche weitere Aspekte wie zum Beispiel biografische Merkmale oder die wahrgenommene Unterrichtsqualität (für Details hierzu siehe Abschn. 4.4) in den PISA-Fächern erhoben. Trotz dieser Fülle an Daten von mehr als 50.000 deutschen Schülerinnen und Schülern fehlten bei PISA 2000 aber offensichtlich Daten über die Hauptprotagonisten der Unterrichtsgestaltung: die Lehrkräfte.

Am Max-Planck-Institut für Bildungsforschung in Berlin, das federführend bei der Durchführung der ersten PISA-Studie in Deutschland war, entstand im Zuge der Diskussionen um das schlechte Abschneiden deutscher Schülerinnen und Schüler daher die Idee, bei der nächsten PISA-Studie 2003, bei der das Fach Mathematik im Hauptfokus stand und bei der in Deutschland auch „ganze" 9. Klassen (statt lediglich Stichproben einzelner Schülerinnen und Schüler) untersucht wurden, auch die deutschen Lehrkräfte mit in die Untersuchungen einzubeziehen (Baumert et al. 2004). Dass zudem in Deutschland eine Langzeitkomponente in die PISA-Untersuchung implementiert und dieselben Klassen zur Ermittlung ihres Lernzuwachses im Jahr 2004, nach einem Jahr also als 10. Klassen, noch einmal getestet wurden (für die Erhebungsinstrumente vgl. Ramm et al., 2006), eröffnete die einmalige Chance, diese Lernzuwächse mit Daten der Lehrkräfte der PISA-Klassen in Beziehung zu setzen. Dies war die Geburtsstunde der COACTIV-Studie („Professionswissen von Lehrkräften, kognitiv aktivierender Mathematikunterricht und die Entwicklung mathematischer Kompetenz"), in der die Mathematiklehrkräfte von PISA-Klassen – im Folgenden „COACTIV-Lehrkräfte" genannt – umfassend empirisch untersucht wurden (Abb. 4.2).

Während die Schülerinnen und Schüler im Rahmen von PISA 2003 an den Testtagen vormittags sowohl die Tests als auch die Fragebögen absolvierten (Abb. 4.2, rechts), bearbeiteten deren Mathematiklehrkräfte an den entsprechenden Nachmittagen – ebenfalls unter der Aufsicht geschulter Testleiterinnen und -leiter die COACTIV-Instrumente (Fragebögen und Tests; Abb. 4.2, links). Genau wie die Schülerinnen und Schüler bei PISA u. a. biografische Daten angaben, über ihre Motivationen und (schulischen) Interessen berichteten sowie ihren Unterricht beurteilten (für Ergebnisse im internationalen Vergleich siehe Prenzel et al., 2004), beantworteten auch die COACTIV-Lehrkräfte darüber hinaus biografische und motivationale Fragen und berichteten über ihr Berufserleben.

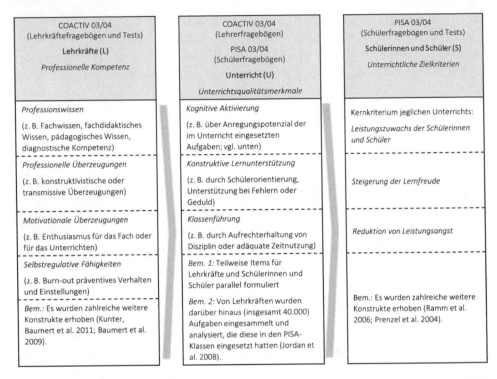

Abb. 4.2 In der COACTIV-Studie genutzte Erhebungsinstrumente verbinden Informationen aus PISA 03/04 und von COACTIV selbst (Abbildung aus Krauss et al., 2017, S. 18)

Nachdem es in der empirischen Bildungsforschung bis zu Beginn des neuen Jahrtausends bereits vielfältige Untersuchungen zu Schülermerkmalen und Unterrichtsqualität gab (d. h. zur rechten und zur mittleren Säule von Abb. 4.2), war es vor allem das theoretische und empirische Anliegen von COACTIV, jene individuellen Merkmale zu identifizieren und zu messen, die Lehrkräfte für die erfolgreiche Bewältigung ihrer beruflichen Aufgaben benötigen (für das zugehörige in Abb. 4.1 skizzierte Kompetenzmodell vgl. Baumert & Kunter, 2011). Dabei standen vor allem die Anforderungen des Unterrichtens im Vordergrund, da die didaktische Vorbereitung und Inszenierung von Unterricht als „Kerngeschäft" des Berufs gelten (Tenorth, 2006; Terhart, 2002).

4.3 Wie wurde fachdidaktisches Wissen (FDW) bzw. fachdidaktische Kompetenz (FDK) in der COACTIV-Studie gemessen?

Im Folgenden stellen wir zwei Instrumente vor, mit denen in der COACTIV-Studie *fachdidaktische professionelle Kompetenz* bzw. *fachdidaktisches Wissen* gemessen wurde (Tab. 4.1): Während *fachdidaktisches Wissen* (kurz: FDW) mit einem Papier-und-Bleistift-

Tab. 4.1 In der COACTIV-Studie eingesetzte Messinstrumente zur Erfassung fachdidaktischen Wissens bzw. fachdidaktischer Kompetenzen[2]

	Papier-und-Bleistift-Test		Videoinstrument	
Erfasste Konstrukte (Abkürzung)	Fachdidaktisches Wissen (FDW) (Abschn. 4.3.1)	Fachwissen (FW) (Abschn. 4.3.2)	Fachdidaktische Kompetenz (FDK) (Abschn. 4.3.3)	Methodische Kompetenz (MK) (Abschn. 4.3.4)
Anzahl an Stimuli	22 Aufgaben	13 Aufgaben	3 Videovignetten	
Antwortformat	Offene Antworten		Offene, frei zu formulierende Unterrichtsfortsetzungen	
Art des Wissens bzw. der Kompetenz	Eher deklaratives Faktenwissen (Abschn. 4.3.1)		Eher handlungsnahe Kompetenz (Abschn. 4.3.2)	
Erfasste Facetten (Anzahl Teilaufgaben, links, bzw. Anzahl Kodierungen, rechts)	• Erklären und Repräsentieren (11) • Typische Schülerkognitionen und -fehler (7) • Multiple Lösungen von Mathematikaufgaben (4)	Keine Facetten; Aufgaben zu vertieftem Hintergrundwissen über Schulstoff (13)	• Nutzen der didaktischen Chance (3) • Verständnisorientierung (3) • Fachliche Präzision (3)	• Schülerorientierung (3) • Methodische Präzision (3)
Referenzen	Krauss et al. (2008, 2011, 2020)		Bruckmaier et al. (2016), Bruckmaier (2019), Krauss et al. (2020)	

Test (im Detail siehe Abschn. 4.3.1) erhoben wurde, wurde *fachdidaktische Kompetenz* (kurz: FDK) mithilfe von kurzen Videovignetten (im Detail siehe Abschn. 4.3.3) erfasst. Die sprachliche Trennung von „Wissen" und „Kompetenz" geschieht hier ganz pragmatisch: zum einen, damit die beiden Messinstrumente im Folgenden besser unterschieden werden können, und zum anderen, weil der Begriff Wissen – in der Psychologie allgemein wie auch bei COACTIV – einen stärker deklarativen Charakter (z. B. „Faktenwissen") hat, während Kompetenz oft als handlungsnäherer Begriff verwendet wird („etwas können"). In der empirischen Bildungsforschung bzw. in der Kompetenzliteratur wird (theoretisches) Wissen meist als *Voraussetzung* von (praxisbezogenen)

---

[2] Einen Überblick über weitere in der COACTIV-Studie gemessene Lehrerkompetenzen findet sich in Baumert et al. (2009), zentrale Ergebnisse und weiterführende Informationen sind im COACTIV-Sammelband nachzulesen (Kunter et al., 2011). Ein kompakter Überblick findet sich im Einleitungskapitel von Krauss et al. (2017).

Kompetenzen gesehen (Weinert, 2001; Blömeke et al., 2015), die sich beide jedoch letztlich in konkretem Unterrichtshandeln manifestieren (Abb. 4.2, mittlere Säule).

Tab. 4.1 gibt einen Überblick über die beiden im vorliegenden Beitrag beschriebenen „Fachdidaktik"-Messinstrumente. Dabei wird deutlich, dass im Papier-und-Bleistift-Format in COACTIV neben FDW auch noch *Fachwissen* (kurz: FW) gemessen wurde, während im Videoformat neben FDK auch noch *methodische Kompetenz* (kurz: MK) erhoben wurde (pädagogisch-psychologische Aspekte werden auch in anderen Projekten oft bevorzugt mit Videovignetten erhoben; vgl. z. B. Kap. 9 im vorliegenden Band).

Dabei bestehen die beiden *Wissenstests* zu FDW und FW aus 22 bzw. 13 „Items" (für Beispielaufgaben siehe Tab. 4.2). Alle Aufgaben waren offen gestellt, das heißt, die Lehrkräfte konnten jeweils freie Antworten geben. Während die Aufgaben des Tests zum fachdidaktischen Wissen sich drei unterschiedlichen Facetten zuordnen lassen, sind die Aufgaben zum Fachwissen nicht weiter unterteilt (Tab. 4.1).

Im Gegensatz zu den Wissenstests lagen dem videogestützten Instrument zur Erfassung von FDK und MK sogenannte *Videovignetten* als Stimuli zugrunde (die Videos werden in Abb. 4.3 beschrieben). Anhand von drei kurzen Unterrichtsszenen, zu denen die Lehrkräfte (ebenfalls offene und frei zu formulierende) Unterrichtsfortsetzungen angeben sollten, wurden eher handlungsnahe Kompetenzen erfasst. Hierzu wurden die Antworten (d. h. Unterrichtsfortsetzungen) der Lehrkräfte auf die drei Videos jeweils im Hinblick auf drei (FDK) bzw. zwei (MK) Teilkompetenzen analysiert.

Im Folgenden werden vor allem Konzeptionalisierung und Operationalisierung von fachdidaktischem Wissen und fachdidaktischer Kompetenz (also FDW und FDK) anhand zahlreicher Aufgabenbeispiele beschrieben. Das parallel mit Papier und Bleistift erhobene Fachwissen (vgl. Abschn. 4.3.1) sowie die parallel erhobene methodische Kompetenz (vgl. Abschn. 4.3.2) werden dabei zur Komplettierung der Beschreibung der beiden eingesetzten Instrumente jeweils ebenfalls kurz mit dargestellt.

Fachdidaktisches Wissen und Fachwissen (Papier-und-Bleistift-Tests)

Ein prinzipielles Problem bei psychometrischen Testkonstruktionen ist, dass ein Konstrukt niemals in einem „vollständigen" Sinne erfasst werden kann (dies gilt für professionelle Wissenstests genauso wie für Intelligenz- oder Persönlichkeitstests; auch eine Klassenarbeit kann niemals das „gesamte" Wissen bzw. alle intendierten Kompetenzen der Schülerinnen und Schüler messen). Deshalb ist es zunächst wichtig, jeweils zentrale Facetten eines zu messenden Konstrukts zu identifizieren und theoretisch zu beschreiben (die sog. *Konzeptualisierung*[3] eines Konstrukts) und anschließend Items (d. h. Aufgaben) zu entwickeln, die exemplarisch für diese Facetten stehen und mit dieser Art von Wissen gelöst werden können (sog. *Operationalisierung* eines Konstrukts).

---

[3] Man entscheidet sich bei psychologischen Konstrukten bewusst nicht für das Wort „Definition", da so klargemacht werden soll, dass es keine „richtige" Konzeptionalisierung gibt, sondern diese natürlich auf variierende Arten möglich ist (insofern ist das Kriterium hier auch eher „Plausibilität" als „Richtigkeit").

Papier-und-Bleistift-Tests zum fachdidaktischen Wissen (FDW)

- Vorreiterstatus des Fachs Mathematik bei der Messung fachdidaktischen Wissens (ab ca. 2003)
- Drei Projekte konzeptualisieren und operationalisieren FDW etwa zeitgleich, aber unabhängig voneinander:
  1. COACTIV: Sekundarschullehrkräfte (vorliegendes Kapitel)
  2. Michigan-Group: Grundschullehrkräfte (siehe Kap. 7 im vorliegenden Band)
  3. MT21 (Vorstudie zu TEDS): Lehramtsstudierende und Referendare (siehe Kap. 2 im vorliegenden Band)
- Gemeinsamkeiten der drei Projekte: Rekurs auf Shulmans Professionswissenskategorien (1986, 1987); Items bilden typische didaktische Anforderungssituationen ab: „Stellen Sie sich vor, ein Schüler fragt ..."

4.3.1 Fachdidaktisches Wissen (FDW)

Konzeptualisierung

Welche Art von fachdidaktischem Wissen ist für (Mathematik-)Lehrkräfte wichtig? Die Aufgabe der Lehrkraft im Mathematikunterricht kann – in der knappest möglichen Formulierung – als das „Zugänglichmachen" mathematischer Inhalte für Schülerinnen und Schüler (Kirsch, 1977, S. 87) umschrieben werden. Die Idee des COACTIV-Fachdidaktiktests war demgemäß genau die Abdeckung dieser drei „Eckpunkte eines didaktischen Dreiecks" (Inhalte, Schülerinnen und Schüler, Zugänglichmachen). Bereits Shulman (1986, 1987) hebt zwei wichtige Teilaspekte des fachdidaktischen Wissens hervor, und zwar das Wissen über *Erklären und Darstellen* („the ways of representing and formulating the subject that make it comprehensible to others" (Shulman, 1986, S. 9), dem Zugänglichmachen entsprechend) und die Bedeutung des Wissens über fachbezogene *Schülerkognitionen* (*conceptions, preconceptions* und *misconceptions,* den Schülerinnen und Schülern entsprechend). Ein besonders für das Unterrichtsfach Mathematik relevanter Aspekt ist in Shulmans (prinzipiell für alle Schulfächer gültiger) theoretischer Charakterisierung jedoch noch nicht ausreichend berücksichtigt: *Aufgaben* spielen im Mathematikunterricht eine hervorgehobene Rolle (gelegentlich wird sogar geäußert, dass Aufgaben den Mathematikunterricht geradezu „determinieren"; z. B. Bromme et al., 1990; Büchter & Leuders, 2005; Neubrand, 2002), weshalb „Aufgabenkompetenz" eine dritte Fachdidaktikfacette im COACTIV-Test bildete (den Inhalten entsprechend). Zu allen drei Facetten gibt es in der Tat auch eine große Fülle von mathematikdidaktischer Literatur (zum Erklären siehe z. B.

Sprenger et al., 2013; zu Schülerfehlern z. B. Ostermann et al., 2019; zu Aufgaben z. B. Johnson et al., 2017).

Die *Konzeptualisierung* des fachdidaktischen Wissens besteht also in der Aufsplittung in die drei Facetten *Wissen über Erklären und Darstellen, Wissen über typische Schülerkognitionen und Fehler* sowie *Wissen über mathematische Aufgaben.*

Operationalisierung

Wie kann diesbezügliches mathematikdidaktisches Wissen nun gemessen werden? Es bietet sich an, in einem solchen Test *fachdidaktisch kritische* unterrichtliche Anforderungssituationen zu schildern, in denen zum Beispiel etwas erklärt oder adäquat auf einen Schülerfehler reagiert werden muss. In Tab. 4.2 finden sich Beispielitems für alle drei Facetten (und in Tab. 4.3 entsprechende Musterantworten, die jeweils mit einem Punkt bewertet wurden).

Die Aufgabe „Minus mal minus" (Tab. 4.2, oben links) illustriert, dass bei einem Teil der Items zum Wissen über Erklären sogar *verschiedene* Erklärungswege angegeben werden sollten. Die Idee dabei ist, dass Lehrkräfte idealerweise über ein *Repertoire* an Erklärungen, Repräsentationen, Darstellungen, Visualisierungen, Analogien oder Beispielen zu einem bestimmten mathematischen Thema verfügen sollten. Dies ermöglicht es, einen Sachverhalt sowohl für leistungsstarke als auch leistungsschwache oder zum Beispiel auch für ältere bzw. jüngere Schülerinnen und Schüler zu erklären oder auch bei „Nicht-Erfolg" einer Erläuterung auf eine weitere Erklärung zurückzugreifen.

Die Musterantworten (Tab. 4.3) bilden dabei den Kern einer möglichen Erklärung. So wäre beispielsweise in Bezug auf die Permanenzreihe zur Erläuterung von $(-1) \cdot (-1) = 1$ (Tab. 4.3, oben links) bei einer Antwort noch eine Bemerkung wünschenswert, dass durch Permanenzreihen natürlich keine Aussagen bewiesen werden können, diese aber oftmals Strukturen und Muster deutlich machen und so zur Sinnstiftung beitragen können (mehr zu Permanenzreihen findet sich in Kap. 6 im vorliegenden Band). Eine weitere – substanziell unterschiedliche – Möglichkeit zur Erläuterung von $(-1) \cdot (-1) = 1$ wäre beispielsweise, auf eine Spiegelung am Nullpunkt auf dem Zahlenstrahl zurückzugreifen; für schwächere Schülerinnen und Schüler wäre hier vielleicht auch schon ein (natürlich eher oberflächlicher) Hinweis auf eine doppelte Verneinung hilfreich. Somit konnten bei diesem Item mehrere Punkte erzielt werden. Keinen Punkt erhielten dagegen Antworten wie „Definitionen nachschauen" oder „Das ist etwas, was auswendig gelernt werden muss, und nichts, was erklärt werden muss".

Aus den beiden Beispielitems zur Facette „Aufgaben" („Quadrat", „Nachbarzahlen") wird klar, dass hier jeweils auf die multiple Lösbarkeit von typischen Mathematikaufgaben aus dem Unterricht abgezielt wurde. Die Idee dahinter ist hier, dass durch verschiedene Lösungen ein und derselben Aufgabe Wissen und Kompetenzen bei Schülerinnen und Schülern vernetzt und echtes Verständnis für Zusammenhänge erreicht werden kann. Die Operationalisierung dieser Facette besteht also aus „schulüblichen" Aufgaben, zu denen

Tab. 4.2 Beispielaufgaben aus den COACTIV-Tests (Papier und Bleistift) zum fachdidaktischen Wissen und zum Fachwissen (Abbildung aus Krauss et al., 2011; skizzierte Musterlösungen finden sich in Tab. 4.3)

Kategorie	COACTIV-Papier-und-Bleistift-Test: Beispielitems	
Fachdidaktisches Wissen Facette „Erklären und Repräsentieren" (11 Items)	**„Minus mal minus"** Eine Schülerin sagt: Ich verstehe nicht, warum $(-1) \cdot (-1) = 1$ ist. Bitte skizzieren Sie kurz möglichst viele verschiedene Wege, mit denen Sie der Schülerin diesen Sachverhalt klarmachen könnten.	**„Trapez"** Die folgenden Formeln liefern alle den Flächeninhalt eines Trapezes. **I** $\quad (g_1 + g_2) \cdot \dfrac{h}{2}$ **II** $\quad \dfrac{g_1 \cdot h}{2} + \dfrac{g_2 \cdot h}{2}$ **III** $\quad \dfrac{(g_1 + g_2) \cdot h}{2}$ **IV** $\quad \dfrac{(g_1 + g_2)}{2} \cdot h$ Welchen didaktischen Nutzen kann die Betrachtung dieser einzelnen Formeln haben? Bitte begründen Sie Ihre Antwort.
Fachdidaktisches Wissen Facette „Schülerkognitionen" (7 Items)	**„Parallelogramm"** Die Fläche eines Parallelogramms lässt sich berechnen aus Länge der Grundlinie mal Länge der Höhe: Höhe · Grundlinie Geben Sie bitte ein Beispiel eines Parallelogramms (anhand einer Skizze), an dem Schüler bei dem Versuch, diese Formel anzuwenden, eventuell scheitern könnten.	**„Gleichung"** Bitte stellen Sie sich folgende Situation vor: Eine Schülerin berechnet für die Gleichung $(x - 3) \cdot (x - 4) = 2$ die Lösungen $x = 5$ oder $x = 6$. Was hat diese Schülerin vermutlich gerechnet?
Fachdidaktisches Wissen Facette „Aufgaben" (4 Items)	**„Quadrat"** *Wie ändert sich der Flächeninhalt eines Quadrats, wenn man die Seitenlänge verdreifacht? Begründe deine Antwort!* Bitte schreiben Sie möglichst viele verschiedene Lösungsmöglichkeiten (Begründungen) zu dieser Aufgabe kurz auf.	**„Nachbarzahlen"** Luca behauptet: „Das Quadrat einer natürlichen Zahl ist immer um 1 größer als das Produkt ihrer beiden Nachbarzahlen." Stimmt Lucas Behauptung? Bitte schreiben Sie möglichst viele verschiedene Lösungsmöglichkeiten zu dieser Aufgabe kurz auf.
Fachwissen (13 Items)	**„Primzahl"** Ist $2^{1024} - 1$ eine Primzahl?	**„Unendlicher Dezimalbruch"** Gilt $0{,}999999\cdots = 1$? Bitte begründen Sie!

Tab. 4.3 Exemplarische Musterlösungen (Auswahl) zu den Beispielitems aus den COACTIV-Tests zum fachdidaktischen Wissen und zum Fachwissen (Papier-und-Bleistift-Test; für die Items siehe Tab. 4.2.)

Kategorie	Ausgewählte mögliche korrekte Lösungen zu den Beispielaufgaben aus Tab. **4.2**	
Fachdidaktisches Wissen Facette „Erklären und Repräsentieren" (13 Items)	**„Minus mal minus"** Auch wenn die Permanenzreihe die Aussage nicht beweist, kann ihr Einsatz hier konzeptuelles Verständnis fördern und Verbindungen von Sachzusammenhängen herstellen: $$-1 \begin{cases} 2 \cdot (-1) = -2 \\ 1 \cdot (-1) = -1 \\ 0 \cdot (-1) = 0 \\ (-1) \cdot (-1) = 1 \end{cases} +1$$	**„Trapez"** Die vier Formeln entsprechen vier verschiedenen Varianten, die Trapezfläche herzuleiten (g_1 = Unterseite, g_2 = Oberseite, h = Höhe).
Fachdidaktisches Wissen Facette „Schülerkognitionen" (7 Items)	**„Parallelogramm"** Eine mögliche Antwort könnte hier zum Beispiel thematisieren, dass Schüler Schwierigkeiten bekommen könnten, wenn die Höhenfußpunkte außerhalb des Parallelogramms liegen:	**„Gleichung"** Die Schülerin übergeneralisiert vermutlich ein (nur für die Zahl 0 richtiges) Schema. Sie glaubt fälschlicherweise, dass algemein für alle k gelten würde: Aus $(x - a) \cdot (x - b) = k$ folgt: $x - a = k$ oder $x - b = k$
Fachdidaktisches Wissen Facette „Aufgaben" (4 Items)	**„Quadrat"** *Algebraisch:* Flächeninhalt des Ursprungsquadrats: a^2 Flächeninhalt des „neuen" Quadrats: $(3a)^2 = 9a^2$, also 9-mal so viel *Geometrisch:* 9-mal das Ursprungsquadrat	**„Nachbarzahlen"** *Algebraisch:* Sei n eine beliebige natürliche Zahl. $(n - 1) \cdot (n + 1) = n^2 - 1$, das ist um 1 kleiner als $n \cdot 2$. *Geometrisch:*
Fachwissen / (13 Items)	**„Primzahl"** Nein, denn es gilt: $a^2 - b^2 = (a - b) \cdot (a + b)$ Demnach lässt sich $2^{1024} - 1$ zerlegen in $\left(2^{512} - 1\right) \cdot \left(2^{512} + 1\right)$.	**„Unendlicher Dezimalbruch"** Sei $0{,}999\ldots = a$. Dann ist $10a = 9{,}99\ldots$, und deshalb gilt: $10a - a = 9{,}99\ldots - 0{,}999\ldots$, also $9a = 9$. Also ist $0{,}999\ldots = 1$.

Tab. 4.4 Aufgabe „Hoch null" aus dem COACTIV-Fachdidaktiktest (Papier-und-Bleistift-Test)

Schüler haben immer wieder Schwierigkeiten, die Definition $a^0 = 1$ einzusehen.

a. Welche Ursachen könnten dieser Schwierigkeit zugrunde liegen? Bitte zählen Sie so viele Ursachen wie möglich auf (*bitte nummerieren Sie diese*).

b. Bitte skizzieren Sie kurz möglichst viele Wege, mit denen man Schülern diese Definition verständlich machen könnte (*bitte nummerieren Sie diese Wege*).

von den COACTIV-Lehrkräften möglichst viele (wieder substanziell unterschiedliche) Lösungswege angegeben werden sollten (in Tab. 4.3 sind für beide Beispielaufgaben jeweils zwei mögliche Lösungen illustriert). Nur wenn Lehrkräfte sich des Potenzials der multiplen Lösbarkeit von Aufgaben bewusst sind, können sie diese auch flexibel einsetzen.

Bei einigen Items im FDW-Test wurde ein fachdidaktisch diffiziler Unterrichtsinhalt thematisiert und die Lehrkräfte sollten zunächst (Teilaufgabe a) typische Schülerfehler angeben und anschließend (Teilaufgabe b) den Sachverhalt (auf mehreren Wegen) erklären (somit resultierten aus einem gemeinsamen „Itemstamm" zwei Teilaufgaben, einmal für die Facette „Schülerfehler" und einmal für die Facette „Erklären und Repräsentieren"). Ein Beispiel hierfür ist die Testaufgabe „Hoch null" (Item: Tab. 4.4; Lösungen: Tab. 4.5).

Teilaufgabe a) ist hierbei besonders interessant, da von Interviews mit Schülerinnen und Schülern sowie aus der fachdidaktischen Literatur bekannt ist, dass zu a^0 nicht nur eine bestimmte, sondern mehrere verschiedene Fehlvorstellungen auftreten können, die bemerkenswerterweise sogar zu jeweils *verschiedenen falschen Ergebnissen* für a^0 führen (vgl. Tab. 4.5):

Während der erste Fehler auftreten kann, wenn sich eine Schülerin bzw. ein Schüler nur an Potenzen mit natürlichem Exponenten erinnert (z. B. hoch 2 oder hoch 3) und deshalb der Meinung ist, dass „a hoch etwas doch immer größer als a wird", entspringt der zweite Fehler der Vorstellung, dass a^0 „null-mal der Faktor 0" bedeutet und somit als Ergebnis 0 resultieren muss. Die dritte (und wahrscheinlich seltenste) Fehlvorstellung ist, dass das Ergebnis von a^b (normalerweise) immer von beiden Variablen abhängt und deswegen a^0 nicht einfach immer dasselbe ergeben kann. Weit verbreitet sind dagegen wieder die vierte („hoch 0 ist gar nicht erlaubt") und die fünfte Vorstellung, wobei

Tab. 4.5 Schülerfehlvorstellungen zu a^0 (links) sowie zugehörige Fehler (rechts)

1) „… a hoch irgendwas ist immer größer a …"	$a^0 > a$
2) „… null-mal mit sich selbst multipliziert …"	$a^0 = 0$
3) „… a^b hängt immer von a und b ab …"	$a^0 =$ unterschiedlich für alle a
4) „… das darf man gar nicht …"	$a^0 =$ leere Menge
5) „… hoch null tut nichts …"	$a^0 = a$

letztere der Idee eines „neutralen Elements bezüglich des Potenzierens" entspricht (dies ist bekanntlich aber nicht der Exponent 0, sondern der Exponent 1).

Aus den fünf Fehlvorstellungen (mit jeweils unterschiedlichem falschem Ergebnis) wird unmittelbar deutlich, dass Schülerinnen oder Schülern im Unterricht je nach (Fehl-)Vorstellung natürlich unterschiedlich begegnet werden muss. Auch schon bei der Unterrichtsvorbereitung können Lehrkräfte von der Kenntnis dieser Fehlvorstellungen profitieren, indem diese beispielsweise antizipiert und jeweils adäquate Gegenargumente vorbereitet werden können.

Bei Teilaufgabe b) können ebenfalls mehrere Punkte erzielt werden, diesmal in Form mehrerer Erklärungswege des Sachverhalts. Wie bei „Minus mal minus" kann auch hier zum Beispiel eine Permanenzreihe Zusammenhänge verdeutlichen: $a^3, a^2, a^1 = a, \ldots$ (das geht immer mit „geteilt durch a" weiter). Also müsste nun a^0 zu $a : a = 1$ werden. Ebenfalls einen Punkt gibt hier der Ansatz, die Zahl 1 als einen Bruch mit gleichem Zähler und Nenner (nämlich jeweils a^n) darzustellen und dann die Potenzgesetze anzuwenden: $1 = \frac{a^n}{a^n} = a^{n-n} = a^0$. Näheres zur Didaktik von „a hoch …" findet sich auch in Kap. 6 des vorliegenden Bandes.

Die Lehrkräfte benötigten im Schnitt etwas über eine Stunde zur Beantwortung der Items dieses Fachdidaktiktests (für die Verteilung der Aufgaben zu den drei Facetten vgl. Tab. 4.1). Bei etwa der Hälfte der insgesamt 22 Testaufgaben zum fachdidaktischen Wissen konnte dabei mehr als ein Punkt erzielt werden.

4.3.2   Fachwissen (FW)

Zur Komplettierung soll nun noch kurz der Test zum Fachwissen vorgestellt werden, das ebenfalls im Papier-und-Bleistift-Format erhoben wurde.

Konzeptualisierung
Es stellte sich bei COACTIV vor allem die Frage, auf welchem Niveau mathematisches Fachwissen erhoben werden sollte. Der Begriff „mathematisches Fachwissen" kann sich zunächst nämlich auf prinzipiell verschiedene Ebenen beziehen, beispielsweise:

- *Ebene 1:* Mathematisches Alltagswissen, über das grundsätzlich alle Erwachsenen verfügen sollten
- *Ebene 2:* Beherrschung des Schulstoffs (etwa auf dem Niveau durchschnittlicher bis guter Schülerinnen und Schüler)
- *Ebene 3:* Tiefes Verständnis der Fachinhalte des Curriculums der Sekundarstufe (z. B. auch „Elementarmathematik vom höheren Standpunkt aus")
- *Ebene 4:* Reines Universitätswissen, das vom Curriculum der Schule losgelöst ist (z. B. Galois-Theorie, Funktionalanalysis)

In COACTIV wurde Fachwissen auf Ebene 3 (mit Elementen von Ebene 2) erhoben. Der Grund hierfür war, dass Lehrkräfte idealerweise den von ihnen unterrichteten Stoff auf einem Niveau durchdringen sollten, das über dem im Unterricht üblichen Bearbeitungsniveau liegt, wodurch sie mathematisch herausfordernden Unterrichtssituationen fachlich jederzeit gewachsen sein sollten. Ein fundiertes Fachwissen sollte zudem sicherstellen, dass Argumentationsweisen und das Herstellen von Zusammenhängen derart erfolgen kann, dass es an die typischen Wissensbildungsprozesse im Fach Mathematik anschließt. Mehr Fachwissen kann also für Lehrerinnen und Lehrer nicht nur bedeuten, ihren Schülerinnen und Schülern curricular „voraus" zu sein. Fachwissen muss vielmehr auch ein tieferes Verständnis der Inhalte des mathematischen Schulcurriculums einschließen (für alternative Fachwissenskonzepte siehe z. B. die Beiträge in Kap. 5 bzw. in Kap. 6 des vorliegenden Bandes). Da Ebene 3 stofflich nicht über die Inhalte des Schulcurriculums der Sekundarstufe hinausgeht (zumindest nicht über gymnasiale), können Items dieser Ebene zumindest *prinzipiell* auch von sehr guten Schülerinnen und Schülern gelöst werden.

Operationalisierung

Wie kann mathematisches Fachwissen auf diesem Niveau gemessen werden? Hierzu wurden Aufgaben entwickelt, die nicht nur das bloße Beherrschen des Schulstoffs, sondern teilweise ein vertieftes Hintergrundwissen zu den Inhalten des Curriculums der Sekundarstufe erfordern. In Tab. 4.2 finden sich zwei Beispielitems (in Tab. 4.3 sind entsprechende Musterantworten abgebildet, die wiederum mit je einem Punkt bewertet wurden). Im Gegensatz zum Test zum fachdidaktischen Wissen gab es beim Fachwissenstest keine Facetten.

Das Item „Primzahl" (Tab. 4.2, unten links) illustriert dabei den „Geist" des COACTIV-Fachwissenstests: Sowohl Primzahlen (in der Unterstufe) als auch binomische Formeln (in der Mittelstufe) sind zwar Schulstoff. Die Frage, ob $2^{1024} - 1$ eine Primzahl ist, kann aber nur beantwortet werden, wenn man in der Lage ist, beide Wissensbereiche zu „vernetzen" (d. h. die dritte binomische Formel hier anzuwenden), was Schülerinnen und Schüler der Sekundarstufe (ohne vorherigen Hinweis) in der Regel nicht zu leisten imstande sind.

Weitere mögliche Antworten zur Aufgabe „Unendlicher Dezimalbruch" (Tab. 4.3, rechts unten), die jeweils einen Punkt erhielten bzw. die umgekehrt als falsch bewertet wurden, sind exemplarisch in Tab. 4.6 zu finden.

Die insgesamt 13 Items zum FW wurden – im Gegensatz zu den Items mit multiplem Lösungspotential im Fachdidaktiktest – dichotom mit $0 \stackrel{\wedge}{=}$ falsch bzw. $1 \stackrel{\wedge}{=}$ richtig bewertet. Die Lehrkräfte benötigten zur Beantwortung aller Aufgaben im Schnitt etwa 50 min.

Tab. 4.6 Als richtig bzw. falsch bewertete Antworten bei der Aufgabe „Unendlicher Dezimalbruch" (Auszug aus Kodiermanual; Baumert et al., 2009; vgl. auch Neubrand, 2002)

Richtige Antworten ($\hat{=}$ 1 Punkt)	Falsche Antworten ($\hat{=}$ 0 Punkte)
Sei $0,\overline{9} = a$. Dann sind $10a = 9,\overline{9}$. Somit gilt: $10a - a = 9,\overline{9} - 0,\overline{9}$, also $9a = 9$, also $a = 1$.	$0,\overline{9} < 1$, weil auch an der ∞-ten Stelle immer noch etwas zu 1 fehlt bzw. ihre Differenz nie null wird, wenn man die Neunen durchläuft.
$\frac{1}{3} = 0,\overline{3}$, also $0,\overline{9} = 3 \cdot 0,\overline{3} = 3 \cdot \frac{1}{3} = 1$ (oder analog mit $\frac{1}{9} = 0,\overline{1}$ oder $0,\overline{9} = 9 \cdot \frac{1}{9} = 1$).	$0,\overline{9} < 1$, weil die Folge $0,9, 0,99, \ldots$ nie ihren Grenzwert 1 erreichen kann. (Stichwort: Annäherung)
Permanenzreihe: $1 \div 9 = 0,11\ldots$ $2 \div 9 = 0,22\ldots$ $\ldots$ $1 = 9 \div 9 = 0,99\ldots$	Jede Zahl, die mit $0,\ldots$ geschrieben werden kann, ist kleiner als 1.
Berechne $1 - 0,99\ldots = 0,00\ldots1$. Für $n \to \infty$ schiebt sich die End-„1" beliebig weit nach rechts, also wird die Differenz 0.	$0,\overline{9} = 1$ nur aufgrund der Rechengesetze
Geometrische Reihe: $0,\overline{9} = 9 \cdot 0,\overline{1} = 9 \cdot \sum_{i=1}^{\infty} \frac{1}{10}^{i} =$ $= 9 \cdot \left(\frac{1}{1-\frac{1}{10}} - 1\right) = 9 \cdot (\frac{10}{9} - 1) = 1$	Sonstige Lösungen $0,\overline{9} = 1$ (mit weiteren falschen Begründungen)
Sei $0,\overline{9} = a$. Angenommen $a < 1$, dann liegt das arithmetisches Mittel $\frac{1}{2} \cdot (a + 1)$ genau dazwischen. $\frac{(a+1)}{2} = 1,\overline{\frac{9}{2}} = 0,\overline{9} = a$: Widerspruch!	
Dieselbe Idee nicht indirekt, sondern konstruktiv-direkt gewendet: $\frac{(a+1)}{2} = a$, also $a = 1$.	

Fachdidaktische und methodische Kompetenz (Videovignetten-Instrument)

Neben den eben beschriebenen Papier-und-Bleistift-Tests zum fachdidaktischen Wissen und zum Fachwissen wurde in COACTIV noch ein Instrument zur Erfassung *fachdidaktischer* und *methodischer Kompetenz* entwickelt und administriert (vgl. Tab. 4.1, rechts). Dieser Kompetenztest wurde, da er kurze Videoclips zur Illustration von Unterrichtsszenen (sog. „Vignetten") beinhaltete, vollständig computergestützt durchgeführt. Wir beschreiben zunächst wieder das zugrunde liegende Verständnis von fachdidaktischer und methodischer Kompetenz (Konzeptualisierung) und anschließend das Vorgehen zu deren Messung (Operationalisierung).

Gelegentlich wird im Hinblick auf mit Papier und Bleistift gemessenes theoretisches Wissen der Einwand geäußert, dass es sich hierbei auch um *träges Wissen* handeln könnte. Das bedeutet, eine Lehrkraft könnte zwar theoretisch über dieses Wissen verfügen (und es zu Papier bringen), ohne aber automatisch in der Lage zu sein, dieses

Wissen in einer spezifischen Unterrichtssituation auch flexibel einzusetzen. Umgekehrt ist es möglich, dass eine Lehrkraft im Unterricht „unbewusst" etwas richtig macht, ohne sich explizit klar darüber zu sein, auf welches Wissen sie dabei zurückgreift. Hier bleibt das Wissen also *implizit* (zu den Begriffen *träges* bzw. *implizites Wissen* vgl. ausführlich in Kap. 3 des vorliegenden Bandes). Beide Probleme können durch das Präsentieren von Unterrichtsvideoszenen zumindest etwas abgemildert werden. Die Annahme ist, dass an echten Unterricht angenäherte Videoszenen auch implizites Wissen „triggern" könnten (und träges Wissen bei Videostimuli schwerer abrufbar ist).

Computerbasiertes Instrument auf der Basis von Videovignetten

- Kompetenzen von Lehrkräften werden mit *situationsnahen Videoszenen* gemessen (vgl. Forschungskonzepte wie „noticing" oder „professional vision"; van Es & Sherin, 2010).
- Videovignetten als Stimuli: gute Annäherung an kontextreiche, situative Unterrichtssituationen, die dennoch inhaltlich kontrollierbar und in den Antworten vergleichbar sind („Standardisierung"; zur Komplexität videobasierter Erhebungsmethoden vgl. Kaiser et al., 2015)
- Im deutschsprachigen Raum setzen u. a. folgende Projekte Videovignetten zur Messung der Kompetenzen von Lehrkräften ein:
  1. COACTIV (zur Messung fachdidaktischer und methodischer Kompetenzen)
  2. vACT (zur Messung fachdidaktischer Kompetenzen; vgl. Kap. 3 im vorliegenden Band)
  3. professional vision (Seidel & Stürmer, 2014; zur Messung pädagogischer Kompetenzen vgl. auch Tab. 9.2 in Kap. 9 dieses Bandes)
  4. TEDS (zur Messung pädagogischer Kompetenzen; vgl. Kap. 9 im vorliegenden Band)
  5. EKoL (zur Messung pädagogischer und fachdidaktischer Kompetenzen; Rutsch et al., 2018)

4.3.3   Fachdidaktische Kompetenz (FDK)

Konzeptualisierung

Unter fachdidaktischer Kompetenz verstehen wir kurz gesagt die Fähigkeit, handlungsnahes didaktisches Wissen in Unterrichtssituationen umsetzen zu können. Was könnten Bestandteile eines „fachdidaktisch kompetenten" Unterrichts sein? Auch dieses Konstrukt kann nicht in einem „vollständigen" Sinne erfasst werden, aus pragmatischen Gründen muss auch hier wieder eine Auswahl relevanter Aspekte getroffen werden.

Gelegentlich ergeben sich im Mathematikunterricht didaktisch kritische Situationen, die besonderes Potenzial für Lernprozesse haben. Solche fachdidaktischen „Chancen" sollte eine kompetente Lehrkraft natürlich möglichst häufig erkennen und ergreifen

(z. B. Biza et al., 2007). Weiterhin sollte der Mathematikunterricht prinzipiell verständnisorientiert sein, das heißt auf echtes Verstehen mathematischer Konzepte, Verfahren, Zusammenhänge oder Algorithmen abzielen (z. B. Kirsch, 1994; Halimah & Septi Nur Afifah, 2019). Ein wichtiges Kriterium – und die Grundlage jeglichen gelingenden Mathematikunterrichts – ist drittens auch das Vermeiden von fachlichen (und sprachlichen) Ungenauigkeiten durch die Lehrkraft (z. B. Brunner, 2018). Diese drei Dimensionen wurden bei der Bewertung der Antworten der Lehrkräfte auf die gezeigten Videoszenen im Besonderen berücksichtigt. Im nächsten Abschnitt erläutern wir, welche Videoszenen zur Messung dieser Kompetenzen implementiert und wie diese drei Dimensionen damit erfasst wurden.

Operationalisierung

Den Lehrkräften wurden drei kurze Videoclips mit Unterrichtsausschnitten aus Mathematikstunden gezeigt (dafür wurden mit freiwilligen Klassen echte Szenen aus der TIMSS-Videostudie nachgespielt). In diesen wurden die Inhalte „Bruchungleichungen", „Dreisatz" und „Mittelwerte" behandelt (vgl. Abb. 4.3), wodurch auch verschiedene mathematische Themengebiete – Algebra, Sachrechnen/Angewandte Mathematik und Stochastik – abgedeckt wurden. Nachdem die Videoszenen jeweils an „didaktisch kritischen" Stellen endeten, wurden die Lehrkräfte jeweils aufgefordert, eine konkrete Unterrichtsfortsetzung vorzuschlagen und ihre Antwort in ein dafür vorgesehenes Textfeld am Computerbildschirm einzugeben. Die drei Videovignetten hatten jeweils eine Dauer von eineinhalb bis zwei Minuten. Die Lehrkräfte sollten ihre Antworten frei formulieren, wobei es keine Zeitbegrenzung für die Ausarbeitung der Unterrichtsfortsetzungen gab.

Was genau nun z. B. unter einer „didaktischen Chance" verstanden werden soll, kann am besten anhand der drei Videos selbst erläutert werden (Abb. 4.3; in Abb. 4.4 findet sich ein vollständiges Transkript von Video 3).

In Video 1 („Bruchungleichung") nahmen die Schülerinnen und Schüler – ausgehend von ihrem Wissen über Bruchgleichungen und Zahlenungleichungen – Umformungen an der Ausgangsungleichung ($\frac{2}{x-1} - 1 < 0$) vor, ohne dass die einzelnen Umformungsschritte dabei begründet wurden. Der Lehrer führte die von den Schülerinnen und Schülern vorgeschlagenen Umformungen jeweils an der Tafel durch, ohne diese zunächst zu kommentieren. Den Schülerinnen und Schülern fiel dabei offenbar nicht auf, dass der Nenner $x - 1$ für $x < 1$ negativ wird und somit das Relationszeichen der Bruchungleichung bei der Multiplikation beider Seiten der Gleichung mit $x - 1$ für $x < 1$ geändert werden muss. Augenscheinlich erkannte die Klasse nicht, dass hier eine Fallunterscheidung für die beiden Fälle $x < 1$ und $x > 1$ notwendig ist (darüber hinaus wurde in dem Videoausschnitt nicht erwähnt, was der Definitionsbereich der Bruchungleichung ist). Im Sinne der Erzeugung eines „kognitiven Konflikts" (Vosniadou & Verschaffel, 2004) bestand die didaktische Chance hier nun darin, das Unterrichtsgeschehen „weiterlaufen zu lassen" (und so den Widerspruch irgendwann „von alleine" offensichtlich werden zu lassen), um den Schülerinnen und Schülern die Chance zu

Video 1 ("Bruchungleichung")	Video 2 ("Dreisatz")	Video 3 ("Mittelwerte")
In der folgenden Szene handelt es sich um eine Einführungsstunde für Bruchungleichungen. In dieser Klasse wurden Zahlenungleichungen und Bruchgleichungen bereits behandelt ...	Bei der folgenden Szene handelt es sich um einen Ausschnitt aus einer Unterrichtseinheit zum Thema Dreisatz. In dieser Klasse wurden in der letzten Stunde proportionale Beziehungen behandelt ...	In der nächsten Stunde geht es um elementare Statistik. In der letzten Stunde wurden in dieser Klasse das arithmetische Mittel, der Median und der Modalwert behandelt ...

„Wie würden Sie diese Stunde weitergestalten?"	„Wie würden Sie mit den Schülerlösungen umgehen und wie würden Sie die Stunde dann weitergestalten?"	„Skizzieren Sie bitte eine *grobe* Unterrichtsgestaltung zu der an der Tafel gezeigten Aufgabe (teilen Sie uns bitte mit, von welchen Gedanken Sie sich dabei leiten lassen)."

Abb. 4.3   Eingesetzte Videos („Bruchungleichung", „Dreisatz" und „Mittelwerte") mit einleitendem Text, jeweiligem Screenshot und konkreter Instruktion

geben, den Fehler selbst zu entdecken (was durch ein zu frühzeitiges Intervenieren verhindert werden würde).

In Video 2 („Dreisatz") wurden proportionale und antiproportionale Zuordnungen im Zusammenhang mit der Behandlung des Dreisatzes thematisiert. Im Video machte die Lehrkraft, ausgehend von einer proportionalen Zuordnung, eine antiproportionale Zuordnung zum Unterrichtsgegenstand und wählte hierzu einen Kontext, der den Schülerinnen und Schülern vertraut sein sollte (bei kürzerer Zeit eines Telefonats sind bei konstanten Kosten pro Zeiteinheit mehr einzelne Telefonate möglich). Ein Schüler wendete in dieser Szene dabei das hier nicht passende Modell einer proportionalen Zuordnung auf das neue Problem an und rechnete daraufhin „korrekt" weiter, während ein anderer Schüler den Sachverhalt komplett richtig analysierte und erkannte, dass bei halber Gesprächszeit die doppelte Anzahl der Gespräche möglich ist. Die didaktische Chance bestand hier darin, im folgenden Unterrichtsgespräch nicht nur die richtige, sondern auch die falsche Lösung aufzugreifen. Eine explizite Aufforderung an die Klasse, *beide* Ergebnisse zu diskutieren und zu bewerten, könnte dabei sowohl die Funktion haben, die übrigen Schülerinnen und Schüler zu aktivieren und in das Unterrichtsgeschehen einzubinden, als auch dazu beitragen, die Modelle und Vorstellungen der

---

Einleitende Instruktion zu Video 3 („Mittelwerte"):

In der nächsten Stunde geht es um elementare Statistik. In der letzten Stunde wurden in dieser Klasse das arithmetische Mittel, der Median und der Modalwert behandelt ...

Dialog zwischen Lehrer und Schülerinnen und Schülern im Verlauf des Videos:

Lehrer: „Wir haben uns gestern mit einigen Kenngrößen zur Beschreibung und zum Vergleich von Häufigkeitsverteilungen beschäftigt. Wisst ihr noch einige dieser Kenngrößen und könnt ihr vielleicht auch beschreiben, was diese Kenngrößen bedeuten?"
Schülerin A: „Arithmetisches Mittel."
Lehrer: „Was bedeutet das arithmetische Mittel?"
Schülerin A: „Man addiert alle Zahlenwerte und teilt dann durch die Anzahl."
Lehrer: „Richtig. Noch weitere?"
Schülerin B: „Median."
Lehrer: „Weißt du auch, was der Median bedeutet?"
Schülerin B: „Das ist der Wert in der Mitte der Liste."
Lehrer: „Genau. Haben wir vielleicht noch eine Kenngröße, die euch einfällt?"
Schülerin C: „Der Modalwert."
Lehrer: „Weißt du auch, was der Modalwert bedeutet?"
Schülerin C: „Ja, das ist der häufigste Wert in der Liste."
Lehrer: „Wunderbar. Ich habe euch heute eine Aufgabe mitgebracht, die etwas umfangreicher ist und die wir im Laufe der Stunde erarbeiten werden, wo es auch um die Berechnung und Bestimmung dieser Kenngrößen geht."

Tafelbild (wird vom Lehrer nun aufgeklappt):

Petra und Birgit trainieren für einen Leichtathletik-Wettkampf. Sie vergleichen ihre Leistungen im Weitsprung:

Petra:
1) 3,41 m; 2) 3,46 m; 3) 3,62 m; 4) 3,64 m; 5) 3,56 m;
6) 3,61 m; 7) 3,54 m; 8) 3,47 m; 9) 3,38 m; 10) 3,63 m;
11) 3,69 m.

Birgit:
1) 3,12 m; 2) 3,64 m; 3) 3,84 m; 4) 3,14 m; 5) 3,67 m;
6) 3,67 m; 7) 3,08 m; 8) 3,62 m; 9) 3,69 m; 10) 3,82 m;
11) 3,78 m.

Runde die Weite der Sprünge auf eine Stelle nach dem Komma. Erstelle eine Häufigkeitstabelle mit gerundeten Werten. Berechne das arithmetische Mittel und runde. Bestimme Median (über Rangreihe der gerundeten Werte) und Modalwert (häufigster Wert in der Liste).
Frage: Welches Mädchen sollte am Wettkampf teilnehmen?

Instruktion an die Lehrkräfte:

„Skizzieren Sie bitte eine *grobe* Unterrichtsgestaltung zu dieser Aufgabe (teilen Sie uns bitte mit, von welchen Gedanken Sie sich dabei leiten lassen)."

Abb. 4.4 „Drehbuch" und Tafelbild zum Video 3: „Mittelwerte"

Schülerinnen und Schüler offenzulegen und Argumentieren und Kommunizieren in der Klasse zu fördern.

Video 3 („Mittelwerte"; siehe hierfür im Detail Abb. 4.4) zeigt zu Beginn eine Wiederholung der in der Stunde vorher eingeführten Maße der zentralen Tendenz (arithmetisches Mittel, Median, Modalwert). Die Lehrkraft im Video fragte dabei zwar jedes Mal auch nach der Bedeutung der Kennwerte, gab sich dann aber mit der Rechenvorschrift bzw. Definition für den jeweiligen statistischen Kennwert zufrieden. Das Video endete mit einem Zahlenbeispiel zu einem Wettkampf, bei dem aufgrund von einigen im Training erzielten Weitsprungweiten zu entscheiden war, welches von zwei Mädchen am nachfolgenden Wettkampf teilnehmen soll. Zur Bearbeitung der Aufgabe waren jeweils elf (auf eine Nachkommastelle gerundete) Sprungweiten von Petra und Birgit vorgegeben. Und das Tafelbild, das der Lehrer während der Szene aufklappte (und das groß herangezoomt wurde), endete mit der konkreten Aufgabe zur Bestimmung von arithmetischem Mittel, Median und Modalwert für beide Mädchen sowie der abschließenden Frage, welches der Mädchen an dem anstehenden Wettkampf teilnehmen soll. Da ansonsten keine Vorgaben zur Weitergestaltung der Stunde gemacht wurden, waren die Lehrkräfte als Studienteilnehmer in ihrer Fortsetzung völlig frei und konnten z. B. auch eigene Ziele setzen. Das Umsetzen der didaktischen Chance lag in diesem Fall darin, das spezifische Modellierungspotenzial zu erkennen und zudem explizit zu thematisieren, dass die unterschiedlichen Mittelwertsmodelle hier sogar zu verschiedenen Entscheidungen führen würden (dies ist eine eher seltene Situation, da üblicherweise verschiedene „richtige" Modelle zu vergleichbaren Lösungen führen).

Das Nutzen der jeweiligen didaktischen Chance war aber nicht das einzige Kriterium, um fachdidaktische Kompetenz zu beurteilen, sondern nur eine von drei *fachdidaktischen Analysedimensionen* (Dim. 1; vgl. Tab. 4.7). Anhand derselben Antworten der Lehrkräfte (auf ebendiese drei Unterrichtsvideos) wurden, wie oben bereits erwähnt, noch zwei weitere fachdidaktisch relevante Dimensionen beurteilt, nämlich die Verständnisorientierung (Dim. 2) und die fachliche (und sprachliche) Präzision (Dim. 3).

Jede gegebene Lehrerantwort wurde dabei im Hinblick auf alle drei Dimensionen dreistufig bewertet (vgl. Tab. 4.7), wobei „0" jeweils bedeutet, dass die didaktische Chance

Tab. 4.7 Postulierte Kompetenzfacetten und zugehörige Dimensionen je Video

	Dimensionen	Bedeutung der Dimension		
Fachdidaktische Kompetenz (FDK)	1. Didaktische Chance	Bei Video 1: Lassen die Lehrkräfte die SuS den Fehler selbstständig erkennen?	Bei Video 2: Berücksichtigen sie mehrere Lösungsstrategien?	Bei Video 3: Erkennen sie das Potenzial für mathematische Modellierung?
		(kein Nutzen der Chance: 0 Punkte; Nutzen der Chance: 2 Punkte)		
	2. Verständnisorientierung	Welche Kompetenz wird schwerpunktmäßig thematisiert – nur Kalkül (0 Punkte) oder Verständnis (2 Punkte)?		
	3. Fachliche Präzision	Wie genau und wie fachlich und sprachlich korrekt wird das weitere inhaltliche Vorgehen beschrieben (keine Beschreibung: 0 Punkte; detaillierte und korrekte Beschreibung: 2 Punkte)?		
Methodische Kompetenz (MK)	4. Schülerorientierung	Wer wird in den Mittelpunkt der Handlung gestellt – ausschließlich die Lehrkraft (0 Punkte) oder die Schülerinnen und Schüler (2 Punkte)?		
	5. Methodische Präzision	Wie genau und korrekt wird das weitere methodische Vorgehen beschrieben (keine Beschreibung: 0 Punkte; detaillierte und angemessene Beschreibung: 2 Punkte)?		

nicht erkannt wurde (Dim. 1), die Antwort nicht explizit auf Verständnis abzielte (Dim. 2) bzw. fachliche oder sprachliche Fehler enthielt (Dim. 3). „2" bedeutete hingegen jeweils, dass die Chance kompetent aufgegriffen (Dim. 1), das Verständnis der Schülerinnen und Schüler in den Fokus genommen wurde (Dim. 2) bzw. die Antwort sprachlich und fachlich korrekt war (Dim. 3). Die „1" wurde bei jeder Dimension vergeben, wenn die Antwort der Testpersonen zwischen beiden Polen lag. Ausführliche Informationen zur Beurteilung der Unterrichtsfortsetzungen der Lehrkräfte finden sich in Bruckmaier (2019).

4.3.4 Methodische Kompetenz (MK)

Wie aus Tab. 4.1 und Tab. 4.7 deutlich wird, wurden dieselben drei Videos (vgl. Abb. 4.3) sowie die zugehörigen Antworten nicht nur zur Messung fachdidaktischer Kompetenz, sondern auch zur Erfassung methodischer Kompetenzaspekte verwendet.

Konzeptualisierung
Das COACTIV-Verständnis von „methodischer Kompetenz" bezieht sich auf prinzipiell *überfachliche* Qualitätsaspekte, die genauso auch in anderen Unterrichtsfächern von Bedeutung sind (zur übergeordneten Kategorie des pädagogisch-psychologischen Wissens siehe z. B. in Kap. 9 des vorliegenden Bandes). Die Antworten der Lehrkräfte wurden – neben den drei fachdidaktischen Dimensionen – diesbezüglich auch noch im Hinblick auf zwei zusätzliche methodische Aspekte beurteilt: *Schülerorientierung* (Dim. 4) und *Methodische Präzision* (Dim. 5) (vgl. auch Tab. 4.7). Was waren die Gründe für diese Wahl?

Gemäß der konstruktivistischen Lerntheorie sollte Mathematikunterricht vorrangig schülerorientiert (statt rein lehrkraftzentriert) sein. Aus dieser Perspektive besteht die Hauptaufgabe des Unterrichts darin, einen erkenntnisreichen Lernprozess anzustoßen und zu unterstützen, indem die Schülerinnen und Schüler dazu angeregt werden, aktiv und selbstständig neues Wissen aufzubauen, das wiederum auf ihrem Vorwissen aufbaut (Collins et al., 2004). Je mehr die Schülerinnen und Schüler im Unterricht selbst (kognitiv) aktiv werden und die Lehrkraft (nur) als steuernde Moderatorin bzw. als steuernder Moderator des Wissenserwerbs wirkt, desto wahrscheinlicher findet bei Schülerinnen und Schülern echtes und nachhaltiges Lernen statt.

Weiterhin sollten Lehrkräfte Unterrichtsmethoden reflektiert wählen und anwenden (z. B. Meyer, 1989; Kunter et al., 2011). Um die Unterrichtszeit produktiv nutzen zu können, müssen Lehrkräfte über ein Repertoire an verschiedenen (fachübergreifenden) Unterrichtsmethoden verfügen und wissen, wie sich diese im Unterricht effektiv anwenden und situationsabhängig einsetzen lassen (Doyle, 2006). Ein Beispiel für eine Unterrichtsmethode ist die Wahl einer geeigneten Sozialform (z. B. Lehrer-Schüler-Gespräch, Gruppenarbeit, Partnerarbeit, Stillarbeit, individuelle Arbeitspläne, aber auch Stamm-Experten-Gruppen, Lernleitern etc.). Je besser und reflektierter Unterrichtsmethoden (wie z. B. Sozialformen, aber auch bestimmte Medien) gewählt werden, desto qualitätsvoller können Lernprozesse werden.

Operationalisierung

Die beiden zur methodischen Kompetenz gehörenden Dimensionen der Schülerorientierung und der methodischen Präzision wurden ebenfalls mit den bereits dargestellten drei Videovignetten erhoben (vgl. „Operationalisierung" zu Beginn von Abschn. 4.3.3). Die Antworten der Lehrkräfte wurden auch hier wieder dreistufig bewertet (vgl. Tab. 4.7).

Bezüglich der Schülerorientierung (Dim. 4) wurde in den Antworten der Lehrkräfte untersucht, inwieweit die Schülerinnen und Schüler zu „aktiv Handelnden" gemacht wurden. Wenn die Schülerinnen und Schüler deutlich im Mittelpunkt der Unterrichtsfortsetzung standen (d.h. die eigentliche mathematische „Denkarbeit" machen mussten), wurden 2 Punkte vergeben. Wenn hingegen ausschließlich die Lehrkraft im Mittelpunkt der Handlung stand, wurden 0 Punkte vergeben. Falls Lehrkraft sowie Schülerinnen und Schüler als gleichermaßen agierend beschrieben wurden oder die Lehrkraft diesbezüglich keine klare Aussage machte, wurde die Antwort mit einem Punkt bewertet.

Bei Unterrichtsfortführungen, die methodisch so präzise beschrieben und für die Situation passend waren, dass der weitere methodische Verlauf der Stunde deutlich methodisch strukturiert wurde (Dim. 5), wurden 2 Punkte vergeben. Hingegen wurden Ausführungen, bei denen weitestgehend unklar blieb, was methodisch im weiteren Verlauf der Stunde passieren sollte, mit 0 Punkten bewertet. Wenn die vorgeschlagene Unterrichtsfortführung zwar gewisse methodische Beschreibungen enthielt, diese aber eher vage gehalten waren, wurde 1 Punkt vergeben.

4.4   Was sind die zentralen Ergebnisse?

4.4.1   „Kodierung" der Antworten und Lehrkräftestichprobe

Alle Antworten der Lehrkräfte zu den vier dargestellten Bereichen des Professionswissens bzw. professioneller Kompetenzen (FDW, FW, FDK, MK) wurden jeweils von zwei sogenannten „Kodiererinnen" und „Kodierern" beurteilt, die sich dabei auf ein detailliertes „Kodierschema" stützen konnten. Bei einem Kodierschema handelt es sich im Wesentlichen um einen detaillierten Erwartungshorizont, aus dem klar hervorgeht, welche Antwort wie viele Punkte (und warum) erhalten soll (vgl. den gekürzten Auszug aus dem Kodiermanual zum Item „Ist 0,999… = 1?"; Tab. 4.6). Dieser Erwartungshorizont – wie auch die Items selbst – wurde von Fachdidaktikerinnen und Fachdidaktikern gemeinsam mit erfahrenen Mathematiklehrkräften entwickelt.

Als Kodiererinnen und Kodierer wurden sehr gute Lehramtsstudierende des Faches Mathematik gewählt, die in speziellen Schulungen in den Gebrauch des Kodierschemas eingewiesen wurden. Waren sich die beiden Kodierenden (die die Beurteilung der Antworten der Lehrkräfte dann unabhängig voneinander vornahmen) bei einer Bewertung uneinig, wurde diese Antwort einer Lehrkaft gemeinsam mit dem Projekt-team besprochen und eine Beurteilung festgelegt. Details zur Kodierung der Wissens-tests (FDW, FW) finden sich z. B. in Krauss et al. (2011), der Kodierprozess für die Videovignetten (FK, MK) wird z. B. bei Bruckmaier (2019) ausführlich beschrieben (in den beiden Quellen finden sich auch jeweils entsprechende Informationen zu psycho-metrischen Testgütekriterien, die in allen Fällen zufriedenstellend erfüllt waren).

Da es von Interesse ist, welchen *Zuwachs* (an Kompetenzen, aber auch an Interesse etc.) die Schülerinnen und Schüler im Laufe eines Jahres unter einer bestimmten Lehr-kraft erzielen, wurde der zweite PISA-Messzeitpunkt 2004 in Deutschland extra für COACTIV implementiert. Insgesamt bearbeiteten 284 Lehrkräfte (Durchschnittsalter: $M=48{,}3$, $SD=8{,}9$) im Jahr 2003 (zum ersten Messzeitpunkt parallel zu PISA 2003) das Videoinstrument zur Erfassung von FDK und MK. Zum zweiten Messzeitpunkt der COACTIV-Studie im Jahr 2004, als das Papier-und-Bleistift-Instrument zur Erhebung von FDW und FW zum Einsatz kam, nahmen aus organisatorischen Gründen keine Haupt-schullehrkräfte mehr teil (da es nur vereinzelt 10. Jahrgangsstufen in Hauptschulklassen gibt). Dadurch reduzierte sich die Stichprobe auf 229 Lehrkräfte, von denen 198 (Durch-schnittsalter: $M=47{,}2$, $SD=8{,}5$; Altersspanne: 28–65) wiederum beide Tests vollständig bearbeiteten. Details zur Stichprobe sowie zur konkreten Durchführung der Studie können ebenfalls Krauss et al. (2011) bzw. Bruckmaier et al. (2016) entnommen werden.

4.4.2 Ergebnisse

Aus den erreichten Punkten der Lehrkräfte bei den Items der einzelnen Tests wurde jeweils ein Summenwert gebildet. Durchschnittlich erreichten die Lehrkräfte beim Test zum FDW 18,6 Punkte und beim FW 5,9 Punkte. Das empirische Maximum, das heißt die höchste von einer Lehrkraft erreichte Punktzahl, betrug beim FDW 37 Punkte (d. h. drei Standardabweichungen über dem Mittelwert; für ein Interview mit dieser Lehr-kraft siehe Krauss, 2009) und beim FW 13 Punkte (dies entspricht dem theoretischen Maximum, d. h., alle 13 Items wurden korrekt gelöst).

Da zur Bewertung von FDK die Beurteilungen von Dim. 1, Dim. 2 und Dim. 3 für alle drei Videos addiert wurden (und dabei jeweils 2 Punkte erzielt werden konnten), beträgt das theoretische Maximum hier 18 Punkte. Für MK ergibt sich entsprechend ein theoretisches Maximum von 12 Punkten (als Summe der Beurteilungen für Dim. 4 und Dim. 5 für drei Videos). Bei FDK erzielten die Lehrkräfte im Schnitt 6,2 Punkte, während sie bei MK durchschnittlich 6,4 Punkte erreichten.

Aus normativer Sicht sind diese Ergebnisse insgesamt als eher durchschnittlich ein-zuschätzen. Die großen Standardabweichungen bei den vier Aspekten des Professions-wissens (Abb. 4.5) verdeutlichen jedoch eine jeweils nicht unerhebliche Bandbreite in den Kompetenzwerten der beteiligten Lehrkräfte und bringen damit auch den möglichen Spielraum für die Aus- und Weiterbildung zum Ausdruck.

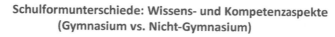

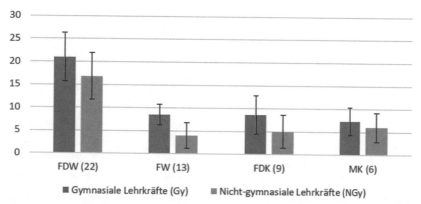

Schulformunterschiede: Wissens- und Kompetenzaspekte (Gymnasium vs. Nicht-Gymnasium)

■ Gymnasiale Lehrkräfte (Gy)   ■ Nicht-gymnasiale Lehrkräfte (NGy)

Bemerkung: Die Instrumente zur Erfassung von FDW (22 Items) und FW (13 Items) wurden von $N = 198$ (davon 85 gymnasiale und 113 nicht-gymnasiale) Lehrkräften bearbeitet, während die Instrumente zur Erfassung von FDK (9 Kodierungen) und MK (6 Kodierungen) von $N = 284$ (davon 95 gymnasiale und 189 nicht-gymnasiale) Lehrkräften bearbeitet wurden.

Abb. 4.5   Deskriptive Ergebnisse (Mittelwerte; die Balken bezeichnen jeweils Standardabweichungen)

Schulformunterschiede

Die Ergebnisse der untersuchten Stichprobe der Lehrkräfte können nun auch nach Schulformen getrennt betrachtet werden. Hierfür wurden zwei Teilgruppen gebildet (Abb. 4.5), nämlich zum einen die der gymnasialen Lehrkräfte (Gy), die traditionell eine sehr fachintensive Ausbildung durchlaufen haben, und zum anderen die der nicht-gymnasialen (NGy, d. h. im Wesentlichen Real- und Hauptschullehrkräfte), deren Ausbildung in der Regel einen stärker pädagogischen Fokus hat.

Wie Abbildung 4.5 zeigt, unterscheiden sich die Mathematiklehrkräfte beider Gruppen in allen vier Wissens- bzw. Kompetenzbereichen jeweils zugunsten der gymnasialen Lehrkräfte (wenn auch in unterschiedlicher Ausprägung). Zur inferenzstatistischen Beurteilung der Größe des Unterschieds kann neben der Signifikanz (alle vier Unterschiede sind signifikant auf dem 1 %-Niveau) weiterhin die sogenannte *Effektstärke d* berechnet werden. Dabei handelt es sich um die Mittelwertdifferenz beider Gruppen dividiert durch die gepoolte (d. h. gemeinsame) Standardabweichung. Nach Cohen (1992) entspricht eine Effektstärke von etwa $d = 0,2$ einem kleinen Effekt, $d = 0,5$ einem mittleren Effekt und $d = 0,8$ einem großen Effekt.

Während sich im Hinblick auf methodische Kompetenzen (MK) hierbei „lediglich" ein mittlerer Unterschied zugunsten der gymnasialen Lehrkräfte zeigt, gibt es bei den beiden fachdidaktischen Bereichen (FDW und FDK) einen großen Unterschied und beim Fachwissen (FW) – nicht ganz überraschend – sogar einen sehr großen Unterschied (man beachte, dass es in COACTIV selbstverständlich auch nichtfachliche Kompetenzbereiche gab, in denen Hauptschullehrkräfte wiederum Lehrkräften anderer Schulformen überlegen waren; vgl. z. B. Kunter et al., 2011).

Diese Ergebnisse geben zum einen Hinweise auf die Validität der Instrumente, zum anderen unterstreichen sie die Rolle, die eine fachliche oder eine pädagogische Fokussierung in der Ausbildung hat.

Entwicklung der Wissens- bzw. Kompetenzbereiche
Während Wissen bzw. Kompetenzen bezüglich aller vier Bereiche im Verlauf der Ausbildung erwartungsgemäß zunehmen (für Details bei Stichproben von Lehramtsstudierenden siehe z. B. Krauss et al., 2017 bzw. Bruckmaier et al., 2017), stagnieren die gemessenen Kompetenzen bzw. Wissensbereiche überaschenderweise während der Phase der Berufsausübung. Die fehlenden positiven Korrelationen zwischen Berufserfahrung (in Jahren) und beispielsweise FDW bzw. FW in der Stichprobe werden in Krauss et al. (2017) ausführlich dargestellt.

Der ausbleibende Zusammenhang des Professionswissens mit der Berufserfahrung, der neben COACTIV beispielsweise auch von der Arbeitsgruppe ProwiN für die drei naturwissenschaftlichen Disziplinen Biologie, Chemie und Physik (Kirschner et al., 2017), beim Projekt FALKO sogar für sehr unterschiedliche Unterrichtsfächer wie Musik, Religion, Deutsch, Englisch, Latein und Physik (Krauss et al., 2017) gefunden wurde, ist auf den ersten Blick erstaunlich. Aus wissenschaftlicher Sicht wird dieser Befund oft durch das Fehlen der *deliberate practice*-Bedingungen während der „dritten Phase der Lehrkräfteausbildung" (d. h. während der Berufsphase) erklärt. Die in der Kognitionspsychologie sehr einflussreiche *deliberate practice*-Theorie zur Steigerung von Expertise, die schon in vielen Domänen (wie z. B. Schach, Medizin oder Musik) erfolgreich angewendet werden konnte, besagt, dass domänenspezifische Expertise durch bloße Berufsausübung nicht „automatisch" zunimmt (vgl. Ericsson, 1993). Zur Steigerung von Expertise und Professionswissen sind vielmehr – ähnlich zur Kompetenzsteigerung bei Schülerinnen und Schülern – wiederholtes Experten- bzw. Peer-Feedback, permanentes Arbeiten an eigenen Schwächen, der Wille und Antrieb zur eigenen Kompetenzverbesserung usw. erforderlich. Diese *deliberate practice*-Bedingungen sind zwar während der ersten und der zweiten Phase der Lehrkräftebildung gegeben, aber normalerweise nicht mehr explizit im Beruf.

Einfluss des Professionswissens auf die Unterrichtsqualität und die Kompetenzsteigerung der Schülerinnen und Schüler („prädiktive Validität")
Eine erfolgreiche Berufsausübung ist vor allem auch daran zu messen, inwieweit es Lehrkräften gelingt, Lernprozesse von Schülerinnen und Schülern zu initiieren und zu unterstützen. Durch die Verzahnung mit der PISA-Studie war es möglich, die Bedeutung von Merkmalen von Lehrkräften für die Unterrichtsqualität und den Leistungsfortschritt der Schülerinnen und Schüler durch ein einfaches Kausalmodell zu untersuchen (siehe die beiden „Pfeile" in Abb. 4.2). So kann der Einfluss von FDW, FW, FDK und MK auf den Unterricht (linker Pfeil) sowie auf die Leistungen der Schülerinnen und Schüler (rechter Pfeil) statistisch untersucht werden (dies gilt natürlich prinzipiell auch für die anderen Kompetenzaspekte von Lehrkräften aus Abb. 4.1; vgl. hierzu Kunter et al., 2011). Aufgrund der nationalen Erweiterung von PISA 2003 durch eine zweite Messung im Jahr 2004 konnte sogar der *Lernzuwachs* (rechte Säule in Abb. 4.2) abgeschätzt werden.

Welche Auswirkung haben die vorgestellten Kompetenzbereiche nun auf die Unterrichtsqualität (d.h., welche „Wirkung" gibt es von Säule 1 auf Säule 2; Abb. 4.2)? Der Unterricht, den die COACTIV-Lehrkräfte in den PISA-Klassen erteilten (Abb. 4.2, mittlere Säule), wurde „mehrperspektivisch" (d. h. aus Sicht der Schülerinnen und Schüler sowie der Lehrkräfte, aber auch durch externe Beobachterinnen und Beobachter) beurteilt. Das theoriebasierte Modell der Unterrichtsqualität, das in Kunter und Voss (2011) ausführlich beschrieben wird, besteht aus den drei mittlerweile als „Basisdimensionen" bezeichneten Aspekten *kognitive Aktivierung, konstruktive Lernunterstützung* und *Klassenführung.* Die kognitive Aktivierung im Unterricht wurde dabei über das Anregungspotenzial der von den Lehrkräften in den Klassenarbeiten ihrer PISA-Klassen verwendeten Aufgaben abgeschätzt (z. B. ob mathematisches Argumentieren oder Modellieren erforderlich war; vgl. Jordan et al., 2006; Jordan et al., 2008). Die konstruktive Lernunterstützung wurde über Schülerskalen zu Interaktionsaspekten wie Sozialorientierung, Umgang mit Fehlern oder Geduld der Lehrkraft operationalisiert. Und als Indikatoren für die Klassenführung dienten sowohl Lehrkräfte- (COACTIV) als auch Schülerskalen (PISA) zu Disziplin, Unterrichtsunterbrechungen oder Zeitmanagement (für eine ausführliche Betrachtung der Unterrichtsqualitätsaspekte siehe Kunter & Voss, 2011).

Es stellt sich heraus, dass fachdidaktisches Wissen, fachdidaktische Kompetenz und methodische Kompetenz (nicht aber das Fachwissen) die konstruktive Unterstützung (KU) signifikant beeinflussen. Darüber hinaus hat die methodische Kompetenz erwartungsgemäß einen Einfluss auf die Klassenführung (KF), während das fachdidaktische Wissen vor allem zur kognitiven Aktivierung (KA) der Schülerinnen und Schüler beiträgt.

Welchen Einfluss haben die vier Wissens- bzw. Kompetenzaspekte nun aber letztlich auf den Leistungszuwachs der Schülerinnen und Schüler (d.h. auf Säule 3 in Abb. 4.2)? Es zeigt sich, dass gerade das fachdidaktische Wissen (FDW) den Lernzuwachs von Schülerinnen und Schülern in hohem Ausmaß vorhersagen kann: Stellt man sich beispielsweise zwei vollständig identische Schulklassen vor, die von Lehrkräften unterrichtet werden, deren fachdidaktisches Wissen sich um zwei Standardabweichungen unterscheidet (d. h., die eine Lehrkraft hat im FDW-Test etwa 13 Punkte und die andere ca. 24 Punkte erzielt), so ergibt sich statistisch für die beiden Klassen ein *Unterschied* im Lernfortschritt, der in etwa dem durchschnittlichen Lernzuwachs eines ganzen Schuljahres entspricht (Baumert et al., 2010; Krauss et al., 2020).

4.5   Folgerungen: Was bedeuten die Ergebnisse für praktizierende Mathematiklehrkräfte sowie für die Lehreraus- und -weiterbildung?

Betrachtet man COACTIV unter der Perspektive des Nutzens für die Aus- und Weiterbildung von Lehrkräften und als möglichen Impulsgeber für deren unterrichtliches Handeln, dann können – je nach Funktion – drei größere Linien identifiziert werden.

Orientierungsfunktion

Ein wesentliches Ziel vor allem der Ausbildung, aber auch später der Fortbildung von Lehrkräften besteht immer darin, Orientierungen für das konkrete Handeln im Mathematikunterricht zu liefern. Gehandelt werden muss dann schließlich in je eigener Verantwortung unter je spezifischen situativen Bedingungen. Gerade die Konzepte, die für die Konstruktion von Testinstrumenten benutzt werden, können solche Orientierungen bieten.

Die mathematikdidaktischen Anforderungen an Lehrkräfte im Rahmen der COACTIV-Untersuchungen können anhand einer Formulierung von Arnold Kirsch kompakt umschrieben werden (siehe Abschn. 4.3): Es geht um das „Zugänglichmachen" mathematischer Inhalte für Schülerinnen und Schüler (Kirsch, 1977, S. 87). Das kann ein ganzes Ausbildungsprogramm für Mathematiklehrerinnen und -lehrer gliedern. Die entsprechenden Differenzierungen und Spezialisierungen im FDW-Test zeigen, wie aus einer solchen allgemeinen Orientierung konkrete Aufgaben zum Erklären und Repräsentieren, zu typischen Schülerkognitionen und zu Eigenschaften von Mathematikaufgaben werden können. Ebenso kann man die Dimensionen des Videovignetten-Instruments als eine Zusammenschau wichtiger Komponenten des didaktischen Handelns im Mathematikunterricht lesen: Ergreifen fachdidaktischer Chancen, fachliche und methodische Präzision, Verständnisorientierung, aber auch Schülerorientierung und methodische Angemessenheit. Für Lehrerinnen und Lehrer in der Praxis sowie für Ausbilderinnen und Ausbilder auf allen Ebenen können dies „Leitplanken" sein, um sich nicht in den vielen Einzelheiten des Unterrichtsgeschehens zu verlieren.

Aufbaufunktion für mathematikdidaktische Wissenskomponenten

Vor allem die Kompetenz, bewusst und informiert durch empirische Befunde mit der Auswahl, dem Einsatz und der Bewertung von mathematischen Aufgaben umgehen zu können, hat sich in COACTIV als eine entscheidende Fähigkeit von Lehrerinnen und Lehrern herausgestellt. Mathematiklehrkräfte, die kognitiv aktivierende Aufgaben stellen und im Unterricht umsetzen können, bewirken auch überdurchschnittliche Leistungszuwächse bei ihren Schülerinnen und Schülern. Mathematikdidaktisches Wissen über Aufgabenauswahl und -implementierung ist daher Grundwissen für Lehrkräfte. COACTIV gibt dazu theoretische Hinweise und praktische Anregungen. Dieses Wissen ist übrigens zentral für den Grundgedanken der Bildungsstandards, den langfristigen Aufbau fachbezogener Kompetenzen in den Mittelpunkt des Unterrichts zu stellen und dabei jeweils die Funktion von Aufgaben im Blick zu behalten (zur unterrichtlichen Auswahl und Anordnung von Aufgaben vgl. z. B. Bruckmaier, 2019).

Eine andere wichtige Komponente des mathematikdidaktischen Wissens, die in den COACTIV-Instrumenten vorkommt und in den Kodierschemata weiter ausgeführt wird, ist das Wissen über Schülerkognitionen, speziell über typische, immer wiederkehrende Fehlvorstellungen von Schülerinnen und Schülern. Im Kontext von Aus- und Fortbildung von Lehrkräften sind dann gerade die deskriptiven Ergebnisse aus COACTIV von Interesse sowie der Vergleich der gegebenen Antworten mit der tatsächlichen Verbreitung dieser Schülerfehler. Mathematiklehrkräfte können daraus erkennen, auf welche fachlichen Reaktionen sie bei ihren Schülerinnen und Schülern gefasst sein sollten. Es bleibt dann eben nicht nur bei anekdotischer Evidenz, sondern die Kodierschemata gewichten die jeweiligen Schülerkognitionen nach ihrem tatsächlichen (empirischen) Vorkommen.

Sensibilisierungsfunktion

Der letzte Gedanke kann allgemeiner gefasst werden: COACTIV kann, vorausgesetzt, man schaut nicht nur auf die Resultate, sondern auch auf die zugrunde liegenden Konzepte, sensibilisieren für gezielte Beobachtungen des fachlichen Verhaltens der Schülerinnen und Schüler in der Klasse und des damit einhergehenden mathematik-didaktischen Handelns der Lehrkräfte, letztlich also für die reflektierende Betrachtung des Mathematikunterrichts insgesamt. Dass darin ein großer Wert liegt, wurde ins-besondere an einem Befund von COACTIV deutlich: Der nicht vorhandene Zuwachs an professionellem Wissen im Verlauf der Berufspraxis, aber auch die große Varianz in den Kompetenzbereichen illustriert das Potenzial zur Weiterentwicklung (siehe Abschn. 4.4.2). Dieses Ergebnis legt nahe, zukünftig verstärkt *deliberate practice*-Lern-gelegenheiten (mit Expertenfeedback, Aneignungs-, Reflexions- und Praxisphasen usw.), die weit über eintägige Fortbildungen hinausgehen, für Lehrkräfte im Schuldienst zu ent-wickeln und zu implementieren (z. B. Besser & Krauss, 2016). Denn Fortbildungen von Lehrkräften haben nicht nur die Aufgabe, für alle Aspekte des Mathematikunterrichts zu sensibilisieren, sondern auch die Reflexion eigenen Unterrichts durch die Lehrkräfte sowie ggfs. die damit einhergehende Änderung ihres Unterrichtsverhaltens auszulösen.

Literatur

Ball, D., & Hill, H. (2023). Das Professionswissen von Mathematiklehrkräften in der Grundschule. [im vorliegenden Band].

Baumert, J., & Kunter, M. (2011). Das mathematikspezifische Wissen von Lehrkräften, kognitive Aktivierung im Unterricht und Lernfortschritte von Schülerinnen und Schülern. In M. Kunter, J. Baumert, W. Blum, U. Klusmann, S. Krauss, & M. Neubrand (Hrsg.), *Professionelle Kompetenz von Lehrkräften. Ergebnisse des Forschungsprogramms COACTIV* (S. 163–192). Waxmann.

Baumert, J., Blum, W., & Neubrand, M. (2004). Drawing the lessons from PISA-2000: Long term research implications: Gaining a better understanding of the relationship between system inputs and learning outcomes by assessing instructional and learning processes as mediating factors. In D. Lenzen, J. Baumert, R. Watermann, & U. Trautwein (Hrsg.), *PISA und die Konsequenzen für die erziehungswissenschaftliche Forschung. Zeitschrift für Erziehungswissenschaft, Beiheft, 3*, 143–158.

Baumert, J., Blum, W., Brunner, M., Dubberke, T., Jordan, A., Klusmann, U., Krauss, S., Kunter, M., Löwen, K., Neubrand, M., & Yi-Miau, T. (2009). *Professionswissen von Lehrkräften, kognitiv aktivierender Mathematikunterricht und die Entwicklung mathematischer Kompetenz (COACTIV): Dokumentation der Erhebungsinstrumente.* Max-Planck-Institut für Bildungs-forschung.

Baumert, J., Klieme, E., Neubrand, J., Prenzel, M., Schiefele, U., Schneider, W., et al. (Hrsg.). (2001). *PISA 2000: Basiskompetenzen von Schülerinnen und Schülern im internationalen Ver-gleich.* Leske + Budrich.

Baumert, J., Kunter, M., Blum, W., Brunner, M., Voss, T., Jordan, A., et al. (2010). Teachers' mathematical knowledge, cognitive activation in the classroom, and student progress. *American Educational Research Journal, 47*(1), 133–180. https://doi.org/10.3102/0002831209345157.

Baumert, J., Kunter, M., Blum, W., Klusmann, U., Krauss, S., & Neubrand, M. (2011). Professionelle Kompetenz von Lehrkräften, kognitiv aktivierender Unterricht und die mathematische Kompetenz von Schülerinnen und Schülern (COACTIV) – Ein Forschungsprogramm. In M. Kunter, J. Baumert, W. Blum, U. Klusmann, S. Krauss, & M. Neubrand (Hrsg.), *Professionelle Kompetenz von Lehrkräften. Ergebnisse des Forschungsprogramms COACTIV* (S. 7–25). Waxmann.

Besser, M., & Krauss, S. (2016). Der Lehrer als Experte: Professionswissen als Expertisefacette von Lehrkräften verstehen und durch professionelle Lerngelegenheiten entwickeln. *Journal für lehrerInnenbildung, 16*(4), 42–47.

Biza, I., Nardi, E., & Zachariades, T. (2007). Using tasks to explore teacher knowledge in situation-specific contexts. *Journal of Mathematics Teacher Education, 10*(4–6), 301–309.

Blömeke, S., König, J., Suhl, U., Hoth, J., & Döhrmann, M. (2015). To What Extent Is Teacher Competence Situation-Related? On the generalizability of the results of video-based performance tests. *Zeitschrift für Pädagogik, 61*(3), 310–327.

Bromme, R., Seeger, F., & Steinbring, H. (1990). *Aufgaben als Anforderungen an Lehrer und Schüler* (IDM-Untersuchungen zum Mathematikunterricht 14). Aulis.

Bruckmaier, G. (2019). *Didaktische Kompetenzen von Mathematiklehrkräften – Weiterführende Analysen aus der COACTIV-Studie (Perspektiven der Mathematikdidaktik)*. Springer Spektrum. https://doi.org/10.1007/978-3-658-26820-6.

Bruckmaier, G., Blum, W., Krauss, S., & Schmeisser, C. (2017). Aspekte professioneller Kompetenz: Ein empirischer Vergleich verschiedener Stichproben. In Institut für Mathematik der Universität Potsdam (Hrsg.), *Beiträge zum Mathematikunterricht 2017* (S. 131–134). WTM.

Bruckmaier, G., Krauss, S., Blum, W., & Leiss, D. (2016). Measuring mathematics teachers' professional competence by using video clips (COACTIV video). *ZDM – The International Journal on Mathematics Education, 48*(1–2). https://doi.org/10.1007/s11858-016-0772-1.

Brunner, E. (2018). Qualität von Mathematikunterricht: Eine Frage der Perspektive. *Journal für Mathematik-Didaktik, 39*(2), 257–284. https://doi.org/10.1007/s13138-017-0122-z.

Büchter, A., & Leuders, T. (2005). *Mathematikaufgaben selbst entwickeln: Lernen fördern – Leistung überprüfen*. Cornelsen.

Busse, A., & Kaiser, G. (2015). Wissen und Fähigkeiten in Fachdidaktik und Pädagogik: Zur Natur der professionellen Kompetenz von Lehrkräften. *Zeitschrift für Pädagogik, 61*(3), 328–344.

Cohen, J. (1992). A power primer. *Psychological Bulletin, 112*(1), 155–159. https://doi.org/10.1037/0033-2909.112.1.155

Collins, A. M., Greeno, J. G., & Resnick, L. B. (2004). Educational learning theory. In N. J. Smelser & P. B. Baltes (Hrsg.), *International encyclopedia of the social and behavioral sciences* (Bd. 6, S. 4276–4279). Elsevier. https://doi.org/10.1016/B0-08-043076-7/02421-9.

Döhrmann, M., Kaiser, G., & Blömeke, S. (2018). The Conception of Mathematics Knowledge for Teaching from an International Perspective: The Case of the TEDS-M Study. In Y. Li & R. Huang (Hrsg.), *How Chinese Acquire and Improve Mathematics Knowledge for Teaching* (S. 57–83). Brill Academic Publishers.

Doyle, W. (2006). Ecological approaches to classroom management. In C. M. Evertson & C. S. Weinstein (Hrsg.), *Handbook of classroom management: Research, practice and contemporary issues* (S. 97–125). Erlbaum.

Eberl, A. (2019). *Was muss eine gute Mathematiklehrkraft können?* [unveröffentlichte Studie].

Eberl, A., Krauss, S., Moßburger, M., Rauch, T., & Weber, P. (2023). *Wie man universitäres mathematisches Wissen in die Schule retten kann – einige Überlegungen zur zweiten Diskontinuität nach Felix Klein*. [im vorliegenden Band].

Ericsson, K. A. (2014). *The road to excellence: The acquisition of expert performance in the arts and sciences, sports, and games.* Psychology Press.

Ericsson, K. A., Krampe, R. Th., & Tesch-Römer, C. (1993). The role of deliberate practice in the acquisition of expert performance. *Psychological Review, 100,* 363–406.

Halimah, S., & Septi Nur Afifah, D. (2019). Student's cognitive conflict form problem solving on mathematics. *Journal of Physics: Conference Series, 1339*(012127), 1–5. https://doi.org/10.1088/1742-6596/1339/1/012127.

Johnson, H. L., Coles, A., & Clarke, D. (2017). Mathematical tasks and the student: Navigating "tensions of intentions" between designers, teachers, and students. *ZDM – The International Journal on Mathematics Education, 49*(6), 813–822.

Jordan, A., Ross, N., Krauss, S., Baumert, J., Blum, W., Neubrand, M., et al. (2006). *Klassifikationsschema für Mathematikaufgaben: Dokumente der Aufgabenkategorisierung im COACTIV-Projekt.* Max-Planck-Institut für Bildungsforschung (Materialien aus der Bildungsforschung 81).

Jordan, A., Krauss, S., Löwen, K., Blum, W., Neubrand, M., Brunner, M., Kunter, M., & Baumert, J. (2008). Aufgaben im COACTIV-Projekt: Zeugnisse des kognitiven Aktivierungspotentials im deutschen Mathematikunterricht. *Journal für Mathematik-Didaktik, 29*(2), 83–107.

Kaiser, G., Busse, A., Hoth, J., König, J., & Blömeke, S. (2015). About the complexities of video-based assessments: Theoretical and methodological approaches to overcoming shortcomings of research on teachers' competence. *International Journal of Science and Mathematics Education, 13*(2), 369–387. https://doi.org/10.1007/s10763-015-9616-7

Kirsch, A. (1977). Aspekte des Vereinfachens im Mathematikunterricht. *Didaktik der Mathematik, 5*(2), 87–101.

Kirsch, A. (1994). *Mathematik wirklich verstehen. Eine Einführung in ihre Grundbegriffe und Denkweisen* (2. Aufl.). Aulis.

Kirschner, S., Sczudlek, M., Tepner, O., Borowski, A., Fischer, H. E., Lenske, G., Leutner, D., Neuhaus, B. J., Sumfleth, E., Thillmann, H., & Wirth, J. (2017). Professionswissen in den Naturwissenschaft en (ProwiN). In C. Gräsel & K. Trempler (Hrsg.), *Entwicklung von Professionalität pädagogischen Personals. Interdisziplinare Betrachtungen, Befunde und Perspektiven* (S. 113–130). Springer VS.

König, J., Felske, C., & Kaiser, G. (2023). *Professionelle Kompetenz von Mathematiklehrkräften aus einer pädagogischen Perspektive.* [im vorliegenden Band].

Krauss, S. (2009). *Fachdidaktisches Wissen und Fachwissen von Mathematiklehrkräften der Sekundarstufe.* Universität Kassel.

Krauss, S., Neubrand, M., Blum, W., Baumert, J., Brunner, M., Kunter, M., et al. (2008). Die Untersuchung des professionellen Wissens deutscher Mathematik-Lehrerinnen und -Lehrer im Rahmen der COACTIV-Studie. *Journal für Mathematik-Didaktik, 29*(3/4), 223–258.

Krauss, S., Blum, W., Brunner, M., Neubrand, M., Baumert, J., Kunter, M., et al. (2011). Konzeptualisierung und Testkonstruktion zum fachbezogenen Professionswissen von Mathematiklehrkräften. In M. Kunter, J. Baumert, W. Blum, U. Klusmann, S. Krauss, & M. Neubrand (Hrsg.), *Professionelle Kompetenz von Lehrkräften. Ergebnisse des Forschungsprogramms COACTIV* (S. 135–162). Waxmann.

Krauss, S., Lindl, A., Schilcher, A., Fricke, M., Göhring, A., Hofmann, B., Kirchhoff, P., & Mulder, R. H. (Hrsg.). (2017). *FALKO: Fachspezifische Lehrerkompetenzen. Konzeption von Professionswissenstests in den Fächern Deutsch, Englisch, Latein, Physik, Musik, Evangelische Religion und Pädagogik.* Waxmann.

Krauss, S., Bruckmaier, G., Lindl, A., Hilbert, S., Binder, K., Steib, N., & Blum, W. (2020). Competence as a continuum in the COACTIV study: The "cascade model". *ZDM, 52*(3), 311–327.

Kunter, M., & Voss, T. (2011). Das Modell der Unterrichtsqualität in COACTIV: Eine multikriteriale Analyse. In M. Kunter, J. Baumert, W. Blum, U. Klusmann, S. Krauss, & M. Neubrand (Hrsg.), *Professionelle Kompetenz von Lehrkräften. Ergebnisse des Forschungsprogramms COACTIV* (S. 85 114). Waxmann.

Kunter, M., Baumert, J., Blum, W., Klusmann, U., Krauss, S., & Neubrand, M. (Hrsg.). (2011). *Professionelle Kompetenz von Lehrkräften, Ergebnisse des Forschungsprogramms COACTIV.* Waxmann.

Lindmeier, A., & Heinze, A. (2023). *Lehrerwissen wirksam werden lassen: Aktionsbezogene und Reflexive Kompetenz zur Bewältigung der fachlichen Anforderungen des Lehrberufs – Befunde auf Basis des Strukturmodells fachspezifischer Lehrkräftekompetenz nach Lindmeier.* [im vorliegenden Band].

Lipowsky, F. (2006). Auf den Lehrer kommt es an. In C. Allemann-Ghionda & E. Terhart (Hrsg.), *Kompetenzen und Kompetenzentwicklung von Lehrerinnen und Lehrern (Zeitschrift für Pädagogik, Beiheft 51)* (S. 47–70). Beltz.

Meyer, H. (1989). *Plädoyer für Methodenvielfalt. Pädagogik, 1,* 8–15.

Neubrand, J. (2002). *Eine Klassifikation mathematischer Aufgaben zur Analyse von Unterrichtssituationen – Selbsttätiges Arbeiten in Schülerarbeitsphasen in den Stunden der TIMSS-Video-Studie.* Franzbecker.

Ostermann, A., Leuders, T., & Philipp, K. (2019). Fachbezogene diagnostische Kompetenzen von Lehrkräften – Von Verfahren der Erfassung zu kognitiven Modellen zur Erklärung. In T. Leuders, M. Nückles, S. Mikelskis-Seifert, & K. Philipp (Hrsg.), *Pädagogische Professionalität in Mathematik und Naturwissenschaften* (S. 93–116). Springer Spektrum.

Prenzel, M., Baumert, J., Blum, W., Lehmann, R., Leutner, D., Neubrand, M., Pekrun, R., Rolff, H.-G., Rost, J., & Schiefele, U. (Hrsg.). (2004). *PISA 2003. Der Bildungsstand der Jugendlichen in Deutschland – Ergebnisse des zweiten internationalen Vergleichs.* Waxmann.

Ramm, G., Prenzel, M., Baumert, J., Blum, W., Lehmann, R., Leutner, D., Neubrand, M., Pekrun, R., Rolff, H.-G., Rost, J., & Schiefele, U. (Hrsg.). (2006). *PISA 2003. Dokumentation der Erhebungsinstrumente.* Waxmann.

Rutsch, J., Rehm, M., Vogel, M., Seidenfuß, M., & Dörfler, T. (Hrsg.). (2018). *Effektive Kompetenzdiagnose in der Lehrerbildung Professionalisierungsprozesse angehender Lehrkräfte untersuchen.* Springer.

Schwarz, B., Buchholtz, N., & Kaiser, G. (2023). *Professionelle Kompetenz von Mathematiklehrkräften aus einer mathematikdidaktischen Perspektive.* [im vorliegenden Band].

Seidel, T., & Stürmer, K. (2014). Modeling the structure of professional vision in pre-service teachers. *American Educational Research Journal, 51*(4), 739–771.

Shulman, L. S. (1986). Those who understand: Knowledge growth in teaching. *Educational Researcher, 15*(2), 4–14.

Shulman, L. S. (1987). Knowledge and teaching: Foundations of the new reform. *Harvard Educational Review, 57*(1), 1–22.

Sprenger, J., Wagner, A., & Zimmermann, M. (2013). *Mathematik lernen, darstellen, deuten, verstehen.* Springer.

Tenorth, H.-E. (2006). Professionalität im Lehrerberuf: Ratlosigkeit der Theorie, gelingende Praxis. *Zeitschrift für Erziehungswissenschaft, 9*(4), 580–597. https://doi.org/10.1007/s11618-006-0169-y.

Terhart, E. (2002). *Standards für die Lehrerbildung. Eine Expertise für die Kultusministerkonferenz* (Zentrale Koordination Lehrerbildung, ZKL-Texte Nr. 23). Uni Münster.

Van Es, E. A., & Sherin, M. G. (2010). The influence of video clubs on teachers' thinking and practice. *Journal of Mathematics Teacher Education, 13*(2), 155–176.

Vosniadou, S., & Verschaffel, L. (2004). Extending the conceptual change approach to mathematics learning and teaching. *Special Issue of Learning and Instruction, 14*(5), 445–451.

Weinert, F. E. (2001). Concept of competence: A conceptual clarification. In D. S. Rychen & L. H. Saganik (Hrsg.), *Defining and selecting key competencies* (S. 45–65). Hogrefe & Huber.

Der Bezug zwischen Schulmathematik und akademischer Mathematik: schulbezogenes Fachwissen als berufsspezifische Wissenskomponente von Lehrkräften

5

Anika Dreher, Jessica Hoth, Anke Lindmeier und Aiso Heinze

▶ Die Unterschiede zwischen dem Schulfach und der akademischen Bezugsdisziplin werden in der Mathematik als besonders groß wahrgenommen. Angehende Mathematiklehrkräfte betrifft dies in zweifacher Weise, sodass Felix Klein bereits vor über 100 Jahren den Begriff der „doppelten Diskontinuität" geprägt hat: Lehramtsstudierende erkennen die Bezüge zwischen schulischer und akademischer Mathematik weder nach dem Wechsel an die Universität zu Studienbeginn noch nach dem Wechsel an die Schule nach Studienabschluss. Trotz dieser doppelten Diskontinuität ist auch heute noch vorgesehen, dass angehende Lehrkräfte für die Sekundarstufe im Studium akademisches Fachwissen erwerben. Dahinter steckt die Annahme, dass mit dem Erwerb des abstrakten akademischen Fachwissens eine Vertiefung des scheinbar einfachen schulmathematischen Wissens einhergeht. In diesem

A. Dreher (✉)
Pädagogische Hochschule Freiburg, Freiburg, Deutschland
E-Mail: anika.dreher@ph-freiburg.de

J. Hoth
Goethe-Universität Frankfurt, Frankfurt, Deutschland
E-Mail: hoth@math.uni-frankfurt.de

A. Heinze
IPN Leibniz-Institut für die Pädagogik der Naturwissenschaften und Mathematik
Kiel, Deutschland
E-Mail: heinze@leibniz-ipn.de

A. Lindmeier (✉)
Friedrich-Schiller-Universität Jena, Jena, Deutschland
E-Mail: anke.lindmeier@uni-jena.de

© Springer-Verlag GmbH Deutschland, ein Teil von Springer Nature 2023
S. Krauss und A. Lindl (Hrsg.), *Professionswissen von
Mathematiklehrkräften,* Mathematik Primarstufe und Sekundarstufe I + II,
https://doi.org/10.1007/978-3-662-64381-5_5

Kapitel berichten wir über Forschungsergebnisse, inwieweit diese Annahme gerechtfertigt ist. Dazu beschreiben wir insbesondere, wie ein berufsspezifisches Fachwissen für das Sekundarstufenlehramt charakterisiert werden kann, und leiten Vorschläge für die Lehrkräftebildung ab.

5.1   Wie lässt sich ein berufsspezifisches mathematisches Fachwissen für das Sekundarstufenlehramt beschreiben?

Stellt man sich die Frage, welches Wissen Mathematiklehrkräfte für ihren Beruf brauchen, so scheint die Antwort naheliegend zu sein: Lehrkräfte benötigen Wissen über das Fach, eben der Mathematik; sie müssen wissen, wie man im Unterricht Lerngelegenheiten für mathematische Inhalte und Kompetenzen generieren kann, und sie brauchen Wissen darüber, wie Schülerinnen und Schüler idealerweise im Unterricht begleitet werden sollten, um individuelle Lernprozesse zu fördern. Unter Bezugnahme auf Shulman (1986) werden diese Wissensbereiche heute in der Regel als Fachwissen, fachdidaktisches Wissen und pädagogisch-psychologisches bzw. bildungswissenschaftliches Wissen bezeichnet. Betrachtet man den Bereich des mathematischen Fachwissens genauer, so stellt sich die Frage, was dieses Fachwissen ausmacht, schnell als nichttrivial heraus. Unmittelbar plausibel ist, dass das Fachwissen der Lehrkräfte mindestens das schulmathematische Wissen umfassen sollte, denn dies soll ja unterrichtet werden. Auch scheint es sinnvoll zu sein, dass Mathematiklehrkräfte „mehr" wissen sollten als „nur" die Schulmathematik, die sie mit den Schülerinnen und Schülern im Unterricht thematisieren. Schließlich ist es aufgrund des „großen Abstands" der akademischen Mathematik zur Schulmathematik und der hohen Stabilität schulischer Inhalte in den letzten 50 Jahren schnell einsehbar, dass Wissen im Bereich der aktuellen mathematischen Forschung nicht notwendig ist, um Mathematik zu unterrichten.

Aufgrund dieser Eingrenzung wird das Fachwissen für Mathematiklehrkräfte häufig mit der Bezeichnung „vertieftes schulmathematisches Wissen" umschrieben, die zwar vage klingt, aber für bestimmte Fragen der Professionsforschung ausreichend ist. Ein entsprechendes Vorgehen wurde beispielsweise in der COACTIV-Studie und den TEDS-Studien verfolgt, um das dort betrachtete Fachwissen von berufstätigen Mathematiklehrkräften einzugrenzen (vgl. Kap. 2 und Kap. 4 im vorliegenden Band). Eine größere Herausforderung entsteht allerdings, wenn es um die universitäre Ausbildung der Mathematiklehrkräfte geht. Hier entsteht die Situation, dass insbesondere gymnasiale Lehramtsstudierende oft die gleichen Lehrveranstaltungen zum akademischen Fachwissen besuchen wie die nicht lehramtsbezogenen Mathematikstudierenden. Dort begegnen sie der Mathematik als wissenschaftlich abgesicherter Theorie, deren Bezug zu den Schulinhalten oft nicht unmittelbar erkennbar ist und meist oberflächlich bleibt. Entsprechend ist eine detailliertere Analyse der Beziehung zwischen Schulmathematik und akademischer Mathematik aus der Perspektive der Professionsforschung notwendig, die eine Beschreibung des erforderlichen mathematischen Fachwissens von (angehenden) Sekundarstufenlehrkräften im Spannungsfeld zwischen schulischer und akademischer

Mathematik ermöglicht. Im Folgenden beziehen wir uns dabei auf Ergebnisse der Kieler Forschungsprojekte KiL (Messung professioneller Kompetenzen in mathematischen und naturwissenschaftlichen Lehramtsstudiengängen) und KeiLa (Kompetenzentwicklung in mathematischen und naturwissenschaftlichen Lehramtsstudiengängen) und stellen dar, was wir unter mathematischem Fachwissen verstehen und warum wir für die Untersuchung des Fachwissens von Lehramtsstudierenden für die Sekundarstufe genau diese Art von Fachwissen in den Blick nehmen (mit der Bedeutung des universitären Fachwissens für Mathematiklehrkräfte beschäftigen sich außerdem Eberl et al. in Kap. 6 des vorliegenden Bandes).

5.1.1   Schulmathematik versus akademische Mathematik

Um die Diskrepanz zwischen der schulischen und der akademischen Mathematik, wie sie Lehramtsstudierenden in den Mathematikvorlesungen in der Regel begegnet, zu analysieren, betrachten wir die Beispiele 1 und 2:

Beispiel 1

Dem geometrischen Begriff der Ähnlichkeit kann man sowohl in der Schulmathematik als auch in einer Vorlesung zur euklidischen Geometrie begegnen.

Betrachten wir das Schulbuchbeispiel in Abb. 5.1, so beginnt diese Einführung des Begriffs für Neuntklässlerinnen und -klässler an Realschulen zunächst mit einer

5.1 Ähnliche Figuren

Tinas Klasse hat heute Morgen im Mathematikunterricht *ähnliche Figuren* durchgenommen. Das versucht sie jetzt ihrer Freundin mit zwei Abbildungen zu erklären:

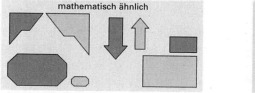

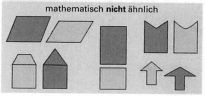

Abb. 5.1 Schulbuchbeispiel „Ähnlichkeit" (aus: XQuadrat Mathematik 5, 2007, S. 148)

Andeutung, dass der alltagssprachliche Begriff der Ähnlichkeit nicht mit dem entsprechenden mathematischen Begriff übereinstimmt: Die T-Shirts der abgebildeten Mädchen „sehen zwar ähnlich aus, sind es aber nicht". Anschließend wird eine induktive Begriffsbildung mithilfe von Beispielen und Gegenbeispielen zu ähnlichen Figuren angeregt. Die so aufgebaute Vorstellung wird schließlich anhand eines Beispiels präzisiert und eine entsprechende Definition für ähnliche Figuren festgehalten. Irritierenderweise erhält diese Definition allerdings den Titel „Ähnlichkeitssätze". Diese Vermischung von Definition und (zu beweisendem) Satz könnte dadurch bedingt sein, dass die genannten Eigenschaften zwar durchaus zur Definition von Ähnlichkeit genutzt werden können, sich diese Eigenschaften von ähnlichen Figuren entsprechend dem verbreiteten abbildungsgeometrischen Zugang aber als Satz ergeben. Wird an der Universität in der Vorlesung zur euklidischen Geometrie ein solcher abbildungsgeometrischer Zugang gewählt, so könnten Lehramtsstudierende dem Begriff der Ähnlichkeit im Rahmen der Hochschulmathematik beispielsweise in folgender Form begegnen: Aufbauend auf Hilberts Axiomensystem der euklidischen Geometrie und ein bis dahin entwickeltes Theoriegebäude aus Definitionen, Sätzen und Beweisen wird zunächst definiert, dass man unter einer Ähnlichkeitsabbildung die Verkettung einer endlichen Anzahl zentrischer Streckungen und Kongruenzabbildungen versteht. Anschließend wird definiert, dass eine Figur F_1 genau dann ähnlich zu einer Figur F_2 heißt, wenn es eine Ähnlichkeitsabbildung gibt, die F_1 auf F_2 abbildet. Schließlich wird als Satz bewiesen, dass Ähnlichkeitsabbildungen geradentreu, winkelmaßtreu, parallelentreu und verhältnistreu sind, und auch, dass die Ähnlichkeitsabbildungen bezüglich der Verkettung von Abbildungen eine Gruppe bilden, wobei die Kongruenzabbildungen eine Untergruppe bilden.

Vergleicht man die Zugangsweisen zum Ähnlichkeitsbegriff im Schulbuch und in der Vorlesung, dann wäre zwar in beiden Kontexten sowohl ein Zugang über Figurenvergleiche als auch ein abbildungsgeometrischer Zugang denkbar, aber abgesehen davon unterscheiden sich die beiden Einführungen grundlegend: Im Schulbuch erfolgt die Begriffsbildung anknüpfend an Vorerfahrungen aus dem Alltag der Schülerinnen und Schüler induktiv mithilfe von Beispielen und Gegenbeispielen. In der skizzierten universitären Vorlesung steht dagegen der axiomatisch-deduktive Aufbau eines von der Realität losgelösten „Theoriegebäudes" aus Definitionen, Sätzen und Beweisen im Vordergrund, worin der Ähnlichkeitsbegriff ein Baustein ist. ◄

Beispiel 2

Wenn Bruchzahlen im Rahmen der Hochschulmathematik eingeführt werden, dann wird $\mathbb{Q}$ in der Regel definiert als Menge von Äquivalenzklassen geordneter Paare ganzer Zahlen (a, b) mit $b \neq 0$ bezüglich der Äquivalenzrelation $(a, b) \sim (c, d) \Leftrightarrow ad = bc$. Die Äquivalenzklasse von (a, b) gemäß dieser Relation wird dann mit $\frac{a}{b}$ bezeichnet. Addition und Multiplikation auf dieser Menge werden anschließend so definiert, dass die Ringaxiome erfüllt sind. Dabei ist zu berücksichtigen, dass diese Definitionen nur deshalb funktionieren, weil $\mathbb{Z}$ nullteilerfrei ist (und damit der Nenner bei diesen Verknüpfungen nicht null werden kann). Zudem ist nachzuweisen, dass diese Definitionen repräsentantenunabhängig sind. Anschließend wird gezeigt, dass die Abbildung $\varphi : \mathbb{Z} \to \mathbb{Q}$, $a \mapsto \frac{a}{1}$ ein injektiver Ringhomomorphismus ist und daher die Elemente $a \in \mathbb{Z}$ mit ihren φ-Bildern $\frac{a}{1} \in \mathbb{Q}$ identifiziert werden können. Damit ist $\mathbb{Q}$ der rationale Funktionenkörper von $\mathbb{Z}$.

Im Rahmen der Schulmathematik wäre dieses Vorgehen deutlich zu abstrakt, um Brüche und Bruchzahlen einzuführen (Padberg & Wartha, 2017). Hier beginnt die Einführung nicht mit einer Definition, sondern mit einem sinnstiftenden Kontext. Ein Bruch wird typischerweise zunächst als Teil eines Ganzen – bezogen auf konkrete bekannte Gegenstände wie Pizzen oder Schokoladentafeln – dargestellt und mithilfe von Verteilungsprozessen interpretiert. Statt zu definieren, was ein „Ganzes" ist, wird häufig z. B. eine Pizza als prototypisches „Ganzes" angesehen. Dies führt nicht selten zu Problemen, sobald andere „Ganze" als Vergleichsobjekte betrachtet werden. Viele Schulbücher verzichten auf die explizite Einführung von Bruchzahlen im Sinne einer Klassenbildung, bei der gleichwertige Brüche zu einer Bruchzahl zusammengefasst werden (Padberg & Wartha, 2017). Regeln für das Addieren und Multiplizieren von Brüchen werden teilweise im Unterricht ohne Begründungen akzeptiert oder mithilfe verschiedener Modelle von Brüchen plausibel gemacht. Entsprechend müssen die Lernenden Brüche vor dem Hintergrund unterschiedlicher Modelle interpretieren können (z. B. als Maßzahlen, Operatoren oder Verhältnisse; vgl. Padberg & Wartha, 2017).

Vergleicht man die Zugangsweisen der Schulmathematik und der akademischen Mathematik, so werden einige Unterschiede deutlich: In der Schulmathematik werden Brüche in einer empirischen Art und Weise kontextgebunden eingeführt. Dabei soll der Kontext möglichst sinnstiftend sein, um die Anwendung von Mathematik als Werkzeug für das Beschreiben und Verstehen der Umwelt in den Vordergrund zu stellen. Da das kognitive Entwicklungsniveau der Lernenden einbezogen werden muss, ist der Abstraktionsgrad deutlich geringer als beim hochschulmathematischen Zugang. So werden die Bruchzahlen in der Schule nicht explizit aus den natürlichen oder ganzen Zahlen konstruiert, sondern als nützliches Werkzeug eingeführt. Ein weiterer Unterschied besteht offensichtlich in der mathematischen Strenge und den als notwendig erachteten Beweisen bzw. Begründungen. So wird die Repräsentantenunabhängigkeit der Rechenregeln in der Schulmathematik beispielsweise nicht thematisiert und auch gar nicht als ein Problem betrachtet. Dementsprechend überraschend ist es für Studierende in Anfängervorlesungen, dass dies nun einer Begründung bedarf. ◄

Zusammengefasst lässt sich also feststellen, dass die akademische Mathematik, wie sie an der Universität gelehrt wird, eine axiomatisch-deduktive Struktur aufweist und einen formalen Aufbau des mathematischen „Theoriegebäudes" mittels einer Definition-Satz-Beweis-Systematik verfolgt. Die betrachteten mathematischen Objekte sind abstrakt, prinzipiell nicht an die Realität gebunden und werden mithilfe einer formal-symbolischen Sprache dargestellt (z. B. Bourbaki, 1950; Wu, 2011). Mathematik in der Schule verfolgt dagegen als primäres Ziel nicht einen axiomatisch-deduktiven Theorie-aufbau, sondern dient dem Erwerb einer Allgemeinbildung. Entsprechend steht ins-besondere die Anwendung der Mathematik im Fokus, um Mathematik als Werkzeug zur Umwelterschließung und zum Problemlösen verwenden zu können (z. B. im Rahmen der Literacy-Orientierung, Jablonka, 2003, vgl. auch die Bildungsstandards, KMK, 2003). Begriffe werden häufig empirisch oder mit Bezug zur Realität und Vorerfahrungen der Schülerinnen und Schüler eingeführt. Sie verbleiben damit oft auf dem Niveau der induktiven Herleitung von Prototypen (z. B. Bromme, 1992; Wu, 2011). Plausibilitäts-betrachtungen und kontextbasiertes Begründen stehen dabei deutlich stärker im Vorder-grund als formale Beweise.

Diese Betrachtungen machen die „Kluft" zwischen der schulischen und der akademischen Mathematik, der Lehramtsstudierende an den Universitäten begegnen, deutlich. Diese Unterschiede lassen sich nicht darauf reduzieren, dass an der Uni-versität andere bzw. mehr Inhalte gelehrt und diese Inhalte auf einer abstrakteren Ebene betrachtet werden. Die „Kluft" kommt auch dadurch zustande, dass unter-schiedliche Erkenntnisinteressen im Vordergrund stehen (z. B. Bauer & Partheil, 2009). Bromme (1992, S. 92 f.) hat diesen Unterschied zwischen Schulfach und Fachdisziplin folgendermaßen beschrieben: „Die Schulfächer haben ein ‚Eigenleben' mit einer eigenen Logik, d. h. die Bedeutung der unterrichteten Begriffe ist nicht allein aus der Logik der wissenschaftlichen Fachdisziplinen zu erklären. In der Schülersprache: Mathematik und ‚Mathe', Theologie und ‚Reli' sind nicht dasselbe. Vielmehr fließen auch Zielsetzungen über Schule (z. B. Allgemeinbildungskonzeptionen) in die fachliche Bedeutung ein."

Vor dem Hintergrund dieser „Kluft" zwischen der akademischen Mathematik und der Schulmathematik stellt sich nun die Frage, welches mathematische Fachwissen Lehrkräfte der Sekundarstufe in ihrem Beruf benötigen, und damit verbunden, welches mathematische Fachwissen Lehramtsstudierende lernen sollten. Ist es Fachwissen im Sinne der akademischen Mathematik (das einen Referenzrahmen bietet), ein breites schulmathematisches Wissen (weil nur das unterrichtet wird) oder beides? Und was ist mit dem Wissen über die Struktur der Schulmathematik und über Zusammenhänge zwischen den beiden Arten von Mathematik? Obwohl insbesondere in der gymnasialen Lehramtsausbildung häufig auch heute noch in den Fachveranstaltungen ausschließlich akademische Mathematik vermittelt wird, gibt es schon lange Zweifel daran, dass dieses als professionelles Fachwissen für das Unterrichten von Mathematik ausreicht. So stellte bereits Klein (1908) aufgrund seiner Erfahrungen in der Lehramtsausbildung fest:

> Der junge Student sieht sich am Beginn seines Studiums vor Probleme gestellt, die ihn in keinem Punkte mehr an die Dinge erinnern, mit denen er sich auf der Schule beschäftigt hat [...]. Tritt er aber nach Absolvierung des Studiums ins Lehramt über, so soll er plötzlich eben diese herkömmliche Elementarmathematik schulmäßig unterrichten; da er diese Auf-gabe kaum selbständig mit der Hochschulmathematik in Zusammenhang bringen kann, so wird er in den meisten Fällen recht bald die althergebrachte Unterrichtstradition aufnehmen,

und das Hochschulstudium bleibt ihm nur eine mehr oder minder angenehme Erinnerung, die auf seinen Unterricht keinen Einfluss hat. (S. 1)

Angesichts dieser (lange) beschriebenen Problematik stellt sich die Frage, welche Gründe es geben kann, das Fachstudium für angehende Mathematiklehrkräfte auf akademische Mathematik zu konzentrieren. Bei genauerer Betrachtung liegt solchen Studienplänen die Annahme zugrunde, dass die angehenden Lehrkräfte durch das Verständnis akademischer mathematischer Inhalte auch die Schulmathematik besser verstehen und dadurch die mathematischen Anforderungen ihres Berufs bewältigen können. Wu (2015) bezeichnete dies griffig als „Intellectual Trickle-down Theory":

> School mathematics is thought to be the most trivial and most elementary part of the mathematics that mathematicians do. So once pre-service teachers learn 'good' mathematics, they will come to know school mathematics as a matter of course. (S. 41)

Ähnlich wie Klein äußerte sich Wu allerdings sehr kritisch zu dieser Annahme: Dass angehenden Lehrkräften das gleiche akademische Fachwissen wie angehenden Mathematikerinnen und Mathematikern vermittelt wird, sei vergleichbar damit, dass zukünftige Französischlehrkräfte im Studium statt Französisch ausschließlich die zugrunde liegende Sprache Latein lernen würden, unter der Annahme, dass sie so ihre aus der Schule mitgebrachten Französischkenntnisse vertiefen und schließlich Französisch unterrichten könnten (Wu, 2011, S. 372).

5.1.2 Fachwissen zum Aufbau und zur Begründung des Curriculums

Geht man davon aus, dass allein ein schulmathematisches Wissen (im Sinne der Mathematik, die Schülerinnen und Schüler in der Sekundarstufe lernen) nicht ausreicht, um Schulmathematik zu unterrichten, stellt sich die Frage, welche Rolle die akademische Mathematik für das fachspezifische Professionswissen einer Lehrkraft spielen kann oder sollte. Um einer Antwort auf diese Frage näher zu kommen, betrachten wir erneut das Beispiel zum Ähnlichkeitsbegriff: Welches mathematische Fachwissen ist nötig, um eine Unterrichtseinheit zu diesem Thema zu planen? Zunächst ist es wichtig zu wissen, wie sich dieses Thema in das Schulcurriculum einfügt:

- Welche Vorkenntnisse und mathematischen Ideen bringen die Lernenden schon aus dem Mathematikunterricht mit?
- Welche außermathematische Bedeutung hat dieses Thema?
- Welche Aspekte sind innermathematisch von Bedeutung, beispielsweise weil sie Voraussetzung oder mögliche Anknüpfungspunkte für das spätere Lernen im Fach sind?
- Welche Zugänge bieten sich für den fachlichen Aufbau an?

Konkret bezogen auf den Ähnlichkeitsbegriff besitzen Schülerinnen und Schüler Vorkenntnisse zum Maßstabsbegriff (maßstäbliches Vergrößern und Verkleinern). Außerdem
bietet beispielsweise Vorwissen zu Steigungsdreiecken aufgrund der Teilverhältnistreue
sinnvolle Anknüpfungsmöglichkeiten. Die außermathematische Bedeutung von Ähnlichkeit zeigt sich u. a. in folgenden Anwendungen: DIN-Format, Bildformate im Kino,
Fernsehen und Fotografie, Vergrößerung und Verkleinerung ohne „Verzerrung", Unterschiede zwischen kleinen und großen Lebewesen (unterschiedliches Wachstumsverhalten
von Hautoberfläche und Körpervolumen). Für den innermathematischen Aufbau sind
insbesondere die Ähnlichkeitssätze für Dreiecke (und Vierecke) sowie das Änderungs-
verhalten von Länge, Fläche und Volumen bei Ähnlichkeitsabbildungen wichtige Grundlagen. Das Ähnlichkeitskonzept kann auf dem weiteren Lernweg von Schülerinnen und
Schülern für den Satz des Pythagoras sowie für quadratische Funktionen (Anknüpfungspunkt: Wachstum von Flächen) genutzt werden und ist wichtig für Körperberechnungen
sowie für die Trigonometrie.

Für den Zugang zum Ähnlichkeitsbegriff bieten sich, wie bereits oben erwähnt,
ein abbildungsgeometrischer Zugang (Definition von Ähnlichkeit über Ähnlichkeitsabbildung) und ein Zugang über Figurenvergleiche (Definition von Ähnlichkeit
über gemeinsame Eigenschaften von Figuren) an. Im Sinne der Kohärenz fachlichen
Lernens kann argumentiert werden, dass Ähnlichkeit auf vergleichbare Art und Weise
wie zuvor die Kongruenz eingeführt werden sollte. Allerdings gibt es heutzutage in der
Schulmathematik keine strikte Trennung der beiden Zugänge mehr, um Vorteile beider
Varianten zu nutzen, und entsprechend finden sich in den Schulbüchern meist Mischformen (Hölzl, 2009). Wenn man jedoch durch Verzicht auf Ähnlichkeitsabbildungen
den Ähnlichkeitsbegriff auf Polygone und den Kreis einschränkt, so hat man beispielsweise beim Thema „quadratische Funktionen" keine Möglichkeit, an das Ähnlichkeitskonzept anzuknüpfen, um ähnliche Parabeln zu beschreiben. Ähnlichkeitsabbildungen
haben hier den Vorteil, dass die üblichen Veränderungen von Parabeln ausgehend von
der Normalparabel (v. a. Strecken und Stauchen) als Ähnlichkeitsabbildungen erkannt
werden können und so eine größere Kohärenz im längerfristigen Curriculum hergestellt
werden kann. Auch innerhalb der Geometrie stellen sich Fragen, die maßgeblich die
Kohärenz eines Curriculums beeinflussen, beispielsweise welche Rolle die Strahlensätze
bei der Behandlung des Themas „Ähnlichkeit" spielen sollten und in welchem Verhältnis
Strahlensätze und zentrische Streckung zueinander stehen.

Das skizzierte Beispiel zeigt, dass eine gründliche Planung einer solchen Unterrichtseinheit, die sich nicht nur auf ein gegebenes Schulbuch verlässt, sehr viel *curriculumbezogenes Wissen* im Sinne eines Wissens über die Struktur der Schulmathematik
verlangt. Dabei geht es insbesondere um fachliches Wissen darüber,

- warum bestimmte Themen in der Schulmathematik behandelt werden: innermathematische Bedeutung (im Rahmen der Schulmathematik und darüber hinaus)
  und außermathematische Bedeutung,

- welche mathematischen Ideen und Konzepte für welche Inhalte des Schulcurriculums eine Rolle spielen,
- auf welche mathematischen Ideen und Konzepte man in einer bestimmten Klassenstufe schon aufbauen kann und sollte,
- was zentrale Aspekte eines Themas sind, die behandelt werden sollten, weil sie Voraussetzung oder mögliche Anknüpfungspunkte für das spätere Lernen sind.

Dieses Fachwissen weist zunächst einmal kaum explizite Bezüge zur Hochschulmathematik auf. Es handelt sich dabei allerdings auch nicht um schulmathematisches Wissen im Sinne des mathematischen Wissens, das Schülerinnen und Schüler erwerben. Es ist vielmehr ein Metawissen über die Schulmathematik, das Lernenden in aller Regel nicht explizit zugänglich gemacht wird, aber zum professionellen Fachwissen von Lehrkräften gehört. Für dieses curriculumbezogene Wissen spielt die akademische Mathematik insofern eine Rolle, als dass sie einen Referenzrahmen für die Bedeutung von mathematischen Konzepten darstellt: Sogenannte fundamentale Ideen der Mathematik sollen im Sinne eines Spiralcurriculums auch schon in der Schulmathematik vermittelt werden (Bruner, 1960; Schweiger, 1992).

5.1.3   Fachwissen über Zusammenhänge zwischen Schulmathematik und akademischer Mathematik aus unterschiedlichen Perspektiven

Mathematiklehrkräfte sollten aber außer curriculumbezogenem Wissen weiteres Fachwissen besitzen. Sie sollten beispielsweise erkennen, inwiefern ein Schulbuch einen mathematischen Sachverhalt intellektuell ehrlich behandelt (Bruner, 1960). Dies bezieht sich auf die Frage, inwiefern die mathematische Integrität gewahrt, also der Kern eines Begriffs oder Sachverhalts möglichst unverzerrt abgebildet wird (Bass & Ball, 2004; Wu, 2018). Mathematische Integrität ist beispielsweise dann nicht gewahrt, wenn – wie im Schulbuchbeispiel zum Ähnlichkeitsbegriff (Abb. 5.1) – keine Unterscheidung zwischen einer Definition und einem zu beweisenden/begründenden Satz gemacht wird. Ein weiteres Problem besteht darin, dass mathematische Konzepte im Rahmen der Schulmathematik häufig gar nicht oder nur unpräzise definiert werden (Wu, 2018), sodass die Einschätzung der „intellektuellen Ehrlichkeit" erschwert ist. Wir meinen damit selbstverständlich nicht, dass in der Schulmathematik die Präzision der Hochschulmathematik erwartet werden sollte: Definitionen in der Schulmathematik müssen in der Regel vereinfacht und häufig informell sein, schon allein weil die Lernvoraussetzungen berücksichtigt werden müssen. Dennoch sollten sie ausreichend genau sein, damit Lernende und Lehrende sich über ein Konzept verständigen können. Wenn beispielsweise in einer Argumentation oder bei einer Problemlösung der Begriff Ähnlichkeit fällt, dann muss in der Lerngruppe klar sein, wovon die Rede ist. Der Erwerb zentraler prozessbezogener

Kompetenzen (Kommunizieren, Problemlösen, Argumentieren etc.) setzt voraus, dass mathematische Konzepte hinreichend präzise definiert werden. Betrachten wir hierzu das Beispiel 3:

Beispiel 3

Eine Schülerin der 11. Klasse an einem Gymnasium hat bei der Einführung des Konzepts der Stetigkeit von Funktionen folgende Definition von der Tafel abgeschrieben (Abb. 5.2):

Im Beispiel fällt auf, dass zwar eine Definitionsmenge der Funktion f erwähnt wird, diese aber bei der Definition der Eigenschaft „stetig" keine Rolle spielt. Es wird nicht präzisiert, dass es sich dabei um ein Intervall der reellen Zahlen handeln sollte. Stetigkeit wird einerseits als Eigenschaft der Funktion f beschrieben, aber andererseits nur an einer nicht spezifizierten Stelle x_0 definiert. Die Ergänzung der Lehrerin in Klammern („muss sich annähern") kann als Versuch gedeutet werden, eine inhaltliche Vorstellung zur Konvergenz der Funktionswertfolge gegen den Funktionswert an der Stelle x_0 zu vermitteln. Dabei ist die Vorstellungsgrundlage jedoch unklar (Was nähert sich an was an?) und die Präzision dieser Einführung des Stetigkeitsbegriffs leidet insbesondere durch die Vermengung von lokalen und globalen Eigenschaften. Der Hefteintrag des darauffolgenden instruktionalen Beispiels verstärkt diesen Eindruck (Abb. 5.3):

Die Gauß-Klammerfunktion wird an zwei verschiedenen Stellen $x_0 = 2,5$ und $x_0 = 3$ betrachtet. Der Hefteintrag lässt erkennen, dass das in der Definition erwähnte Kriterium „Funktionswerte nähern sich an" geprüft wird. Es ist jedoch nicht ersichtlich, welche Folge dafür genutzt wurde bzw. ob überhaupt eine infinitesimale

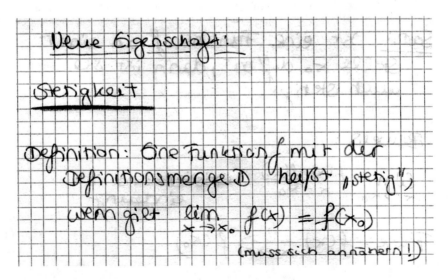

Abb. 5.2 Definition von Stetigkeit in einer 11. Klasse am Gymnasium

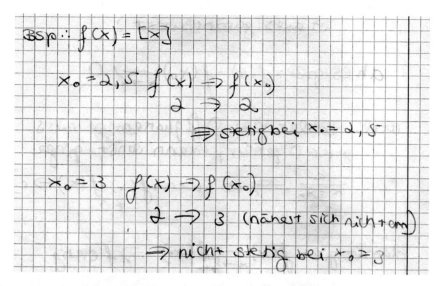

Abb. 5.3 Beispiele zum Stetigkeitsbegriff in einer 11. Klasse am Gymnasium

Betrachtung stattfand. Die „Annäherung" geschieht jedenfalls nur „von links" ($x < x_0$). Wie tragfähig das so bei der Schülerin aufgebaute Stetigkeitskonzept für eine Argumentation mit dem Stetigkeitsbegriff war, zeigte sich in der darauffolgenden Klausur, die die folgende Aufgabe mit dem Titel „Begründen" enthielt: „Finde eine plausible Begründung dafür, dass die Funktion $f(x) = \sqrt{x}$ an der Stelle 0 nicht differenzierbar ist, obwohl die Funktion dort eine Tangente hat." Auf der Grundlage des gelernten Stetigkeitsbegriffs und des Zusammenhangs zwischen Differenzierbarkeit und Stetigkeit argumentierte die Schülerin wie in Abb. 5.4 dargestellt.

Die Schülerin möchte begründen, dass die Funktion an der Stelle $x_0 = 0$ nicht stetig sei und damit auch nicht differenzierbar sein könne. Genau wie in den präsentierten Unterrichtsbeispielen möchte die Schülerin eine „Annäherung" an x_0 von links betrachten. Dabei wird – ganz im Einklang mit der behandelten Definition – nicht berücksichtigt, dass die Folge $x \to x_0$ in einem Intervall des Definitionsbereichs liegen muss. In der Antwort findet sich auch kein Hinweis darauf, dass zwischen einer lokalen und einer globalen Stetigkeitseigenschaft differenziert wird.

Dabei wird deutlich, wie die unpräzise Definition und Verwendung des Stetigkeitsbegriffs im Unterricht die Schülerin daran hinderte, den Begriff angemessen für eine Argumentation nutzen zu können. ◄

Fachliche Verzerrungen können sich selbstverständlich nicht nur auf Definitionen, sondern auch auf Begründungen und Beweise in der Schulmathematik beziehen: Im Sinne von intellektueller Ehrlichkeit ist es etwa wichtig, „Pseudobeweise" als solche zu erkennen. Ein Beispiel hierfür wäre, wenn im Rahmen der schulischen Zahlbereichserweiterung zu den ganzen bzw. rationalen Zahlen mithilfe des Distributivgesetzes

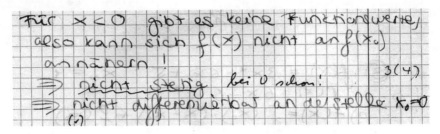

Abb. 5.4 Argumentation einer Elftklässlerin zur Stetigkeit von $f(x) = \sqrt{x}$ an der Stelle $x_0 = 0$

„bewiesen" wird, dass „Minus mal Minus Plus ergibt", ohne dass deutlich gemacht wird, dass eigentlich das Permanenzprinzip dahintersteht: Es ist an der Stelle gar nicht klar, dass die alten Gesetze weiterhin gelten, sondern die Operationen für negative Zahlen werden gerade so definiert, dass dies der Fall ist (Malle, 2007). Anders verhält es sich mit Erklärungen, die zwar den Kern des mathematischen Sachverhalts treffen, von denen allerdings noch nicht erwartet werden kann, dass Lernende diesen verstehen. Dazu gehört etwa, dass $0,\overline{9}$ einerseits einen Prozess, andererseits eine Zahl bezeichnet, was in der sechsten oder siebten Klasse wegen des fehlenden Grenzwertbegriffs schwierig in ein Konzept von $0,\overline{9}$ zu integrieren ist. Die Grenzwerteigenschaften müssen deswegen zu diesem Zeitpunkt in den Schulbüchern implizit bleiben. Um die intellektuelle Ehrlichkeit von Zugängen in der Schulmathematik zu beurteilen, müssen Lehrkräfte jedoch wissen, an welchen Stellen Zusammenhänge implizit angenommen werden, warum diese nicht expliziert werden und welche Konsequenzen dies potenziell für das Lernen hat. Bei einer solchen Einschätzung ist die Kenntnis der dahinterliegenden hochschulmathematischen Begründungen unabdinglich.

An dieser Stelle lässt sich zusammenfassen, dass Lehrkräfte Zugänge, Definitionen, Merksätze und Begründungen in Schulbüchern, Lernsoftware, Tafelbildern und Ähnlichem analysieren und danach beurteilen sollen, inwiefern sie intellektuell ehrlich bzw. fachlich verzerrend sind (Bass & Ball, 2004; Prediger, 2013). Dafür ist fachliches Wissen darüber nötig, welche akademische Mathematik die Grundlage der jeweiligen Elemente der Schulmathematik ist. Genauer gesagt müssen dabei ausgehend von Elementen der Schulmathematik Zusammenhänge zu „dahinterliegenden" Definitionen, Sätzen und Beweisen in der akademischen Mathematik hergestellt werden.

Über solche Analysen und Beurteilungen vorhandener Elemente von Schulmathematik hinaus sollten Lehrkräfte auch in der Lage sein, entsprechende Definitionen, Merksätze, Begründungen etc. selbst zu verändern bzw. zu verbessern und möglichst auch selbst zu entwickeln. Dazu müssen Elemente der akademischen Mathematik für den schulischen Einsatzbereich so reduziert werden, dass sie einerseits im Rahmen der Schulmathematik angemessen und andererseits auch intellektuell ehrlich sind. Betrachten wir hierzu nochmal das Beispiel zur Stetigkeit, so ist anzunehmen, dass die Lehrerin die im Unterricht eingesetzte Definition des Stetigkeitsbegriffs selbst formuliert hat. Sie hat in diesem Sinne das Stetigkeitskonzept für ihren Unterricht in einer elften Klasse reduziert. Dies ist ihr jedoch nur in einer fachlich verzerrenden Weise gelungen.

Fachliches Wissen, das sich zwischen der Schulmathematik und dem hochschulmathematischen Referenzrahmen bewegt, ist allerdings nicht nur hilfreich, um Defizite in Elementen der Schulmathematik zu erkennen und zu beheben, sondern dient auch dazu, in Aufgaben und Unterrichtssituationen das Lernpotenzial zu erkennen, zentrale Ideen der Mathematik zu entdecken und zu thematisieren. Als Beispiel analysierte Prediger (2013) eine Schulbuchaufgabe, die dazu anleitet, Endziffern von hohen Potenzen zu untersuchen und Regelmäßigkeiten zu entdecken. Nur wer das entsprechende zahlentheoretische Fachwissen damit in Verbindung bringen kann, erkennt, dass die Betrachtung von Endziffern einer Betrachtung modulo 10 entspricht und die Beobachtung, dass sich spätestens nach der vierten Potenz einer ganzen Zahl die Endziffern wiederholen, auf den Satz von Euler-Fermat (Verallgemeinerung des kleinen Satzes von Fermat) zurückzuführen ist. Als weiteres Beispiel können Zahlenmauern dienen – ein Format, das bereits in der Grundschule genutzt wird und ein Lernanlass für das weiterführende mathematische Konzept des Binomialkoeffizienten sein kann: Untersucht man, wie oft die Zahlen in den verschiedenen Bausteinen in das Ergebnis im obersten Baustein der Mauer eingehen, so führt dies zum Pascalschen Dreieck, also letztlich zur rekursiven Konstruktion von Binomialkoeffizienten. Mit diesem Wissen können einerseits Grundschullehrkräfte Lerngelegenheiten schaffen, um Lernende diese Struktur entdecken zu lassen und damit einen wichtigen Anknüpfungspunkt für später zu schaffen, und umgekehrt können Sekundarstufenlehrkräfte auf Zahlenmauern und ihr Bauprinzip zurückgreifen, wenn es um die rekursive Konstruktion von Binomialkoeffizienten geht.

Auch in der Aufgabenentwicklung wird fachliches Wissen über die Schulmathematik in Verbindung mit dem hochschulmathematischen Referenzrahmen relevant. Lehrkräfte sind im besten Fall in der Lage, Aufgaben zu entwickeln, in denen Konzepte der akademischen Mathematik für die Schulmathematik dekomprimiert werden (z. B. die Hüllkurve einer Geradenschar; siehe Hefendehl-Hebeker, 2013). Um solche Aufgaben zu entwickeln, kann es sinnvoll sein, historische Wurzeln mathematischer Konzepte für den Lernprozess zu nutzen, denn: „Jedes Thema erlebt eine Genese vom ursprünglichen Verstehen zum exakten Denken. Dies gilt für die Wissenschaftsgeschichte wie für die individuelle Wissensgenese gleichermaßen" (Hefendehl-Hebeker, 2013, S. 13). In diesem Sinne gilt es, aufkeimende mathematische Ideen von Lernenden hinsichtlich ihres Potenzials einschätzen zu können und entsprechend wertzuschätzen. So ist also nicht nur in der Planung von Unterricht, sondern auch während des Unterrichtens Wissen über Zusammenhänge zwischen schulischer und akademischer Mathematik hilfreich, um flexibel und lernförderlich auf Ideen und Fehler von Lernenden reagieren zu können (für Beispiele siehe Ball & Bass, 2009; Prediger, 2013, S. 158). Dabei sollten entsprechende Äußerungen von Schülerinnen und Schülern vor dem Hintergrund der akademischen Mathematik als Referenzrahmen verortet und durch diese Einordnung eine angemessene Reaktion auf Ebene der Schulmathematik generiert werden. Solche Prozesse sind insbesondere dann zentral, wenn Lehrkräfte fachlich substanzielle produktive Diskussionen von Lernenden moderieren.

Auf Basis dieser Analyse von Anforderungen an das mathematische Fachwissen von Mathematiklehrkräften lässt sich also festhalten, dass nicht nur curriculumbezogenes Wissen, sondern auch *Wissen über Zusammenhänge zwischen schulischer und akademischer Mathematik* für einen intellektuell ehrlichen Mathematikunterricht in der Sekundarstufe notwendig ist. Solche Zusammenhänge können ausgehend von der Schulmathematik (*bottom-up*) betrachtet werden, sodass entsprechendes Wissen Antworten auf Fragen der folgenden Art gibt:

- Sind bestimmte Elemente der Schulmathematik (Einführungen, Definitionen, Sätze, Begründungen etc. in Schulbüchern und anderen Lernmedien) „intellektuell ehrlich" oder fachlich verzerrend?
- Welches Potenzial für das Entdecken und Thematisieren zentraler mathematischer Ideen steckt in bestimmten Aufgaben und anderen Lernanlässen?
- Inwiefern weisen bestimmte Schüleräußerungen fachlich anschlussfähige mathematische Ideen auf?

Ebenso können solche Zusammenhänge auch ausgehend von der Hochschulmathematik (*top-down*) betrachtet werden, sodass Wissen benötigt wird, das Antworten auf Fragen der folgenden Art liefert:

- Wie kann man bestimmte Elemente der akademischen Mathematik (Begriffe, Sätze etc.) im schulischen Kontext einführen, definieren bzw. begründen, sodass diese im Rahmen der Schulmathematik zugänglich, aber nicht fachlich verzerrt werden?
- Mit Hilfe welcher Aufgaben und Lernanlässe können Lernende bestimmte mathematische Ideen entdecken?

Wie das folgende Beispiel 4 zeigt, werden Zusammenhänge zwischen schulischer und akademischer Mathematik häufig im Wechsel aus Bottom-up- und Top-down-Perspektive betrachtet, sodass diese beiden aus analytischer Sicht zu trennenden Perspektiven nicht immer klar voneinander abzugrenzen sind. Dieses Beispiel einer Unterrichtsszene, die Prediger (2013, S. 152) berichtete, zeigt sehr deutlich, welchen Mehrwert es für die Qualität von Mathematikunterricht in der Sekundarstufe hat, wenn eine Lehrkraft Fachwissen über Zusammenhänge zwischen schulischer und akademischer Mathematik nutzen kann.

Beispiel 4

Prediger (2013, S. 152) berichtete von einer Unterrichtsszene, in der eine Gymnasiallehrerin in ihrer 9. Klasse diskutieren lässt, ob $0,\overline{9}$ gleich 1 ist oder nicht. Vor dem Hintergrund ihres akademischen Fachwissens möchte sie dies als Lernanlass nutzen, bei dem die Lernenden mittels einer Auseinandersetzung mit unendlich kleinen

Teilchen erste Erfahrungen zur Konvergenz machen können. Dazu verwendet sie einen Ansatz im Sinne der Non-Standard-Analysis, d. h., die Existenz unendlich kleiner Zahlen wird angenommen. Im Unterrichtsgeschehen tritt allerdings eine unerwartete Schüleräußerung auf: „Wenn ich mir die Zahlen angucke: 0,9, dann 0,99, dann 0,999, dann kommt ja immer wieder was dazu. Dann muss es ja sogar irgendwann mehr als 1 werden!" (Prediger, 2013, S. 152). Zwar wird dieses Argument von den anderen Lernenden in der Diskussion nicht ernst genommen, aber die Lehrerin stellt hier einen Zusammenhang zur akademischen Mathematik her *(bottom-up)* und erkennt, dass die Vorstellung entscheidend ist, dass Reihen konvergieren können, also eine Summe trotz unendlich vieler Summanden endlich groß sein kann. Sie erkennt die Schüleräußerung daher als mathematisch sehr relevant und schiebt daraufhin das Paradoxon von Achilles und der Schildkröte als entsprechenden Lernanlass ein. Das heißt, sie nutzt hier Wissen in Top-down-Richtung, indem sie eine passende Lerngelegenheit schafft, die das Problem überspitzt und mit der die Schülerinnen und Schüler eine für ihre Diskussion relevante mathematische Idee entdecken können. Tatsächlich nutzen die Lernenden diese Lerngelegenheit für eine fachlich substanzielle produktive Diskussion, die zu der Erkenntnis führt, dass es zwei unterschiedliche Formen von unendlich gibt: „Unendlich oft kommt was dazu, aber eben nicht unendlich viel, sondern immer weniger." (Prediger, 2013, S. 152). Erneut einen Zusammenhang zur akademischen Mathematik herstellend *(bottom-up),* erkennt die Lehrerin in dieser Unterscheidung die Rekonstruktion der Idee von Reihen: „Seht ihr, und die Mathematiker haben lange gebraucht, bis sie sogenannte Reihen erfunden haben, um die Unterscheidung genauer zu beschreiben und zu Lösungen zu kommen." (Prediger, 2013, S. 152). ◄

Derartige Situationen des Zusammenspiels von Schulmathematik und akademischer Mathematik werden im Rahmen der fachmathematischen Lehrveranstaltungen im Studium kaum thematisiert. Prediger (2013) geht entsprechend davon aus, dass solche Unterrichtsszenen leider nicht die Regel sind, sondern viele Lehrkräfte nur sehr begrenzt Zusammenhänge mit der akademischen Mathematik herstellen. Diesen Lehrkräften fällt in vielen Fällen gar nicht auf, dass entsprechendes Wissen ihnen dabei helfen würde, zentrale Ideen in Schüleräußerungen besser aufzugreifen, intellektuell ehrlicher Mathematik zu vermitteln sowie Lernanlässe mit mathematischem Potenzial zu schaffen und zu nutzen. Aufgrund von fehlendem Wissen über solche Zusammenhänge können sie die entsprechenden Gelegenheiten häufig gar nicht wahrnehmen.

5.1.4 Schulbezogenes Fachwissen

Vor dem Hintergrund all dieser Überlegungen hinsichtlich der Frage, welches mathematische Fachwissen Lehrkräfte der Sekundarstufe in ihrem Beruf benötigen und daher Lehramtsstudierende lernen sollten, lässt sich schließen, dass weder schulisches noch akademisches Fachwissen allein genügen. Vielmehr ist insbesondere auch Wissen im Spannungsfeld zwischen Schulmathematik und akademischer Mathematik relevant. Wir haben uns daher entschieden, für die Untersuchung des mathematischen Fachwissens angehender Sekundarstufenlehrkräfte im Rahmen der Forschungsprojekte KiL und KeiLa nicht nur das akademische Fachwissen, das sie typischerweise während ihres Studiums an der Universität lernen, sondern auch sogenanntes *schulbezogenes Fachwissen* zu erfassen. Dieses schulbezogene Fachwissen umfasst, wie oben dargestellt, curriculumbezogenes Wissen als ein Metawissen über die Struktur der Schulmathematik und Wissen über Zusammenhänge zwischen akademischer und schulischer Mathematik in Top-down- und in Bottom-up-Richtung (Dreher et al., 2018).

Bevor wir im folgenden Abschn. 5.2 anhand von Beispielaufgaben erläutern, wie schulbezogenes Fachwissen bei Lehramtsstudierenden in den genannten Studien untersucht wurde, stellt sich zunächst die Frage, wie sich dieses schulbezogene Fachwissen von fachdidaktischem Wissen unterscheiden lässt. Tatsächlich werden Elemente von schulbezogenem Fachwissen im Lehramtsstudium für die Sekundarstufe eher in fachdidaktischen als in fachwissenschaftlichen Veranstaltungen gelehrt. Außerdem wurde fachdidaktisches Wissen ebenfalls als eine berufsspezifische Wissenskomponente von Lehrkräften definiert (Shulman, 1986) und beispielsweise durch die drei Wissensfacetten „Erklären und Repräsentieren", „Schülerkognitionen" sowie „Lernpotenzial von Aufgaben" präzisiert, die alle einen Bezug zwischen schulmathematischen Inhalten und den kognitiven Lernvoraussetzungen von Schülerinnen und Schülern herstellen (ein Großteil der Beiträge im vorliegenden Band beschäftigt sich mit dem fachdidaktischen Wissen). Nach unserem Verständnis gehen mathematikdidaktische Theorien und Modelle jedoch immer über eine rein fachliche Analyse der Situation hinaus und beziehen kognitive Prozesse der Lernenden in jedem Fall ein. Dementsprechend lassen sich auch fachdidaktische Anforderungen gemäß den drei exemplarischen Wissensfacetten nicht allein mit schulbezogenem Fachwissen bewältigen. Umgekehrt umfasst schulbezogenes Fachwissen aber auch Wissensaspekte, die über schulmathematische Inhalte hinausgehen. Es ist nicht zu bestreiten, dass schulbezogenes Fachwissen und fachdidaktisches Wissen eng zusammenhängen und der Übergang als fließend angesehen werden kann. Im Gegensatz zu fachdidaktischem Wissen kann schulbezogenes Fachwissen jedoch als rein fachliches Wissen beschrieben werden, das keine Betrachtung der Schülerkognition oder von Lehr- und Lernprozessen erfordert. Der zentrale Bezugspunkt von schulbezogenem Fachwissen zum schulischen Lernen ist die Schulmathematik und deren mögliche curriculare Anordnungen. Dabei geht es allerdings nicht wie bei fachdidaktischem Wissen darum, dass und warum gewisse Aspekte der Schulmathematik lernförderlich sind, sondern allein um die fachliche Perspektive, wie an den oben dargestellten Beispielen deutlich wird.

5.2   Wie kann schulbezogenes Fachwissen untersucht werden?

Im Rahmen der Forschungsprojekte KiL und KeiLa wurde am IPN-Leibniz-Institut für die Pädagogik der Naturwissenschaften und Mathematik Kiel das mathematikbezogene Wissen von Lehramtsstudierenden der Sekundarstufe an verschiedenen Hochschulen in Deutschland untersucht. Wie im vorangegangenen Abschn. 5.1 erläutert, wird dabei nicht nur fachdidaktisches Wissen und akademisches Fachwissen berücksichtigt, für welche es traditionell ausgewiesene Lerngelegenheiten in der universitären Lehramtsausbildung gibt, sondern insbesondere auch schulbezogenes Fachwissen. Für alle drei Wissensbereiche wurden Aufgaben entwickelt, die im Rahmen schriftlicher Tests eingesetzt werden können. In diesem Abschnitt werden exemplarische Aufgaben der Projekte KiL und KeiLa vorgestellt und analysiert sowie die Unterschiede zu den Studien COACTIV und TEDS erläutert.

5.2.1   Aufgaben zur Erfassung von schulbezogenem Fachwissen

Für die Aufgabenentwicklung wurden zunächst curriculare Analysen der Lehramtsstudiengänge der beteiligten Hochschulen durchgeführt, damit die mathematischen Inhalte der Studiengänge (Arithmetik, Algebra, Analysis, Geometrie, Stochastik und Numerik) im Test in angemessener Weise abgebildet werden. Die entwickelten Testaufgaben wurden im Rahmen einer Vorstudie auf ihre Eignung (u. a. Schwierigkeit) überprüft und am Ende lagen insgesamt 119 Testaufgaben vor (31 zu fachdidaktischem Wissen, 34 zu schulbezogenem Fachwissen und 54 zu akademischem Fachwissen).

Um einen Einblick in die eingesetzten Testaufgaben zu geben, werden im Folgenden Beispielaufgaben und Lösungsmöglichkeiten diskutiert.

Das in Abb. 5.5 dargestellte Aufgabenbeispiel wurde zur Erfassung von schulbezogenem Fachwissen eingesetzt und hat curriculumbezogenes Wissen zur innermathematischen und außermathematischen Bedeutung von Inhalten („Warum werden bestimmte Themen in der Schulmathematik behandelt?") zum Gegenstand. Konkret bezieht sich diese Aufgabe auf die Bedeutung der Bruchrechnung, die bekanntlich zwar ein zentrales Thema in der Unterstufe ist, aber Lernenden häufig große Probleme bereitet und dessen inner- und außermathematische Bedeutung nicht direkt ersichtlich ist. In der Testaufgabe wird erwartet, dass Lehrkräfte sachliche Begründungen zur Legitimation von Inhalten kennen und – wie in diesem Szenario – beispielsweise gegenüber Eltern die Bedeutung der Bruchrechnung in ihrer Breite begründen können. Eine ausführliche Darstellung solcher Legitimationsargumente in Bezug auf die Bruchrechnung findet sich in Padberg & Wartha (2017), sodass wir uns an dieser Stelle auf eine Zusammenfassung beschränken. Die Bruchrechnung stellt eine wichtige *Verständnisgrundlage für weitere Bereiche* der Schulmathematik dar, was sich mit Kenntnis der curricularen Bezüge darlegen lässt:

Der Vater einer Ihrer Schüler kommt in Ihre Sprechstunde.

Er fragt: „Weshalb müssen die Schülerinnen und Schüler Bruchrechnung mit $\frac{1}{2}, \frac{3}{4}, \frac{5}{4}$ überhaupt noch lernen? Im Alltag kann
man doch sowieso mit Dezimalzahlen rechnen."

Nennen Sie dem Vater <u>zwei</u> Argumente, weshalb es sinnvoll ist, die Bruchrechnung im Unterricht zu behandeln.

1. Argument:
2. Argument:

Abb. 5.5 Aufgabenbeispiel schulbezogenes Fachwissen: Curriculumbezogenes Wissen 1

- Gewöhnliche Brüche sind für eine erfolgreiche Behandlung der Gleichungslehre im inhaltlichen Strang der Algebra erforderlich. Werden alternativ Dezimalzahlen genutzt, so werden häufig Rundungen nötig, was jedoch keine algebraische, sondern eine arithmetische Arbeitsweise darstellt. Allgemein ist die Bruchrechnung eine wichtige Voraussetzung für den Algebraunterricht und spätestens bei der Behandlung von Bruchtermen können Bruchdarstellungen nicht mehr vermieden werden.
- Unter Kenntnis der Bruchrechnung erscheint die Prozentrechnung als Spezialfall der Bruchrechnung. Damit kann die Prozentrechnung besser dargestellt werden: Darstellungen von beliebigen Anteilen in „von Hundert" oder „Hundertstel" sind im Rahmen der Bruchrechnung verständlich.
- Der klassische Wahrscheinlichkeitsbegriff sowie einfache Aussagen der Wahrscheinlichkeitsrechnung lassen sich sehr gut mithilfe von Brüchen erarbeiten und begründen. Im Vergleich zu Dezimalzahlen zeichnen sich Brüche in diesem Kontext durch ihre größere Anschaulichkeit und Prägnanz aus, so kann beispielsweise eine Wahrscheinlichkeit von 2/5 bei Kenntnis der Bruchrechnung direkt in ein Modell von 2 günstigen bei 5 möglichen Ereignissen oder aber 4 günstigen bei 10 möglichen überführt werden. Die bei Dezimalzahlen teilweise nötigen Rundungen können außerdem dazu führen, dass die Summe der Wahrscheinlichkeiten der Elementarereignisse nicht mehr Eins ergibt.

Darüber hinaus stellten Padberg & Wartha (2017) fest: „Wir benötigen die Bruchrechnung für das *alltägliche Leben,* da wir nur auf ihrer Grundlage die im Alltag wichtigen Dezimalbrüche sowie das Rechnen mit diesen gründlich verstehen" (S. 16). Ihre Argumente dafür lassen sich wie folgt zusammenfassen:

- Die Dezimaldarstellung kann als spezielle Schreibweise für Brüche eingeführt werden (z. B. 0,1 als 1/10 usw.). Wird diese hingegen (fast) ausschließlich als Erweiterung der Stellenwerttafel nach rechts eingeführt, so ist dies problematisch, da für das Verständnis der Stellenwerte die Kenntnis von Brüchen notwendig ist und zudem falsche Analogien zur bis dahin bekannten Stellenwerttafel zu Fehlern führen (z. B. 10 Hundertstel sind 1 Tausendstel).
- Auf Basis der Bruchrechnung lassen sich alle Rechenregeln für Dezimalzahlen einheitlich und einsichtig ableiten. Bei ausschließlicher Dezimalzahldarstellung bereiten periodische Dezimalzahlen Probleme.

Wurde einer dieser Gründe bei der Beantwortung der Aufgabe genannt, so wurde dies als richtige Teilantwort gewertet. Auch eine Erwähnung der Tatsache, dass Brüche ein genaueres Rechnen ohne Rundungsfehler erlauben, zählte als richtige Teilantwort, da dies im Kern die algebraischen Qualitäten von Brüchen gegenüber den arithmetischen betont. Gleiches galt, wenn argumentiert wurde, dass Brüche die Begründung algebraischer Eigenschaften von $\mathbb{Q}^+$ deutlich erleichtern (Padberg & Wartha, 2017): Der Nachweis, dass die den Lernenden von den natürlichen Zahlen bekannten Gesetzmäßigkeiten Kommutativ-, Assoziativ- und Distributivgesetz auch im neuen Zahlbereich gelten und dass in $\mathbb{Q}^+$ die Existenz multiplikativer Inverser hinzukommt, lässt sich in Bruchschreibweise leicht führen, was in Dezimalschreibweise nicht der Fall ist.

Neben sogenannten offenen Aufgaben, die Freitextantworten erfordern, wurden zur Erfassung von schulbezogenem Fachwissen auch geschlossene Aufgaben eingesetzt. Es muss dann für gegebene Aussagen entschieden werden, ob diese zutreffend sind oder nicht. Die folgende Aufgabe zu schulbezogenem Fachwissen in Abb. 5.6 ist ein Beispiel für eine solche geschlossene Aufgabe. Sie zielt auf Zusammenhänge zwischen akademischer und schulischer Mathematik in Bottom-up-Richtung ab im Sinne der Frage: „Welches Potenzial für das Entdecken und Thematisieren zentraler mathematischer Ideen steckt in bestimmten Aufgaben?"

Entsprechend ist eine Aufgabe aus einem Schulbuch gegeben und es wird gefragt, was den Schülerinnen und Schülern damit veranschaulicht wird (Abb. 5.6). In der Aufgabe wird eine Szene beschrieben und bildlich dargestellt, in der Peter zunächst neun Chips in eine Stellenwerttafel gelegt hat (vier in der Tausenderspalte, zwei in der Hunderterspalte und drei in der Zehnerspalte) und dann im nächsten Schritt diese Chips (beginnend mit denjenigen in der Zehnerspalte) alle in die Einerspalte schiebt. In den ersten beiden Teilaufgaben werden die Lernenden dazu aufgefordert, sich zu überlegen, um wie viel sich die Zahl durch das Verschieben des ersten bzw. aller Chips ändert. Im Gegensatz zu einer digitalen Stellenwerttafel, in der dem Verschieben von Chips die Operationen des Entbündelns bzw. Bündelns hinterlegt sind (Ladel & Kortenkamp, 2013), ändert sich bei dieser analogen Stellenwerttafel der Wert der dargestellten Zahl durch das Verschieben der Chips: Ein Chip, der von der Zehner- zur Einerspalte verschoben wird, ändert seinen Beitrag zum Wert der dargestellten Zahl und steht vor dem

In einem Schulbuch finden Sie die folgende Aufgabe:

Peter hat neun Chips in die Stellenwerttafel gelegt. Anschließend schiebt er die Chips aus der Zehner-, Hunderter- und Tausenderspalte in die Einerspalte.

1. Um wie viel ändert sich die Zahl beim Verschieben des ersten Chips?

2. Um wie viel ändert sich die Zahl durch das Verschieben insgesamt?

3. Welche Teiler haben daher alle Zahlen aus neun Plättchen gemeinsam? Begründe deine Antwort.

4. Nimm dir 10 (18) Chips und gehe vor wie Peter. Was stellst du fest?

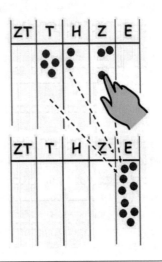

Was wird den Schülerinnen und Schülern mit dieser Aufgabe enaktiv (durch Handlung) veranschaulicht?

	Trifft zu	Trifft nicht zu
Das Bündeln und Entbündeln von Zahlen	☐	☒
Der Unterschied zwischen Stellenwert und Ziffernwert	☒	☐
Die Rolle des Stellenwertsystems beim Subtrahieren	☐	☒
Die Quersummenregel im Dezimalsystem	☒	☐

Abb. 5.6 Aufgabenbeispiel schulbezogenes Fachwissen: Bottom-up-Richtung

Verschieben für zehn Einer, nach dem Verschieben für einen Einer, was zu einer Verringerung des Wertes um neun führt.

Was die Lernenden bei der Reflexion der Veränderung der dargestellten Zahl durch das Verschieben der Chips entdecken können, ist also nicht Bündeln und Entbündeln, sondern der Unterschied zwischen Stellenwert und Ziffernwert: Während sich der

Beitrag eines neu dazugefügten Chips zum Ziffernwert an einer Stelle immer als „plus eins" abbildet (ein Zehner oder aber ein Einer mehr), verändert sich der Stellenwert des ersten Chips beispielsweise beim Verschieben von Zehn auf Eins, sodass sich der Wert der dargestellten Zahl insgesamt um neun verringert. Der Stellenwert der Chips, die zunächst in der Hunderterspalte lagen, ändert sich beim Verschieben in die Einerspalte von 100 auf Eins, also um 99, und entsprechend bei denjenigen, die in der Tausender-spalte lagen, um 999. Insgesamt fällt auf, dass das Verschieben eines Chips in die Einerspalte anscheinend immer dazu führt, dass sich der Wert der Zahl um einen Wert verringert, der durch 9 teilbar ist. Lernende sollen zunächst diese Vermutung mithilfe einer Argumentation am generischen Beispiel stützen. Als Lehrkraft ist es hier wichtig zu wissen, was mathematisch dahintersteckt und was diese Erkenntnis bedeutet, um den durch die weiteren Teilaufgaben intendierten Erkenntnisprozess der Schülerinnen und Schüler entsprechend unterstützen zu können: Das Verschieben aller Chips in die Einerspalte entspricht der Quersummenbildung, da hierbei der Stellenwert jedes Chips auf eins reduziert wird, sodass der Wert der neuen Zahl der Quersumme der ursprüng-lichen Zahl bzw. der Anzahl der Chips (im konkreten Fall neun) entspricht. Bei der Quersummenbildung bleibt die Restklasse der Zahl modulo 9 erhalten: Da $10 \equiv 1\ mod\ 9$, sind alle Zehnerpotenzen und damit alle Stellenwerte in der Restklasse [1] modulo 9. Daraus folgt wiederum, dass eine Zahl und ihre Quersumme bezüglich der Division durch neun stets in derselben Restklasse liegen. Dies hat insbesondere die Quersummen-regel für die Teilbarkeit durch neun zur Folge: Eine Zahl ist genau dann durch neun teilbar, wenn ihre Quersumme durch neun teilbar ist. Entsprechend lässt sich modulo 3 argumentieren, sodass auch die Quersummenregel für die Teilbarkeit durch drei folgt.

Aufbauend auf die ersten beiden Teilaufgaben sollen die dritte und vierte Teilauf-gabe Lernende dazu anregen, diese Quersummenregeln im Dezimalsystem zu entdecken: Mithilfe der Erkenntnis, dass das Verschieben von Plättchen den Wert der Zahl immer um einen Wert ändert, der durch neun (und damit auch durch drei) teilbar ist, können Schülerinnen und Schüler letztlich begründen, dass das Verschieben von Plättchen die Teilbarkeit durch drei und neun nicht ändert. Es genügt deshalb, die „einfachste" Konfiguration, d. h. alle Plättchen in der Einerspalte, also die Quersumme zu betrachten, um zu entscheiden, ob eine Zahl durch neun bzw. durch drei teilbar ist. Um zu dieser Erkenntnis zu kommen, soll in Teilaufgabe 3 zunächst das Beispiel mit neun Plättchen betrachtet werden, um festzustellen, dass unabhängig davon, wie diese neun Plättchen auf der Stellenwerttafel angeordnet sind, die dargestellte Zahl durch drei und durch neun teilbar ist. In Teilaufgabe 4 sollen die Lernenden dann selbst enaktiv anhand einer Plätt-chenzahl, die nicht durch drei oder neun teilbar ist, und einer Anzahl, die durch beide Zahlen teilbar ist, weitere Hinweise auf die dahinterliegende Quersummenregel und ihre Begründung sammeln. Mithilfe des oben dargestellten Hintergrundwissens kann die Lehrkraft diesen Erkenntnisprozess unterstützen und gegebenenfalls in die richtige Richtung lenken.

Anhand dieser Überlegungen zur Schulbuchaufgabe und der dahinterliegenden Restklassenarithmetik wird deutlich, dass die Lernenden anhand der Schulbuchaufgabe sowohl den Unterschied zwischen Stellenwert und Ziffernwert als auch die Quersummenregel im Dezimalsystem entdecken können. Die Operationen an der Stellenwerttafel entsprechen hingegen nicht den mathematischen Operationen des Bündelns und Entbündelns oder des Subtrahierens im Stellenwertsystem. Dass die Schulbuchaufgabe auf eine Entdeckung zur Subtraktion abzielt, könnte beim oberflächlichen Lesen vermutet werden, da es bei den ersten beiden Teilaufgaben um die Veränderung der Zahl beim Verschieben der Chips geht und sich ihr Wert dabei verringert. Bei der Erfassung von schulbezogenem Fachwissen mit dieser Beispielaufgabe wurde die Antwort genau dann als richtig gewertet, wenn alle Behauptungen entsprechend Abb. 5.6 korrekt bewertet wurden.

Die dritte hier vorgestellte Beispielaufgabe zur Messung von schulbezogenem Fachwissen ist in Abb. 5.7 dargestellt. Sie zielt auf Wissen über Zusammenhänge zwischen akademischer und schulischer Mathematik in Top-down-Richtung ab, indem eine Lerngelegenheit zu einem mathematischen Sachverhalt abgeleitet werden soll (Mithilfe welcher Aufgaben und Lernanlässe können Lernende bestimmte mathematische Ideen entdecken?). Konkret soll eine Aufgabenstellung genannt werden, die Schülerinnen und Schüler im Kontext der Schulmathematik dazu anregt, die Idee der Dichtheit am Beispiel der rationalen Zahlen in $\mathbb{R}$ zu entdecken. Lehrkräfte müssen dafür wissen, was die Formulierung „rationale Zahlen liegen dicht in den reellen Zahlen" bedeutet. Die Angabe eines möglichen Begriffsinhalts genügt allerdings nicht (im akademischen Curriculum werden typischerweise Charakterisierungen wie „jede reelle Zahl kann als Grenzwert einer Folge rationaler Zahlen beschrieben werden" genutzt). Entscheidend für die Bewertung einer Antwort als richtig ist, ob die Transformation dieses inhaltlichen Wissens in schulmathematisch zugängliche Fragestellungen gelingt. Eine mögliche korrekte Antwort ist hier beispielsweise „Suche den kleinsten Bruch, der größer als $\sqrt{2}$ ist", was eine direkte Übersetzung der oben genannten Charakterisierung in ein schultypisches Problem darstellt. Alternativ bietet sich an, auf intuitiv besser zugängliche Eigenschaften der Dichtheit zurückzugreifen, die nicht direkt auf Grenzwertprozesse führen. Als Beispiel wäre die Aufgabenstellung „Finde möglichst viele Brüche zwischen $\sqrt{2}$ und $\sqrt{3}$" geeignet, die darauf zurückzuführen ist, dass „zwischen je zwei verschiedenen reellen Zahlen immer eine rationale Zahl liegt". Diese Eigenschaft erscheint im Rahmen der akademischen Mathematik üblicherweise als Spezialfall bei Mengen mit einer Totalordnung, was in der Schulmathematik auf alle verfügbaren Zahlenmengen zutrifft.

Nennen Sie eine Aufgabenstellung, die dafür geeignet ist, Schülerinnen und Schüler entdecken zu lassen, dass die rationalen Zahlen dicht in $\mathbb{R}$ liegen.

Abb. 5.7 Aufgabenbeispiel schulbezogenes Fachwissen: Top-down-Richtung

---

„Primzahl"

Aufgabenstellung:
Ist $2^{1024} - 1$ eine Primzahl?

Musterlösung:
Nein, denn es gilt: $a^2 - b^2 = (a - b)(a + b)$.
Demnach lässt sich $2^{1024} - 1$ zerlegen in
$$(2^{512} - 1)(2^{512} + 1)$$

Abb. 5.8 COACTIV: Aufgabenbeispiel Fachwissen 1 (Krauss et al., 2008)

„Unendlicher Dezimalbruch"

Aufgabenstellung:
Gilt $0,999999 \ldots = 1$?
Bitte begründen Sie!

Musterlösung:
Sei $0,999 \ldots = a$.
Dann ist $10a = 9,99 \ldots$, und deshalb gilt:
$$\underbrace{10a - 1}_{9a} = \underbrace{9,99 \ldots - 0,999 \ldots}_{9}$$
Also ist $0,999999 \ldots = 1$.

Abb. 5.9 COACTIV: Aufgabenbeispiel Fachwissen 2 (Krauss et al., 2008)

5.2.2 Schulbezogenes Fachwissen versus Fachwissen in COACTIV und TEDS

Betrachtet man im Vergleich zu den vorstellten Beispielaufgaben zum schulbezogenen Fachwissen die in den Abb. 5.8 und 5.9 dargestellten Beispielaufgaben und Muster-lösungen für die Erfassung von Fachwissen in der COACTIV-Studie, die von Krauss et al. (2008) veröffentlicht wurden (vgl. auch Bruckmaier et al. in Kap. 4 des vor-liegenden Bandes), so zeigt sich, dass dort ein anderes Fachwissen im Fokus stand.

Zur Beantwortung der Frage, ob es sich bei der als Differenz dargestellten Zahl um eine Primzahl handelt, genügt es zu erkennen, dass sich diese Differenz mithilfe der dritten binomischen Formel als Produkt zweier natürlicher Zahlen größer 1 schreiben lässt. Nach Definition kann die Zahl daher keine Primzahl sein. Das benötigte Wissen zu Primzahlen und den binomischen Formeln ist Teil der Mathematik, die Schülerinnen und Schüler der Sekundarstufe I lernen, sodass diese Aufgabe prinzipiell auch von sehr guten Schülerinnen und Schülern gelöst werden kann (Krauss et al., 2008). Es ist zur Beantwortung der Aufgabe weder Wissen über Zusammenhänge zwischen schulischer und akademischer Mathematik noch Wissen über die Struktur der Schulmathematik nötig.

Die Thematik der zweiten Beispielaufgabe (Abb. 5.9) hat durchaus Potenzial, schulbezogenes Fachwissen zu erfassen: Wie im Abschnitt 5.1.3 erläutert, lässt sich der Sachverhalt sowohl auf Ebene der Schulmathematik als auch auf Ebene der Hochschulmathematik betrachten und begründen. Im Sinne der Hochschulmathematik (beispielsweise im Rahmen einer Anfängervorlesung für das gymnasiale Lehramt) würde man erwarten, dass für den Beweis des Sachverhalts der Konvergenzbegriff herangezogen wird. $0,\overline{9}$ kann als geometrische Reihe aufgefasst werden: $0,\overline{9} = \sum_{n=0}^{\infty} \frac{9}{10} \left(\frac{1}{10} \right)^n$. Da $\left| \frac{1}{10} \right| < 1$, konvergiert die Reihe und besitzt den Grenzwert 1. Die Begründung in der veröffentlichten Musterlösung (Abb. 6.9) zu der in der COACTIV-Studie eingesetzten Aufgabe ist aus Sicht der Hochschulmathematik jedoch nicht als Beweis anzusehen: Es wird dabei bereits vorausgesetzt, dass periodische Dezimalzahlen rationale Zahlen sind und man mit ihnen dementsprechend rechnen kann. Im Rahmen der Schulmathematik ist diese Argumentation jedoch vorstellbar, um zu begründen, warum $0,\overline{9} = 1$ sinnvoll ist. Dies zeigt, dass auch mit dieser Aufgabe in der COACTIV-Studie ein mathematisches Wissen gemessen wurde, über das auch sehr gute Schülerinnen und Schüler verfügen können. Der Referenzrahmen für die Bewertung der Lösung ist die in der Schule verfügbare Mathematik. Dieser Unterschied zu einer Messung von schulbezogenem Fachwissen soll noch deutlicher herausgearbeitet werden. Wenn eine Aufgabe zu diesem Thema schulbezogenes Fachwissen erfassen soll, so müsste die Aufgabenstellung etwa auf eine der folgenden Weisen angepasst werden:

1. In der Sekundarstufe I wird $0,\overline{9}$ in der Regel als Prozess eingeführt und implizit angenommen, dass es sich dabei um eine Zahl handelt. Was steckt aus hochschulmathematischer Sicht dahinter? (Wissen über Zusammenhänge in Bottom-up-Richtung)
2. Nennen Sie einen Lernanlass, der im Rahmen der Schulmathematik geeignet ist, um durch eine Diskussion über unendlich kleine Teilchen erste Erfahrungen zur Konvergenz (im Sinne der Non-Standard-Analysis) zu ermöglichen. (Wissen über Zusammenhänge in Top-down-Richtung)
3. Zu welchem Zeitpunkt im Schulcurriculum kommen Lernende in der Regel erstmals mit $0,\overline{9}$ in Berührung? (Curriculumbezogenes Wissen)

Ebenso zeigt sich im Vergleich mit der TEDS-Studie und ihren Erweiterungen (Buchholtz & Kaiser, 2013; Schwarz et al. in Kap. 2 dieses Bandes), dass dort ein anderes Fachwissen von Lehramtsstudierenden untersucht wurde (für einen ausführlichen Vergleich siehe Hoth et al. 2020). Für eine Abgrenzung des schulbezogenen Fachwissens von den mit Blick auf Grundschullehrkräfte als berufsspezifische Fachwissenskomponenten charakterisierten Wissensarten *specialized content knowledge* und *horizon content knowledge* (Ball & Bass, 2009; Ball et al., 2008; Ball & Hill in Kap. 7 dieses Bandes) und auch für eine Einordnung bezüglich der von Klein (1908) vorgeschlagenen *Elementarmathematik vom höheren Standpunkt* verweisen wir an dieser Stelle auf den Beitrag von Dreher et al. (2018).

5.2.3   Schulbezogenes Fachwissen versus fachdidaktisches Wissen

Im Abschn. 5.1 wurde bereits beschrieben, wie sich schulbezogenes Fachwissen von den verwandten Wissensarten akademisches Fachwissen und fachdidaktisches Wissen unterscheidet. Um diese Unterscheidung auch in Bezug auf die Messung der drei Wissensarten in den Studien KiL und KeiLa deutlich zu machen, wird im Folgenden jeweils noch eine Beispielaufgabe für akademisches Fachwissen und fachdidaktisches Wissen aus diesen Studien vorgestellt.

Das in Abb. 5.10 dargestellte Aufgabenbeispiel zum akademischen Fachwissen zielt auf eine Charakterisierung des Äquivalenzrelationsbegriffs im Rahmen der Hochschulmathematik ab. Äquivalenzrelationen kommen zwar bekanntlich auch in der Schulmathematik vor (z. B. verschiedene Brüche zu einer Bruchzahl, zerlegungsgleiche Fläche als Basis für den Flächeninhaltsbegriff), doch bleiben sie als Begriff implizit, sodass ihre Charakterisierung auch in elementarisierter Form nicht Teil der Schulmathematik ist. Zur Lösung der Aufgabe ist es auch nicht nötig, einen Schulbezug herzustellen. Stattdessen ist es erforderlich, auf hochschulmathematischer Ebene die drei definierenden Eigenschaften einer Äquivalenzrelation auf einer Menge M einerseits zu benennen und andererseits auch mathematisch zu beschreiben. Eine Musterlösung könnte dementsprechend etwa wie folgt aussehen:

1. Reflexivität: Für alle $a \epsilon M$ gilt $a \sim a$.
2. Symmetrie: Für alle $a, b \epsilon M$, für die $a \sim b$ gilt, ist auch $b \sim a$.
3. Transitivität: Für alle $a, b, c \epsilon M$ mit $a \sim b$ und $b \sim c$ gilt auch $a \sim c$.

Ebenso ist es selbstverständlich möglich, die Beschreibungen der definierenden Eigenschaften vollständig formalisiert darzustellen.

Nennen und <u>beschreiben</u> Sie die <u>drei</u> definierenden Eigenschaften einer Äquivalenzrelation $\sim$ auf einer Menge M.

| 1. Eigenschaft |
| 2. Eigenschaft |
| 3. Eigenschaft |

Abb. 5.10   Aufgabenbeispiel für akademisches Fachwissen (Hoth et al., 2020)

In Abb. 5.11 ist schließlich ein Aufgabenbeispiel zur Erfassung von fachdidaktischem Wissen im Rahmen von KiL und KeiLa dargestellt. Die Aufgabe bezieht sich auf das fachdidaktische Konzept der Grundvorstellungen und eine typische Schülerfehlvorstellung am Übergang von natürlichen Zahlen zu Brüchen bzw. Dezimalbrüchen. Um die Aufgabe lösen zu können, ist Wissen über verschiedene Grundvorstellungen zur Division natürlicher Zahlen nötig sowie darüber, welche dieser Grundvorstellungen bei der Division durch $0,5$ noch trägt und welche nicht und damit zu der von Jan gezeigten Fehlvorstellung führt. Konkret muss eine korrekte Antwort bezüglich der ersten Teilfrage die Grundvorstellung des „Verteilens" und bezüglich der zweiten Teilfrage die Grundvorstellung des „Aufteilens" nennen oder umschreiben. Mögliche Umschreibungen der Verteilen-Vorstellung sind beispielsweise: „Jeder bekommt einen Teil eines Ganzen", oder: „Wenn man etwas aufteilt, kann man nicht mehr erhalten, als vorher da war." Dabei wird jeweils deutlich, dass die Alltagsbedeutung des Begriffs „Teilen" im Sinne des Verteilens gemeint ist, auch wenn dies teilweise durch Verwendung des Begriffs „aufteilen" geschieht. Bezüglich der zweiten Teilfrage kann die Aufteilen-Vorstellung oder auch „Passen in"-Vorstellung beispielsweise wie folgt umschrieben werden: „Wie oft passt die 0,5 in die 9?" Oder: „Dividieren als Einteilen: In wie viele $0,5$-Teile kann ich die 9 einteilen?"

Andere Aufgaben zum fachdidaktischen Wissen bezogen sich – wie in der COACTIV-Studie vorgeschlagen (vgl. Bruckmaier et al. in Kap. 4 dieses Bandes) – auf die Bereiche Aufgabenpotenzial, Erklären und Repräsentieren und – wie in der Beispielaufgabe dargestellt – auf Schülerkognitionen. Damit haben die Aufgaben zur Erfassung des fachdidaktischen Wissens alle einen Bezug zu den Lernenden und ihrem Verständnis mathematischer Inhalte, während sich die eingesetzten Aufgaben zum schulbezogenen und akademischen Fachwissen ausschließlich auf mathematische Fachinhalte beziehen – entweder ausschließlich auf die akademische Mathematik (akademisches Fachwissen) oder auf die Bezüge zwischen akademischer und schulischer Mathematik (schulbezogenes Fachwissen).

Jan rechnet mit seinem Taschenrechner $9 : 0,5 = 18$. Erstaunt sagt er: „Das ist ja seltsam! Ich teile 9 durch 0,5 und das Ergebnis ist größer als 9. Das Ergebnis kann doch nicht größer werden, oder?"

1. Welche Grundvorstellung zur Division lässt Jan annehmen, dass das Ergebnis beim Dividieren immer kleiner wird als der Dividend?

2. Mit welcher Grundvorstellung zum Dividieren kann man Jan erklären, dass beim Dividieren das Ergebnis größer werden kann?

Abb. 5.11 Aufgabenbeispiel für fachdidaktisches Wissen

5.3   Mathematisches Fachwissen von Lehramtsstudierenden der Sekundarstufe: zentrale Ergebnisse

Die Aufgaben zum schulbezogenen Fachwissen, zum akademischen Fachwissen und fachdidaktischen Wissen wurden im Rahmen verschiedener Studien eingesetzt. Ziel der Studien war dabei jeweils, das professionelle Wissen von Mathematiklehramtsstudierenden zu erfassen, um dieses weiter analysieren zu können.

5.3.1   Lässt sich schulbezogenes Wissen getrennt von Fachwissen und fachdidaktischem Wissen erfassen?

Die Entwicklung und Erprobung der Aufgaben wurde im Rahmen der IPN-Studie KiL durchgeführt. 505 Mathematiklehramtsstudierende von verschiedenen Hochschulen und mit unterschiedlichem Studienfortschritt bearbeiteten die Testaufgaben. Um die besonderen Anforderungen, die die Aufgaben zum schulbezogenen Fachwissen an die Studierenden stellen, einschätzen zu können, werden im Folgenden die Antworthäufigkeiten zu einer ausgewählten Aufgabe im Rahmen der KiL-Studie dargestellt. Das Aufgabenbeispiel zur Quersummenregel aus Abschn. 5.2.1, das Wissen über die Zusammenhänge zwischen schulischer und akademischer Mathematik in Bottom-up-Richtung erfasst (vgl. Abb. 5.6), wurde von 116 Studierenden richtig gelöst, 353 lösten die Aufgabe nicht korrekt und von 36 Studierenden fehlt eine Antwort (Lösungshäufigkeit: 23 %). Abb. 5.12 zeigt die Lösungshäufigkeiten für jede der vier Teilaufgaben (Aussage, die als zutreffend/nicht zutreffend eingeschätzt werden musste).

Dabei zeigt sich, dass die vierte Teilaufgabe die geringste Lösungshäufigkeit und damit die höchste empirische Schwierigkeit aufwies. So haben 221 Studierende diese Teilaufgabe richtig gelöst, während 239 Studierende angaben, dass den Schülerinnen und Schülern die Quersummenregel im Dezimalsystem durch die Aufgabe nicht veranschaulicht werden kann. Wie im Abschn. 5.2.1 analysiert, erfordert aber gerade das Erkennen, dass die Schulbuchaufgabe eine Lerngelegenheit für die Quersummenregel bietet, schulbezogenes Fachwissen. Die beiden Operationen, die nicht der Handlung an der Stellenwerttafel entsprechen (Bündeln/Entbündeln und Subtrahieren) wurden von je ca. 150 Studierenden mit der Aufgabenstellung in Verbindung gebracht. Die Analyse des mathematischen Potenzials der Aufgabenstellung, die gerade schulbezogenes Fachwissen erfordert, schlug folglich häufig fehl.

Darüber hinaus sollte im Rahmen der KiL-Studie auch gezeigt werden sollte, dass es sich bei dieser neu vorgestellten Fachwissensart auch empirisch gesehen um eine eigene Wissensdimension handelt. Dazu wurde analysiert, ob die Struktur der Testdaten der 505 Mathematiklehramtsstudierenden zeigt, dass sich schulbezogenes Fachwissen sowohl von akademischem Fachwissen als auch von fachdidaktischem Wissen empirisch

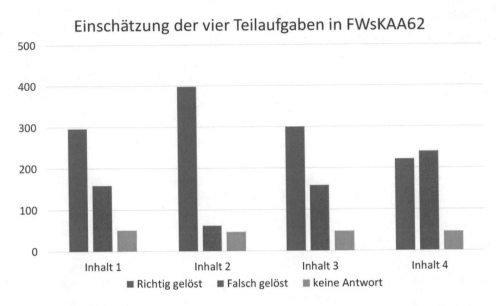

Abb. 5.12 Lösungshäufigkeiten der vier Teilaufgaben in der Aufgabe zum schulbezogenen Fachwissen (Bottom-up-Facette)

trennen lässt. Konkret wurde statistisch untersucht, ob der Gesamttest nur *eine* Art von Wissen misst, was sich in hohen Zusammenhängen zwischen den Testteilen nieder-schlagen würde (also keine Unterscheidung zwischen fachdidaktischem, akademischem und schulbezogenem Fachwissen möglich ist). Alternativ könnte angenommen werden, dass der Test *zwei* Arten von Wissen erfasst (und z. B. aufgrund der Daten nicht zwischen akademischem und schulbezogenem Fachwissen bzw. nicht zwischen fach-didaktischem und schulbezogenem Fachwissen unterschieden werden kann) oder aber – wie theoretisch angenommen – *drei* Arten von Wissen misst. Im letzteren Fall wären die Ergebnisse in den Testteilen dann weniger stark miteinander assoziiert. Die Ana-lysen zeigten, dass sich die drei Wissensarten tatsächlich nicht nur theoretisch, sondern auch empirisch unterscheiden lassen und somit davon ausgegangen werden kann, dass das schulbezogene Fachwissen wie das akademische Fachwissen und fachdidaktische Wissen als eine eigene Wissensdimension aufgefasst werden kann (Heinze et al., 2016).

5.3.2 Wie entwickelt sich das fachbezogene Wissen von Studierenden im Studium?

Mit dem Ziel, die Entwicklung des fachbezogenen Wissens von Mathematiklehramts-studierenden in der universitären Ausbildung zu analysieren, wurden die vorgestellten Testinstrumente im Rahmen der Folgestudie KeiLa erneut eingesetzt. Das akademische und schulbezogene Fachwissen sowie das fachdidaktische Wissen der Studierenden wurden jährlich erfasst, um die Entwicklung dieser Wissensarten im Studienverlauf nachzeichnen zu können. Hierfür wurden zu Beginn des Wintersemesters 2014/2015 Erst- und Fünftsemesterstudierende getestet, die in den darauffolgenden Jahren jährlich erneut befragt wurden, sodass die Entwicklung ihres Wissens analysiert werden kann. Insgesamt haben 308 Mathematiklehramtsstudierende von 22 verschiedenen Hochschulen an dieser Studie teilgenommen. Die Testhefte unterschieden sich dabei je nachdem, wie weit die Studierenden in ihrem Studium fortgeschritten waren bzw. ob sie Lehramt für Sekundarstufe I oder II studierten. Der Test zum akademischen Fachwissen enthielt zwischen 30 und 41 Aufgaben, der Test zum schulbezogenen Fachwissen jeweils 22 Aufgaben und der Test zum fachdidaktischen Wissen 18 bzw. 19 Aufgaben.

Ein besonderer Schwerpunkt dieser Studie liegt auf der Analyse der Entwicklung des schulbezogenen Fachwissens, da es hierfür in der Regel kaum systematische Lerngelegenheiten für die Studierenden gibt, aber das Wissen über Zusammenhänge zwischen akademischer Mathematik und Schulmathematik ein wesentliches Ausbildungsziel der universitären Mathematiklehrerausbildung darstellt (vgl. Abschnitt 5.1 bzw. KMK, 2018). Die in Abschn. 5.1.1 erläuterte „Intellectual Trickle-down Theory" (Wu, 2015) besagt, dass durch das Studium der akademischen Mathematik auch automatisch Bezüge zwischen der Schulmathematik und der Hochschulmathematik hergestellt werden, der Aufbau der Schulmathematik besser verstanden und somit ein schulbezogenes Fachwissen entwickelt wird. Diese Annahme sollte im Rahmen der Studie KeiLa u. a. überprüft werden.

Hierfür wurden die Lösungen der Studierenden bewertet. Konkret werden falsche Antworten mit null Punkten kodiert, während korrekte Antworten einen Punkt erhalten. Bei Testaufgaben im (Complex-)Multiple-Choice-Format können richtige und falsche Antworten direkt identifiziert werden (vgl. z. B. das Aufgabenbeispiel zum schulbezogenen Fachwissen in Abb. 5.6), während Antworten auf offen gestellte Fragen (vgl. z. B. das Aufgabenbeispiel zum fachdidaktischen Wissen in Abb. 5.11) mithilfe von vorgegebenen Bewertungskriterien eingeschätzt werden. Mittels fortgeschrittener statistischer Verfahren (sog. Item Response Theory) können auf Basis der Testpunkte pro Aufgabe und Person schließlich Werte für die Schwierigkeit jeder Aufgabe und das Wissen jeder Person (sog. Personenfähigkeitswert) geschätzt werden. Zur besseren Interpretierbarkeit wurde die Ergebnisskala transformiert, indem der Mittelwert der Personenfähigkeitswerte für die Erstsemesterstudierenden auf 500 und die Standardabweichung auf 100 festgesetzt wurden. Die Tab. 5.1, 5.2 und 5.3 geben die Mittelwerte der Personenfähigkeitswerte der Studierenden im Studienverlauf an. Man erkennt beispielsweise, dass das akademische Fachwissen ausgehend vom durchschnittlichen Eingangswert 500 im Verlauf des Studiums auf einen Durchschnittswert von 602 steigt. Da von den 308 Studierenden, die insgesamt an der Studie teilgenommen haben, nicht in jedem Jahr alle Studierenden teilgenommen haben, beruhen die im Folgenden dargestellten Abbildungen immer nur auf einem Teil der Gesamtstichprobe (Anzahlen sind jeweils angegeben). Um trotz dieser Einschränkung einen Einblick in die Unterschiede zwischen den Personenfähigkeitswerten der Studierenden unterschiedlicher Semester zu geben, sind in Abb. 5.13, 5.14 und 5.15 die Mittelwerte der Studierenden in den jeweiligen Wissensbereichen getrennt nach Fachsemester dargestellt.

Tab. 5.1 Mittelwerte des akademischen Fachwissens in KeiLa für Studierende mit unterschiedlichem Studienfortschritt (vgl. Abb. 5.13)

Erhebungszeitpunkt (jeweils zu Beginn des Semesters)	Anzahl der teilnehmenden Studierenden	Mittelwert der Personenfähigkeitswerte	Standardabweichung
1. Semester	167	500	100
3. Semester	118	554	88
5. Semester	144	586	99
7. Semester	105	602	99

Tab. 5.2 Mittelwerte des schulbezogenen Fachwissens in KeiLa für Studierende mit unterschiedlichem Studienfortschritt (vgl. Abb. 5.14)

	Anzahl der teilnehmenden Studierenden	Mittelwert der Personenfähigkeitswerte	Standardabweichung
1. Semester	167	500	100
3. Semester	118	514	103
5. Semester	144	555	68
7. Semester	105	585	67

Tab. 5.3 Mittelwerte des fachdidaktischen Wissens in KeiLa für Studierende mit unterschiedlichem Studienfortschritt (vgl. Abb. 5.15)

	Anzahl der teilnehmenden Studierenden	Mittelwert der Personenfähigkeitswerte	Standardabweichung
1. Semester	167	500	100
3. Semester	118	538	89
5. Semester	144	566	78
7. Semester	105	595	78

Für die folgenden Auswertungen wurde jeweils überprüft, ob es sich bei dem beobachteten Wissenszuwachs von Studierenden im Studienverlauf von einem Jahr zum nächsten tatsächlich um einen statistisch signifikanten Zuwachs handelt und nicht nur eine zufällige Schwankung darstellen könnte. Es zeigte sich, dass die Studierenden zu Beginn des dritten Semesters über substanziell mehr akademisches Fachwissen verfügen als Studierende zu Beginn ihres Studiums (Beginn des ersten Semesters). Auch der Unterschied zwischen dem akademischen Fachwissen der Fünft- und Drittsemesterstudierenden ist substanziell, während sich das akademische Fachwissen der Fünft- und Siebtsemesterstudierenden nicht mehr signifikant voneinander unterscheidet. Die Ergebnisse sind durchaus plausibel, da in Lehramtsstudiengängen die meisten Mathematikvorlesungen in den ersten beiden Studienjahren zu absolvieren sind.

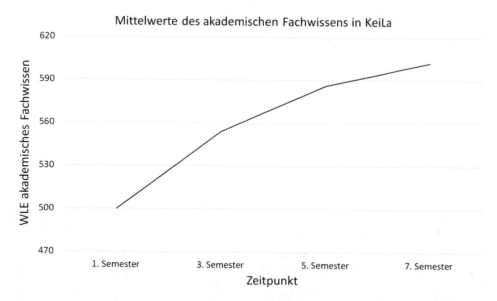

Abb. 5.13 Mittelwerte des akademischen Fachwissens in KeiLa für Studierende mit unterschiedlichem Studienfortschritt

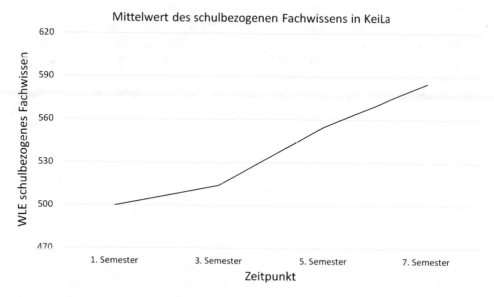

Abb. 5.14 Mittelwerte des schulbezogenen Fachwissens in KeiLa für Studierende mit unterschiedlichem Studienfortschritt

Abb. 5.15 Mittelwerte des fachdidaktischen Wissens in KeiLa für Studierende mit unterschiedlichem Studienfortschritt

Bezüglich des schulbezogenen Fachwissens unterscheiden sich Erst- und Dritt-semesterstudierende nicht signifikant voneinander (vgl. Abb. 5.14 bzw. Tab. 5.2), während die Fünftsemesterstudierenden über mehr schulbezogenes Fachwissen ver-fügen als die Drittsemesterstudierenden. Auch der Unterschied zwischen dem schul-bezogenen Fachwissen von Fünft- und Siebtsemesterstudierenden ist substanziell. Das Studium führt also erst in späteren Semestern zu einem merklichen Anstieg des schul-bezogenen Fachwissens. Woran der verzögerte Erwerb von schulbezogenem Fachwissen liegt bzw. wie und wodurch schulbezogenes Fachwissen im Studium erworben wird, ist bisher nicht untersucht. Da es für die Studierenden in der hier betrachteten Stichprobe keine systematischen Lerngelegenheiten zum schulbezogenen Fachwissen gab, hängt der Erwerb des Wissens in diesem Fall eventuell mit Lerngelegenheiten aus sehr unter-schiedlichen Bereichen zusammen (fachwissenschaftliche Grundlagen, die Auseinander-setzung mit Schulmathematik z. B. in fachdidaktischen Veranstaltungen und/oder Praxiserfahrungen, in denen das Wissen relevant wird). Dies muss in weiteren Analysen und Studien noch geklärt werden.

Beim fachdidaktischen Wissen zeigt sich, dass Studierende in höheren Semestern jeweils über mehr Wissen verfügen als die Studierenden zwei Semester zuvor. Hier sind alle Unterschiede signifikant (vgl. Abb. 5.15 bzw. Tab. 5.3).

Während die Entwicklung des akademischen Fachwissens und des fachdidaktischen Wissens mit den hierfür angebotenen Lerngelegenheiten in Verbindung gebracht werden kann, ist bisher nicht bekannt, wie und wodurch sich das schulbezogene Fachwissen entwickelt. Bei den hier dargestellten Ergebnissen fällt auf, dass dieses Wissen im ersten Studienjahr keinen signifikanten Zuwachs zeigt. Die Studierenden treten in der Regel mit geringem akademisch-mathematischem Wissen und wenig Vorerfahrungen in Bezug auf universitäre Lehrveranstaltungen in das Studium ein. Die Schulmathematik ist vor dem Hintergrund der erst kürzlich abgelegten Abiturprüfungen dagegen meist noch sehr präsent. Da die Studierenden im ersten Studienjahr vor allem fachliche Lerngelegenheiten erhalten, um akademisches Fachwissen aufzubauen, bestünden somit prinzipiell gute Bedingungen, dass das akademische Fachwissen mit dem Wissen zur Schulmathematik eigenständig verknüpft wird und es zu einem Zuwachs an schulbezogenem Fachwissen kommt. Es bietet sich hier folglich die Gelegenheit, die in Abschn. 5.1.1 beschriebene „Intellectual Trickle-down Theory" zu prüfen, also zu untersuchen, ob ein Zuwachs an akademischem Fachwissen automatisch auch einen Zuwachs an schulbezogenem Fachwissen mit sich bringt. Hierfür wurde ein möglicher Einfluss der Entwicklung des akademischen Fachwissens auf die parallele Entwicklung des schulbezogenen Fachwissens statistisch überprüft. Es zeigten sich jedoch keine signifikanten Zusammenhänge, was gegen die oben erwähnte „Intellectual Trickle-down Theory" spricht (s. Details in Hoth et al., 2020).

5.3.3 Womit hängt die Entwicklung des schulbezogenen Fachwissens im Studium zusammen?

Die bisherigen Ergebnisse deuten drauf hin, dass akademisches Fachwissen nicht automatisch auch zu schulbezogenem Fachwissen führt. Es stellt sich also die Frage, welche Faktoren den Erwerb von schulbezogenem Fachwissen im Studium begünstigen. In der Studie KeiLa wurden neben den drei Wissensdimensionen bei den Studierenden auch individuelle Merkmale erfasst, die für die Entwicklung des Wissens bedeutsam sein könnten, wie beispielsweise die kognitiven Grundfähigkeiten, der soziodemografische Hintergrund der Studierenden und das jeweils studierte Zweitfach. Dabei zeigte sich, dass das schulbezogene Fachwissen zu Beginn des Studiums einen starken Zusammenhang mit der Abiturnote der Studierenden aufwies. Die Entwicklung des schulbezogenen Fachwissens in den ersten drei Jahren war wiederum abhängig vom Geschlecht (Männer zeigten einen größeren Zuwachs im schulbezogenen Fachwissen als Frauen) und von den kognitiven Grundfähigkeiten der Studierenden (Studierende mit höheren kognitiven Grundfähigkeiten erwarben in den ersten drei Jahren mehr schulbezogenes Fachwissen als Studierende mit geringen kognitiven Fähigkeiten). Weitere individuelle Merkmale zeigten keinen Einfluss.

Da die Entwicklung des schulbezogenen Fachwissens auch durch die inhaltliche Ausgestaltung der Lerngelegenheiten in der Universität bedingt sein kann, wurden im

Rahmen arrondierender Studien die eingesetzten Übungsaufgaben zu den fachwissen-schaftlichen Vorlesungen analysiert (vgl. Weber & Lindmeier, 2020; Weber, 2018). Die Frage war, wie solche Lerngelegenheiten generell gestaltet sind und inwiefern die neuer-dings an vielen Standorten eingeführten speziellen Übungsaufgaben für die Zielgruppe der Lehramtsstudierenden (sog. „Lehramtsaufgaben") tatsächlich eine Lerngelegen-heit für schulbezogenes Fachwissen darstellen können. Gegenstand der Aufgaben-analyse war neben den erwähnten Lerngelegenheiten für schulbezogenes Fachwissen auch, welche Aufgabenformate eingesetzt und wie häufig bestimmte Aufgabenformate gewählt wurden. Letzteres wurde mithilfe einer Aufgabentypisierung bearbeitet. Am Beispiel eines Standorts konnte exemplarisch illustriert werden, dass die Lehramtsauf-gaben im Vergleich zu Aufgaben, die allen Mathematikstudierenden gestellt wurden, weniger häufig zum Typ der Beweisaufgaben gehören, sondern häufiger ein Fokus auf den Begriffsaufbau sowie das Erklären von Zusammenhängen auftrat (Weber, 2018).

Weber & Lindmeier (2020) analysierten daraufhin die Lehramtsaufgaben von acht Standorten (im Bereich Analysis), um ein breiteres Bild möglicher Aufgabenformate zu erlangen und nachzuzeichnen, welche Zusammenhänge zwischen Schulmathematik und akademischer Mathematik diese explizit thematisieren. Insgesamt konnten in dieser Studie 88 Lehramtsaufgaben mit 235 Teilaufgaben betrachtet werden. Es zeigte sich, dass ca. zwei Drittel der Aufgaben schulbezogenes Fachwissen explizit thematisierten und im Vergleich zur Top-down- sowie zur curriculumbezogenen Facette auffällig viele Aufgaben die Zusammenhänge zwischen Schulmathematik und akademischer Mathematik aus einer Bottom-up-Perspektive zum Gegenstand machten. Beispiels-weise sollten die Studierenden in solchen Aufgaben in Schulbuchauszügen Lücken oder Ungenauigkeiten in mathematischen Definitionen (etwa zu „stetig") identifizieren (Weber, 2018). Ein anderer häufiger Aufgabentyp fordert von den Studierenden zunächst eine Schüleraussage vor dem Hintergrund der akademischen Mathematik zu beurteilen (*bottom-up*) und in einem zweiten Schritt adäquat zu beantworten (*top-down*), was einer klassischen professionellen Handlung von Lehrkräften entspricht. Insgesamt konnten in dieser Studie fünf unterschiedliche Aufgabentypen zum schulbezogenen Fachwissen herausgearbeitet werden, was für zukünftige Aufgabenentwicklungen Orientierung geben kann (Weber & Lindmeier, 2020). Ob die potenziellen Lerngelegen-heiten für schulbezogenes Fachwissen solcher Lehramtsaufgaben tatsächlich dessen Erwerb begünstigen, ist derzeit eine offene Frage. Bearbeitungen von Studierenden zeigen exemplarisch, dass sie teilweise die intendierten Bezüge zwischen schulischer und akademischer Mathematik herstellen können. Typische Schwierigkeiten ergeben sich erwartungsgemäß, wenn das akademische Fachwissen oder aber das Wissen über die Schulmathematik (z. B. Welcher Abstraktionsgrad ist in der Oberstufe passend?) unzureichend ist (Weber & Lindmeier, 2020).

Zusammenfassend lässt sich auf der Basis erster Analysen der KeiLa-Studie sagen, dass viel akademisches Fachwissen nicht automatisch zu viel schulbezogenem Fach-wissen führt. Es zeigte sich, dass die Entwicklung des schulbezogenen Fachwissens mit den kognitiven Grundfähigkeiten und dem Geschlecht der Studierenden zusammenhängt. Da es traditionell keine systematischen Lerngelegenheiten für das schulbezogene Fachwissen gibt, können Studierende mit höheren kognitiven Fähigkeiten die Zusammenhänge zwischen der akademischen und der Schulmathematik vermutlich auch eigenständig erkennen. Männer erwerben darüber hinaus mehr schulbezogenes Fachwissen in den ersten drei Jahren des Studiums als Frauen, was wiederum mit dem jeweils gewählten Studiengang (Lehramt Sek. I vs. Lehramt Sek. II) zusammenhängen könnte (in der Stichprobe hatte 73 % der Männer das Sek.-II-Lehramt gewählt, aber nur 56 % der Frauen). Es ist jedoch weiterhin unklar, wie effektive Lerngelegenheiten für das schulbezogene Fachwissen im Mathematikstudium aussehen können. Erste systematische Beschreibungen liegen für den an mehreren Standorten verfolgten innovativen Ansatz der Lehramtsaufgaben (spezifische Übungsaufgaben im Fachstudium) seit Kurzem vor. Darüber hinaus fehlen auch noch umfassendere Modelle, wie sich dieses Wissen in der Berufseingangsphase weiterentwickelt und inwiefern es später zur Gestaltung von qualitativ hochwertigem Mathematikunterricht genutzt werden kann.

5.4 Implikationen für die Lehrkräftebildung

Die vorgestellten empirischen Ergebnisse aus dem Projekt KiL zeigen, dass schulbezogenes Fachwissen, also jenes Fachwissen, das für Lehrkräfte der Sekundarstufe nach obigen Überlegungen eine besondere berufliche Bedeutung hat, eine eigene Wissenskomponente darstellt. Dieses Wissen ist also weder Teil des akademischen Fachwissens noch Teil des fachdidaktischen Wissens. In der traditionellen universitären Lehramtsausbildung für die Sekundarstufe gibt es jedoch nur für die akademische Mathematik und für die Fachdidaktik explizite Lerngelegenheiten in Form von Lehrveranstaltungen. Es stellt sich folglich die Frage, ob und auf welche Weise schulbezogenes Fachwissen im Lehramtsstudium dennoch erworben wird. Erste Hinweise für die Beantwortung dieser Frage geben die vorgestellten Ergebnisse aus dem Projekt KeiLa. Dabei zeigte sich, dass der Erwerb von akademischem Fachwissen nicht automatisch auch zu schulbezogenem Fachwissen führt. Anscheinend sind vor allem individuelle Bedingungsfaktoren (kognitive Grundfähigkeiten, Geschlecht) ausschlaggebend dafür, inwiefern die Studierenden schulbezogenes Fachwissen erwerben. All dies deutet darauf hin, dass explizite und systematische Lerngelegenheiten für schulbezogenes Fachwissen nötig wären, um einem größeren Anteil an Lehramtsstudierenden als bisher zu ermöglichen, ausreichend schulbezogenes Fachwissen im Studium zu erwerben.

Solche Lerngelegenheiten scheinen bislang selten zu sein. So zeigte eine weitere Untersuchung an der Christian-Albrechts-Universität zu Kiel, dass nur wenige Übungsaufgaben eingesetzt wurden, die explizit Zusammenhänge zwischen akademischer und schulischer Mathematik adressieren. Dennoch hat das Bewusstsein für die Probleme, die die Kluft zwischen schulischer und akademischer Mathematik für die Lehramtsausbildung mit sich bringt, in den letzten zehn Jahren spürbar zugenommen, und die Thematik wird innerhalb der Mathematikdidaktik verstärkt diskutiert (z. B. Ableitinger

et al., 2013; Allmendinger et al., 2013; Bauer, 2013). Entsprechend werden praxisorientierte Lösungsansätze für die universitäre Lehramtsausbildung entwickelt, sodass
es aktuell immer mehr Standorte gibt, an denen zumindest punktuell Lerngelegenheiten
für schulbezogenes Fachwissen in Studienangebote integriert werden. Ein prominentes
Beispiel ist das Projekt „Mathematik Neu Denken", das von 2005 bis 2011 an den Universitäten Gießen und Siegen (Beutelspacher et al., 2011) durchgeführt wurde. Es
handelte sich um einen Modellversuch, der auf eine Neuorientierung des ersten Studien-
jahres der gymnasialen Lehramtsausbildung durch eigene mathematische Lehrveranstaltungen abzielte. Diese Lehrveranstaltungen zur Linearen Algebra (Gießen) und zur
Analysis (Siegen) sollten direkt zu Studienbeginn explizit an die schulmathematischen
Erfahrungen anknüpfen und auf die akademische Mathematik als einen höheren Standpunkt hinführen, welcher „auf die fachbezogene Professionalisierung der angehenden
Mathematiklehrerinnen und -lehrer zielt und zugleich anschlussfähig für die Hochschulmathematik ist" (Beutelspacher et al., 2011, S. 14 f.). Hieran schlossen dann die fachwissenschaftlichen Veranstaltungen Analysis I und II an. Das Projekt adressierte damit
schwerpunktmäßig den Übergang von der Schulmathematik zur Hochschulmathematik,
während weniger das kontinuierliche Verknüpfen der beiden Bereiche im Vordergrund
stand.

Ein weiteres Beispiel ist die Konzeption der sogenannten Schnittstellenmodule von
Bauer (2013). Diese Module sind fester Bestandteil der Lehramtsausbildung an der
Philipps-Universität in Marburg und stellen eine Neustrukturierung der Lehramtsausbildung dar. Dabei besuchen Lehramtsstudierende zu den weiterhin polyvalent
ausgerichteten Fachvorlesungen spezielle Übungen, in denen mithilfe von Schnittstellenaufgaben explizite Bezüge zwischen schulischer und akademischer Mathematik
hergestellt werden. Dieser Ansatz hat nicht nur den Vorteil des kontinuierlichen In-
Beziehung-Setzens entlang des Aufbaus von akademischem Fachwissen, sondern
bietet auch die Möglichkeit, Lerngelegenheiten für schulbezogenes Fachwissen im
Rahmen des üblichen Betriebs eines Mathematikfachbereichs relativ unaufwendig zu
realisieren. Dementsprechend wurde diese Konzeption auch an anderen Standorten aufgegriffen, weiterentwickelt und den lokalen Gegebenheiten angepasst. So haben beispielsweise Hoffmann & Biehler (2017) an der Universität Paderborn Übungen mit
Schnittstellenaufgaben zu den Fachvorlesungen „Einführung in mathematisches Denken
und Arbeiten", „Grundlagen der Geometrie" und „Analysis I" konzipiert. Darüber
hinaus gibt es auch Standorte, an denen nicht nur spezifische Übungen für Lehramtsstudierende zu den Fachvorlesungen angeboten werden, sondern sogar zusätzliche Lehrveranstaltungen, teilweise als Vorlesung mit Übung, in der Aspekte von schulbezogenem
Fachwissen zu den Inhalten der jeweiligen Fachvorlesung erarbeitet werden: Ein solches
Konzept verfolgen beispielsweise die sogenannten Ergänzungsveranstaltungen in den
Modulen „Analysis" und „Lineare Algebra" an der TU München (Nagel et al., 2016), die
Brückenveranstaltung „Analysis – Brücken zur Schulmathematik" an der Pädagogischen

Hochschule in Freiburg in Kooperation mit der Albert-Ludwigs-Universität Freiburg (Leuders & Böcherer-Linder, im Druck) und die Schnittstellenveranstaltung „Hochschulmathematik für die Schule" an der Universität Regensburg (s. Eberl, 2018; Eberl et al. in Kap. 6 dieses Bandes).

Die Lernmaterialien (Übungsaufgaben, Reflexionsanlässe etc.), die im Zuge solcher Initiativen entwickelt werden und auf Aspekte von schulbezogenem Fachwissen abzielen, sind ein wichtiges Medium, um diese Art von Wissen in die Praxis zu bringen und für Lehramtsstudierende, Lehrerbildende sowie praktizierende Lehrkräfte zugänglich zu machen. Eine Art typischer Schnittstellenaufgaben intendiert z. B., dass die unterschiedlichen Zugänge der Schulmathematik im Vergleich zur akademischen Mathematik anhand eines bestimmten Inhalts analysiert und verstanden werden (Bauer, 2013). Als ein Beispiel stellten Bauer & Partheil (2009) eine Aufgabe vor, bei der die Zugänge und Definitionen zu Potenzen mit reellen Exponenten in der Analysis der Hochschulmathematik bzw. in der Schulmathematik analysiert und verglichen werden. Dabei wird die deutliche Diskrepanz der beiden Zugangsweisen offengelegt und reflektiert, warum sie im jeweiligen Kontext zweckmäßig sind, um auf diese Weise Einsicht in Gründe für die Kluft zwischen Schulmathematik und Hochschulmathematik zu gewinnen (Bauer & Partheil, 2009, S. 94). Auch Böcherer-Linder und Leuders (im Druck) stellen beispielsweise eine ähnliche Aufgabe vor: Dabei sollten die Definitionen einer Polstelle einer Funktion in einem Schulbuch und im Skript einer Analysis-Vorlesung anhand von Reflexionsfragen wie „Wie wird jeweils die ‚Annäherung an die Definitionslücke' beschrieben?" miteinander in Bezug gesetzt werden. In diesem Fall steht allerdings weniger die Akzeptanz der bestehenden Diskrepanz im Vordergrund als vielmehr eine Unterstützung des Verständnisses für das mathematische Konzept anhand der Vernetzung der anschaulichen Beschreibung der Schulmathematik mit der formal-mathematischen Präzisierung der Hochschulmathematik. Entsprechend benannte auch Bauer (2013) eine weitere Kategorie von Schnittstellenaufgaben, die durch das Gegenüberstellen von schulischer und hochschulmathematischer Perspektive Studierende dabei unterstützen sollen, „mit hochschulmathematischen Werkzeugen Fragestellungen der Schulmathematik vertieft zu verstehen" (S. 40). Beispiele solcher Aufgaben beziehen sich u. a. auf den Mittelwertsatz als ein analytisches Argumentationsmittel, das in der Schulmathematik nicht verfügbar ist, aber eine Begründung für eine im schulischen Kontext anschaulich vermutete Aussage liefern kann, oder auf elementarmathematische Begriffe wie Winkel und Bogenlänge. Weitere Beispiele für Schnittstellenaufgaben, die durch Gegenüberstellung der unterschiedlichen Zugangsweisen in der Schulmathematik und Hochschulmathematik zu bestimmten mathematischen Konzepten und Aussagen auf ein In-Bezug-Setzen abzielen, finden sich beispielsweise in Bauer (2013), Hoffmann (2018) oder Leufer & Prediger (2007). Auch Eberl (2018) hob das Gegenüberstellen als wichtiges Element seiner Schnittstellenvorlesungen heraus und betonte die besondere Eignung tabellarischer Übersichten zum Vergleich der Zugänge an Schule und Hochschule an konkreten Inhalten.

Während solche Gegenüberstellungen und Analysen von Unterschieden sicherlich eine wichtige Basis für den Aufbau von schulbezogenem Fachwissen sein können, macht die im ersten Abschn. 5.1 vorgestellte Charakterisierung von schulbezogenem Fachwissen anhand von konkreten Fragestellungen deutlich, dass es noch weitere zentrale Lernanlässe geben kann. Tatsächlich bilden diese Fragestellungen (vgl. Abschn. 5.1.2 und 5.1.3) eine Art Konstruktionsheuristik zur Entwicklung entsprechender Aufgaben und Reflexionsimpulse. Die Unterscheidung von Fragestellungen bezüglich curriculumbezogenem Wissen und Wissen über Zusammenhänge in Bottom-up- bzw. Top-down-Richtung hilft dabei, sowohl die beiden Perspektiven ausgehend von Hochschulmathematik und ausgehend von der Schulmathematik als auch curriculumbezogenes Wissen zu berücksichtigen. Dadurch können Lerngelegenheiten geschaffen werden, die unterschiedliche Anforderungssituationen berücksichtigen und damit vielversprechend sind im Hinblick auf den Aufbau von Wissen, das im beruflichen Kontext flexibel einsetzbar ist. Leufer & Prediger (2007) stellten beispielsweise Aufgaben vor, die in beruflichen Anforderungssituationen situiert sind und das Herstellen von Zusammenhängen in Bottom-up- und Top-down-Richtung explizit verlangen. Eine dieser Aufgaben hat als Ausgangspunkt eine Schüleräußerung, die ausdrückt, dass die Oberstufenschülerin sich nicht vorstellen kann, dass die Fläche unter der Kurve durch $f(x) = (x + 2)e^{-x}$ bestimmt und durch die Gerade $x = -1$ begrenzt und die x-Achse rechts von dieser Geraden endlich sein kann: „Wenn ich da rechts gegen unendlich gehe, dann kommt doch zu der Fläche immer was dazu." (Leufer & Prediger, 2007, S. 273) Die Aufgabenstellung, die die Lehramtsstudierenden dazu erhalten, ist zweischrittig: Zunächst soll der mathematische Hintergrund des Problems der Schülerin analysiert werden. Es wird also explizit dazu aufgefordert, Zusammenhänge zur Hochschulmathematik in Bottom-up-Richtung herzustellen. Konkret wird hier erwartet, dass das mathematische Phänomen, dass Wachstum unendlich, aber dennoch begrenzt sein kann, d. h. die Konvergenz von Reihen, als Problem in der Schüleräußerung erkannt wird.

Im zweiten Schritt soll beschrieben werden, wie und insbesondere mit welchen Beispielen man der Schülerin die Aufgabe und das Problem erklären würde. Hier wird nun erwartet, dass auf Grundlage der hochschulmathematischen Charakterisierung des zentralen Phänomens ein Beispiel gefunden wird, anhand dessen die Schülerin dieses Phänomen im Kontext der Schulmathematik begreifen kann. Mögliche Beispiele beziehen sich u. a. auf unendliche Reihen und Dezimalbrüche wie auch auf geometrische Veranschaulichungen des Phänomens (Leufer & Prediger, 2007, S. 274). Diese zweite Teilaufgabe zielt also auf das Herstellen von Zusammenhängen zwischen akademischer und schulischer Mathematik in Top-down-Richtung ab. Man könnte hier einwenden, dass diese Aufgabe vielmehr auf fachdidaktisches Wissen statt auf Fachwissen abziele, da schließlich eine Fehlvorstellung in einer Schüleräußerung erkannt werden muss und anschießend eine passende instruktionale Erklärung verlangt ist. Wie bereits im Abschn. 5.1

erläutert, sind die Grenzen zwischen fachdidaktischem Wissen und schulbezogenem Wissen als fließend anzusehen, und tatsächlich lässt sich diese Aufgabenstellung auch aus fachdidaktischer Perspektive sehen. Allerdings zeigten die Bearbeitungen von Studierenden, dass der Bezug zum hochschulmathematischen Hintergrund zentral für das Erkennen des Problems der Schülerin war: Bearbeitungen ohne Bezug zur akademischen Mathematik führten dazu, dass kaum Erklärungsbedarf gesehen wurde, der über eine kalkülorientierte Erklärung des Verfahrens zur Bestimmung des uneigentlichen Integrals hinausging (Leufer & Prediger, 2007, S. 175).

Die vorgestellte Aufgabe leitet also einen zweischrittigen Prozess an, bei dem ausgehend von einer Schüleräußerung zunächst ein Zusammenhang zur akademischen Mathematik in Bottom-up-Richtung und anschließend ein Zusammenhang zurück in die Schulmathematik in Top-down-Richtung hergestellt werden muss. Häufig ist es tatsächlich gerade diese Kombination, die konkreten beruflichen Anforderungen entspricht, sodass in Aufgaben dieser Art das Potenzial gesehen werden kann, schulbezogenes Fachwissen aufzubauen, das im Idealfall in der Praxis so eingesetzt werden kann, dass es in Unterrichtsszenen wie der im Abschn. 5.1.3 beschriebenen zum Thema $0,\overline{9}$ mündet.

> **Selbstreflexion von Lerngelegenheiten und -anlässen für schulbezogenes Fachwissen**
> Wenn schulbezogenes Fachwissen fehlt, dann werden in der beruflichen Praxis zwangsläufig Gelegenheiten verpasst, in denen eine hochschulmathematische Perspektive nötig wäre, um eine zentrale mathematische Idee oder fachliche Verzerrung in einer Schüleräußerung zu erkennen sowie flexibel und lernförderlich darauf reagieren zu können. Es fehlt dann zudem die Grundlage, um zu erkennen, ob eine Definition oder eine Begründung in einem Schulbuch nicht „intellektuell ehrlich" ist, und das Potenzial von Aufgaben im Hinblick auf das Entdecken zentraler mathematischer Ideen wird übersehen (vgl. Aufgabenbeispiel in Abb. 5.6 und entsprechende Lösungshäufigkeiten in Abb. 5.12). Problematisch dabei ist, dass man in diesen Fällen als Lehrkraft in der Regel gar nicht merkt, dass einem dieses Wissen fehlt und die Verfügbarkeit von solchem Wissen einen Mehrwert für die Qualität mathematischer Lerngelegenheiten für Schülerinnen und Schüler hätte bedeuten können. Vor diesem Hintergrund ist es nicht verwunderlich, dass häufig der Eindruck entsteht, dass das Herstellen von Zusammenhängen mit der akademischen Mathematik in der schulischen Realität des Mathematikunterrichts nicht nutzlich sei. Ein Tipp für die Lehrkräftebildung in allen Phasen ist daher, entsprechende Anlässe im schulischen Kontext – sei es im eigenen Unterricht, anderen Unterrichtsszenarien oder im Schulbuch – aufzugreifen und zu einer expliziten Lerngelegenheit für angehende

oder praktizierende Lehrkräfte zu machen. Konkret kann dies bedeuten, dass man Schulbücher kritisch unter die Lupe nimmt und sich beispielsweise fragt, ob Charakterisierungen von mathematischen Konzepten angemessene Reduzierungen der entsprechenden hochschulmathematischen Begriffe darstellen oder unnötige fachliche Verzerrungen bedeuten und ob hinreichend zwischen Definition und Satz unterschieden wird (vgl. das in Abschn. 5.1.1 diskutierte Schulbuchbeispiel zur Ähnlichkeit). Ebenso kann dies bedeuten, dass man bei der Beobachtung von Unterricht durch Lehrkräfte im Vorbereitungsdienst oder Studierende in der Nachbesprechung Unterrichtsmomente als Reflexionsanlässe bezüglich schulbezogenem Fachwissen nutzt: Dies kann eine Äußerung einer Schülerin oder eines Schülers sein, deren mathematisches Potenzial übersehen wurde, oder aber eine inadäquate Definition bzw. einseitige Beispiele, die ein verzerrtes Bild eines mathematischen Konzepts vermitteln, so wie es in dem oben betrachteten Beispiel zum Stetigkeitsbegriff (Abschn. 5.1.3) der Fall war. Man würde hier die Chance zum Aufbau von schulbezogenem Fachwissen verpassen, wenn man einfach einen Verbesserungsvorschlag machen und beispielsweise alternatives Lehrmaterial zur Verfügung stellen würde. Vielmehr sollten solche Chancen genutzt werden, indem konkret ein Herstellen von Zusammenhängen mit der akademischen Mathematik und ein entsprechender Rückbezug auf den schulischen Kontext (Bottom-up- und Top-down-Richtung) angeregt und der Mehrwert bezogen auf den schulischen Ausgangspunkt deutlich wird. Im Fall des übersehenen mathematischen Potenzials einer Äußerung von Lernenden könnte dieser verpasste Mehrwert beispielsweise in der Wertschätzung aufkeimender mathematischer Ideen oder der Steilvorlage für eine fachlich substanzielle Diskussion von Lernenden liegen. Im Fall der fachlich verzerrten Darstellung eines mathematischen Konzepts müsste deutlich werden, welche negativen Folgen dies nicht nur für die Begriffsbildung, sondern auch für aufbauende prozessbezogene Kompetenzen der Lernenden hat, so wie dies auch in obigem Beispiel der Fall war.

Es ist zu vermuten, dass derartige Reflexions- und Lernanlässe zum Aufbau von schulbezogenem Fachwissen, die ihren Ausgangspunkt im Kontext der Schulmathematik haben und den Mehrwert von schulbezogenem Fachwissen für Mathematikunterricht in der Sekundarstufe direkt deutlich machen, dazu beitragen können, dass mehr Sensibilität für entsprechende Gelegenheiten in der Schulpraxis entsteht.

Aufgaben, die auf das Vergleichen und In-Bezug-Setzen von Zugängen in der Schulmathematik und der Hochschulmathematik abzielen, finden so langsam Einzug in spezielle fachliche Lerngelegenheiten für Lehramtsstudierende der Sekundarstufe an einzelnen Standorten. Dies gilt weniger für die oben charakterisierte Facette des curriculumbezogenen Wissens. Doch auch dieses curriculumbezogene Wissen ist ein fachliches Wissen, das sich im Spannungsfeld zwischen schulischer und akademischer Mathematik befindet und berufsspezifisch ist, sodass es explizite Lerngelegenheiten in der Lehrkräftebildung erfordert.

Selbstreflexion des curricularen Aufbaus der Schulmathematik und mathematischer Gründe

Wie oben am Beispiel des Ähnlichkeitsbegriffs aufgezeigt, ist es für einen kohärenten Mathematikunterricht, in dem Bezüge zwischen den Themen aufgegriffen und lernförderlich genutzt werden, wichtig, den curricularen Aufbau und entsprechende Zusammenhänge zu reflektieren. Ein Tipp für die Lehrkräftebildung besteht deshalb darin, explizite Lerngelegenheiten für die Reflexion des curricularen Aufbaus der Schulmathematik und mathematischer Gründe dafür zu schaffen. Ausgangspunkt kann auch hier ein Schulbuch oder der Vergleich zweier Schulbücher sein: Warum sind bestimmte Themen in dieser Reihenfolge angeordnet? Wäre ein Tausch möglich? Welche Auswirkungen hätte dies? Könnte man ein Kapitel auch einfach ganz weglassen? Was würde dies für das konkrete Schuljahr bedeuten und welche Konsequenzen hätte dies für das Mathematiklernen in höheren Klassenstufen und darüber hinaus?

Solche Überlegungen im Sinne des curriculumbezogenen Wissens werden traditionell im Rahmen der Sachanalyse in ausführlichen Unterrichtsentwürfen verlangt. Dieser insbesondere in Schulpraktika und im Referendariat verankerte Anlass sollte dementsprechend ernst genommen und für den Aufbau dieser Facette von schulbezogenem Fachwissen genutzt werden. Wichtig ist dabei, dass eine solche Sachanalyse nicht bei einer reinen Beschreibung des konkreten mathematischen Inhalts und der Nennung von ein oder zwei Anwendungskontexten stehen bleibt. Stattdessen sollte die Chance wahrgenommen werden, sich wirklich zu fragen: Wo kommen meine Schülerinnen und Schüler bezogen auf diesen mathematischen Inhalt her und wo sollen sie perspektivisch hin? Also: Auf welche mathematischen Ideen und Konzepte kann ich aufbauen (vgl. obiges Beispiel zu den Zahlenmauern und dem Pascalschen Dreieck in Abschn. 5.1.3) und welche Aspekte sind Voraussetzung sowie wichtige Anknüpfungspunkte für das weitere Lernen? Damit wird die normative Grundorientierung des anschlussfähigen Lernens (vgl. Baumert, 2000), die einer reinen Anwendungsorientierung des Lernens entgegenläuft, betont.

Es lässt sich zusammenfassen, dass die im Abschn. 5.1 dargestellte Charakterisierung von schulbezogenem Fachwissen anhand der drei Facetten mit den entsprechenden Fragestellungen eine Konstruktionsheuristik für Aufgabenstellungen und Lerngelegenheiten zu schulbezogenem Fachwissen liefert (vgl. Weber & Lindmeier, 2020). Dies kann zum einen von Lehrkräftebildnerinnen und Lehrkräftebildnern genutzt werden, um Lernanlässe für zukünftige Lehrkräfte zu schaffen, zum anderen auch von praktizierenden Lehrkräften, um die eigene Praxis zu reflektieren und sich gezielt weiterzuentwickeln, um in der Lage zu sein, Gelegenheiten mit mathematischem Potenzial wahrzunehmen. Ein Mehrwert für Seminarlehrkräfte kann beispielsweise darin bestehen, dass die hier vorgestellte Charakterisierung von schulbezogenem Fachwissen dabei hilft, fachwissenschaftliche Defizite von angehenden Lehrkräften in der zweiten Ausbildungsphase konkret zu fassen. Darüber hinaus liefern die Beispiele und Fragestellungen vielfältige Anregungen und eine Strukturierung für mögliche Reflexionsanlässe und Aufgabenstellungen, um das entsprechende Fachwissen zu entwickeln und nutzbar zu machen.

Literatur

Ableitinger, C., Kramer, J., & Prediger, S. (Hrsg.). (2013). *Zur doppelten Diskontinuität in der Gymnasiallehrerbildung: Ansätze zu Verknüpfungen der fachinhaltlichen Ausbildung mit schulischen Vorerfahrungen und Erfordernissen.* Springer Spektrum.

Allmendinger, H., Lengnink, K., Vohns, A., & Wickel, G. (Hrsg.). (2013). *Mathematik verständlich unterrichten.* Springer Spektrum.

Ball, D. L., & Bass, H. (2009). With an eye on the mathematical horizon. Knowing mathematics for teaching to learners' mathematical futures. In M. Neubrandt (Hrsg.), *Beiträge zum Mathematikunterricht 2009* (Band 1, S. 11–29). WTM-Verlag.

Ball, D. L., Thames, M. H., & Phelps, G. (2008). Content knowledge for teaching: What makes it special? *Journal of Teacher Education, 59*(5), 389–407.

Bass, H., & Ball, D. L. (2004). A practice-based theory of mathematical knowledge for teaching: The case of mathematical reasoning. In W. Jianpan & X. Binyan, Xu (Hrsg.). *Trends and challenges in mathematics education* (S. 107–123). East China Normal University Press.

Bauer, T., & Partheil, U. (2009). Schnittstellenmodule in der Lehramtsausbildung im Fach Mathematik. *Mathematische Semesterberichte, 56,* 85–103.

Bauer T. (2013). Schnittstellen bearbeiten in Schnittstellenaufgaben. In Ableitinger C., Kramer J., & Prediger S. (Hrsg.), *Zur doppelten Diskontinuität in der Gymnasiallehrerbildung. Konzepte und Studien zur Hochschuldidaktik und Lehrerbildung Mathematik* (S. 39–56). Springer Spektrum.

Baumert, J. (2000). Lebenslanges Lernen und internationale Dauerbeobachtung der Ergebnisse von institutionalisierten Bildungsprozessen. Erziehungstheorie und BildungsforschungIn F. Achtenhagen & W. Lempert (Hrsg.), *Lebenslanges Lernen im Beruf – seine Grundlegung im Kindes- und Jugendalter* (Bd. 5, S. 121–127). Leske + Budrich.

Beutelspacher, A., Danckwerts, R., Nickel, G., Spies, S., & Wickel, G. (2011). *Mathematik Neu Denken: Impulse für die Gymnasiallehrerbildung an Universitäten.* Vieweg+Teuber Verlag.

Bourbaki, N. (1950). The Architecture of Mathematics. *The American Mathematical Monthly,* *57*(4), 221–232.

Bromme, R. (1992). *Der Lehrer als Experte. Zur Psychologie des professionellen Wissens.* Huber.

Bruner, J. S. (1960). *The process of education.* Harvard University Press.

Buchholtz & Kaiser. (2013). Improving mathematics teacher education in Germany: Empirical results from a longitudinal evaluation of innovative Programs. *International Journal for Science and Mathematics Education, 11*(4), 949–977.

Dreher, A., Lindmeier, A., Heinze, A., & Niemand, C. (2018). What kind of content knowledge do secondary mathematics teachers need? A conceptualization taking into account academic and school mathematics. *Journal für Mathematik-Didaktik, 39*(2), 319–341. https://doi.org/10.1007/s13138-018-0127-2.

Eberl, A. (2018). „Wozu brauche ich das überhaupt? Ich will doch nur Lehrer werden!" – Mathematische Grundbegriffe zwischen Schule und Hochschule. In Fachgruppe Didaktik der Mathematik der Universität Paderborn (Hrsg.), *Beiträge zum Mathematikunterricht 2018* (S. 485 – 488). WTM-Verlag.

Hefendehl-Hebeker, L. (2013). Doppelte Diskontinuität oder die Chance der Brückenschläge. In C. Ableitinger, J. Kramer, & S. Prediger (Hrsg.), *Zur doppelten Diskontinuität in der Gymnasiallehrerbildung* (S. 1–15). Springer Spektrum.

Heinze, A., Dreher, A., Lindmeier, A., & Niemand, C. (2016). Akademisches versus schulbezogenes Fachwissen – ein differenzierteres Modell des fachspezifischen Professionswissens von angehenden Mathematiklehrkräften der Sekundarstufe. *Zeitschrift für Erziehungswissenschaft, 19*(2), 329–349.

Hölzl, R., et al. (2009). Ähnlichkeit. In H.-G. Weigand (Hrsg.), *Didaktik der Geometrie* (S. 215–229). Springer.

Hoffmann, M., & Biehler, R. (2017). Schnittstellenaufgaben für die Analysis I – Konzept, Beispiele und Evaluationsergebnisse. In U. Kortenkamp & A. Kuzle (Hrsg.), *Beiträge zum Mathematikunterricht 2017* (S. 441–444). WTM-Verlag.

Hoffmann M. (2018). Schnittstellenaufgaben im Praxiseinsatz: Aufgabenbeispiel zur „Bleistiftstetigkeit" und allgemeine Überlegungen zu möglichen Problemen beim Einsatz solcher Aufgaben. In Fachgruppe Didaktik der Mathematik der Universität Paderborn (Hrsg.), *Beiträge zum Mathematikunterricht 2018* (S. 815 – 818). WTM-Verlag.

Hoth, J., Jeschke, C., Dreher, A., Lindmeier, A., & Heinze, A. (2020). Ist akademisches Fachwissen hinreichend für den Erwerb eines berufsspezifischen Fachwissens im Lehramtsstudium? Eine Untersuchung der Trickle-down-Annahme. *Journal für Mathematik-Didaktik, 41*(2), 329–356. https://doi.org/10.1007/s13138-019-00152-0.

Jablonka, E. (2003). Mathematical literacy. In A. J. Bishop, M. A. Clements, C. Keitel, J. Kilpatrick, & F. K. S. Leung (Hrsg.), *Second international handbook of mathematics education* (S. 75–102). Kluwer.

Klein, F. (1908). *Elementarmathematik vom höheren Standpunkte aus: Teil I: Arithmetik, Algebra, Analysis.* Vorlesung gehalten im Wintersemester 1907–08. Leipzig: Teubner. http://archive.org/stream/elementarmathem00hellgoog#page/n7/mode/2up. Zugegriffen: 30. Jan. 2018.

Krauss, S., Neubrand, M., Blum, W., Baumert, J., Brunner, M., Kunter, M., & Jordan, M. (2008). Die Untersuchung des professionellen Wissens deutscher Mathematik-Lehrerinnen und –Lehrer im Rahmen der COACTIV-Studie. *Journal für Mathematik-Didaktik, 29*(3–4), 233–258.

KMK (2003) = Sekretariat der Ständigen Konferenz der Kultusminister der Länder in der Bundesrepublik Deutschland (Hrsg.). (2003). *Bildungsstandards im Fach Mathematik für den Mittleren Schulabschluss.* Luchterhand.

KMK (2018) = Sekretariat der Ständigen Konferenz der Kultusminister der Länder in der Bundesrepublik Deutschland (Hrsg.). (2018). Ländergemeinsame inhaltliche Anforderungen für die Fachwissenschaften und Fachdidaktiken in der Lehrerbildung. https://www.kmk.org/fileadmin/ Dateien/veroeffentlichungen_beschluesse/2008/2008_10_16-Fachprofile-Lehrerbildung.pdf. Zugegriffen: 28. Juni. 2021.

Ladel, S., & Kortenkamp, U. (2013). Designing a technology based learning environment for place value using artifact-centric activity theory. In A. M. Lindmeier & A. Heinze (Hrsg.), *Proceedings of the 37th conference of the International Group for the Psychology of Mathematics Education* (Bd. 1, S. 188–192).

Leuders, T., & Böcherer-Linder, K. (im Druck). Brücken zwischen Analysis und Schulmathematik. In I. Kersten, Schmidt-Thieme, B., & S. Halverscheid (Hrsg.), *Bedarfsgerechte fachmathematische Lehramtsausbildung. Zielsetzungen und Konzepte unter heterogenen Voraussetzungen.* Springer Spektrum.

Leufer, N., & Prediger, S. (2007). „Vielleicht brauchen wir das ja doch in der Schule", Sinnstiftung und Brückenschläge in der Analysis als Bausteine zur Weiterentwicklung der fachinhaltlichen gymnasialen Lehrerbildung. In A. Büchter, H. Humenberger, S. Hußmann, & S. Prediger (Hrsg.), *Realitätsnaher Mathematikunterricht – vom Fach aus und für die Praxis. Festschrift für Wolfgang Henn zum 60. Geburtstag* (S. 265–276). Franzbecker.

Malle, G. (2007). Die Entstehung negativer Zahlen – Der Weg vom ersten Kennenlernen bis zu eigenständigen Denkobjekten. *Mathematik lehren, 142,* 52–57.

Nagel, K., Quiring, F., Deiser, O., & Reiss, K. (2016). Ergänzungen zu den mathematischen Grundvorlesungen für Lehramtsstudierende im Fach Mathematik – ein Praxisbericht. In A. Hoppenbrock, R. Biehler, R. Hochmuth, & H.-G. Rück (Hrsg.), *Lehren und Lernen von Mathematik in der Studieneingangsphase: Herausforderungen und Lösungsansätze* (S. 339–353). Springer Spektrum.

Padberg, F., & Wartha, S. (2017). *Didaktik der Bruchrechnung.* Springer Spektrum.

Prediger, S. (2013). Unterrichtsmomente als explizite Lernanlässe in fachlichen Veranstaltungen. In C. Ableitinger, J. Kramer, & S. Prediger (Hrsg.), *Zur doppelten Diskontinuität in der Gymnasiallehrerbildung* (S. 151–168). Springer Spektrum.

Schweiger, F. (1992). Fundamentale Idee. Eine geistesgeschichtliche Studie zur Mathematikdidaktik. *Journal für Mathematik-Didaktik, 13,* 199–214.

Shulman, L. S. (1986). Those who understand: Knowledge growth in teaching. *Educational Researcher, 15*(2), 4–14.

Weber, B.-J. (2018). *Aufgaben im Mathematikstudium – Eine qualitative Untersuchung zu Merkmalen von Übungsaufgaben mit besonderer Berücksichtigung des Lehramtsstudiums.* Masterarbeit im 2-Fächer-Masterstudiengang Mathematik der Mathematisch-Naturwissenschaftlichen Fakultät der Christian-Albrechts-Universität zu Kiel.

Weber, B.-J. & Lindmeier, A. (2020). Typisierung von Aufgaben zur Verbindung zwischen schulischer und akademischer Mathematik. In H.-S. Siller, W. Weigel, & J.-F. Wörler (Hrsg.), *Beiträge zum Mathematikunterricht 2020.* (S. 1001–1004). WTM-Verlag.

Wu, H. (2011). The mis-education of mathematics teachers. *Notices of the AMS, 58*(3), 372–384.

Wu, H. (2015). *Textbook school mathematics and the preparation of mathematics teachers.* https:// math.berkeley.edu/~wu/Stony_Brook_2014.pdf. Zugegriffen: 1. Febr. 2019.

Wu, H. (2018). The content knowledge mathematics teachers need. In Y. Li, W. J. Lewis, & J. Madden (Hrsg.), *Mathematics matters in education* (S. 43–91). Springer.

Wie man universitäres mathematisches Wissen in die Schule retten kann – einige Überlegungen zur zweiten Diskontinuität nach Felix Klein

6

Andreas Eberl, Stefan Krauss, Matthias Moßburger, Thomas Rauch und Patrick Weber

▶ Der folgende Beitrag liefert nach einigen Überlegungen zu den inhaltlichen Zusammenhängen zwischen Schul- und Hochschulmathematik Beispiele, wie Mathematiklehrkräfte das an der Universität erworbene mathematische Fachwissen im Unterricht bei Themen zur Arithmetik, Algebra bzw. Analysis nutzen können. Anders als in den weiteren Kapiteln des vorliegenden Bandes wird hier keine Testkonstruktion vorgestellt. Vielmehr wird – ausgehend von fiktiven, aber möglichen Fragen und Gedankengängen von Schülerinnen und Schülern oder Lehrkräften – der *didaktische* Nutzen hochschulmathematischen Hintergrundwissens beleuchtet.

A. Eberl · S. Krauss (✉) · P. Weber
Universität Regensburg, Regensburg, Deutschland
E-Mail: Stefan.Krauss@mathematik.uni-regensburg.de

A. Eberl
E-Mail: andreas.eberl@ur.de

P. Weber
E-Mail: weber@gymnasium-gruenwald.de

M. Moßburger
Hans-Leinberger-Gymnasium Landshut, Landshut, Deutschland
E-Mail: mossburger.hlg@gmx.de

T. Rauch (✉)
Ludwigsgymnasium Straubing, Straubing, Deutschland
E-Mail: rauch@t-online.de

© Springer-Verlag GmbH Deutschland, ein Teil von Springer Nature 2023
S. Krauss und A. Lindl (Hrsg.), *Professionswissen von Mathematiklehrkräften*, Mathematik Primarstufe und Sekundarstufe I + II,
https://doi.org/10.1007/978-3-662-64381-5_6

6.1   Einleitung

Immer wieder ist von angehenden Mathematiklehrkräften zu hören, dass das an der Universität vermittelte akademische mathematische Fachwissen für den Lehrberuf wenig hilfreich sei. Bisweilen wird nicht nur von Studienreferendarinnen und -referendaren, sondern auch von erfahrenen Lehrkräften angezweifelt, dass eine hochschulmathematische Fachausbildung in der zu absolvierenden Breite und Tiefe notwendig ist, um Mathematik an der Schule erfolgreich unterrichten zu können. Schließlich scheinen – zumindest bei oberflächlicher Betrachtung – Schul- und Hochschulmathematik nur wenige Überschneidungen zu haben.

Die insbesondere bei Eintritt in den Schuldienst von nicht wenigen angehenden Mathematiklehrkräften gefühlte (oder tatsächliche?) Diskrepanz zwischen Hochschul- und Schulmathematik wurde bereits von Felix Klein (1908) beschrieben und von ihm als *zweite Diskontinuität* in der Lehrkräfteausbildung bezeichnet. Diese Diskontinuität soll im vorliegenden Beitrag fokussiert werden. Eine vergleichbare Diskrepanz – allerdings in umgekehrter Richtung – wird auch schon bei Studienbeginn erlebt, da ehemalige Abiturientinnen und Abiturienten in der Regel nur wenige Gemeinsamkeiten zwischen dem, was in der Schule als Mathematik bezeichnet wurde, und den Inhalten ihrer Mathematikvorlesungen erkennen. Dies wird nach Felix Klein (1908) als *erste Diskontinuität* in der Mathematik-Lehramtsausbildung bezeichnet.

Ziel der folgenden Ausführungen ist es, an Beispielen aus der Arithmetik, Algebra und Analysis zu verdeutlichen, dass universitäres Wissen bei der Planung, Durchführung und Reflexion von Mathematikunterricht *didaktisch* hilfreich sein kann. Dabei wird es u. a. auch um die Frage gehen, ob für Lehrkräfte das, was typischerweise in den Schulbüchern steht, als fachliche Grundlage für das Unterrichten von Mathematik tatsächlich immer ausreicht.

6.2   Die Beziehung zwischen Hochschulmathematik und Schulmathematik

Betrachten wir die folgende, auf den ersten Blick durchaus plausible These: „Wer Mathematik – etwa an einem Gymnasium – unterrichten möchte, muss fachlich (lediglich) in der Lage sein, Abituraufgaben sicher, elegant, auf verschiedenen Wegen und ggf. mit Rückgriffen auf die Mittelstufenmathematik zu lösen." Dies klingt zunächst nachvollziehbar, da für die Bearbeitung von Abituraufgaben schließlich Schulwissen und kein Universitätsstudium notwendig ist. Sollte ein Lehramtsstudium der Mathematik von der sogenannten „Schulmathematik" ausgehend also lediglich zu vertieften Betrachtungen der schulmathematischen Inhalte führen? Würde man diese Frage mit „Ja" beantworten, würde man vermutlich den Erwartungen mancher Studierenden des Lehramts für Mathematik und vielleicht auch einiger Lehrkräfte an ein Mathematikstudium gerecht werden. Was aber genau ist eigentlich „Schulmathematik", was „Hochschulmathematik"?

Man könnte unter Schulmathematik beispielsweise all das verstehen, was an fachlichen Inhalten in der Schule thematisiert wird, und unter Hochschulmathematik all das, was an Fachlichem über den Mathematikunterricht hinausgeht. Bei einer solchen Sichtweise wären Schulmathematik und Hochschulmathematik zwei disjunkte Konstrukte und die Hochschulmathematik würde im Unterricht keine Rolle spielen.

Kann man aber das, was man üblicherweise unter Hochschulmathematik versteht (z. B. Analysis, Lineare Algebra etc.), von der Schulmathematik überhaupt inhaltlich scharf trennen (vgl. hierzu auch Dreher et al. in Kap. 5 des vorliegenden Bandes)? Man beachte, dass alle schulüblichen mathematischen Notationen, Definitionen und Kernaussagen (um die Begriffe „Theorem" und „Satz" zu vermeiden) durchaus auch in der universitären Mathematik zu finden sind – wenn auch vielleicht nur als vermeintlich triviale Spezialfälle. Insbesondere sind auch gängige Begründungs- und Beweistechniken (etwa das Widerlegen mit einem Gegenbeispiel, Rückgriffe auf Definitionen, Widerspruchsbeweise oder Rückführungen auf bereits Bekanntes) sowohl Teil der Schul- als auch der Hochschulmathematik. Folgte man diesen Gedanken, wäre die Schulmathematik eine (echte) Teilmenge von all dem, was in Fachvorlesungen an der Universität gelehrt wird.

Aber unabhängig davon, wo man sich zwischen diesen beiden Sichtweisen verortet, ist es eine interessante Frage, ob (und wenn ja, wie) man sich als Lehrkraft *didaktisch* (d. h. im Unterricht oder bei dessen Vorbereitung) der Hochschulmathematik bedienen kann.

Im Folgenden werden mögliche Fragen oder Gedankengänge von Schülerinnen und Schülern sowie von Lehrkräften im Rahmen von Unterricht (bzw. dessen Vor- oder Nachbereitung) Ausgangspunkte von kurzen Abschnitten sein, in denen schulmathematische Zusammenhänge mit hochschulmathematischem Hintergrundwissen beleuchtet werden. Die von uns thematisierten potenziellen Gedankengänge von Lehrkräften sind dabei im Wesentlichen an inhaltliche Leitfragen der folgenden Art angelehnt:

- Welcher hochschulmathematische Aspekt könnte hinter diesem Schülerproblem stehen?
- Kann man das (wirklich) so definieren?
- Sind hier Voraussetzungen unausgesprochen?
- Ist das scheinbar Selbstverständliche vielleicht doch nicht (ganz so) trivial?
- Ist diese didaktische Reduktion noch sinnvoll oder geht sie schon zu weit?
- Ist das ein Spezialfall einer Hochschulaussage?
- Steckt hinter dieser (vermeintlichen) schulmathematischen Binsenweisheit Hochschulmathematik?
- Kann man diesen Beweis elementarisieren?
- Liegt die Antwort auf diese Schülerfrage vielleicht in der Hochschulmathematik?

Tab. 6.1 Übersicht zu den 23 behandelten Themen

Abschnitt	Thema (Titel des Abschnitts)	Weitere Stichworte
Abschn. 6.3.1	Warum soll die 1 keine Primzahl sein?	Eindeutigkeit der Primfaktorzerlegung
Abschn. 6.3.2	Warum spielt die Reihenfolge beim Kürzen keine Rolle?	Eindeutigkeit der Primfaktorzerlegung
Abschn. 6.3.3	Sind Hauptnenner eigentlich eindeutig?	Kleinstes gemeinsames Vielfaches
Abschn. 6.3.4	Warum darf man auch die Null nicht durch Null dividieren?	Quotientenringe
Abschn. 6.3.5	Was soll 0^0 sein?	Fortsetzung einer Funktion
Abschn. 6.3.6	Warum ist $3^0 = 1$ und $3^{-1} = \frac{1}{3}$?	Homomorphismen
Abschn. 6.3.7	Warum ist „Minus mal Minus gleich Plus"?	Rechnen in Ringen
Abschn. 6.3.8	Was ist der Unterschied zwischen Bruch und Bruchzahl?	Äquivalenzklassen
Abschn. 6.3.9	Kann 1,610 das Ergebnis einer Rundung von 1,60943791 . . . sein?	Definition des Rundens
Abschn. 6.3.10	Wie ist die Quadratwurzel definiert?	Existenz- und Eindeutigkeitsaussagen
Abschn. 6.3.11	Über Definitionsmengen von n-ten Wurzeln	Definitionen von Wurzeln
Abschn. 6.3.12	Sind alle irrationalen Zahlen nur mithilfe rationaler Zahlen und des Wurzelzeichens darstellbar?	Transzendente Zahlen
Abschn. 6.3.13	Welche Möglichkeiten gibt es, die Eulersche Zahl zu definieren?	Definitionen der Eulerschen Zahl
Abschn. 6.3.14	Wie kann man lineare Gleichungssysteme „am sichersten" lösen?	Gauß-Algorithmus
Abschn. 6.3.15	Wie kann man Funktionen mittels Graphen definieren?	Graphen als spezielle Relationen
Abschn. 6.3.16	Gibt es eigentlich eine „Mitternachtsformel" für Gleichungen vom Grad $n > 2$?	Nullstellen von Polynomen
Abschn. 6.3.17	Wie finde ich für meine Klassenarbeit schnell ein Polynom ohne rationale Nullstelle?	Eisenstein-Polynome
Abschn. 6.3.18	Wie sind Polstellen definiert – oder: Welche Lücken kann man füllen?	Arten von Definitionslücken
Abschn. 6.3.19	Kann man Stetigkeit mithilfe eines Bleistifts definieren?	Definition der Stetigkeit
Abschn. 6.3.20	Steigend und fallend an der gleichen Stelle – das kann doch nicht sein!	Definition der Monotonie
Abschn. 6.3.21	Wie kann man eine Tangentengleichung „sofort" hinschreiben?	Taylor-Reihe
Abschn. 6.3.22	Warum ist a^x immer größer als null – selbst bei negativem Exponenten?	Reihen, Potenzgesetze
Abschn. 6.3.23	Wie kann man beweisen, dass $e = 1$ ist?	Definition von e

Solche Fragen spiegeln wider, dass bei der Untersuchung von Zusammenhängen zwischen Schul- und Hochschulmathematik zwei Richtungen eine Rolle spielen können (vgl. Dreher et al. in Kap. 5 des vorliegenden Bandes):

- *Bottom-up:* Bei der Einordnung von fachlichen Fragen, Äußerungen oder Gedankengängen seitens eines Schülers kann es hilfreich sein, nach fachlichen Zusammenhängen zwischen Schule und Hochschule ausgehend vom schulischen Kontext zu suchen.
- *Top-down:* Bei der Reflexion fachlicher Fragen, die sich eine Lehrkraft z. B. während der Unterrichtsvorbereitung stellt, spielt insbesondere die Fähigkeit eine Rolle, ausgehend vom hochschulmathematischen Hintergrundwissen schulmathematisches Vorgehen zu hinterfragen.

6.3 Nun wird's inhaltlich konkret

Im Folgenden stellen wir Beispiele beginnend bei der Arithmetik über die Algebra bis hin zur Analysis vor. Die Reihenfolge der insgesamt 23 jeweils in einem Block präsentierten Beispiele entspricht in etwa der Reihenfolge, in der die angesprochenen fachlichen Aspekte in der Sekundarstufe auftauchen. Tab. 6.1 gibt einen Überblick darüber, welche Themen in den folgenden Abschnitten beleuchtet werden.

6.3.1 Warum soll die 1 keine Primzahl sein?

Unterrichtssituation

Ein Schüler überlegt:

„Eine Primzahl kann man nur durch 1 und sich selbst teilen. Dann muss doch die 1 auch eine Primzahl sein." ◄

Man müsste ihm Recht geben, wenn in seinem Schulheft lediglich Folgendes stünde: „Eine Primzahl ist eine natürliche Zahl, die man nur durch 1 und durch sich selbst teilen kann." Wahrscheinlich steht aber in seinem Heft noch ein weiterer Satz wie z. B.: „Die 1 ist jedoch keine Primzahl." Weist man auf diesen Nachsatz hin, so provoziert das vielleicht die Frage: „Und warum soll ausgerechnet die 1 keine Primzahl sein?"

Der Schüler nennt eine Gemeinsamkeit der 1 mit den Primzahlen. Ansonsten gibt es aber einige gewichtige Unterschiede. Zum Beispiel:

- Bei Multiplikation mit 1 erhält man wieder die Ausgangszahl, nicht jedoch bei der Multiplikation mit einer Primzahl.
- Anders als die Primzahlen teilt die 1 alle natürlichen Zahlen.

Sind diese beiden Eigenschaften nebensächlich oder wesentlich? Gibt es noch weitere Gründe, warum die 1 keine Primzahl sein soll? Hier hilft ein Blick in die universitäre Mathematik:

Die erste genannte Eigenschaft spielt hier eine so wichtige Rolle, dass sie sogar bei den Körperaxiomen auftaucht: Die „Eins" ist das neutrale Element der Multiplikation. Auch bei anderen Strukturen wie etwa Gruppen oder Ringen sind neutrale Elemente von zentraler Bedeutung. Das Thema „Teilbarkeit" (vgl. die zweite eben genannte Eigenschaft) spielt an der Universität ebenfalls eine wichtige Rolle, sonst würde man in Algebrabüchern nicht dutzendmal den Begriff „Teiler" finden (vgl. z. B. Bosch, 2013), der für jeden Ring definiert wird, nicht nur für den Ring $\mathbb{Z}$. Die zweite genannte Eigenschaft ist der Kern eines allgemeineren Begriffs: Die „Einheiten" eines Rings sind genau die jenigen Elemente, die alle anderen Elemente teilen. In $\mathbb{Z}$ sind 1 und -1 die Einheiten.

Der eigentliche Grund dafür, dass die Zahl 1 keine Primzahl sein soll, ist jedoch: Die Aussage, dass jede natürliche Zahl ungleich 1 eine *eindeutige* Primfaktorzerlegung besitzt, wird als *Hauptsatz der elementaren Zahlentheorie* (Kunz, 1994) oder auch als *Fundamentalsatz der Arithmetik* bezeichnet. Wäre die 1 eine Primzahl, dann wäre der Hauptsatz in dieser Formulierung falsch, denn $2 \cdot 3 = 1^5 \cdot 2 \cdot 3$ und jede natürliche Zahl hätte somit unendlich viele Primfaktorzerlegungen. Man könnte ihn zwar umständlicher formulieren, damit er mit der „Primzahl 1" richtig wird, aber dabei müsste man wieder einen Unterschied zwischen der 1 und den tatsächlichen Primzahlen machen. Die Eindeutigkeit der Primfaktorzerlegung ist schon an und für sich eines der erstaunlichsten Phänomene der Arithmetik und es wäre schade, wenn dieses Phänomen durch eine ungeschickte Definition der Primzahlen verloren ginge. Zudem könnte man nicht mehr von *der* Primfaktorzerlegung einer Zahl sprechen, wenn man die 1 zu den Primzahlen nehmen würde, sondern lediglich von *einer möglichen* Primfaktorzerlegung.

Es gibt übrigens noch weitere algebraische Aussagen aus der Hochschulmathematik, die umständlicher formuliert werden müssten, wenn man die 1 zu den Primzahlen zählen würde. Zum Beispiel: Für jede Primzahl p gibt es einen Körper mit p Elementen (vgl. z. B. Bosch, 2013).

Möchte ein Schüler also wissen, warum die 1 keine Primzahl sein soll, könnte eine Lehrkraft so antworten: „Die 1 unterscheidet sich ganz wesentlich von den Primzahlen. Nur bei Multiplikation mit 1 erhält man stets wieder die ursprüngliche Zahl. Für Primzahlen stimmt das nicht. Und die 1 teilt alle natürlichen Zahlen. Die Primzahlen tun das ebenfalls nicht. Entscheidend ist aber: Wäre die 1 eine Primzahl, so gäbe es für jede natürliche Zahl unendlich viele Primfaktorzerlegungen."

Die Eindeutigkeit der Primfaktorzerlegung ist nicht nur eine der bemerkenswertesten Eigenschaften der natürlichen Zahlen, sondern sie hat auch Auswirkungen auf andere Bereiche der Schulmathematik, wie der folgende Abschnitt zeigt.

6.3.2 Warum spielt die Reihenfolge beim Kürzen keine Rolle?

Unterrichtssituation

Ein Schüler fragt:

„Ist es egal, ob man beim vollständigen Kürzen von $\frac{84}{156}$ zuerst mit 2 kürzt oder zuerst mit 3?" ◀

Die Frage ist durchaus berechtigt und kann schnell auftauchen: Unser Schüler hat vielleicht zuerst mit 2 gekürzt, also $\frac{84}{156} = \frac{42}{78}$, sein Banknachbar zuerst mit 3, also $\frac{84}{156} = \frac{28}{52}$. Jetzt fragen sich die beiden, ob sie beim weiteren Kürzen wirklich zu demselben Endergebnis kommen.

Mag sein, dass die beiden nicht nach tieferen Gründen suchen und sich mit der Versicherung der Lehrkraft zufriedengeben, dass die Reihenfolge beim Kürzen keine Rolle spielt. Aber für die Lehrkraft selbst ist die fachliche Sicherheit wichtig, zweifelsfrei zu wissen, dass es tatsächlich so ist – und vielleicht taucht sogar im Unterricht auch mal die Frage auf, warum das so ist.

Das liegt im Wesentlichen an der Eindeutigkeit der Primfaktorzerlegung (vgl. Abschn. 6.3.1): Die 84 hat die eindeutige Primfaktorzerlegung $84 = 2^2 \cdot 3 \cdot 7$. Es kann nicht sein, dass bei einer Zerlegung von 84 ein anderer Primfaktor wie etwa 5 auftaucht oder dass der Faktor 2 nur einmal vorkommt. Ebenso hat 156 eine eindeutige Primfaktorzerlegung, nämlich $156 = 2^2 \cdot 3 \cdot 13$. Die gemeinsamen Teiler von 84 und 156 sind also genau die Teiler von $2^2 \cdot 3 = 12$. Und da man nur mit gemeinsamen Teilern kürzen kann, hat man nach dem vollständigen Kürzen insgesamt mit 12 gekürzt, egal in welcher Reihenfolge.

Der Beweis für die Eindeutigkeit der Primfaktorzerlegung und seine Verallgemeinerung (Stichwort *faktorielle Ringe,* vgl. Abschn. 6.3.3) sei der Universität vorbehalten. Er bietet der Lehrkraft aber die nötige Sicherheit, um auf die obige Frage des Schülers mit Überzeugung antworten zu können: „Ja, die Reihenfolge ist im Prinzip egal, weil man immer das gleiche Endergebnis erhält. Man kommt aber oft schneller zum Ziel, wenn man zunächst mit möglichst großen gemeinsamen Teilern kürzt (falls die Suche nach solchen Teilern nicht zu lange dauert)."

Die eindeutige Primfaktorzerlegung von natürlichen Zahlen kann man zu entsprechenden Zerlegungen von Polynomen verallgemeinern, die für die Überlegungen in Abschn. 6.3.3 wichtig sind.

6.3.3   Sind Hauptnenner eigentlich eindeutig?

Unterrichtssituation

Eine Schülerin fragt während des Unterrichts:

„Was ist eigentlich *der* Hauptnenner der beiden Bruchterme $\frac{1}{0,5(x-1)}$ und $\frac{1}{4(x-1)}$?

Ist das einfach $x - 1$ oder muss ich $2(x - 1)$ nehmen?" ◄

Hier geht es also um die Frage, ob Hauptnenner eindeutig sind. Da es sich bei Hauptnennern um kleinste gemeinsame Vielfache (kgV) handelt, ist es sinnvoll, zur
Beantwortung dieser Frage einen Blick auf kleinste gemeinsame Vielfache zu werfen.

In der Unterstufe werden die Begriffe „Vielfachenmenge" sowie „kleinstes
gemeinsames Vielfaches" (kgV) eingeführt. Dabei betrachtet man im Regelfall zunächst
natürliche Zahlen und insofern ist das kleinste gemeinsame Vielfache (von natürlichen
Zahlen) eindeutig.

Auch in Hochschulmathematikvorlesungen werden diese Begriffe definiert. Ein
mathematisch sauberes Verfahren, ein kleinstes gemeinsames Vielfaches mithilfe der
eindeutigen Primfaktorzerlegung (vgl. Abschn. 6.3.1) anzugeben, steht in sogenannten
faktoriellen Ringen (die manchmal auch als ZPE-Ringe oder als Gaußsche Ringe
bezeichnet werden) zur Verfügung (ausführlich zu diesem Verfahren siehe z. B. Bosch
2013). Faktorielle Ringe sind im Wesentlichen Ringe, in denen sich jedes Element ($\neq 0$),
das keine Einheit ist, als Produkt von sogenannten irreduziblen Elementen (bzw.
Primelementen) darstellen lässt.

Wichtig ist nun Folgendes: Ein kleinstes gemeinsames Vielfaches ist bis auf einen
Faktor, der eine Einheit im jeweiligen faktoriellen Ring ist, eindeutig. Zur Erinnerung
sei erwähnt, dass $\{1; -1\}$ die Menge der Einheiten von $\mathbb{Z}$ und $\mathbb{Q}\backslash\{0\}$ die Menge der Einheiten im Ring $\mathbb{Q}[X]$ der Polynome mit rationalen Koeffizienten ist. Insofern haben z. B.
in der Menge $\mathbb{Z}$ zwei ganze Zahlen ($\neq 0$) nicht nur ein kleinstes gemeinsames Vielfaches,
sondern zwei. So sind beispielsweise 6 und -6 die beiden kleinsten gemeinsamen Vielfachen von 2 und 3 im faktoriellen Ring $\mathbb{Z}$. Zwei Polynome aus $\mathbb{Q}[X]\backslash\{0\}$ wiederum
besitzen unendlich viele kleinste gemeinsame Vielfache. Für die Frage der Schülerin
bedeutet das: Jedes Polynom $r \cdot (x - 1)$ mit $r \in \mathbb{Q}\backslash\{0\}$ ist demnach ein kleinstes
gemeinsames Vielfaches der beiden Polynome $0,5(x - 1)$ und $4(x - 1)$ im Polynom-
ring $\mathbb{Q}[X]$. Dementsprechend haben die beiden eingangs von der Schülerin betrachteten
Bruchterme also unendlich viele Hauptnenner (in den Ringen $\mathbb{Q}[X]$ und natürlich auch in
$\mathbb{R}[X]$). Denn Hauptnenner sind – wie erwähnt – kleinste gemeinsame Vielfache.

Beim Rechnen mit Brüchen, die aus einer ganzen Zahl im Zähler und einer natürlichen Zahl im Nenner bestehen, ist es also durchaus angebracht, von *dem* Hauptnenner
zu sprechen. Betrachtet man aber Bruchterme, deren Zähler und Nenner Polynome sind,
ist es im Zusammenhang mit Hauptnennern sinnvoll, eher unbestimmte Artikel (*ein*
Hauptnenner) als bestimmte Artikel (*der* Hauptnenner) zu verwenden. Ein diesbezüglich

präziser Sprachgebrauch bzw. fachlich genaue Erläuterungen könnten bei Schülerinnen und Schülern Vorteile bei weiteren Begriffsbildungsprozessen bewirken. So sollte man z. B. auch nicht von *der* Gleichung einer Tangente, sondern von *einer* Gleichung einer Tangente sprechen. Tangenten sind schließlich Geraden, und jede Gerade kann man mit unendlich vielen Gleichungen beschreiben (vgl. Abschn. 6.3.21). Insofern kann es angebracht sein, Aspekte der Nichteindeutigkeit an geeigneten Stellen im Mathematikunterricht zu thematisieren.

Man sollte der Schülerin also sagen, dass es hier *unendlich viele* Hauptnenner gibt und ein *beliebiger* konstanter Faktor, der natürlich nicht gleich null sein darf, bei $(x - 1)$ stehen darf. Daher kann man sowohl $x - 1, 2(x - 1)$ als auch $4(x - 1)$ jeweils als *einen Hauptnenner* bezeichnen.

6.3.4   Warum darf man auch die Null nicht durch Null dividieren?

Unterrichtssituation

Warum $\frac{12}{0}$ nicht erlaubt ist, kann man ja noch recht einfach begründen. Aber stellen Sie sich vor, ein Schüler möchte wissen, was $\frac{0}{0}$ ist. Er argumentiert:

„Es gilt ja $\frac{3}{3} = 1, \frac{2}{2} = 1$ und $\frac{1}{1} = 1$, also ist auch $\frac{0}{0} = 1$." ◄

Der Schüler verwendet eine sogenannte *Permanenzreihe*, die suggeriert, wie es „weitergeht". Solche Reihen kennt er vielleicht schon aus anderen Zusammenhängen (vgl. Abschn. 6.3.5, 6.3.6 und 6.3.7). Interessanterweise könnte man jedoch auch so argumentieren:

$\frac{0}{3} = 0, \frac{0}{2} = 0, \frac{0}{1} = 0$, also ist auch $\frac{0}{0} = 0$.

Oder so: $\frac{7 \cdot 3}{3} = 7, \frac{7 \cdot 2}{2} = 7, \frac{7 \cdot 1}{1} = 7$, also ist auch $\frac{0}{0} = \frac{7 \cdot 0}{0} = 7$.

Das sind drei verschiedene Permanenzreihen, die zu unterschiedlichen Ergebnissen führen (zur „erfolgreichen" Anwendung von Permanenzreihen siehe z. B. Abschn. 6.3.6 und 6.3.7; wie man damit „scheitern" kann, ist hier bzw. in Abschn. 6.3.5 zu sehen; allgemeine Bemerkungen zu Permanenzreihen finden sich am Ende von 6.3.7)!

So kann man zwar das Schülerargument entkräften, aber nicht beweisen, dass $\frac{0}{0}$ nicht definiert werden kann. Man befindet sich hier in einer ähnlichen Situation wie bei 0^0 (vgl. Abschn. 6.3.5). Sowohl für $0^0 = 0$ als auch für $0^0 = 1$ gibt es plausible Gründe. Bei 0^0 entscheidet man sich meist für $0^0 = 1$, bei $\frac{0}{0}$ dafür, dass es undefiniert bleibt – aber warum eigentlich?

Betrachten wir einen häufig genannten Grund, bei dem man sich auf eine bestimmte Bedeutung des Dividierens beruft. $12 : 3 = 4$ bedeutet: 3 passt 4-mal in 12, das heißt $4 \cdot 3 = 12$. Der Quotient $12 : 0$ hat keine entsprechende Bedeutung, denn es gibt keine Zahl x mit $x \cdot 0 = 12$. Bei $0 : 0$ ist das entsprechende Argument aber nicht mehr so überzeugend, weil $x \cdot 0 = 0$ sogar für alle Zahlen x gilt. Immerhin könnte man noch betonen, dass ein solches x nicht eindeutig bestimmt ist. Diese Art zu argumentieren (nicht nur in Hinblick auf Eindeutigkeit) würde aber im Widerspruch dazu stehen, wie man bei anderen Themen verfährt:

1. Die Gleichung $x^2 = 2$ hat zwei Lösungen. Diese Mehrdeutigkeit verhindert nicht, dass man $\sqrt{2}$ definiert, indem man sich für eine der beiden Lösungen entscheidet. Warum sollte man sich nicht für eine der Lösungen von $x \cdot 0 = 0$ entscheiden dürfen, um $0 : 0$ zu definieren?
2. In der Grundschule gibt es den genauen Wert des Quotienten $12 : 7$ nicht (abgesehen von 1 Rest 5). Denn es existiert keine natürliche Zahl x mit $x \cdot 7 = 12$. Nachdem man $\mathbb{N}$ zu $\mathbb{Q}$ erweitert hat, gibt es so eine (rationale) Zahl. Leider kann man $\mathbb{Q}$ jedoch nicht ebenso geschickt erweitern, dass $12 : 0$ und $0 : 0$ sinnvoll werden. Aber wie soll man das in der Unterstufe erklären?
3. Auf „ursprüngliche Bedeutungen" beharrt man in anderen Situationen nicht: 2^n wird zunächst für $n \in \mathbb{N}$ definiert und hat dabei die Bedeutung eines Produkts aus n Faktoren. Diese Bedeutung muss man für $n \in \mathbb{Q}$ fallen lassen. Vielleicht muss man auch bei $12 : 0$ einfach nur die ursprüngliche Bedeutung fallen lassen?

Ein erster Blick in die Hochschulmathematik scheint zunächst nicht weiterzuhelfen: In der Algebra werden auf einem Körper nur zwei Verknüpfungen betrachtet: Addition und Multiplikation. Die Division spielt eher eine Nebenrolle und wird auf die Multiplikation durch $a : b := a \cdot b^{-1}$ für $b \neq 0$ zurückgeführt. Diese Definition kann man nicht auf $a : 0 := a \cdot 0^{-1}$ ausdehnen, weil 0^{-1} nicht existiert, jedenfalls nicht in einem Körper: Für alle Elemente x eines Körpers ist $0 \cdot x \neq 1$, denn $0 \cdot x = (0 + 0) \cdot x = 0 \cdot x + 0 \cdot x$, also $0 \cdot x = 0 \neq 1$. Aber kann man $a : 0$ eventuell anders definieren? Bei 0^0 ist das so (vgl. Abschn. 6.3.5): $a^b := e^{b \cdot \ln(a)}$ ist nur für $a > 0$ möglich und im Fall $a = b = 0$ setzt man $0^0 := 1$.

Vielleicht sollte man die Frage des Schülers erst präzisieren, bevor man nach Antworten sucht. Er will wissen, ob der Bruch $\frac{0}{0}$ eine bestimmte Zahl wie 0 oder 1 darstellt, und wenn ja, welche. Es geht hier also auch um den Unterschied zwischen Bruch und Bruchzahl, der in der Unterstufe bei der Erweiterung von $\mathbb{Z}$ auf $\mathbb{Q}$ thematisiert wird (siehe hierzu Abschn. 6.3.8).

In der Hochschulmathematik findet man eine genaue Erklärung des Übergangs von $\mathbb{Z}$ nach $\mathbb{Q}$, wenn man sich mit Quotientenringen oder Quotientenkörpern beschäftigt. $\mathbb{Q}$ ist ein spezieller Quotientenring von $\mathbb{Z}$. Man kann sogar zu jedem Ring R mit einer Nennermenge $N \subseteq R$ (wobei $1 \in N$ und $a \cdot b \in N$ für alle $a, b \in N$ gelten soll, vgl. z. B. Bosch, 2013) einen Quotientenring konstruieren. Bleiben wir beim Ring $\mathbb{Z}$. Man wählt eine Menge $N \subseteq \mathbb{Z}$ von zugelassenen Nennern. In der Schule ist $N = \mathbb{Z} \setminus \{0\}$, an der Universität betrachtet man auch andere N. Die Paare $(z; n)$ mit $z \in \mathbb{Z}$ und $n \in N$ nennt man Brüche. In der Schule schreibt man $\frac{z}{n}$ statt $(z; n)$. Das hat den Nachteil, dass man für Brüche und Bruchzahlen die gleiche Notation benutzt, was eine begriffliche Unterscheidung erschwert. Auf der Menge aller Brüche wird durch $(a; b) \sim (c; d) :\Leftrightarrow ad = bc$ eine Äquivalenzrelation definiert (in Schul-Notation: $\frac{a}{b} = \frac{c}{d} \Leftrightarrow ad = bc$), und eine Bruchzahl $\frac{z}{n}$ ist die Menge aller Brüche $(a; b)$, die zu $(z; n)$ äquivalent sind (vgl. Abschn. 6.3.8; dort ist $N = \mathbb{Z}\backslash\{0\}$ und in diesem Fall ist der Quotientenring sogar ein Körper, nämlich $\mathbb{Q}$).

Bemerkenswert ist nun Folgendes: An der Universität ist $0 \in N$ erlaubt! Es gibt also Quotientenringe, die $\frac{0}{0}$ enthalten. Das hat aber eine drastische Konsequenz: Wenn die Null in der Nennermenge N enthalten ist, dann sind alle Brüche zueinander äquivalent. Denn nach Definition ist $(a; b) \sim (0; 0) \Leftrightarrow a \cdot 0 = b \cdot 0$. Diese Gleichung ist stets erfüllt, also sind alle Brüche zum Bruch $(0; 0)$ äquivalent. Der Quotientenring enthält damit nur ein einziges Element und ist zum Nullring $\{0\}$ isomorph. Für Interessierte sei darauf verwiesen, dass Quotientenringe auch als Lokalisierungen bezeichnet werden. Über Lokalisierungen kann man z. B. in Bosch (2013) nachlesen.

Als „letzte Rettung" von $\frac{0}{0}$ für das gewohnte Rechnen in $\mathbb{Q}$ könnte man eventuell sagen: $\frac{0}{0}$ ist einfach nur ein Symbol, eine weitere Schreibweise für die Zahl 1, und mit $\frac{0}{0}$ wird nichts weiter getan, außer dass es eben die Zahl 1 ist. Genau das macht man bei 0^0: Es ist nur ein weiteres Symbol für 1, mit dem man aber nicht wie sonst nach Potenzgesetzen rechnet (also nicht $0^0 = 0^{1-1} = \frac{0^1}{0^1}$). Doch während $0^0:=1$ einen praktischen Nutzen hat (siehe Abschn. 6.3.5), ist bei $\frac{0}{0}:=1$ kein Nutzen bekannt.

Mit den obigen Überlegungen haben wir eine Idee gewonnen, die sich didaktisch reduzieren lässt: Wenn man 0 im Nenner zulässt, hat das fatale Auswirkungen auf die Brüche: Sie sind alle zueinander äquivalent! Die Äquivalenz zweier Brüche bzw. die Gleichheit der zugehörigen Bruchzahlen wird in der Schule zum Beispiel folgendermaßen abgeleitet: „Erweitere oder kürze die beiden Brüche auf einen gemeinsamen Nenner und vergleiche anschließend die Zähler!" Kurz: $\frac{a}{b} = \frac{c}{d} \Leftrightarrow \frac{ad}{bd} = \frac{bc}{bd} \Leftrightarrow ad = bc$ (es gibt manchmal auch geschicktere gemeinsame Nenner). Das entspricht genau der oben definierten Äquivalenz zweier Brüche. Unser Schüler vom Anfang dieses Abschnitts vermutet $\frac{0}{0} = \frac{1}{1}$. Man könnte ihn zum Beispiel daran erinnern, wie er entscheidet, ob $\frac{3}{7} = \frac{5}{11}$ gilt: $\frac{3}{7}$ wird mit 11 erweitert, $\frac{5}{11}$ mit 7, aber $3 \cdot 11 = 33 \neq 35 = 5 \cdot 7$. Wenn er bei $\frac{0}{0} = \frac{1}{1}$ genauso verfährt, kommt er zur richtigen Gleichung $0 \cdot 1 = 1 \cdot 0$ und findet seine Vermutung bestätigt. Doch leider folgt dann zum Beispiel auch $\frac{0}{0} = \frac{7}{1}$, also insgesamt $1 = 7$. Wenn also der Bruch $\frac{0}{0}$ eine Zahl wie etwa 1 darstellen würde, dann wäre $1 = 7$ und es hätten sogar alle Brüche den gleichen Wert.

6.3.5 Was soll 0^0 sein?

Unterrichtssituation

Ein Schüler überlegt:

„0^0 muss gleich null sein! ‚Nulliger' geht doch nicht – von nichts kommt nichts!" ◄

Dieser Schülergedanke ist naheliegend. Betrachtet man das Problem aber etwas genauer, scheinen sogar zwei Lösungen plausibel (vgl. Tab. 6.2): Einerseits ist $x^0 = 1$ für alle

Tab. 6.2 Welche Permanenzreihe „stimmt" nun?

$3^0 = 1$	$0^3 = 0$
$2^0 = 1$	$0^2 = 0$
$1^0 = 1$	$0^1 = 0$
$0^0 = 1$	$0^0 = 0$

$x > 0$, andererseits ist $0^y = 0$ für alle $y > 0$. Was nun soll also 0^0 sein? Es ist nicht möglich, beide Gleichungen für den Fall $x = y = 0$ widerspruchsfrei plausibel fortzusetzen. Denn die erste Gleichung spricht für $0^0 = 1$, die zweite Gleichung für $0^0 = 0$. Man hört deswegen des Öfteren (und auch in manchen Schulbüchern hält sich hartnäckig das Gerücht), dass 0^0 nicht definiert werden kann. Dies wird gelegentlich damit begründet, dass die beiden Permanenzreihen in Tab. 6.2 schließlich zu unterschiedlichen Ergebnissen führen würden (mehr zu Permanenzreihen und dazu, dass sich damit keine Aussagen beweisen lassen, in den Abschn. 6.3.4 und 6.3.7).

Der scheinbare Widerspruch löst sich aber auf, wenn man ihn mit Mitteln der Hochschule betrachtet, und zwar mithilfe einer Funktion f in zwei Variablen: Der Funktionsterm $f(x, y) := x^y$ sei zunächst für alle $(x, y) \in \mathbb{R}_0^+ \times \mathbb{R}_0^+ \setminus \{(0,0)\}$ definiert. Die Frage lautet nun, wie die Funktion f an der Stelle $(0, 0)$ fortgesetzt werden soll. Der soeben geschilderte „Konflikt" besteht dann lediglich (noch) darin, dass die gesuchte Fortsetzung nicht stetig sein kann:

$$\lim_{(x,y) \to (0,0)} f(x, y) \text{ existiert nicht, weil } \lim_{x \to 0} f(x, 0) = 1 \neq 0 = \lim_{y \to 0} f(0, y).$$

Jetzt sieht es so aus, als hätte man bei der Festlegung von 0^0 die freie Wahl zwischen 0 und 1. Aber vielleicht schießt man, salopp gesprochen, bei der einen Festlegung „mehr Tore" als bei der anderen. Bis hierhin steht es 1 : 1 unentschieden zwischen $0^0 = 1$ und $0^0 = 0$, weil wir uns bisher der Stelle $(0, 0)$ einerseits nur mit Punkten $(x, 0)$ auf der x-Achse und andererseits nur mit Punkten $(0, y)$ auf der y-Achse genähert haben. Wenn man sich $(0, 0)$ aber beispielsweise auf der Winkelhalbierenden des 1. Quadranten $y = x$ nähert, also mit Punkten (x, x), dann erhält man:

$$\lim_{x \to 0} f(x, x) = \lim_{x \to 0} x^x = \lim_{x \to 0} e^{x \cdot \ln x} = 1.$$

Jetzt steht es also bereits 2 : 1 für $0^0 = 1$.

Allgemeiner gilt sogar für *alle* Geraden $y = mx$ mit $m > 0$:

$$\lim_{x \to 0} f(x, mx) = 1$$

Damit steht es $\infty : 1$ für $0^0 = 1$. Dieses Argument könnte man bereits in der Mittelstufe mit dem Taschenrechner andeuten, sobald Potenzen mit rationalen Exponenten zur Verfügung stehen. Zum Beispiel ist $0,001^{0,001} \approx 0,993$.

Bei der Festlegung eines Wertes für 0^0 wird man sich außerdem auch an praktischen Gründen orientieren. In Tretter (2013) und auch an vielen anderen Stellen wird 0^0 als 1 definiert. Nur dann gilt zum Beispiel

$$\sum_{i=0}^{n} a_i x^i = a_0 + a_1 x^1 + \ldots + a_n x^n$$

auch für $x = 0$. Denn dann ist $a_0 x^0 = a_0 \cdot 0^0 = a_0$.

Auch bei der berühmten Potenzreihe $e^x = \sum_{n=0}^{\infty} \frac{x^n}{n!}$ (vgl. Abschn. 6.3.13) gilt im Übrigen $e^0 = 1$ nur dann, wenn $0^0 = 1$.

Weiterhin ermöglicht die Festlegung $0^0 := 1$ eine sehr elegante induktive Definition von x^n für alle $x \in \mathbb{R}$ und $n \in \mathbb{N}_0$ (siehe z. B. Forster, 2016):

$$x^0 := 1, x^{n+1} := x^n \cdot x.$$

Je nach Jahrgangsstufe lassen sich im Unterricht also verschiedene Beispiele und Argumente bringen, warum die Festlegung $0^0 := 0$ zwar möglich, aber in vielen mathematischen Situationen die Definition $0^0 := 1$ sinnvoller und hilfreicher ist. Selbst jüngere Schülerinnen und Schüler könnten hier schon einige ausgewählte Grenzwertprozesse mit einem Taschenrechner durchspielen.

6.3.6 Warum ist $3^0 = 1$ und $3^{-1} = \frac{1}{3}$?

Unterrichtssituation

Eine Lehrkraft überlegt bei der Unterrichtsvorbereitung, warum es sinnvoll ist, $a^0 = 1$ und $a^{-n} = \frac{1}{a^n}$ zu setzen, und macht sich z. B. folgende Gedanken:

„Mit der Permanenzreihe

$$3^2 = 3 \cdot 3$$

$$3^1 = 3$$

$$3^0 = 1$$

$$3^{-1} = \frac{1}{3}$$

$$3^{-2} = \frac{1}{3^2}$$

kann man die Festlegungen $3^0 := 1$ und $3^{-n} := \frac{1}{3^n}$ plausibel machen. Gibt es noch weitere Gründe für diese Definitionen?" ◄

In der Schule ist es üblich, a^n zunächst für alle $a > 0$ und $n \in \mathbb{N}$ zu definieren:

$$a^1 := a; \ a^2 := a \cdot a; \ a^3 := a \cdot a \cdot a; \ \ldots$$

Das ist noch unproblematisch. Aber wie erklärt man, warum $a^0 = 1$ und $a^{-1} = \frac{1}{a}$ sein soll? Eine Möglichkeit ergibt sich durch das folgende Permanenzprinzip (vgl. dazu auch den Beitrag von Bruckmaier et al. in Kap. 4 dieses Bandes): Für Exponenten aus $\mathbb{N}$ hat man zum Beispiel die Regel $a^{r+s} = a^r \cdot a^s$, die nun auch für alle Exponenten aus $\mathbb{Z}$ gelten soll, also z. B.:

$a^0 \cdot a = a^0 \cdot a^1 = a^{0+1} = a^1 = a$, also $a^0 = 1$, oder:

$a^{-1} \cdot a = a^{-1} \cdot a^1 = a^{-1+1} = a^0 = 1$, also $a^{-1} = \frac{1}{a}$.

Aber ist das nur ein suggestiver Trick und die Fortsetzung der genannten Regel lediglich eine willkürliche Festlegung, die man je nach Geschmack auch anders wählen könnte?

Ein Blick in die universitäre Mathematik zeigt, dass das nicht der Fall ist. Hinter der soeben gewählten Erklärung steckt vielmehr ein zentraler Begriff, der in vielen Teilgebieten der Mathematik auftaucht. Betrachten wir für ein $a > 0$ die Funktion $f : \mathbb{Z} \to \mathbb{R}^+, n \mapsto a^n$. Dann schreibt sich die angewendete Regel so: $f(r + s) = f(r) \cdot f(s)$. Solche Gleichungen beschreiben *Homomorphismen:* Die Funktion f ist ein Homomorphismus von der Gruppe $(\mathbb{Z}, +)$ in die Gruppe $(\mathbb{R}^+, \cdot)$.

Selbstverständlich muss man im Schulunterricht nicht das Wort „Homomorphismus" erwähnen. Das entsprechende Hintergrundwissen hilft aber dabei zu beurteilen, ob die gewählten Erklärungen eher etwas mit Randerscheinungen, rhetorischen Tricks und willkürlichen Entscheidungen zu tun haben oder doch mit zentralen Begriffen und Methoden der Mathematik (Homomorphismen spielen z. B. auch in Abschn. 6.3.22 eine Rolle).

Schülerinnen und Schülern könnte man also Folgendes mitteilen: „Definiert man $a^0 := 1$ und $a^{-1} := \frac{1}{a}$, so wird die Gültigkeit der Regel $a^{r+s} = a^r \cdot a^s$ erweitert. Derartige Erweiterungen des Gültigkeitsbereichs von Regeln und Gesetzen hat man in der Mathematik oft. Zum Beispiel wird bei der Einführung der ganzen Zahlen die Gültigkeit des Distributivgesetzes von den natürlichen Zahlen auf die ganzen Zahlen erweitert."

Auch im folgenden Abschnitt spielt das Permanenzprinzip eine Rolle.

6.3.7 Warum ist „Minus mal Minus gleich Plus"?

Unterrichtssituation

Eine Lehrkraft macht sich bei der Unterrichtsvorbereitung folgende Gedanken:

„Mit Multiplikationstabellen (also Permanenzreihen) kann man plausibel machen, dass es sinnvoll ist, $(-1) \cdot (-1)$ gleich $+1$ zu setzen, z. B.:

$$3 \cdot (-1) = -3$$
$$2 \cdot (-1) = -2$$
$$1 \cdot (-1) = -1$$
$$0 \cdot (-1) = 0$$
$$(-1) \cdot (-1) = 1$$

Das ist natürlich kein Beweis, bei $\frac{0}{0}$ oder 0^0 kann das ja auch schiefgehen (vgl. Abschn. 6.3.4 bzw. 6.3.5). Wie kann man das fachgerecht *begründen*?" ◄

Hinter der Aussage „Minus mal Minus gleich Plus" steckt keine willkürliche Definition (nach dem Motto „das ist halt so") und auch keine Spezialität der reellen Zahlen. Es gibt einen handfesten fachwissenschaftlichen Grund, warum $(-1) \cdot (-1)$ gleich 1 ist. Man beachte, dass die folgende Erklärung auch in sehr allgemeinen Situationen, zum Beispiel in allen „Ringen mit Eins", tragfähig ist:

$$0 = 0 \cdot (-1) = (1 + (-1)) \cdot (-1) = -1 + (-1) \cdot (-1)$$

Also muss $(-1) \cdot (-1) = 1$ sein, wie die beidseitige Addition von 1 ergibt. Dabei wird u. a. die Gültigkeit des Distributivgesetzes vorausgesetzt. Diese Argumentation funktioniert in allen Ringen R, wenn $1 \in R$ das neutrale Element bezüglich der Multiplikation bezeichnet, $0 \in R$ das neutrale Element bezüglich der Addition und -1 das Inverse von 1 bezüglich der Addition (mehr über das Rechnen in Ringen kann man z. B. in Karpfinger & Meyberg, 2017, nachlesen).

Obige Begründung kann man im Unterricht auch mit Verweis auf ein Permanenzprinzip geben: Bei der Zahlbereichserweiterung von den natürlichen zu den ganzen Zahlen sollen möglichst viele der bereits bekannten Rechengesetze weiterhin gelten, zum Beispiel das Distributivgesetz. Die obige Rechnung, die den wesentlichen Grund für „Minus mal Minus gleich Plus" liefert, ist dann auch für Schülerinnen und Schüler intuitiv verständlich (vgl. dazu auch Bruckmaier et al. in Kap. 4 dieses Bandes).

Abschließend noch einige Bemerkungen zu dem in den Abschn. 6.3.4 bis 6.3.7 wiederholt thematisierten Begriff der Permanenzreihe, über dessen Zweischneidigkeit sich Lehrkräfte bewusst sein sollten: Einerseits lassen sich mit Permanenzreihen keine Aussagen beweisen (vgl. Abschn. 6.3.4). Weiterhin ist 0^0 definierbar (vgl. Abschn. 6.3.5), „obwohl" es verschiedene Permanenzreihen mit unterschiedlichen Ergebnissen gibt. Eine *plausible* Fortsetzung einer Reihe muss noch lange keine *gültige* Fortsetzung sein. Andererseits können Permanenzreihen für *anderweitig bereits bewiesene Aussagen* natürlich durchaus (gültige!) Strukturen und Muster verdeutlichen (vgl. Abschn. 6.3.6 zu nichtpositiven ganzzahligen Exponenten bzw. Abschn. 6.3.7 zu „Minus mal Minus") und so zur Sinnstiftung und Wissensvernetzung von Schülerinnen und Schülern beitragen.

6.3.8 Was ist der Unterschied zwischen Bruch und Bruchzahl?

Eine Lehrkraft überlegt:

„Wie erkläre ich meiner Klasse den Unterschied zwischen dem abstrakten Konzept *rationale Zahl* und der Schreibweise als gewöhnlicher Bruch?" ◀

Ein Blick in die Hochschule kann Lehrkräften helfen, sich klarzumachen, dass Bruch und Bruchzahl (hier verstanden als rationale Zahl) keine Synonyme sind.

Die Einführung der rationalen Zahlen in der Hochschule geschieht häufig über die Konstruktion des Quotientenkörpers des Rings $\mathbb{Z}$ der ganzen Zahlen. Dabei wird auf der Menge $\mathbb{Z} \times \mathbb{Z}\backslash\{0\}$ eine Äquivalenzrelation $\sim$ definiert: $(a,b) \sim (c,d) :\Leftrightarrow a \cdot d = b \cdot c$. Die Menge der rationalen Zahlen ist dann $\mathbb{Q} := (\mathbb{Z} \times \mathbb{Z}\backslash\{0\})$, also die Menge der Äquivalenzklassen. Wenngleich rationale Zahlen in der Schule anders motiviert werden, findet sich der zentrale Kern der universitären Konstruktion auch im Unterricht wieder.

So sind zwei Brüche $\frac{a}{b}$ und $\frac{c}{d}$ bekanntlich genau dann wertgleich, wenn man sie durch Erweitern auf dieselbe Gestalt bringen kann, d. h., wenn Zahlen $x, y \in \mathbb{Z}\backslash\{0\}$ existieren, sodass $a \cdot x = c \cdot y$ und $b \cdot x = d \cdot y$ gelten. Diese Bedingung ist äquivalent zur obigen Bedingung $a \cdot d = b \cdot c$. Dadurch wird auf der Menge aller Bruchdarstellungen $\frac{a}{b}$ mit $a \in \mathbb{Z}$ und $b \in \mathbb{Z}\backslash\{0\}$ also dieselbe Äquivalenzrelation wie oben festgelegt und die Menge der rationalen Zahlen $\mathbb{Q}$ ist nichts anderes als die Menge der entsprechenden Äquivalenzklassen aller Brüche.

Man könnte zu Schülerinnen und Schülern sagen: „Die (gewöhnlichen) Brüche $\frac{2}{3}$; $\frac{4}{6}$; $\frac{6}{9}$ sind wertgleich. Man kann diese Brüche als Namen für ein und dieselbe (Bruch-)Zahl (bzw. rationale Zahl) auffassen. Sie sind also lediglich verschiedene Schreibweisen für ein und dieselbe Zahl auf der Zahlengeraden."

6.3.9 Kann 1,610 das Ergebnis einer Rundung von 1,60943791... sein?

Eine Lehrerin fragt im Unterricht, welchen Wert der Taschenrechner für ln 5 ausgibt, und erhält von einem Schüler die Antwort: 1,60943791. Die Lehrerin fordert anschließend auf, ln 5 gerundet anzugeben. Ein anderer Schüler antwortet: 1,610.

Wie bewerten Sie diese Antwort? ◀

Die Darstellung 1,610 als Rundung von ln 5 = 1,60943791 ... anzugeben, ist natürlich nicht richtig. Denn wenn auf die dritte Dezimale gerundet werden soll, dann ist 1,609 die korrekte Rundung, und falls auf die zweite Dezimale gerundet werden soll, ist 1,61 die richtige Antwort.

1,61 soll also nicht gleich 1,610 sein!? Das widerspricht nun scheinbar dem, was man bei der Einführung der Dezimalbrüche gelernt hat. So wie die gewöhnlichen Brüche $\frac{161}{100}$

und $\frac{1610}{1000}$ (vgl. hierzu Abschn. 6.3.8) bezeichnen doch auch 1,61 und 1,610 dieselbe Bruchzahl. Folgendes hilft aber hier vielleicht schon weiter: Bei einem Rundungsprozess geht es darum, eine Zahl x durch eine andere Zahl $rd(x)$, die eine fest vorgegebene Darstellung hat, zu ersetzen, sodass der Abstand zwischen x und $rd(x)$ möglichst klein wird. So stehen z. B. beim Runden von $\ln 5$ auf die dritte Dezimalstelle Zahldarstellungen wie 1,608, 1,609, 1,610 oder 1,611 und beim Runden von $\ln 5$ auf die zweite Dezimalstelle Zahldarstellungen wie 1,59, 1,60, 1,61 oder 1,62 zur Verfügung.

Eine Erwiderung auf die Schülerantwort könnte also folgendermaßen lauten: „Wenn man $\ln 5$ auf zwei Dezimalen rundet, ist 1,61 die korrekte Antwort. Rundet man auf drei Dezimalen, ist 1,609 richtig. Tatsächlich sind 1,61 und 1,610 zwar Darstellungen ein und derselben Zahl, beim Runden geht es aber nicht nur um die Angabe einer Zahl, sondern auch um die konkrete Darstellung dieser Zahl bzw. des Rundungswerts nach einer festen Regel."

6.3.10 Wie ist die Quadratwurzel definiert?

Unterrichtssituation

Eine Lehrkraft überlegt bei der Unterrichtsvorbereitung:

„Existenz- und Eindeutigkeitsaussagen spielen an der Uni eine herausragende Rolle. Kann ich im Unterricht bei der Einführung der Quadratwurzel beides stillschweigend einfach als gegeben betrachten?" ◄

Ist a eine nicht-negative reelle Zahl, so bezeichnet man mit $\sqrt{a}$ diejenige nicht-negative Zahl, deren Quadrat gleich a ist. So oder so ähnlich wird in der Schule die Quadratwurzel definiert. Existenz und Eindeutigkeit einer Quadratwurzel werden im Unterricht im Regelfall nicht thematisiert. Für Mathematikerinnen und Mathematiker sind jedoch beide Aspekte von Bedeutung.

Mithilfe von Aussagen über das Konvergenzverhalten von Folgen zeigt man in der Hochschulmathematik anhand des Vollständigkeitsaxioms Folgendes: Ist $a > 0$ und $x_0 > 0$, so konvergiert die durch

$$x_{n+1} = \frac{1}{2}\left(x_n + \frac{a}{x_n}\right)$$

rekursiv definierte Folge gegen *eine* positive Lösung der Gleichung $x^2 = a$ (z. B. Forster, 2016). Diese positive Lösung der Gleichung ist eindeutig, was durch einen Widerspruchsbeweis schnell einzusehen ist, und wird als *die* Quadratwurzel von a bezeichnet. Den Eindeutigkeitsbeweis könnte man auch in der Schule durchführen: Sind x_1 und x_2 positive Lösungen der Gleichung $x^2 = a$, so gilt $0 = x_1^2 - x_2^2 = (x_1 + x_2)(x_1 - x_2)$. Da $x_1 + x_2$ größer als null ist, muss $x_1 - x_2 = 0$ und also $x_1 = x_2$ sein.

Insofern wird also die Rekursionsvorschrift des in der Schule bisweilen eingesetzten Heron-Verfahrens, das eine geometrische Interpretation erlaubt und mit dem näherungsweise z. B. mit einem Tabellenkalkulationssystem Quadratwurzeln berechnet werden können, in der Hochschulmathematik gelegentlich zur *Definition* von Quadrat-wurzeln verwendet. Dies ist ein für Schülerinnen und Schüler vielleicht überraschender Zusammenhang, der im Unterricht durchaus angesprochen werden könnte, um die Existenz von Quadratwurzeln zu problematisieren. Zumindest sollte erwähnt werden, dass Existenz und Eindeutigkeit von Quadratwurzeln keine Selbstverständlichkeit sind.

6.3.11 Über Definitionsmengen von *n*-ten Wurzeln

Unterrichtssituation

Ein Schüler stellt im Unterricht folgende Frage:

„Warum liefert ein Taschenrechner für $\sqrt[3]{-8}$ den Wert -2, aber im Unterricht lernen wir, dass $\sqrt[3]{-8}$ nicht definiert ist?" ◄

Diese Frage ist nur allzu berechtigt, da sich hier Taschenrechner und Lehrkräfte (bzw. Schulbücher) ggf. widersprechen.[1]

Im Körper der komplexen Zahlen sind die Lösungen der Gleichung $x^n = 1$ (mit $n \in \mathbb{N}$), also $e^{k\frac{2\pi i}{n}}$ mit $k \in \{0, 1, \ldots, n-1\}$, die sogenannten *n*-ten Einheitswurzeln (vgl. z. B. Forster, 2016).

Etwas weiter gefasst ist im Kontext der Hochschulalgebra eine „*n*-te Wurzel" ein Element der Lösungsmenge einer algebraischen Gleichung der Art $x^n = a$ (vgl. z. B. Bosch, 2013). In diesem Sinne ist auch der vom Taschenrechner ausgegebene Wert für $\sqrt[3]{-8}$ zu verstehen. -2 ist eine (die einzige reelle) Lösung der Gleichung $x^3 = -8$.

Ein solcher Umgang mit Wurzeln im Schulunterricht hätte aber zur Folge, dass eine Wurzel nicht mehr eindeutig definiert werden kann. Denn was wäre dann $\sqrt[4]{16}$? 2 oder -2 (man bedenke, welche Lösungen die Gleichung $x^4 - 16 = 0$ hat)? Insbesondere ergäben sich auch Schwierigkeiten, z. B. die Elemente der Lösungsmenge der Gleichung $x^2 - 5 = 0$ anzugeben, wenn $\sqrt{5}$ sowohl für die negative als auch für die positive Lösung dieser Gleichung stünde. Weiterhin ergäben sich, falls $\sqrt[3]{-1}$ definiert wäre, Schwierigkeiten mit den Potenzgesetzen. Dann wäre nämlich z. B. folgende unsinnige Umformung möglich:

$$-1 = \sqrt[3]{-1} = (-1)^{\frac{1}{3}} = (-1)^{\frac{2}{6}} = \left((-1)^2\right)^{\frac{1}{6}} = 1^{\frac{1}{6}} = 1$$

In der *reellen Analysis* dagegen definiert man für $a > 0$ und $n \in \mathbb{N} \, (\geq 2)$ $\sqrt[n]{a}$ als die eindeutig bestimmte positive Lösung der Gleichung $x^n = a$ (vgl. z. B. Forster, 2016). Lehrkräfte können also aufatmen, denn dies entspricht genau der schulischen Wurzel-definition.

---

[1] Ideengeber für diesen Abschnitt ist ein Sonderdruck aus dem Amtsblatt des Bayerischen Staats-ministeriums für Unterricht und Kultur Nr. 7 vom 31. Mai 1955 (Kultusministerium Bayern, 1955).

Dem Schüler, der die eingangs geschilderte Frage stellte, könnte eine Lehrkraft also antworten, dass der vom Taschenrechner ausgegebene (reelle) Wert die Lösung der Gleichung $x^3 = -8$ ist. Außerdem könnte eine Lehrkraft mit Beispielen begründen, warum negative Radikanden zu den oben beschriebenen Inkonsistenzen führen.

6.3.12 Sind alle irrationalen Zahlen nur mithilfe rationaler Zahlen und des Wurzelzeichens darstellbar?

Unterrichtssituation

Ein Schüler fragt während des Unterrichts:

„Wir haben gelernt, dass alle rationalen Zahlen Quotienten ganzer Zahlen sind. Kann man entsprechend sagen, dass alle irrationalen Zahlen Wurzeln von rationalen Zahlen sind?" ◄

Üblicherweise wird in der Sekundarstufe bewiesen, dass die Wurzel aus 2 irrational ist. Diese „neue" Zahl gehört also nicht mehr zu den bekannten rationalen Zahlen und motiviert daher die Zahlbereichserweiterung zu den reellen Zahlen (als Vereinigung rationaler und irrationaler Zahlen). Nun könnte bei Schülerinnen und Schülern der Eindruck entstehen, dass *alle* diese „neuen" irrationalen Zahlen mithilfe des Wurzelzeichens (oder auch höherer Wurzeln wie $\sqrt[3]{0,2}$), der vier Grundrechenarten sowie der bekannten rationalen Zahlen darstellbar sind – ganz ähnlich, wie das bei der Zahlbereichserweiterung von $\mathbb{Z}$ auf $\mathbb{Q}$ der Fall war (schließlich lassen sich ja auch *alle* rationalen Zahlen als Quotienten ganzer Zahlen ausdrücken, d. h. nur mit dem Bruchstrichsymbol und den bekannten ganzen Zahlen). Warum also sollten sich nicht auch alle irrationalen Zahlen als Wurzelausdrücke rationaler Zahlen darstellen lassen?

Die Hochschulmathematik zeigt jedoch, dass dies nicht der Fall ist: Die Menge der reellen Zahlen ist überabzählbar unendlich, während alle Wurzelausdrücke zusammengenommen „nur" eine abzählbar unendliche Menge bilden, da sie eine Teilmenge der sogenannten algebraischen Zahlen über $\mathbb{Q}$ sind (siehe z. B. Kunz, 1994). Daher gibt es sogar überabzählbar unendlich viele irrationale Zahlen, die nicht durch Wurzelausdrücke dargestellt werden können. Paradebeispiele dafür sind die Eulersche Zahl e (vgl. Abschn. 6.3.13) und die Kreiszahl π, welche auch in der Schulmathematik eine große Rolle spielen.

Die Zahl π beispielsweise wird meist bereits in der Mittelstufe im Zusammenhang mit dem Kreisumfang betrachtet, allerdings noch nicht als irrationale, geschweige denn transzendente Zahl eingeordnet. Dass die Kreiszahl irrational ist, wird erst thematisiert, wenn die Menge der reellen Zahlen eingeführt wird. Dass sich unter den irrationalen reellen Zahlen eine interessante Teilmenge mit weiteren speziellen Eigenschaften versteckt, zu der u. a. die Zahl π gehört, bleibt im regulären Schulunterricht jedoch meist unberücksichtigt. Falls es nämlich kein Polynom mit ganzzahligen Koeffizienten gibt, welches die Zahl α als Nullstelle besitzt, so heißt α „transzendent" (über $\mathbb{Q}$). Die transzendenten Zahlen bilden laut Definition genau das Komplement zu den algebraischen Zahlen, zu denen es eben gerade solche Polynome gibt (und zu denen alle Wurzelausdrücke mit rationalen Zahlen gehören). Für transzendente Zahlen wie die Eulersche Zahl e, die Kreiszahl π oder auch $2^{\sqrt{2}}$ lässt sich also kein Polynom ($\neq 0$) mit ganzzahligen (oder sogar rationalen) Koeffizienten angeben, das eine dieser Zahlen als Nullstelle hat. Im Fall von π hat das sogar praktische Implikationen bis in die Geometrie: Da die Zahl π transzendent ist, ist sie insbesondere nicht mit Zirkel und Lineal auf der Basis der Streckenlänge 1 konstruierbar. Das bedeutet wiederum, dass die *Quadratur des Kreises* unmöglich ist.

In diesem Sinne kann man als Lehrkraft die eingangs geschilderte Frage des Schülers also verneinen (auch wenn eine dezidierte Begründung hierfür im Rahmen der Schulmathematik leider nicht möglich ist).

6.3.13 Welche Möglichkeiten gibt es, die Eulersche Zahl zu definieren?

Unterrichtssituation

Eine Lehrkraft stellt sich folgende Frage bei der Unterrichtsvorbereitung:

„Wie kann man Näherungswerte für die Eulersche Zahl e im Unterricht möglichst schnell und sukzessive genauer berechnen?" ◄

$-5, \frac{3}{4}, \sqrt{2}$ oder π – immer wieder begegnen Schülerinnen und Schülern neue, bislang unbekannte Zahlen in ihrer Schullaufbahn. Eine ganz spezielle Zahl ist die Eulersche Zahl e, die genau wie π oder i sogar mit einem „eigenen" Buchstaben bezeichnet wird. Was macht diese Zahl aber so besonders? Einerseits ist sie Teil der Eulerschen „Jahrhundertformel" $e^{\pi i} + 1 = 0$, die gleich fünf der wichtigsten Zahlen der Mathematik miteinander in Verbindung bringt. Andererseits speist sich ihre außergewöhnliche Stellung aus ihren unterschiedlichen Definitionsmöglichkeiten und den damit verbundenen vielfältigen Eigenschaften.

Historisch gab es interessanterweise sogar drei verschiedene Situationen, die auf völlig unterschiedlichen Wegen zur Entdeckung der Zahl e führten (nämlich die Erstellung von Logarithmentafeln durch John Napier, die Betrachtung der Zinsrechnung durch Jakob Bernoulli und die Integration der Hyperbel $y = \frac{1}{x}$ durch Pierre de Fermat; vgl. hierzu Krauss, 1999). In der Schule taucht die Zahl e meist bei der Betrachtung von Exponentialfunktionen und deren Ableitungen auf, motiviert durch die Frage, ob sich eine Basis finden lässt, sodass sich die zugehörige Exponentialfunktion beim Ableiten „reproduziert". Mit anderen Worten: Gibt es eine Funktion ($\neq 0$), deren Ableitungsfunktion mit der ursprünglichen Funktion übereinstimmt (vgl. Abschn. 6.3.23)? Schnell gelangt man z. B. durch Intervallschachtelungen zur Einsicht, dass eine solche Zahl existiert und ihr Wert ungefähr $2{,}718$ betragen muss.

Meist geht man hierbei von der Gleichung $\lim_{h \to 0} \frac{a^h - 1}{h} = 1$ aus und erhält nach diversen Umformungen (vgl. hierzu Abschn. 6.3.23) $a = \lim_{n \to \infty} \left(1 + \frac{1}{n}\right)^n$.

Dieser Grenzwert bestimmt dann die Zahl e (man beachte, dass die oben angesprochenen schulbuchüblichen Umformungen fachmathematisch mit Vorsicht zu genießen sind; siehe Abschn. 6.3.23).

Alternativ kann e (wie jede andere Zahl) auch als Grenzwert einer unendlichen Reihe dargestellt werden (eine solche Definition geht ursprünglich auf Leonhard Euler zurück). Summiert man die Kehrbrüche der Fakultäten aller natürlichen Zahlen auf, so erhält man:

$$e = \frac{1}{0!} + \frac{1}{1!} + \frac{1}{2!} + \frac{1}{3!} + \frac{1}{4!} + \ldots = 1 + 1 + \frac{1}{2} + \frac{1}{6} + \frac{1}{24} + \ldots = \sum_{n=0}^{\infty} \frac{1}{n!}$$

Es stellt sich faszinierenderweise heraus, dass der Grenzwert $\lim_{n \to \infty} \left(1 + \frac{1}{n}\right)^n$ mit dem Wert der Reihe $\sum_{n=0}^{\infty} \frac{1}{n!}$ übereinstimmt.

Will man schnell möglichst genaue Näherungswerte für die Eulersche Zahl berechnen, so bietet sich vor allem die zweite Darstellung wegen ihrer schnellen Konvergenz an (vgl. z. B. Forster, 2016). Um jedoch zur Einsicht zu gelangen, dass eine solche „unendliche Summe" überhaupt konvergiert (d. h. einen Grenzwert hat), ist wiederum hochschulmathematisches Wissen vonnöten (naiv betrachtet könnte man schließlich annehmen, dass die obige Reihe einfach gegen unendlich divergiert, da ja unendlich viele echt positive Summanden aufaddiert werden). Gerade wenn sich interessierte Schülerinnen oder Schüler im Unterricht erkundigen, wie denn nun z. B. die 18. Stelle von e aussieht und darüber hinaus berechnet werden kann, lohnt es sich, auch diese Definition und deren Vorteile bei der konkreten Annäherung von e zu kennen.

Möchte eine Lehrkraft mit ihren Schülerinnen und Schülern, z. B. mittels eines Tabellenkalkulationsprogramms, Näherungswerte für die Eulersche Zahl berechnen, so bietet es sich an, die oben vorgestellte Summenformel (mit und ohne Fehlerabschätzung) zu verwenden (bei dieser Gelegenheit könnte dann auch thematisiert werden, wie schnell die Werte von $n!$ mit zunehmendem n wachsen).

6.3.14 Wie kann man lineare Gleichungssysteme „am sichersten" lösen?

Unterrichtssituation

Eine Schülerin überlegt:

„Ich komme mit den verschiedenen Verfahren zur Lösung linearer Gleichungssysteme nicht zurecht und weiß nie, welche Methode ich wählen soll. Gibt es kein Lösungsverfahren, das immer nach dem gleichen Muster verläuft?" ◄

Lineare Gleichungssysteme tauchen im Schulunterricht üblicherweise erstmals in der Mittelstufe auf, wo man sich in der Regel auf Systeme mit zwei Unbekannten und zwei Gleichungen (oder maximal drei Unbekannten und drei Gleichungen) beschränkt.

Allgemein ist ein lineares Gleichungssystem mit m Unbestimmten bzw. Variablen $x_1, \ldots x_m$ und n Gleichungen eine Menge von n linearen Gleichungen der folgenden Form:

$$a_{11}x_1 + a_{12}x_2 + \ldots + a_{1m}x_m = b_1$$

$$\vdots$$

$$a_{n1}x_1 + a_{n2}x_2 + \ldots + a_{nm}x_m = b_n$$

Dabei sind die $a_{ij}(1 \leq i \leq n; 1 \leq j \leq m)$ und die $b_i(1 \leq i \leq n)$ reelle Zahlen und n, m natürliche Zahlen.

Innermathematische Anwendungssituationen der schulüblichen linearen Gleichungssysteme stellen beispielsweise die Ermittlung einer Gleichung einer Geraden durch zwei Punkte oder die Ermittlung einer Gleichung einer Parabel durch drei Punkte dar. In der analytischen Geometrie der Oberstufe sind sie ein unverzichtbares Werkzeug zur Lösung von Lage- und Schnittproblemen bei Geraden und Ebenen im Raum. Im letzteren Kontext können die Gleichungssysteme durchaus komplex und unübersichtlich werden, wenn es beispielsweise darum geht, die Schnittgerade von zwei in vektorieller Darstellung gegebenen Ebenen zu bestimmen. Hier hat man es schließlich mit einem System von drei Gleichungen mit vier Variablen zu tun.

In der Schule werden in der Regel sowohl grafische als auch rechnerische Verfahren zur Lösung linearer Gleichungssysteme thematisiert. Rechnerische Verfahren kommen dabei in mehreren Varianten vor, die in Schulbüchern üblicherweise als Additions-, Einsetzungs- oder Gleichsetzungsverfahren bezeichnet werden. Zwar trainieren die Schülerinnen und Schüler bei der Anwendung der Verfahren in hohem Maße ihre algebraischen Fähigkeiten, eine Analyse der einzelnen Strategien im Kontext der Zielsetzung „Löse ein lineares Gleichungssystem möglichst effizient" kommt dabei aber manchmal zu kurz. Häufig fällt es Schülerinnen und Schülern deshalb schwer, unter den rechnerischen Verfahren eine geschickte Auswahl zur Lösung eines konkreten gegebenen Gleichungssystems zu treffen.

Auch Lehrkräfte könnten bei dieser Frage vielleicht verunsichert sein, da sie selbst ein geeignetes Lösungsverfahren oftmals lediglich intuitiv bzw. „durch genaues Hinschauen" auswählen. Damit ist Schülerinnen und Schülern, die sich gerne an ein gut funktionierendes Schema halten würden, leider nicht gedient. Gerade leistungsschwächere Schülerinnen und Schüler brauchen Unterstützung, da sie durch ein unsystematisches und zufallsbedingtes Anwenden der ihnen bekannten Lösungsverfahren ggfs. auch in einer Sackgasse landen können, wie folgendes Beispiel zeigt:

$$\begin{aligned} I. \quad & 2a + b + c = 1 \\ II. \quad & a - b + 2c = 2 \\ III. \quad & a - b - c = 1 \end{aligned}$$

Mit geschultem Blick lässt sich das System recht schnell lösen. Ein Schüler, der ohne Verständnis agiert, könnte folgendermaßen beginnen:

$$I. + II. \qquad 3a + 3c = 3 \Rightarrow c = 1 - a \qquad (IV.)$$
$$IV. \text{ in } II. \qquad a - b + 2 \cdot (1 - a) = 2 \Rightarrow b = -a \ (V.)$$
$$IV., V. \text{ in } I. \ \ 2a - a + 1 - a = 1 \Rightarrow 0 = 0 \qquad ???$$

An dieser Stelle kommt der Schüler nicht weiter und startet womöglich einen neuen, aber wiederum eher „zufälligen" Versuch in der Hoffnung, dass er diesmal „Glück hat". Das fehlende Verständnis hindert ihn dabei, eine effektive und sicher zum Ziel führende Vorgehensweise auszuwählen (natürlich wird man dem Schüler den Hinweis geben, auch die dritte Gleichung zu verwenden).

Hier lohnt ein Blick in die Theorie der linearen Algebra, die Standardwerkzeuge zur Lösung linearer Gleichungssysteme zur Verfügung stellt.

An der Hochschule stellt man lineare Gleichungssysteme als $A \cdot x = b$ dar, wobei A die sogenannte Koeffizientenmatrix $(a_{ij})_{1 \leq i \leq n, 1 \leq j \leq m}$ ist, x der Vektor aus den unbekannten Variablen $(x_1, ..., x_m)^t$ und b der Vektor $(b_1, ..., b_n)^t$.

Nun kann man auf effiziente algorithmische Lösungsverfahren wie das Gauß-Verfahren zurückgreifen. Hierbei werden an der erweiterten Matrix $(A|b)$ elementare Zeilenumformungen durchgeführt, welche die Lösungsmenge des Systems nicht verändern. Diese Umformungen eliminieren aus den Gleichungen sukzessive Variablen, bis die Matrix in Zeilenstufenform vorliegt, d. h., dass unterhalb der Diagonalen nur noch die Einträge 0 vorhanden sind. In der Folge kann die Lösung durch eine Resubstitution der Variablen schrittweise gefunden werden (für Details vgl. z. B. Fischer, 2014).

Wie hilft das nun in der Schule? Das Gauß-Verfahren lässt sich als Additionsverfahren verstehen, das einem festen algorithmischen Ablauf folgt. Betrachten wir dazu ein Beispiel, z. B. die Bestimmung des Schnittpunkts dreier Ebenen, die in Koordinatendarstellung vorliegen (die Bezeichnungen E_1, E_2, E_3 stehen hier sowohl für die Ebenen als auch für die zugehörigen Gleichungen):

$$E_1 : \ x_1 \ + \ x_2 \ + \ x_3 = 4$$
$$E_2 : -x_1 \ + \ 2x_2 \ + \ x_3 = 2$$
$$E_3 : \ 3x_1 \ + \ 2x_2 \ - \ x_3 = 0$$

Folgt man dem Gauß-Verfahren und eliminiert mithilfe von Gleichung E_1 unter Anwendung des Additionsverfahrens zunächst x_1 aus den Gleichungen E_2 und E_3, erhält man folgende Gleichungen:

$$E_{2'} : \ 3x_2 \ + \ 2x_3 = \ \ 6$$
$$E_{3'} : -x_2 \ - \ 4x_3 = -12$$

Schließlich kann man mit diesen neuen Gleichungen x_2 aus Gleichung $E_{3'}$ eliminieren und erhält:

$$E_{3''} : \ -10x_3 = \ -30.$$

Den so erhaltenen Wert $x_3 = 3$ setzt man in der Resubstitutionsphase in $E_{2'}$ ein, wodurch man $x_2 = 0$ erhält. Mit den beiden Werten von x_3 und x_2 erhalten wir – eingesetzt in Gleichung E_1 – schließlich den Wert $x_1 = 1$, insgesamt also die Lösung (1|0|3) als gemeinsamen Schnittpunkt.

Das Gauß-Verfahren entspricht einer standardisierten Anwendung des Additionsverfahrens auf die drei gegebenen Gleichungen, das übrigens in jeder Situation zwingend zur Lösungsmenge führt. Es ist zwar vielleicht nicht immer das effizienteste und eleganteste Verfahren, hilft aber vor allem auch dann weiter, wenn man nicht „durch genaues Hinschauen" schon einen erfolgversprechenden Weg erkennt.

Eine abschließende geometrische Interpretation des im Beispiel angewandten Gauß-Verfahrens veranschaulicht die Funktionsweise des Additionsverfahrens generell und kann für Lehrkräfte eine sinnvolle Reflexion der Strategie darstellen:

Bei der Elimination von x_1 aus Gleichung E_2 mithilfe von Gleichung E_1 erhalten wir eine Gleichung einer Ebene $E_{2'}$, die parallel zur x_1-Achse liegt, aber nach wie vor eine gemeinsame Schnittgerade mit den Ebenen E_1 und E_2 besitzt. Geometrisch entspricht dies einer Drehung der Ebene E_2 um die gemeinsame Schnittgerade mit E_1, welche die Ebene E_2 in eine speziellere Lage bringt. Ganz analog wird auch die Ebene E_3 um die Schnittgerade mit E_1 gedreht, bis sie parallel zur x_1-Achse liegt und die Ebene $E_{3'}$ definiert. Im letzten Schritt, bei der Elimination von x_2, wird nun $E_{3'}$ um die Schnittgerade mit $E_{2'}$ gedreht, bis sie parallel zur x_1x_2-Ebene liegt (Ebene $E_{3''}$), sodass der Wert $x_3 = 3$ hier sehr leicht ermittelt werden kann. Da die Ebenen bei den Umformungen jeweils um die Schnittgeraden gedreht werden, enthalten die neuen Ebenen auch den Schnittpunkt der Schnittgeraden, welcher ja mit dem gesuchten Punkt übereinstimmt. Folglich gibt $x_3 = 3$ eine Koordinate des gesuchten Schnittpunkts an.

Diese geometrische Sichtweise gilt analog auch bei der Anwendung des Additionsverfahrens in linearen Gleichungssystemen mit zwei Gleichungen in zwei Variablen. Eine der zugehörigen Geraden wird hier um den gemeinsamen Schnittpunkt gedreht, bis sie parallel zu einer der beiden Koordinatenachsen liegt und man eine Koordinate des Schnittpunkts bereits ablesen kann.

Die Addition eines Vielfachen einer Gleichung zu einer anderen in einem linearen Gleichungssystem kann also als Drehung zugehöriger geometrischer Objekte um bestimmte Schnittmengen betrachtet werden, bei der die neuen Objekte speziellere Lagen einnehmen (hier: parallel zu Koordinatenachsen oder -ebenen).

Schülerinnen und Schülern mit den eingangs beschriebenen Schwierigkeiten könnte man also ein „Kochrezept", das dem Gauß-Verfahren entspricht, zur Lösung linearer Gleichungssysteme an die Hand geben. Die geometrische Interpretation dieses Vorgehens könnte auch Anreize für leistungsstärkere Schülerinnen und Schüler schaffen und mit einem geeigneten Computerprogramm veranschaulicht werden.

6.3.15 Wie kann man Funktionen mittels Graphen definieren?

Unterrichtssituation

Eine Lehrkraft fragt sich bei der Unterrichtsvorbereitung:

„Funktionen soll ich im Unterricht als sogenannte ‚Zuordnungen' einführen. Aber wie ist der Begriff ‚Zuordnung' überhaupt definiert? In der Hochschulanalysis wurden Funktionen z. B. ausgehend von Graphen definiert. Kann man das für die Schule nutzen?" ◀

Funktionen werden in der Regel in der Mittelstufe als eindeutige Zuordnungen von den Elementen einer Menge zu Elementen einer anderen Menge definiert. Dabei wird der Begriff *Zuordnung* als Fundamentalbegriff und meist ohne genauere Erläuterung verwendet (die Hoffnung dabei ist, dass der Begriff den Schülerinnen und Schülern dann intuitiv klar sein wird).

Zur Beschreibung einer konkreten Funktion in der Schule genügen im Wesentlichen eine Definitionsmenge wie $\mathbb{Q}$ oder $\mathbb{R} \setminus \{0\}$ und eine Zuordnungsvorschrift wie $x \mapsto 2x + 1$ (die aus universitärer Sicht ebenfalls wichtige Grundmenge, die die Wertemenge der Funktion enthält, wird häufig gar nicht angegeben, da es sich normalerweise um jeweils bekannte Zahlenmengen wie $\mathbb{Q}$ oder $\mathbb{R}$ handelt).

Eine schulisch sehr bedeutsame Repräsentationsform einer Funktion ist ihr Graph. Tatsächlich könnte man auch zunächst Graphen und dann erst den Funktionsbegriff definieren. Dieser Weg wird bisweilen auch an der Hochschule beschritten. So kann man im Sinne eines deduktiven Begriffsaufbaus z. B. zunächst Mengen betrachten, dann Relationen (als beliebige Teilmengen des Kreuzprodukts zweier Mengen) und schließlich Funktionen (als spezielle Relationen). Dabei nennt man für zwei Mengen A und B die Relation $f \subset A \times B$ eine Funktion, wenn gilt: Für alle $x \in A$ gibt es genau ein $y \in B$, sodass $(x, y) \in f$. Aus schulischer Sicht ist f hier also definiert als die Menge aller Paare (x, y) mit $x \in A$ und $y = f(x) \in B$, was dem Graphen von f entspricht. Der Vorteil dieses Zugangs zu Funktionen über Graphen besteht darin, dass man damit die Vorstellung einer „Zuordnung" präzisieren kann. Darüber hinaus wird nun auch klar, dass ein Graph nicht unbedingt eine grafische Darstellung, sondern eine Menge von Paaren ist. Es soll nicht verschwiegen werden, dass z. B. im Schulunterricht der 1970er-Jahre Funktionen mittels Relationen definiert wurden und sich dieser Zugang teilweise auch heute noch finden lässt (beispielsweise im bayerischen Realschulunterricht).

In der Schule ist dieses Hintergrundwissen bei der Behandlung des Funktionsbegriffs aber in jedem Fall nützlich. So betrachtet man hier Funktionen gewöhnlich flexibel in verschiedenen Darstellungsformen (z. B. Funktionsterme, Wertetabellen, Graphen), die jedoch nicht äquivalent hinsichtlich Eindeutigkeit und Informationsgehalt sind. Der Wechsel der Darstellungsformen (im Sinne der Kompetenz 4 der Bildungsstandards) steht häufig im Zentrum von Aufgaben in diesem Themenbereich. Da ist es hilfreich zu wissen, dass Funktionen auch mittels Graphen definiert werden können und welche Darstellungsformen geeignet sind, um Funktionen tatsächlich präzise zu definieren (Wertetabellen beispielsweise beschreiben in der Regel echte Teilmengen aller Punkte eines Graphen).

6.3.16 Gibt es eigentlich auch eine „Mitternachtsformel" für Gleichungen dritten und höheren Grades?

Eine Schülerin überlegt:

„Bei den quadratischen Polynomen kann man die quadratische Ergänzung ja durch die Formel umgehen. Gibt es eine solche Formel eigentlich auch für Gleichungen mit x^3, x^4 oder x^5 etc.?" ◄

Ab der späten Mittelstufe tauchen Polynomfunktionen (oder wie sie oft in der Schule genannt werden: ganzrationale Funktionen) im Unterricht auf. Hierbei ist die Bestimmung von Nullstellen von besonderem Interesse. Zunächst lernen die Schülerinnen und Schüler die „Mitternachtsformel" für quadratische Gleichungen kennen, mit deren Hilfe die Nullstellen von Polynomen zweiten Grades berechnet werden können. Daraufhin folgt auch die Nullstellensuche für Polynomfunktionen höheren Grades. Beispielsweise lassen sich die Nullstellen spezieller Polynomfunktionen vierten Grades mittels Substitution bestimmen: Dabei werden diese besonderen Funktionsgleichungen vierten Grades (sogenannte biquadratische Gleichungen) auf quadratische Gleichungen zurückgeführt, wofür dann wiederum die Mitternachtsformel genutzt werden kann. Auch Polynome dritten Grades werden in der Schule auf Nullstellen untersucht; hier werden die Gleichungen dritten Grades ebenfalls zu quadratischen Gleichungen vereinfacht, z. B. mittels Polynomdivision. Bei all diesen Betrachtungen stellt sich jedoch die Frage, ob es nicht auch für Gleichungen dritten, vierten oder fünften Grades allgemeine Lösungsformeln gibt.

Tatsächlich existieren für Polynome dritten und vierten Grades solche Formeln, auch wenn diese in ihrer Komplexität die Mitternachtsformel deutlich übertreffen (vgl. hierfür z. B. Bosch, 2013). Jedoch – und das ist das Überraschende – gibt es keine (noch so komplizierte) allgemeine Formel zur Nullstellenbestimmung von Polynomen vom Grad fünf oder höher! Um das lückenlos nachvollziehen zu können, benötigt es vertieftes algebraisches Verständnis zur Galois-Theorie und zu auflösbaren Gruppen, welches nur durch die Hochschulmathematik erworben werden kann. Es lässt sich nämlich zeigen, dass die Galois-Gruppen allgemeiner Polynome fünften Grades oder höher nicht auflösbar sind, was unmittelbar zur Nichtexistenz einer Lösungsformel für diese Polynome führt (siehe z. B. Bosch, 2013).

Man könnte der Schülerin also sagen, dass es für Gleichungen dritten bzw. vierten Grades noch (sehr komplexe) Lösungsformeln gibt, ab Grad fünf aber sogar *bewiesen* werden kann, dass *keine* solchen Lösungsformeln existieren können.

6.3.17 Wie finde ich für meine Klassenarbeit schnell ein Polynom ohne rationale Nullstellen?

Unterrichtssituation

Eine Lehrkraft überlegt:

„Ich möchte in der Klassenarbeit gerne eine Aufgabe zu Näherungslösungen für Polynomgleichungen stellen. Wie finde ich dazu auf die Schnelle ein Polynom höheren Grades, das sicher keine rationale Nullstelle hat?" ◄

Ein Polynom $a_n x^n + a_{n-1} x^{n-1} + \ldots + a_1 x + a_0$ mit ganzzahligen Koeffizienten $a_0, \ldots, a_n$ heißt Eisenstein-Polynom, wenn es eine Primzahl p gibt, die Teiler der Koeffizienten $a_0, \ldots, a_{n-1}$, aber nicht von a_n ist, und deren Quadrat p^2 kein Teiler von a_0 ist. Ein Beispiel ist $x^3 - 9x^2 + 6x - 3$ (mit $p = 3$). Aus der Algebra weiß man, dass Eisenstein-Polynome im Polynomring $\mathbb{Q}[x]$ irreduzibel sind, also nicht in zwei (nicht-konstante) Polynome mit rationalen Koeffizienten zerlegbar sind. Dies bedeutet beispielsweise, dass das Polynom $x^3 - 9x^2 + 6x - 3$ keine rationale Nullstelle besitzt. Außerdem kann man das Kriterium elegant zum Nachweis der Irrationalität von Wurzeln wie $\sqrt{2}$, $\sqrt{6}$ oder $\sqrt[3]{10}$ benutzen, indem wir die Eisenstein-Polynome $x^2 - 2$, $x^2 - 6$ oder $x^3 - 10$ betrachten.

Als Lehrkraft könnte man hier also bequem eine beliebige Primzahl wählen, für $a_0, \ldots, a_{n-1}$ jeweils (beliebige) Vielfache dieser Primzahl bilden (und dabei aufpassen, dass das Quadrat der gewählten Primzahl nicht a_0 teilt) und schließlich a_n beispielsweise einfach 1 setzen.

6.3.18 Wie sind Polstellen definiert? – Oder: Welche Lücken kann man füllen?

Unterrichtssituation

Ein Schüler fragt sich:

„Haben alle Funktionen an ihren Definitionslücken eigentlich senkrechte Asymptoten? Oder gibt es auch noch andere Fälle, die auftreten können?" ◄

Kommt man in der Schule auf (gebrochen-)rationale Funktionen zu sprechen (also Funktionen, deren Terme als Quotienten aus zwei Polynomen dargestellt werden können), stellt man schnell fest, dass sich viele dieser Funktionen nicht auf ganz $\mathbb{Q}$ bzw. $\mathbb{R}$ definieren lassen, da das Nennerpolynom unter Umständen Nullstellen hat. Folgerichtig schließt man genau diese Nullstellen des Nennerpolynoms für die Definitionsmenge der gebrochen-rationalen Funktion aus (siehe hierzu auch Abschn. 6.3.4) und nennt diese Nullstellen „Definitionslücken" oder „isolierte Singularitäten".

Nun stellt sich für manche Schülerinnen und Schüler die Frage, ob an solchen Definitionslücken der zugehörige Funktionsgraph immer automatisch eine „senkrechte Asymptote" aufweist (d. h. eine „Polstelle" hat). Die schulischen Betrachtungen konzentrieren sich hierbei oft lediglich auf den Fall „Polstelle mit bzw. ohne Vorzeichenwechsel" und lassen daher die Frage interessierter Schülerinnen oder Schüler nach weiteren möglichen Arten von Definitionslücken meist unbeantwortet. Dabei zeigt die Hochschulmathematik, dass es neben den Polstellen (mit oder ohne Vorzeichenwechsel) noch genau zwei weitere Arten von Definitionslücken gibt, nämlich (*stetig*) *hebbare* sowie *wesentliche* Singularitäten.

Hebbare Definitionslücken

Im ersten der drei möglichen Fälle kann eine gebrochen-rationale Funktion an ihrer Singularität stetig fortgesetzt werden. Anschaulich formuliert hat der Graph an einer solchen Definitionslücke scheinbar ein Loch, das man einfach „ausfüllen" kann. Ein Beispiel: Die Funktion f mit

$$f(x) = \frac{2x^2 - 4x}{x - 2} = \frac{2x \cdot (x - 2)}{x - 2} (x \in \mathbb{R} \backslash \{2\})$$

besitzt an der Stelle $x_0 = 2$ eine Definitionslücke. „Kürzt" man jedoch $f(x)$ für $x \neq 2$ mit dem Term $(x - 2)$, so erhält man $f(x) = 2x$, also eine lineare Funktion. An der Stelle $x_0 = 2$ existieren der rechts- und der linksseitige Grenzwert der Funktion und beide stimmen überein: $\lim_{x \nearrow 2} f(x) = 4 = \lim_{x \searrow 2} f(x)$. Daher ließe sich die Lücke schließen, wenn man für $x_0 = 2$ den Funktionswert $\hat{f}(2) = 4$ festlegt. Somit erhielte man die stetige Funktion $\hat{f}(x) = 2x$ ($x \in \mathbb{R}$). In der Hochschulmathematik werden hebbare Definitionslücken analog definiert.

Polstellen

Die in der Schule verbreitetste Art von Definitionslücken entsteht, wenn der „Lückenfüllertrick" nicht funktioniert, bzw. erst dann, wenn der Funktionsterm mit einem Term der Form $(x - x_0)^m$, für ein $m \in \mathbb{N}$, multipliziert wird. Solche Definitionslücken werden Polstellen genannt. Auch hier betrachten wir ein Beispiel:

$$g(x) = \frac{x^2 + 6x + 8}{(x - 1)^2} \quad (x \in \mathbb{R} \backslash \{1\})$$

Da das Zählerpolynom zu $(x + 2) \cdot (x + 4)$ faktorisiert werden kann, sieht man leicht, dass hier nicht mit dem Nennerpolynom für $x \neq 1$ gekürzt werden kann. Multipliziert man jedoch $g(x)$ mit dem Term $(x-1)^2$, wäre die Definitionslücke 1 für die neue Funktion $\hat{g}$ mit

$$\hat{g}(x) = \frac{(x-1)^2 \cdot (x^2+6x+8)}{(x-1)^2} \text{ hebbar.}$$

Es handelt sich also bei 1 um eine Polstelle zweiter Ordnung, da mindestens mit einem Polynom vom Grad zwei multipliziert werden muss, um eine hebbare Definitionslücke zu erhalten. Die Ordnung einer solchen Polstelle wird in der Schule meist nicht explizit thematisiert. Stattdessen interessiert hier in erster Linie nur, ob an der Definitionslücke ein „Vorzeichenwechsel" stattfindet oder nicht. Konkret fragt man sich nun: Werden bei links- und rechtsseitiger Annäherung an x_0 die Funktionswerte jeweils beliebig klein (bzw. groß; Polstelle ohne Vorzeichenwechsel) oder divergieren sie „in unterschiedliche Richtungen", d. h. z. B. $\lim\limits_{x \nearrow x_0} f(x) = +\infty$ und $\lim\limits_{x \searrow x_0} f(x) = -\infty$ (oder umgekehrt; Polstelle mit Vorzeichenwechsel)?

Eine Einsicht aus der Hochschulmathematik, die hier hilfreich sein kann, ist die oben erläuterte Betrachtung der Ordnung der Polstelle: Ist sie gerade, so handelt es sich um eine Polstelle ohne Vorzeichenwechsel, ist sie ungerade, so findet in ihrer Umgebung ein Vorzeichenwechsel statt. Es genügt also, die Ordnung der Polstelle zu kennen – eine Grenzwertbetrachtung kann man sich im Grunde genommen sparen.

Wesentliche Singularitäten

Um die eingangs gestellte Schülerfrage nach einer vollständigen Klassifikation der Definitionslücken umfänglich zu beantworten, fehlt noch eine dritte und letzte Art: Wesentliche Singularitäten können für kein $m \in \mathbb{N}$ durch Multiplikation des Terms $(x-x_0)^m$ hebbar gemacht werden. Anschaulich betrachtet haben die angesprochenen rechts- und linksseitigen Grenzwerte der Funktion oftmals unterschiedliche Werte oder existieren nicht einmal. Solche wesentlichen Singularitäten gibt es nicht bei rationalen Funktionen und sie spielen im Schulunterricht allenfalls eine Nebenrolle (sie tauchen höchstens kurz auf, wenn es in der Oberstufe um verknüpfte Funktionen geht). Jedoch würde hier ein kurzer Blick in die Hochschulmathematik genügen, um die Eingangsfrage des interessierten Schülers zufriedenstellend (und endgültig) zu beantworten: Würde man nur ein einziges Beispiel für eine solche Definitionslücke skizzieren, hätten die Schülerinnen und Schüler bereits alle möglichen Arten von Singularitäten kennengelernt. Betrachten wir beispielsweise die wesentliche Singularität 0 bei der Funktion h:

$$h(x) = \sin\left(\frac{1}{x}\right) \quad (x \in \mathbb{R} \setminus \{0\}).$$

Mithilfe dynamischer Software wie GeoGebra könnte man hier im Unterricht das Grenzwertverhalten an der Definitionslücke anschaulich visualisieren und so bequem den Gegensatz zu Polstellen oder hebbaren Singularitäten illustrieren.

6.3.19 Kann man Stetigkeit mithilfe eines Bleistifts definieren?

Eine Schülerin überlegt:

„Man sieht doch sofort, dass $\frac{1}{x}$ nicht stetig ist. Der Graph macht doch einen Sprung." ◄

„Zeichnet man mit einem Bleistift den Graphen einer Funktion auf ein Blatt Papier, so ist diese Funktion stetig, wenn man den Bleistift beim Zeichnen des Graphen nicht vom Papier absetzen muss." Solche oder ähnlich lautende Beschreibungen (Definitionen?) des Begriffs Stetigkeit tauchen immer wieder auf.

Also ist dementsprechend die Funktion $f(x) = \frac{1}{x}$ nicht stetig?

Nicht nur Schülerinnen und Schüler, die die „Bleistiftdefinition" schon kennen, sind erstaunt, wenn sie der Aussage begegnen, die Funktion $f(x) = x^{-1}$ sei stetig. „Das ist nicht möglich, der Graph macht an der Stelle 0 doch einen Sprung", ist hier eine oft gegebene Antwort von Schülerinnen und Schülern.

Betrachten wir nun die (auch in der Schule relevanten) reellwertigen Funktionen, die auf $\mathbb{R}$ oder einer echten Teilmenge von $\mathbb{R}$ definiert sind. Entscheidend an dieser Stelle ist, dass Funktionen Definitionsmengen haben (müssen!). Es ist daher angebracht, nicht von der „Funktion $f(x) = \frac{1}{x}$", sondern z. B. von der „Funktion f mit $f(x) = \frac{1}{x}$ und maximaler Definitionsmenge in $\mathbb{R}$" zu sprechen. In Vorlesungen zur Analysis I an der Universität wird Stetigkeit zunächst an den Stellen der Definitionsmenge einer Funktion definiert. Die bekannte ϵ-δ-Definition lautet so:

„Sei $D \subset \mathbb{R}$ und $f : D \to \mathbb{R}$ eine Funktion. f ist genau dann im Punkt $p \in D$ stetig, wenn gilt: Zu jedem $\epsilon > 0$ existiert ein $\delta > 0$, so dass $|f(x) - f(p)| < \varepsilon$ für alle $x \in D$ mit $|x - p| < \delta$." (Forster, 2016, S. 119)

Wichtig sind bei unseren Überlegungen nicht die „Epsilon-Delta-Aussagen" (die wir hier auch durch schulkonforme Grenzwertaussagen ersetzen könnten), sondern das, was beim Definieren betrachtet bzw. vorausgesetzt wird. Entscheidend ist, dass, wenn von Stetigkeit gesprochen wird, nur (ausschließlich!) Stellen (oder Punkte, siehe obiges Zitat) *innerhalb der Definitionsmenge* der Funktion betrachtet werden. Hieraus wird klar, dass es keinen Sinn macht, bei einer Stetigkeitsuntersuchung der Funktion

$f : x \mapsto \frac{1}{x}$ mit $D_f = \mathbb{R} \backslash \{0\}$

die außerhalb der Definitionsmenge liegende Stelle 0 ins Kalkül zu ziehen.

Auf den Punkt gebracht: Eine Funktion heißt stetig, wenn sie an jeder Stelle ihrer Definitionsmenge stetig ist. Dementsprechend ist die von uns betrachtete Funktion f stetig. Die einleitend gegebene „Bleistiftdefinition" ist keine Definition, also ad absurdum geführt.

Man könnte diese „Bleistiftdefinition" gegebenenfalls noch mit dem Zusatz retten, dass die Stetigkeit von Funktionen auf Intervallen (bzw. auf zusammenhängenden Teilmengen der Definitionsmenge) betrachtet wird. Es ist aber wichtig, die eingangs genannte Schülerin darauf hinzuweisen, dass die (intuitive) Bleistiftdefinition spätestens dann an ihre Grenzen stößt, wenn bei rationalen Funktionen das Nennerpolynom Nullstellen hat (vgl. Abschn. 6.3.18).

6.3.20 Steigend und fallend an der gleichen Stelle – das kann doch nicht sein!

Unterrichtssituation

Eine Lehrkraft schreibt Folgendes an die Tafel: „Die Funktion $f : \mathbb{R} \to \mathbb{R}$ mit $f(x) = x^2$ ist im Intervall $]-\infty; 0]$ streng monoton fallend."

Ein Schüler meldet sich und widerspricht: „Die Grenze 0 muss doch ausgeschlossen werden, denn an der Stelle 0 ist die Ableitung null." ◄

Der Widerspruch des Schülers könnte noch energischer werden, wenn schließlich folgende Aussage ins Spiel gebracht wird: „Die Funktion $f : \mathbb{R} \to \mathbb{R}$ mit $f(x) = x^2$ ist

- im Intervall $]-\infty; 0]$ streng monoton fallend und
- im Intervall $[0; +\infty[$ streng monoton steigend."

Diese Behauptung löst einen noch größeren kognitiven Konflikt als die Tafelanschrift der Lehrkraft aus. Denn dann muss die Funktion an der Stelle 0 *sowohl* fallen *als auch* steigen.

Wie sind die Begriffe „streng monoton steigend" bzw. „streng monoton fallend" in der Hochschulmathematik definiert? Eine reellwertige, in einer Menge $D_f \subset \mathbb{R}$ definierte Funktion f heißt streng monoton wachsend (bzw. fallend) genau dann, wenn $\forall x, y \in D_f : x < y \Rightarrow f(x) < f(y)$ (bzw. $f(x) > f(y)$) (siehe z. B. Tretter, 2013).

Auf unser konkretes Problem übertragen heißt das:

Für alle Zahlen $x_1, x_2 \in]-\infty; 0]$ mit $x_1 < x_2$ gilt die Aussage $x_1^2 > x_2^2$ (natürlich auch, falls $x_2 = 0$). Dementsprechend kann man also sagen, dass die Funktion $f : \mathbb{R} \to \mathbb{R}$ mit $f(x) = x^2$ im Intervall $]-\infty; 0]$ streng monoton fallend ist.

Zudem ist die Funktion $f : \mathbb{R} \to \mathbb{R}$ mit $f(x) = x^2$ im Intervall $[0; +\infty[$ streng monoton steigend. Denn für jedes Zahlenpaar $x_1, x_2 \in [0; +\infty[$ mit $x_1 < x_2$ gilt analog die Aussage $x_1^2 < x_2^2$ (natürlich auch, falls $x_1 = 0$).

Wenn maximale Monotonie-Intervalle angegeben werden sollen, *muss* die Null also sogar zu beiden Intervallen gehören (auch wenn die 0 in manchen Online-Erklärvideos häufig fälschlich ausgeschlossen wird).

Dem Schüler könnte man also sagen, dass es wichtig ist, bei Aussagen über Monotonie-Eigenschaften niemals nur einzelne Stellen im Blick zu haben und immer die Definition der (strengen) Monotonie zu bedenken.

6.3.21 Wie kann man Tangentengleichungen „sofort" hinschreiben?

Unterrichtssituation

Eine interessierte Schülerin rechnet das üblicherweise in der Oberstufe auf konkrete Funktionen angewendete schrittweise Verfahren zur Bestimmung einer Tangentengleichung allgemein nach und kommt zum Ergebnis $y = f'(x_0) \cdot x + f(x_0) - f'(x_0) \cdot x_0$.

Sie vermutet: „Diese Formel kann ich doch jetzt immer benutzen, oder?" ◄

Ein schulmathematisches Standardverfahren zur Bestimmung einer Gleichung einer Tangente an den Graphen einer Funktion wird in der Regel schrittweise und an konkreten Beispielen expliziert und nicht von einer allgemeinen und hochschulmathematischen Perspektive aus betrachtet. Warum eigentlich nicht? Es gibt gleich mehrere Gründe, warum diese zusätzliche Betrachtung auch in der Schule Sinn ergeben würde:

Einerseits gelangen Schülerinnen und Schüler so nämlich zu einer eleganten Methode, die Gleichung in einem Schritt aufzustellen – man könnte sie „Sofort-Hinschreib-Methode" nennen. Andererseits werden dabei Verbindungen zu linearen Transformationen des Funktionsterms und den geometrischen Auswirkungen auf den zugehörigen Graphen sichtbar, sodass hier Wissen im Sinne des Spiralcurriculums verständnisorientiert vernetzt werden könnte. Zudem wird ein erster Spezialfall von Taylor-Polynomen sichtbar, die in ihrer Verallgemeinerung bis hin zur Taylor-Reihe erstaunliche Eigenschaften differenzierbarer Funktionen offenlegen – dies dann allerdings erst in der Hochschulmathematik.

Um unsere Überlegungen zu erläutern, betrachten wir ein konkretes Beispiel und starten mit dem häufig angewandten schrittweisen Vorgehen, bevor wir die Vorzüge der „Sofort-Hinschreib-Methode" beleuchten werden.

Um eine Gleichung einer Tangente an den Graphen der Funktion f mit $f(x) = -x^3 + 2x + 1$ an der Stelle $x_0 = 2$ zu ermitteln, geht man in der Schule oftmals so vor:

- Ansatz: $y = m \cdot x + t$
- Ableitung: $f'(x) = -3x^2 + 2$
- Steigung: $m = f'(2) = -3 \cdot 4 + 2 = -10$
- Zwischenergebnis: $y = -10x + t$
- Einsetzen der Koordinaten des Punkts $(2|f(2))$ in die Gleichung: Wir berechnen $f(2) = -8 + 4 + 1 = -3$ und setzen ein. Dann ergibt sich: $-3 = -10 \cdot 2 + t$
- Umstellen: $t = 17$
- Ergebnis: $y = -10x + 17$

Die oben zitierte Schülerin könnte, nachdem sie Tangentengleichungen immer wieder nach dem gleichen Schema hergeleitet hat, sich nun überlegt haben, ob man das Verfahren nicht zu einer nützlichen Formel verallgemeinern kann. Tatsächlich gelingt das natürlich:

Setzt man $m = f'(x_0)$ und $t = f(x_0) - f'(x_0) \cdot x_0$ in die allgemeine Geradengleichung $y = m \cdot x + t$ ein, so ergibt sich die Darstellung $y = f'(x_0) \cdot x + f(x_0) - f'(x_0) \cdot x_0$.

In einer noch kompakteren Form erhalten wir daraus die folgende Tangentengleichung:

$$y = f'(x_0) \cdot (x - x_0) + f(x_0)$$

Diese Darstellung können wir auf das obige Beispiel anwenden:

$$y = f'(2) \cdot (x - 2) + f(2)$$

$$y = -10 \cdot (x - 2) - 3$$

$$y = -10x + 17$$

Mit der „Sofort-Hinschreib-Methode" für Tangentengleichungen haben die Schülerinnen und Schüler eine Formel an der Hand, mit der sie die gesuchte Gleichung von Anfang an so aufschreiben können, dass keine weiteren Umformungen mehr nötig sind. Es genügt, die Werte von $f'(x_0)$ und $f(x_0)$ zu bestimmen und in die Formel einzusetzen. Die Idee folgt einer Vorgehensweise, die bereits in der Mittelstufe bei der Lösung quadratischer Gleichungen üblich ist. Anstatt jedes Mal aufs Neue die Lösungen für konkrete Gleichungen durch schrittweises Umformen – meist mithilfe quadratischer Ergänzung – herzuleiten, betrachtet man das Problem allgemein und erhält die bekannte Lösungsformel für quadratische Gleichungen, die man ab diesem Zeitpunkt standardmäßig einsetzt.

Dabei ist es nicht einmal nötig, die Gleichung für die „Sofort-Hinschreib-Methode" auswendig zu lernen. Die Darstellung $y = f'(x_0) \cdot (x - x_0) + f(x_0)$ kann nämlich sehr schnell auf elegante Weise immer wieder neu hergeleitet werden:

Aus früheren Betrachtungen (z. B. zu quadratischen oder trigonometrischen Funktionen) ist Schülerinnen und Schülern in der Oberstufe der Zusammenhang zwischen Abänderungen eines Funktionsterms $f(x)$ durch Parameter in der Art $a \cdot f(b \cdot (x - c)) + d$ und geometrischen Veränderungen des zugehörigen Graphen (Verschiebungen, Streckungen) bekannt. Dieses Vorwissen kann im Kontext der Tangentengleichung folgendermaßen aktiviert und angewandt werden: Die Tangente ist eine Gerade mit der Steigung $m = f'(x_0)$. Die dazu parallele Ursprungsgerade hat die Gleichung

$$y = f'(x_0) \cdot x,$$

Nun müssen wir die Ursprungsgerade nur noch so verschieben, dass sie durch den Punkt $(x_0 | f(x_0))$ verläuft. Dies geschieht durch eine Verschiebung um x_0 Einheiten in x-Richtung und um $f(x_0)$ Einheiten in y-Richtung. Angewandt auf die Gleichung der Ursprungsgeraden ergibt dies

$$y = f'(x_0) \cdot (x - x_0) + f(x_0).$$

Zur Probe kann man sich vergewissern, dass diese Gleichung tatsächlich eine Gerade mit Steigung $f'(x_0)$ beschreibt, welche durch den Punkt $(x_0|f(x_0))$ geht.

Selten gelingt eine Vernetzung des aktuellen Stoffs mit Vorwissen so anschaulich. Diese verständnisorientierte Erläuterung der Formel ist aus didaktischer Perspektive besonders geeignet. Anders als bei der quadratischen Lösungsformel kann man, wie erwähnt, die Tangentengleichung durch eine kurze grafische Überlegung bei Bedarf jederzeit sofort wieder ableiten.

Schließlich lässt sich die Idee der Tangente in der Hochschulmathematik verallgemeinern. Für jede natürliche Zahl n gibt es ein Polynom vom Grad n, das eine an der Stelle x_0 differenzierbare Funktion lokal optimal approximiert. Es heißt Taylor-Polynom vom Grad n und ist gegeben durch den Term

$$\sum_{k=0}^{n} \frac{f^{(k)}(x_0)}{k!} \cdot (x - x_0)^k.$$

Für $n = 1$ ergibt sich als Spezialfall die obige Tangentengleichung $y = f(x_0) + f'(x_0) \cdot (x - x_0)$. Dies eröffnet einen Blick auf einen schulmathematisch meist weniger betrachteten Aspekt der Ableitung: die lokale lineare Approximation. Er ist verbunden mit der Grundvorstellung der lokalen Linearität differenzierbarer Funktionen (vgl. Greefrath et al., 2016).

In der Schule könnten z. B. als Weiterführung auch „Berühr-Parabeln" an Funktionsgraphen thematisiert werden. Als Taylor-Polynom mit $n = 2$ ergibt sich hierfür die Parabelgleichung

$$y = f(x_0) + f'(x_0) \cdot (x - x_0) + \frac{f''(x_0)}{2} \cdot (x - x_0)^2.$$

Sie beschreibt eine Parabel, die in der Umgebung einer Stelle optimal an den Verlauf des Funktionsgraphen angepasst ist. Konkret bedeutet dies, dass der Graph und die Parabel an der Stelle x_0 sowohl im Funktionswert als auch in der Steigung (1. Ableitung) und der Krümmung (2. Ableitung) übereinstimmen. Schulmathematisch ist das für Modellierungsszenarien wie z. B. optimal angepasste Straßenverbindungen durchaus interessant – gerade in Hinblick auf Sinnstiftung und Kompetenzorientierung.

Innermathematische Anknüpfungspunkte der Taylor-Polynome gibt es weiterhin bei der Approximation von trigonometrischen, Exponential- und Logarithmusfunktionen. Solche Approximationen würden einen Weg eröffnen, die zugehörigen Ableitungsregeln formal zu begründen, welche ansonsten in der Schule meist – wenn überhaupt – lediglich durch grafische Argumente plausibel gemacht werden. Fazit: Der interessierten Schülerin, deren Frage eingangs geschildert wurde, kann hier also nur zugestimmt werden.

6.3.22 Warum ist a^x immer größer als Null – selbst bei negativen Exponenten?

Unterrichtssituation

Ein Schüler fragt im Unterricht: „Warum ist der gesamte Graph der Funktion a^x eigentlich immer oberhalb der x-Achse – selbst für negative x?" ◄

Im Gegensatz zu Abschn. 6.3.6 soll es hier dezidiert um die allgemeine Exponentialfunktion und weniger um die Homomorphie-Eigenschaft von Potenzen gehen. Es kann vorkommen, dass die Klasse nur schwer einsieht, warum die Exponentialfunktion nur positive Werte annimmt, selbst wenn der Exponent negativ wird. Hierbei lohnt es sich, einen Blick über die üblicherweise in der Schule verwendeten Potenzgesetze hinaus in die Hochschulmathematik zu werfen und zu betrachten, wie die Potenzgesetze dort fachmathematisch begründet sind.

In der universitären Mathematik geht man zunächst von der Reihendefinition der natürlichen Exponentialfunktion als Spezialfall von Exponentialfunktionen aus. Diese wird wie folgt definiert:

$$(1) \quad e^x := \sum_{n=0}^{\infty} \frac{x^n}{n!} \quad (x \in \mathbb{R})$$

Daraufhin wird mithilfe des Cauchy-Produkts für absolut konvergente Reihen (zu denen obige Reihe zählt) die zentrale Funktionalgleichung begründet (vgl. z. B. Forster, 2016):

$$(2) \quad e^{x+y} = e^x \cdot e^y \quad (x, y \in \mathbb{R})$$

Anschließend an Definition (1) ergibt sich folgende Definition für die allgemeine Exponentialfunktion für eine beliebige Basis $a > 0$:

$$(3) \quad a^x := e^{x \cdot \ln a} \quad (x \in \mathbb{R}),$$

wobei $\ln x$ den natürlichen Logarithmus, also die Umkehrfunktion zu e^x bezeichnet. Unmittelbar aus der Funktionalgleichung (2) für die natürliche Exponentialfunktion ergibt sich diese auch für die allgemeine Exponentialfunktion:

$$(4) \quad a^{x+y} = e^{(x+y) \cdot \ln a} = e^{x \cdot \ln a + y \cdot \ln a} = e^{x \cdot \ln a} \cdot e^{y \cdot \ln a} = a^x \cdot a^y \quad (x, y \in \mathbb{R})$$

Daraus folgt nun letztlich die Identität, die besonders relevant im Hinblick auf die Schulmathematik ist.

$$(5) \quad a^{-x} = \frac{1}{a^x} \quad (x \in \mathbb{R})$$

Denn mit der Funktionalgleichung gilt:

$$(6) \quad a^x \cdot a^{-x} = a^{x+(-x)} = a^0 = e^{0 \cdot \ln a} = e^0 = \sum_{n=0}^{\infty} \frac{0^n}{n!} = 1 \quad (x \in \mathbb{R})$$

(da $0^0 = 1$; siehe Abschn. 6.3.5). Weil für positive x in der Reihendarstellung (1) nur positive Summanden aufaddiert werden und man außerdem $e^0 = 1$ hat, ist klar, dass $e^x > 0$ für $x \geq 0$ gilt – und damit auch $a^x > 0$ für $x \geq 0$. Für negative x folgt nun mit dem fünften Schritt, dass deren Funktionswerte genau die Kehrbrüche der Funktionswerte ihrer positiven Gegenzahlen und damit ebenfalls positiv sind.

Für die Schulmathematik ist dieser Schritt insofern interessant, als er genau so auch aus den in der Schule thematisierten Potenzgesetzen folgt. Die Potenzgesetze lassen sich also fachmathematisch gesehen auf die Funktionalgleichung der Exponentialfunktion zurückführen.

Für die Beantwortung der eingangs aufgeworfenen Schülerfrage wird man im Mathematikunterricht an der Schule meist auf die Reihendarstellung von e verzichten und direkt mit Gleichung (5) und einer vereinfachten Version von (6) argumentieren. Dass diese beiden Identitäten für reelle Exponenten und Basen (letztere größer null) nicht „vom Himmel fallen", sondern fundiert begründet werden können, lässt sich jedoch nur mit den ersten vier skizzierten Schritten aus der Hochschulmathematik einsehen.

6.3.23 Wie kann man beweisen, dass e = 1 ist?

Unterrichtssituation

In Schulbüchern findet man gelegentlich folgende „Herleitung":

Für $h \approx 0$ ist $\frac{e^h - 1}{h} \approx 1$, also $e^h \approx 1 + h$, also $e \approx (1 + h)^{1/h}$, also $e = \lim\limits_{h \to 0} (1 + h)^{1/h}$.
Ein Schüler überlegt: „Damit könnte ich doch eigentlich auch beweisen, dass $e = 1$ ist."

◄

Man kann hier leicht Schiffbruch erleiden, wie wir gleich sehen werden. Dieser „Herleitung" geht voraus, dass beim Einstieg in das Thema „natürliche Exponentialfunktion" zunächst Exponentialfunktionen f mit $f(x) = a^x$ und $a > 0$ betrachtet werden. Steigungen an der Stelle $x = 0$ kann man näherungsweise mit Differenzenquotienten berechnen. Zum Beispiel ist $\frac{2^h - 1}{h} \approx 0,69$ für $h = 0,001$. Gesucht ist dann diejenige Zahl a, für die $f'(0) = 1$. Diese Zahl a wird Eulersche Zahl e genannt. Man fordert also, dass für die Zahl e Folgendes gilt:

$$\lim_{h \to 0} \frac{e^h - 1}{h} = 1$$

Für $h \approx 0$ folgt $\frac{e^h - 1}{h} \approx 1$ und danach geht es in manchen Schulbüchern so weiter wie in der obigen „Herleitung". Als Näherung erhält man zum Beispiel $e \approx \left(1 + \frac{1}{1000}\right)^{1000} = 2,7169\ldots$

Eine solche „Herleitung" mit „$\approx$" kommt einem vielleicht etwas „wackelig" vor, aber immerhin liefert sie das richtige Ergebnis. Doch wehe, eine Lehrkraft benutzt diese „Herleitung" und einer ihrer Schülerinnen und Schüler will zuhause einen noch besseren Näherungswert berechnen! Manche Taschenrechner liefern, je nach Genauigkeit, zum Beispiel $(1 + h)^{1/h} = 1$ für $h = 10^{-20}$, da $1 + 10^{-20}$ mit 1 genähert wird. Stolz auf seine Entdeckung, die viel genauer und schöner als das Ergebnis seiner Lehrkraft ist, macht er sich sogleich daran, sein Ergebnis zu beweisen. Und das gelingt ihm auch mit genau der gleichen Sorte von Argumenten, die seine Lehrkraft benutzt, nämlich:

1. „$\lim\limits_{h \to 0} f(h) = c$" sei äquivalent zu „$f(h) \approx c$ für $h \approx 0$".

2. Auf Näherungen mit „$\approx$" könne man „Äquivalenzumformungen" wie bei Gleichungen anwenden.

Aus $\lim\limits_{h \to 0} \frac{e^h - 1}{h} = 1$ zieht der Schüler zunächst den (richtigen!) Schluss $\lim\limits_{h \to 0}(e^h - 1) = 0$. Dann verwendet er 1. und 2. wie seine Lehrkraft: Für $h \approx 0$ folgt $e^h \approx 1$, also $e \approx 1^{\frac{1}{h}}$ und demnach $e = \lim\limits_{h \to 0} 1^{1/h} = 1$.

Wer hat denn nun Recht? Der Schüler oder die Lehrkraft? Wie kommt man aus diesem Widerspruch wieder heraus?

Was nützt einem hier universitäre Bildung? Im Studium kann man lernen, bei Argumenten zwischen „mathematisch fundiert" und „nur plausibel" zu unterscheiden. Argumente, die lediglich plausibel sind, führen nur dann zum richtigen Ergebnis, wenn man Glück hat oder das richtige Ergebnis bereits kennt. Aber woher weiß man, was richtig ist? Im günstigsten Fall hat man im Studium so viel Misstrauen gegenüber $\approx$-Argumenten entwickelt, dass man sofort vorsichtig wird, wenn man in einem Schulbuch die obige „Herleitung" liest, und lieber nach anderen Herleitungen sucht. Zum Beispiel (die einzelnen Schritte werden nachstehend erläutert):

$$1 = \ln'(1) = \lim\limits_{h \to 0} \frac{\ln(1 + h) - \ln(1)}{h} = \lim\limits_{h \to 0} \left(\frac{1}{h} \cdot \ln(1 + h) \right) = \lim\limits_{h \to 0} \ln((1 + h)^{1/h})$$

Durch Einsetzen dieses Grenzwerts in $E(x) := e^x$ erhält man:

$$e = e^1 = E(1) = E\left(\lim\limits_{h \to 0} \ln\left((1 + h)^{1/h}\right) \right) = \lim\limits_{h \to 0} E\left(\ln\left((1 + h)^{1/h}\right) \right) = \lim\limits_{h \to 0} (1 + h)^{1/h}$$

Bei dieser Herleitung steht man auf sicherem Boden, da sie ausschließlich Tatsachen benutzt, von deren Gültigkeit man sich im Studium überzeugen konnte: Die erste Gleichungskette benutzt der Reihe nach $1 = \ln'(1)$, eine mögliche Definition der Ableitung, $\ln(1) = 0$ und das Rechengesetz $a \cdot \ln(b) = \ln(b^a)$ für alle $a \in \mathbb{R}, b \in \mathbb{R}^+$. Die zweite Gleichungskette benutzt beim vierten „$=$", dass man E mit dem Limes vertauschen darf, und beim fünften „$=$", dass der Logarithmus die Umkehrung der Exponentialfunktion ist (jeweils zur Basis e), also $E(\ln(y)) = y$ für alle $y \in \mathbb{R}^+$.

Alle hier benutzten Tatsachen sind auch in der Schule gängig, vielleicht bis auf eine Ausnahme: Warum darf man E mit dem Limes vertauschen? Dahinter steckt ein anschaulicher Zusammenhang: Wenn sich y der Zahl 1 nähert, dann nähert sich $E(y)$ der Zahl $E(1)$. Genauer:

$$\lim_{y \to 1} E(y) = E\left(\lim_{y \to 1} y\right) = E(1)$$

Das ist äquivalent zur Stetigkeit von E an der Stelle 1.

Wer also fachlich fundiert argumentieren möchte, der wählt im Unterricht lieber die zweite Herleitung, die natürlich voraussetzt, dass die e- und die ln-Funktion zusammen mit den oben verwendeten Eigenschaften bereits zur Verfügung stehen. Weitere Definitionen und historische Betrachtungen zur Eulerschen Zahl e finden sich in Abschn. 6.3.13.

6.4 Abschließende Bemerkungen

Im vorliegenden Kapitel wurde eine kleine Auswahl von hochschulmathematischen Inhaltsbereichen vorgestellt, die für das tägliche Unterrichtsgeschäft von Lehrkräften relevant sein können. In Abschn. 6.3 wurde dabei an konkreten Beispielen aus Arithmetik, Algebra und Analysis illustriert, wie Zusammenhänge zwischen universitärer und schulischer Mathematik für fachliche Sicherheit im Unterricht sorgen können oder eine fundierte Einordnung von bzw. eine Reaktion auf typische Schwierigkeiten von Schülerinnen und Schülern erlauben. Eine solche „didaktische" Nutzung universitärer Mathematik kann in letzter Konsequenz auch zur Reduzierung der *zweiten Diskontinuität* nach Felix Klein (1908) beitragen.

Die vorgestellten Beispiele können zudem bereits die Sinnstiftung im Mathematik-Lehramtsstudium unterstützen, weshalb sie auch zur Überwindung der *ersten Diskontinuität* genutzt werden können. In jedem Fall sind die 23 Abschnitte zur Ausbildung von Lehrkräften als „Vignetten" direkt einsetzbar. Ihr Einsatzort entscheidet dann, welche Diskontinuität damit verringert werden soll (im Studium die erste Diskontinuität, in der Referendarausbildung die zweite Diskontinuität).

Darüber hinaus ließen sich sicherlich noch zahlreiche weitere Beispiele finden (z. B. aus der Geometrie oder Stochastik). Das vorliegende Kapitel verdeutlicht, dass ein solches Investment in eine gezielte Analyse der Fachwissensausbildung sowie ein jeweiliger Rückbezug auf den Mathematikunterricht lohnenswert sein können. Mittlerweile werden deutschlandweit vergleichbare Ideen in der Tat zunehmend auch in universitären Veranstaltungen wie Brückenkursen oder Begleitveranstaltungen zu Fachvorlesungen verfolgt (für die Universität Regensburg siehe z. B. Eberl, 2018 bzw. Eberl, o. D.; vgl. auch Kap. 5 im vorliegenden Band).

Auf Basis der Daten der COACTIV-Studie (siehe hierzu ausführlich z. B. Kap. 4 im vorliegenden Band) konnte nicht nur empirisch gezeigt werden, dass profundes

Fachwissen didaktische Flexibilität ermöglicht, sondern auch, dass eine Vergrößerung der verfügbaren Wissensbasis von Mathematiklehrkräften tatsächlich mit einer zunehmenden Vernetzung fachlicher und fachdidaktischer Kompetenzen einhergeht (Krauss et al., 2008).

Die illustrierten Zusammenhänge zwischen Schul- und Hochschulmathematik können aber nicht nur aus inhaltlicher Sicht für die Lehramtsausbildung bzw. den Unterricht fruchtbar gemacht werden. Wesentliche Bestimmungsfaktoren für die Qualität von Mathematikunterricht sind darüber hinaus auch Einstellungen von Lehrkräften zur sowie ihre Perspektive auf Mathematik (Voss et al., 2011). Diesbezüglich konnte in der COACTIV-Studie empirisch belegt werden, dass eine große vernetzte Wissensbasis auch mit „wünschenswerten" Sichtweisen auf die Natur der Mathematik sowie auf das Lernen von Mathematik zusammenhängt (Lehrkräfte mit viel Wissen lehnen beispielsweise eine reine „Werkzeugkasten"-Sichtweise auf die Mathematik eher ab). Wird mathematisches Arbeiten im Unterricht in erster Linie als algorithmisch-syntaktisch geprägte Tätigkeit thematisiert, wird der mathematische Erkenntnisgewinn bei Schülerinnen und Schülern entsprechend beschränkt bleiben (vgl. Blum et al., 2006).

Gerade das Verdeutlichen fachlicher Zusammenhänge, einleuchtende Begründungen für die Einführung von Begriffen, einfallsreiche Beweise mathematischer Sätze, ein abwechslungsreicher und gleichzeitig präziser Gebrauch der Fachsprache sowie „geniale" Lösungen mathematischer Probleme zeichnen Mathematik über das Algorithmisch-Syntaktische hinaus aus. Dass dies so ist, kann man eindrucksvoll beim vertieften Studium der Hochschulmathematik erfahren. Insofern bereitet ein Hochschulstudium nicht nur fachinhaltlich auf eine spätere schulische Lehrtätigkeit vor, sondern auch in Bezug auf Überzeugungen zum Wesen der Mathematik und letztlich – wie im vorliegenden Kapitel illustriert – sogar aus genuin fachdidaktischer Perspektive. Letzteres ist vor allem dann der Fall, wenn es gelingt, erworbenes Fachwissen mit dem Schulstoff in Beziehung zu setzen.

Literatur

Blum, W., Drüke-Noe, C., Hartung, R., & Köller, O. (Hrsg.). (2006). *Bildungsstandards Mathematik: konkret. Sekundarstufe I: Aufgabenbeispiele, Unterrichtsanregungen, Fortbildungsideen.* Cornelsen Scriptor.

Bosch, S. (2013). *Algebra.* Springer Spektrum.

Eberl A. (2018). „Wozu brauche ich das überhaupt? Ich will doch nur Lehrer werden!" - Mathematische Grundbegriffe zwischen Schule und Hochschule. In Fachgruppe Didaktik der Mathematik der Universität Paderborn (Hrsg.), *Beiträge zum Mathematikunterricht 2018* (S. 485–488). WTM-Verlag.

Eberl. A. (o. D.). *Hochschulmathematik für die Schule.* Unveröffentlichte Konzeption für eine 2-semestrige Veranstaltung für Studierende des Lehramts Gymnasium. Universität Regensburg.

Fischer, G. (2014). *Lineare Algebra.* Springer Spektrum.

Forster, O. (2016). *Analysis 1.* Springer Spektrum.

Greefrath, G., Oldenburg, R., Siller, H.S., Ulm, V, & Weigand, H.G. (2016). *Didaktik der Analysis*. Springer Spektrum.

Karpfinger, L. & Meyberg, K. (2017). *Algebra: Gruppen, Ringe, Körper*. Springer Spektrum.

Klein, F. (1908/2016). *Elementary Mathematics from a Higher Standpoint*. Springer.

Krauss, S. (1999). Die Entdeckungsgeschichte und die Ausnahmestellung einer besonderen Zahl: e = 2,71828182845904523536. *The Teaching of Mathematics, 2*(2), 105–118.

Krauss, S., Brunner, M., Kunter, M., Baumert, J., Blum, W., Neubrand, M., & Jordan, A. (2008). Pedagogical content knowledge and content knowledge of secondary mathematics teachers. *Journal of Educational Psychology, 100*(3), 716-725.

Kunz, E. (1994). *Algebra*. Vieweg & Teubner Verlag.

Kultusministerium Bayern (1955). *Sonderdruck aus dem Amtsblatt des Bayerischen Staatsministeriums für Unterricht und Kultur Nr. 7 vom 31. Mai 1955*.

Tretter, C. (2013). *Analysis I*. Birkhäuser Springer.

Voss, T., Kleickmann, T., Kunter, M. & Hachfeld, A. (2011). Überzeugungen von Mathematiklehrkräften. In M. Kunter, J. Baumert, W. Blum, U. Klusmann, S. Krauss & M. Neubrand (Hrsg.), *Professionelle Kompetenz von Lehrkräften. Ergebnisse des Forschungsprogramms COACTIV*. Waxmann.

Teil III
Mathematisches Professionswissen – nicht nur ein Aspekt für Mathematiklehrkräfte der Sekundarstufe

Das Professionswissen von Mathematiklehrkräften in der Grundschule

7

Deborah Loewenberg Ball und Heather C. Hill

▶ **Einführende Zusammenfassung der Herausgeber**
Zeitgleich und unabhängig voneinander modellierten und untersuchten zu Beginn der 2000er-Jahre zwei deutsche und eine amerikanische Forschungsgruppe erstmals das professionelle Wissen, das Lehrkräfte benötigen, um erfolgreich Mathematik unterrichten zu können. Während das COACTIV-Forschungsprogramm und MT21 als Vorstudie zu TEDS-M hierfür die Sekundarstufe in den Blick nahmen (vgl. Bruckmaier et al. in Kap. 4 sowie Schwarz et al. in Kap. 2 dieses Bandes), fokussierte eine Arbeitsgruppe aus Michigan um Deborah Loewenberg Ball und Heather Hill vorwiegend die Primarstufe. Die drei Studien betraten damit jeweils Forschungsneuland und sind bis heute wegweisend für diesen Forschungszweig zum fachspezifischen Professionswissen von Lehrkräften. In ihren Definitionen dieses Konstrukts greifen sie – wie auch die meisten der späteren deutschsprachigen Ansätze (z. B. Lindmeier et al. in Kap. 3 sowie Dreher et al. in Kap. 5 dieses Bandes) – zwar auf Shulmans Beschreibung zentraler Wissenskategorien zurück (1986, 1987). Die Konkretisierung des Forschungsgegenstands durch die beiden US-Forscherinnen spiegelt jedoch hinsichtlich Terminologie, inhaltlicher

D. L. Ball (✉)
School of Education, University of Michigan, Ann Arbor, US
E-Mail: dball@umich.edu

H. C. Hill
Harvard University, Harvard Graduate School of Education, Appian Way, Cambridge, US
E-Mail: heather_hill@gse.harvard.edu

© Springer-Verlag GmbH Deutschland, ein Teil von Springer Nature 2023
S. Krauss und A. Lindl (Hrsg.), *Professionswissen von Mathematiklehrkräften,* Mathematik Primarstufe und Sekundarstufe I + II,
https://doi.org/10.1007/978-3-662-64381-5_7

Ausgestaltung und formaler Struktur kulturspezifische Einflüsse und Unterschiede der Schul- und Lehrkräfteausbildungssysteme wider.

Dies wird u. a. an der Konzeptualisierung des *Mathematical Knowledge for Teaching* (MKT) deutlich, das sich aus zwei Wissensaspekten zusammensetzt: Einerseits modellieren die Autorinnen ein *allgemeines mathematisches Wissen* über die curricularen Inhalte der Grundschule, über das jeder Erwachsene verfügen sollte. Hinsichtlich dieser Annahme, die aufgrund der Ausrichtung an der Primarstufe plausibel ist, unterscheidet sich dieses *curriculare Fachwissen* (cFW) jedoch grundlegend von Konzeptualisierungen des Fachwissens (FW) in anderen Studien, deren Fokus auf die Sekundarstufe gerichtet ist. In diesen wird das Wissensniveau eines vertieften Wissens über die Inhalte des Schulcurriculums (zu COACTIV vgl. Kap. 4 in diesem Band, bzw. zu TEDS Kap. 2 in diesem Band) oder schulbezogenen akademischen Wissens (zu KiL/KeiLa vgl. Kap. 5 in diesem Band) angelegt, das in der Regel nicht von jedem Schulabsolventen erreicht wird. Andererseits analysieren Ball und Hill ein *spezifisches Wissen für das Unterrichten* von Mathematik, dessen theoretische Konzeptualisierung sich mit derjenigen eines *fachdidaktischen Wissens* (FDW) deckt, wie sie andere Studien aus dem deutschsprachigen Forschungskontext verwenden (z. B. Bruckmaier et al. in Kap. 4 sowie Schwarz et al. in Kap. 2 dieses Bandes). Diese begriffliche Differenz begründet sich vor allem darin, dass die Fachdidaktik als Universitätsdisziplin in den USA und somit fachdidaktische Studienanteile in der amerikanischen Lehrkräfteausbildung unbekannt sind (vgl. zur besonderen Rolle der Fachdidaktik in deutschsprachigen Ländern Schilcher et al. 2021).

Der nachstehende Beitrag von Debora Ball und Heather Hill, der bereits im Jahr 2005 unter dem Titel „Knowing Mathematics for Teaching" in der Zeitschrift *American Educator* (29/3, S. 14–36) erschien und seither zu den meistzitierten und einflussreichsten Veröffentlichungen der beiden Autorinnen gehört, bietet damit eine alternative außereuropäische Perspektive, was unter Professionswissen von Mathematiklehrkräften zu verstehen ist und wie sich dieses messbar machen lässt. Die konkrete Operationalisierung des cFW und des FDW, wie das spezifische Wissen für das Unterrichten von Mathematik (d. h. das fachdidaktische Wissen) zur besseren Vergleichbarkeit der Kapitel in diesem Band auch in diesem Beitrag abgekürzt wird, machen zudem die präsentierten (Test-)Aufgaben sowie die Ausrichtung der konstruierten Testinstrumente ersichtlich. Neben seinem Praxisbezug und der anschaulichen Gestaltung empfahl auch die Parallelität der grundlegenden Untersuchungsziele, die amerikanischen und deutschen Forschungsansätzen gemeinsam sind, die Aufnahme des Beitrags in das vorliegende Buch. Im Vordergrund stehen z. B. die Fragestellungen:

- Durch welche Faktoren kann die Entwicklung eines mathematikspezifischen Professionswissens während der Ausbildung gefördert werden?
- Wie hängt dieses Wissen von Lehrkräften mit Unterrichtsqualität und Lernerfolgen von Schülerinnen und Schülern zusammen?

Um die große Relevanz der diesbezüglich berichteten Ergebnisse für das deutsche Bildungssystem zu verdeutlichen, wurde der Originalartikel mit freundlicher Zustimmung der Autorinnen von den Herausgebern ins Deutsche übertragen, an mehreren Stellen überarbeitet und um aktuelle Informationen und Referenzen ergänzt.

7.1   Einleitung

Seit Shulman (1986, 1987) vor vielen Jahren das fachspezifische Wissen von Lehrkräften als eigenständige Kategorie des *Professionswissens* beschrieb, hält die wissenschaftliche Auseinandersetzung mit dessen struktureller Gestalt und Relevanz für qualitätsvollen Unterricht unvermindert an. Besonderes Interesse wurde dabei dem *fachdidaktischen Wissen* zuteil, das im Kontext unterschiedlicher Schulfächer – vornehmlich Mathematik (z. B. Bruckmaier et al. in Kap. 4, Lindmeier & Heinze in Kap. 3, Schwarz et al. in Kap. 2 dieses Bandes) und Naturwissenschaften (z. B. Carlson & Daehler, 2019; Magnusson et al., 1999; Neumann & Neumann in Kap. 8 dieses Bandes), aber vereinzelt auch in Sport (Ayvazo & Ward 2011), Informatik (Koehler & Mishra, 2009) oder Sprachen und Geisteswissenschaften (zsfd. Krauss et al., 2017) – untersucht und dessen jeweilige Bedeutung diskutiert wurde (z. B. Hashweh, 2005; Park & Oliver, 2008). Ein umfassendes Review von Depaepe et al. (2013), das über 60 Studien in Bezug auf das Unterrichtsfach Mathematik berücksichtigt, macht dabei auf große Unterschiede aufmerksam, die einerseits die Definition des fachdidaktischen Wissens sowie dessen potenzielle Facetten und andererseits dessen Messung betreffen. Zudem liefern Studien, in denen die Zusammenhänge zwischen dem fachspezifischen Professionswissen von Lehrkräften und der Unterrichtsqualität bzw. den Leistungen von Schülerinnen und Schülern – vornehmlich in Mathematik – analysiert wurden, überwiegend positive, gelegentlich aber auch widersprüchliche Befunde (Baumert et al., 2010; Hill et al., 2005; Kelcey et al., 2019; Ottmar et al., 2015; Rockoff et al., 2011).

Ein zentrales Diskussionsthema stellt vor diesem Hintergrund ebenfalls dar, wie angehende Lehrkräfte bis zum Ende ihrer Ausbildung ein angemessenes Professionswissensniveau erreichen können (z. B. Lindmeier & Heinze in Kap. 3 bzw. Schwarz et al. in Kap. 2 dieses Bandes). Auch in den USA, in denen die nachfolgend präsentierten Studien durchgeführt wurden, wird hierzu – ähnlich wie im deutschen Bildungsdiskurs – häufig postuliert, dass Lehrkräfte mehr Fachmathematik studieren sollen, indem sie entweder zusätzliche fachwissenschaftliche Lehrveranstaltungen[1] oder Mathematik sogar als vertieftes Studienfach (im Sinne eines Diplom- oder Masterstudiengangs) belegen.[2] Andere Stimmen in den USA befürworten hingegen einen eher praxis-orientierten Ansatz, bei dem Lehrkräfte gezielt auf unterrichtsnahe und berufsrelevante Aspekte vorbereitet werden. Damit geht oftmals die Forderung einer Neugestaltung der universitären Ausbildung von Mathematiklehrkräften – und somit einer grundlegenden Revision ihres Professionalisierungsprozesses – einher, die stärker der unterrichts-bezogenen Mathematik wie z. B. Themen des Schulcurriculums oder Kognitionen von Schülerinnen und Schülern gewidmet sein sollte. Wieder andere fordern, angehende Lehrkräfte nur durch eine äußerst selektive Vorauswahl von geeigneten Kandidatinnen und Kandidaten zu gewinnen, weil sie annehmen, dass sich allgemeine Intelligenz und fundierte mathematische Kompetenz für das Lernen von Schülerinnen und Schülern als hinreichend effektiv erweisen. Vertreterinnen und Vertreter dieses Vorschlags sprechen sich deshalb nachdrücklich gegen formale Ausbildungsangebote, das heißt spezielle universitäre Studienprogramme, Zusatzqualifikationen oder Zertifikate etc. für angehende Lehrkräfte aus und behaupten, dass darin nur wenig für einen quali-tätsvollen Mathematikunterricht vermittelt werden kann. Im Kasten „Grundzüge der amerikanischen Lehrkräftebildung" werden die Ausbildung von (Mathematik-)Lehr-kräften in den USA und die hierfür erforderlichen Qualifikationen vereinfacht und gemäß aktuellen Standards skizziert, wobei auf Gemeinsamkeiten und Unterschiede im Ver-gleich zum deutschen Lehrkräftebildungssystem eingegangen wird.

---

[1] In dem Bericht *The Mathematical Education of Teachers* aus dem Jahr 2001 fordern beispiels-weise das Conference Board of the Mathematical Sciences (CBMS), die American Mathematical Society (AMS) und die Mathematical Association of America (MAA), dass angehende Grund-schullehrkräfte sich mindestens neun Semesterwochenstunden lang mit grundlegenden Konzepten der Grundschulmathematik beschäftigen sollten; angehende Mathematiklehrerinnen und -lehrer der Mittelstufe sollen mindestens 21 Semesterwochenstunden Mathematik belegen, darunter mindestens zwölf über grundlegende Konzepte der Schulmathematik für die Mittel-stufe; angehende Mathematiklehrkräfte für die Oberstufe sollen das Äquivalent eines Bachelor-studiengangs in Mathematik einschließlich eines sechsstündigen Grundlagenkurses absolvieren, der die Inhalte der Hochschulmathematik mit denjenigen der Oberstufe verbindet. Der Bericht empfiehlt, dass angehende Lehrkräfte Mathematikkurse belegen, „die ein vertieftes Verständnis für die Mathematik entwickeln, die sie unterrichten werden", und „eine souveräne Beherrschung der Mathematik von mehreren Jahrgangsstufen über diejenigen hinaus, die sie zu unterrichten erwarten, sowie der Mathematik in früheren Jahrgangsstufen".

[2] Der *No Child Left Behind Act* (NCLB) aus dem Jahr 2002 verlangt von allen neuen Lehrkräften für die Mittel- und Oberstufe, dass sie ihre fachliche Kompetenz nachweisen, indem sie a) einen staatlichen akademischen Fachtest in jedem der Fächer, die sie unterrichten, bestehen oder b) ein akademisches Hauptfachstudium, einen Hochschulabschluss, eine einem akademischen Haupt-fachstudium gleichwertige Prüfung oder eine fortgeschrittene Zertifizierung oder Lizenzierung in jedem der Fächer, die sie unterrichten, abschließen (Public Law 107–110, Sec. 9101 [23]).

Grundzüge der amerikanischen Lehrkräftebildung – ein ergänzender Exkurs der Herausgeber

Wie in Deutschland wurden auch in den USA einheitliche inhaltliche Standards für die Lehrkräftebildung eingeführt und von den Bildungsministerien der meisten Bundestaaten bei der Ausgestaltung der entsprechenden Kerncurricula berücksichtigt (Kultusministerkonferenz, 2019 bzw. Council for the Accreditation of Educator Preparation [CAEP], 2018). Zwar unterscheiden sich die amerikanischen Bundesstaaten (wie die deutschen Bundesländer) in ihren selbst definierten Anforderungen und Zulassungsvoraussetzungen, die konkret erfüllt sein müssen, um eine Lehrerlaubnis an öffentlichen Schulen zu erlangen (z. B. Teacher Certification in New York State bzw. Bayerische Lehramtsprüfungsordnung). Gewisse Ähnlichkeiten finden sich aber in den Grundstrukturen der Lehrkräfteausbildung aller amerikanischen Bundesstaaten wieder.

Als Mindestanforderung werden ein erfolgreich absolviertes Bachelorstudium (vorwiegend in Erziehungswissenschaften) und der Abschluss eines Lehrkräfteausbildungsprogramms an einem College oder einer Universität vorausgesetzt. Dieses kann bereits in das Bachelorstudium integriert sein oder zusätzlich besucht werden, muss allerdings durch das CAEP und das Bildungsministerium des jeweiligen Bundesstaats anerkannt sein. Diese Ausbildungsphase dauert in der Regel vier Jahre und umfasst typischerweise neben allgemeinverpflichtenden Grundlagenkursen in Englisch, Geschichte, Mathematik und Naturwissenschaften weiterführende Veranstaltungen zu pädagogischen und psychologischen Themen (z. B. Theorien und Prinzipien der Bildung, der kindlichen Entwicklung, der Lehr- und Lernpsychologie) und zu einem vorab gewählten, künftigen Unterrichtsfach (z. B. Biologie, Englisch, Mathematik). Dabei differiert die Gewichtung der Studienanteile je nach angestrebter Schulart und Altersgruppe (z. B. Primar- oder Sekundarstufe), sodass beispielsweise angehende Grundschullehrkräfte im Hauptfach Pädagogik oder Geisteswissenschaften, Sekundarstufenlehrkräfte Pädagogik als Nebenfach und ihr späteres Unterrichtsfach vertieft studieren. Im Vergleich zur Ausbildung in Deutschland, die meist in *zwei* Fächern erfolgt, ist nicht nur die Fokussierung auf *ein* Fach eine Besonderheit des amerikanischen Systems. Vielmehr fehlen, da eine Fachdidaktik als wissenschaftliche Disziplin in den USA nicht existiert, auch spezielle fachdidaktische Studienanteile, die inzwischen einen festen Platz in der Lehrkräfteausbildung in Deutschland einnehmen (vgl. dazu Schilcher et al., 2021).

Auch ein Lehramtsreferendariat wie in Deutschland ist unbekannt. Dieses ersetzen im Rahmen des akademischen Ausbildungsprogramms umfangreiche Schulpraktika inklusive praxisorientierter Kurse zu Themenfeldern wie Klassenführung, Schülerfehlern und -schwierigkeiten, der Erstellung individueller Lernpläne oder kulturellen und gesellschaftlichen Einflüssen auf Lernprozesse. Zudem führen angehende Lehrkräfte umfangreiche Unterrichtsbeobachtungen durch und erwerben aufgrund eigenständiger Unterrichtstätigkeit wertvolle Praxiserfahrungen. Dadurch sollen sie auf die beruflichen Anforderungen, mit denen sie in mannigfaltigen Alltagssituationen konfrontiert werden, vorbereitet werden. Die Ausbildung an einem College oder einer Universität wird durch Einstellungstests und -prüfungen abgeschlossen, deren Anzahl und Gestalt sich nach den spezifischen Vorgaben des Bundesstaats richtet, in dem die Lehrerlaubnis angestrebt wird. Die Aufgaben, die sich aus inhaltlichen Wissenstests und praktischen (Fach-) Prüfungen zusammensetzen, werden vom Educational Testing Service (ETS), einer gemeinnützigen unabhängigen Organisation zur Bildungsmessung und -forschung, entwickelt, organisiert und durchgeführt. Nach erfolgreicher Absolvierung kann schließlich eine vorläufige Zulassung als Lehrkraft (sog. Eingangslizenz) beim zuständigen Bildungsministerium beantragt werden.

In zahlreichen Bundesstaaten (z. B. New York) ist ein gestaffeltes Lizenzierungssystem etabliert, sodass innerhalb der ersten fünf Jahre nach dem ersten Abschluss ein Master in Education zu erwerben oder zumindest ein entsprechendes Studium zu beginnen ist. Derartige Masterstudiengänge, die wiederum staatlich anerkannt sein müssen, dauern ein bis zwei Jahre und werden ebenfalls an Colleges oder Universitäten angeboten, aber parallel zur Unterrichtstätigkeit absolviert. Sie umfassen einerseits spezifische Wissensbereiche oder Trainings zu bestimmten schulbezogenen Schwerpunkten (z. B. Spezialisierung in einem Fachgebiet der Mathematik, Biologie etc., Englisch als Zweitsprache, Grundschul-, Sonder- oder Hochbegabtenpädagogik). Andererseits stellen eine enge Zusammenarbeit mit einer erfahrenen Mentorenlehrkraft und ein praxis- oder forschungsorientiertes Abschlussprojekt feste Bestandteile dieser Masterstudiengänge dar. Nach deren Beendigung haben Lehrkräfte die Möglichkeit, eine erweiterte bzw. permanente Lehrerlaubnis oder sogar eine Festanstellung im amerikanischen Schulsystem zu erhalten.

Da der Bedarf an Lehrpersonen jedoch vielerorts nicht gedeckt werden kann, bieten manche Bundesstaaten auch spezielle Postbachelor- oder Masterprogramme für Quereinsteigerinnen und -einsteiger mit einem Bachelorabschluss in jedem beliebigen anderen Universitätsfach an und erteilen diesen sogleich zu Beginn eines entsprechenden Studiums eine befristete Lehrerlaubnis. Während dieser vorläufigen Unterrichtstätigkeit nehmen die Quereinsteigerinnen und -einsteiger an akzelerierten Ausbildungsprogrammen teil, in denen nicht Weiterqualifikationen in allgemeinbildenden oder fachbezogenen Bereichen, sondern in praxisnahen Feldern wie u. a. der Lehr- und Lerntheorie, Unterrichtsmethodik, Berufsethik und Leistungsbewertung im Vordergrund stehen. Durch das erfolgreiche Absolvieren der für den jeweiligen Bundesstaat erforderlichen Prüfungen erhalten sie schließlich eine reguläre Lehrerlaubnis.

Um die andauernde Debatte um die Lehrkräfteausbildung fundiert führen zu können, ist aus wissenschaftlicher Sicht zunächst ein besseres Verständnis eben jenes fachspezifischen Professionswissens von Lehrkräften und dessen genauer Bedeutung für die Unterrichtspraxis wie letztlich auch für die Leistungen der Schülerinnen und Schüler erforderlich. Demgemäß wird ein US-Forschungsprogramm mit mehreren Einzelstudien vorgestellt, die sich über einen Zeitraum von insgesamt mehr als zehn Jahren erstreckten. So wurde bereits im Jahr 1997 eine differenzierte theoretische Untersuchung der tatsächlichen Anforderungen im Mathematikunterricht der Grundschule durchgeführt, indem alle mathematikbezogenen unterrichtlichen Herausforderungen identifiziert und die Art des hierfür notwendigen mathematischen Wissens und Könnens analysiert wurden (Ball & Bass, 2003). Daraus wurde ein praxisnahes Konzept abgeleitet, das im Folgenden als *Professionswissen von Mathematiklehrkräften* (engl. *Mathematical Knowledge for Teaching* [MKT]) für den Grundschulunterricht bezeichnet wird (vgl. zur konkreten Konzeptualisierung Abschn. 7.2). Dabei handelt es sich um ein professionsspezifisches Wissen zum Unterrichten von Mathematik, das sich dezidiert von jenem Wissen unterscheidet, welches in anderen Berufszweigen mit mathematischen Schwerpunkten wie Ingenieurwesen, Physik, Buchhaltung oder Zimmerei nötig ist. Hierfür wurden zunächst spezielle Testinstrumente für Grundschullehrkräfte konzipiert und deren Ergebnisse dann mit der Veränderung der Mathematikleistung der Schülerinnen und Schüler dieser Lehrkräfte in Beziehung gesetzt. Die Resultate indizieren, dass Lehrkräfte mit höheren Werten in den neu entwickelten Professionswissenstests auch höhere Leistungszuwächse bei ihren Schülerinnen und Schülern erzielten. Im Folgendem wird dieser Forschungsansatz vorgestellt.

7.2   Was ist unter mathematischem Professionswissen von Grundschullehrkräften zu verstehen?

Täglich erhalten Grundschülerinnen und -schüler bei ihrer Begegnung und Auseinandersetzung mit Mathematik im Unterricht Einsichten und Lösungen, die auf (für sie zunächst) unerklärliche Weise nicht nachvollziehbar sind oder vielleicht sogar falsch erscheinen. Es kann aber auch vorkommen, dass sie trotz unkonventioneller Ansätze oft zu richtigen Lösungen gelangen. Dabei stellen sie die unterschiedlichsten Fragen:

- Warum funktioniert es, eine Null hinzuzufügen, wenn man eine Zahl mit Zehn multipliziert?
- Warum verschieben wir das Komma, wenn wir Dezimalzahlen mit Zehn multiplizieren?[3]

---

[3] In den USA können Schülerinnen und Schüler die *primary school*, die der deutschen Grundschule ähnelt, bis einschließlich der sechsten Jahrgangsstufe besuchen, sodass zu deren Curriculum auch das Rechnen mit Dezimalzahlen und Brüchen gehört (Anm. d. Hrsg.).

- Und liegen diesen beiden Anwendungsfällen zwei unterschiedliche Verfahren zugrunde oder sind dies nur verschiedene Aspekte ein und desselben Verfahrens?
- Ist die Null eine gerade oder ungerade Zahl?
- Was ist der kleinste Bruch?

Mathematische Verfahren, die Erwachsene weitestgehend automatisiert haben, sind für Schülerinnen und Schüler längst nicht offensichtlich. Zudem erschwert die Unterscheidung zwischen alltäglicher und mathematischer Verwendung sprachlicher Begriffe (z. B. mittel, ähnlich, gerade, rational, Linie, Volumen) die Kommunikation im Unterricht. Im Gegensatz zur inneren Logik und Abgeschlossenheit der Mathematik als Wissensdisziplin offenbaren Schülerinnen und Schüler oft Kenntnisse, die irrig, unvollständig oder schwer zu verstehen sind. Mit diesem für Lernende typischen mathematischen Wissen in statu nascendi müssen sich andere Berufsgruppen nicht befassen, aber es ist die genuine didaktische Aufgabe von Lehrkräften, diese Schülervorstellungen professionell zu hinterfragen, zu interpretieren, zu korrigieren und zu erweitern.

Auf Basis eigener Beobachtungs- und Unterrichtserfahrung aus vielzähligen Mathematikstunden schien unmittelbar klar zu sein, dass diese Herausforderungen im Klassenzimmer insbesondere mathematischer Natur sind, wenn auch nicht derart, wie sie traditionell im fachspezifischen Ausbildungskanon oder in Prüfungen im Rahmen der amerikanischen Lehrkräftebildung, die keine fachdidaktischen Anteile beinhaltet, vorkommen. Zwar müssen Lehrkräfte offensichtlich die Themen und Verfahren, die sie unterrichten (z. B. Primfaktorzerlegung, Primzahlen, äquivalente Brüche, Funktionen, Verschiebungen, (Punkt-)Spiegelungen), fachmathematisch beherrschen, weiterführende Beobachtungsstudien und qualitative Analysen legten jedoch immer wieder zusätzliche Aspekte eines Wissens nahe, das sich im Unterricht als nützlich erwies. Deshalb konzentrierten sich die Untersuchungen verstärkt darauf, die genaue Art dieses zusätzlichen Wissens zu identifizieren und zu fragen, was Lehrkräfte in der Praxis über Mathematik wissen müssen, um Schülerinnen und Schüler erfolgreich unterrichten zu können. In den Abschn. 7.2.1 bis 7.2.3 werden hierzu einige Beispiele gegeben.

7.2.1 Schülerschwierigkeiten identifizieren und analysieren

Anstatt mit dem Lehrplan, nach dem Lehrkräfte unterrichten, oder den Standards, die ihre Klassen erreichen sollen, zu beginnen, wurde der Fokus direkt auf die Unterrichtstätigkeit der Lehrkräfte gelegt (Ball 1993; Lampert 2001). Was machen Lehrkräfte im Mathematikunterricht und auf welche Weise verlangt das, was sie machen, mathematisches Denken, Einsicht, Verständnis und Können? Der Begriff Unterrichten umfasst dabei alle Verhaltensweisen und Handlungen von Lehrkräften, die das Lernen ihrer Schülerinnen und Schüler unterstützen. Hierzu gehören die alltägliche Interaktion im Klassenzimmer, aber auch all die anderen Aufgaben, die sich daraus ergeben: die Planung von Lernabschnitten, die Beurteilung von Schülerarbeiten, das Verfassen und Bewerten von Klassenarbeiten, das Erläutern von deren Ergebnissen für Eltern, das Erstellen und Überprüfen von Hausaufgaben, die Berücksichtigung von Gleichberechtigungsaspekten, ein regelmäßiger Austausch mit der Schulleiterin bzw. dem -leiter über Anforderungen an den Mathematikunterricht etc. Jeder dieser Teilbereiche erfordert spezifisches Wissen über mathematische Konzepte, profunde Fähigkeiten mathematischen Denkens und Kommunizierens, einen flexiblen Umgang mit mathematischen Beispielen und Begriffen sowie eine Reflexion über das Wesen der mathematischen Fertigkeiten von Schülerinnen und Schülern (Kilpatrick et al., 2001).

Die Bedeutung und Tragweite des mathematikbezogenen Professionswissens soll anhand des Beispielthemas Multiplikation natürlicher Zahlen kurz veranschaulicht werden. Die zielgerichtete Anwendung eines zuverlässigen Berechnungsalgorithmus stellt hierbei nämlich lediglich einen isolierten Einzelaspekt des für den Unterricht erforderlichen Wissens dar. Dies wird mittels der Multiplikationsaufgabe Gl. 7.1 verdeutlicht:

Gl. 7.1
$$\underline{3\,5 \cdot 2\,5}$$

Viele Leserinnen und Leser werden sich intuitiv daran erinnern, wie die Schritte des hierfür gelernten Verfahrens oder Algorithmus durchgeführt werden, was zu folgendem Resultat führt (Gl. 7.2):

Gl. 7.2
$$\begin{array}{r} 3\,5 \cdot 2\,5 \\ \hline 1\,7\,5 \\ +\quad 7\,0 \\ \hline 8\,7\,5 \end{array}$$

Die (fach-)mathematische Fähigkeit zur korrekten Multiplikation ist natürlich ein wesentlicher Bestandteil des Wissens, das zur Vermittlung des Multiplizierens an Schülerinnen und Schüler notwendig ist. Aber diese allein ist für einen erfolgreichen Unterricht nicht ausreichend. Lehrkräfte lösen nicht nur Aufgaben und Probleme, während eine Schulklasse zusieht. Vielmehr müssen sie zugleich erklären, selbst zuhören und die Bearbeitungen ihrer Schülerinnen und Schüler bewerten. Weiterhin müssen sie nützliche Beispiele oder Aufgabenstellungen auswählen. Hierfür bedarf es zusätzlicher mathematischer Einsicht und tieferen Verständnisses. Auch müssen Lehrkräfte beispielsweise in der Lage sein, eine typisch falsche Antwort zu erkennen und die Fehlvorstellung dahinter korrekt zu identifizieren (z. B. in Gl. 7.3):

Gl. 7.3

$$\begin{array}{r} 3\ 5 \cdot 2\ 5 \\ \hline 1\ 7\ 5 \\ +\quad {}_1 7\ 0 \\ \hline 2\ 4\ 5 \end{array}$$

Festzustellen, dass die Antwort dieses Schülers in der Rechnung 7.3 nicht stimmt, ist sicherlich ein erster Schritt, aber keine ausreichende Diagnose. Effektives Lehren bedeutet für Lehrkräfte vielmehr, die Fehlerquelle zu analysieren, um ihr entgegenwirken zu können (sei es etwa prophylaktisch bei der Unterrichtsvorbereitung, intervenierend im Unterricht oder bei der Korrektur einer schriftlichen Klassenarbeit oder Hausaufgabe). In diesem Fall wurde die Zahl 70 in der zweiten Zeile nicht eingerückt. Während dies noch relativ einfach zu erkennen ist, erfordern manche auftretende Fehler jedoch auch tiefergehende mathematische Analysen. Was ist z. B. in folgendem Beispiel (Gl. 7.4) passiert? Können Sie den Fehler ad hoc nachvollziehen und erklären?

Gl. 7.4 .

$$\begin{array}{r} 3\ 5 \cdot 2\ 5 \\ \hline 2\ 5\ 5 \\ +\ {}_1 8\ 0 \\ \hline 1\ 0\ 5\ 5 \end{array}$$

Je nach individueller Erfahrung müssen sich Lehrkräfte vielleicht etwas eingehender mit den kognitiven Schritten befassen, die zu diesem Resultat führten, aber die meisten werden in der Lage sein, die Ursache des Fehlers zu finden.[4] Natürlich könnten Lehrkräfte ihre Schülerinnen und Schüler stets darum bitten, zu erläutern, wie sie vorgegangen sind, aber bei der Bewertung von Lösungsansätzen oder Korrektur von Hausaufgaben von bis zu 30 Schülerinnen und Schülern ist eine gute eigene Vorstellung davon, wie der Fehler zustande gekommen sein könnte, äußerst hilfreich.

7.2.2 Mathematische Sachverhalte erklären und repräsentieren

Die Analyse von Schülerfehlern ist jedoch nicht die einzige Aufgabe von Lehrkräften. Zu deren Unterrichtstätigkeit gehört es auch zu erklären, warum die Zahl 70 so verschoben werden sollte, dass die Null unter der Ziffer Sieben (in der Zahl 175) steht und dass der

---

[4] Hier hat die Schülerin/der Schüler vermutlich $5 \cdot 5$ multipliziert, um 25 zu erhalten, dann aber beim Übertrag der 2 die 2 zur 3 hinzugefügt, bevor sie/er diese mit 5 multiplizierte. Deshalb berechnete sie/er wieder $5 \cdot 5$, was 25 ergibt, anstatt $3 \cdot 5 + 2 = 17$. Ebenso hat sie/er in der zweiten Zeile die 1 zur 3 hinzugefügt, bevor sie/er diese multipliziert hat, was $4 \cdot 2 = 8$ ergibt anstatt $3 \cdot 2 + 1 = 7$.

zweite Schritt tatsächlich dem Wert des Produkts von 35 · 20 und nicht von 35 · 2 entspricht, wie es scheinen könnte. Hierzu müssen didaktisch sinnvolle Repräsentationen ausgewählt und angemessen eingesetzt werden. Was ist beispielsweise eine effektive Möglichkeit, die Bedeutung des Verfahrens der Multiplikation natürlicher Zahlen darzustellen? Eine geeignete Option könnte u. a. sein, ein Flächenmodell einzusetzen, das ein Rechteck mit den Seitenlängen 35 und 25 repräsentiert und illustriert, dass die entstehende Fläche 875 Quadrateinheiten beträgt.

Dies erfordert wiederum nicht nur besonderes Augenmerk bezüglich der Einheiten und des Unterschieds zwischen Längenmaßen und Flächenmaßen (Ball et al., 2001). Vielmehr müssen auch die grafischen Repräsentationen aller Teilprodukte in Abb. 7.1 kognitiv explizit mit deren Darstellung im zugehörigen Algorithmus verknüpft werden.

In der Darbietungsform Gl. 7.5 ist jedes der Teilprodukte (25, 150, 100 und 600) erkennbar und die Faktoren, aus denen diese Teilprodukte resultieren, werden sichtbar, z. B. 5 · 5 (untere rechte Ecke), 20 · 5 (untere linke Ecke). Betrachtet man Abb. 7.1 hingegen vertikal, so sind die beiden Produkte 700 und 175 ersichtlich.

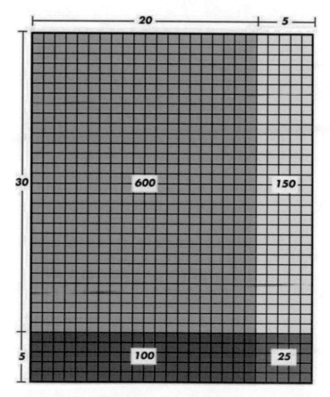

Abb. 7.1 Flächenmodell zum Produkt 35 · 25

Gl. 7.5

$$
\begin{array}{r}
3\ 5 \cdot 2\ 5 \\
\hline
2\ 5 \\
1\ 5\ 0 \\
1\ 0\ 0 \\
+\ \ \ 6\ 0\ 0 \\
\hline
8\ 7\ 5
\end{array}
$$

Um die kognitiven Schritte hinter der Repräsentationsform 7.6 zu erkennen, mit Abb. 7.1 in Beziehung zu setzen und zu explizieren, sind bereits ein gewisses Kompetenzniveau und etwas subtilere mathematische Überlegungen erforderlich. Zu diesen gehört beispielsweise die Frage, welche Zahlen zur Illustration einer solchen Rechnung überhaupt am besten geeignet sind. Die Zahlen 35 und 25 wurden möglicherweise nicht optimal gewählt, um die wesentlichen konzeptionellen Grundlagen der Multiplikation darzustellen. Wären 42 und 70 besser? Was muss bei der Wahl eines guten Beispiels für Unterrichtszwecke beachtet werden? Und welche Rolle spielen Nullen an verschiedenen Stellen im Verfahren? Profundes Professionswissen ist erforderlich, um bei der Unterrichtsplanung und -vorbereitung solche didaktischen Fragestellungen sorgfältig analysieren zu können.[5] Außerdem geht aus den Abschn. 7.2.1 und 7.2.2 noch kein konkreter unterrichtlicher Zugang zur Multiplikation hervor, um zu erwartende Verständnisprobleme von Schülerinnen und Schülern zu vermeiden. Jeder Schritt im Multiplikationsbeispiel erfordert vielmehr tieferes und expliziteres Wissen über die Multiplikation. Zu deren erfolgreicher Vermittlung muss dieser Unterrichtsinhalt also auf eine ganz spezifische Art und Weise durchdrungen werden.

Gl. 7.6

$$
\begin{array}{r}
3\ 5 \cdot 2\ 5 \\
\hline
1\ 7\ 5 \\
+\ \ \ 7\ 0 \\
\hline
8\ 7\ 5
\end{array}
$$

---

[5] Bei zweistelligen Faktoren mit Überträgen treten alle gewöhnlichen Aspekte im Rahmen des Multiplikationsverfahrens für rechnerisch einfache Fälle auf. Die Ziffer Null in einem der beiden oder beiden Faktoren erfordert dabei besondere Aufmerksamkeit. Die allgemeinen Regeln gelten weiterhin, aber da eine differenzierte Vorgehensweise notwendig wird, sind derartige Aufgabenstellungen zur Einführung der Multiplikation nicht zu empfehlen. Beispielsweise müssen Schülerinnen und Schüler bei 42 · 70 überlegen, wie sie mit der Null umgehen sollen. Im Allgemeinen ist es deshalb vorzuziehen, dass die Schülerinnen und Schüler erst das grundlegende Verfahren gut beherrschen (d. h. Multiplikationsaufgaben ohne Übertrag), bevor sie zu anspruchsvolleren Aufgabenstellungen übergehen.

Das hier gewählte Beispiel (Gl. 7.1 bis 7.6) veranschaulicht folglich, dass das Professionswissen von Mathematiklehrkräften weiterführende und detaillierte Kenntnisse umfasst, die über eine zuverlässige Durchführung des Multiplikationsverfahrens hinausgehen. Zudem zeigt sich, dass eine ganze Reihe typischer vorhersehbarer Anforderungen existiert, mit denen Lehrkräfte alltäglich konfrontiert sind und die einerseits eng mit Mathematik und mathematischem Denken verbunden sind, die andererseits aber auch *mathematische* ebenso wie *pädagogische* Ansätze erfordern:

- die Fehler einer Schülerin oder eines Schülers herausfinden (Fehleranalyse),
- die Grundlagen eines Algorithmus in Worten erklären, die Kinder schon verstehen können,
- demonstrieren, warum ein bestimmtes Verfahren funktioniert (vertieftes Wissen über Algorithmen und mathematisches Argumentieren) und
- adäquate mathematische Darstellungen verwenden.

Abschließend ist anzumerken, dass das obige Beispiel zum Konzept von Zahlen und einfachen Rechenoperationen hier bewusst als Erstes gewählt wurde. Eine vergleichbare Betrachtungs- und Vorgehensweise ist nämlich auf die meisten mathematischen Themen anwendbar. Hierzu zählen u. a. die Definition eines Polygons (Ball & Bass, 2003), die Berechnung und Erklärung eines Mittelwerts oder auch der Beweis, dass die Lösung für ein elementares mathematisches Problem vollständig ist. Darüber hinaus ist die Durchführung mehrschrittiger Problemlöseprozesse und deren Verständnis eine weitere unterrichtliche Gelegenheit für explizite mathematische Erkenntnisse. Jede dieser erfordert mehr, als nur die Frage oder Aufgabe selbst beantworten bzw. lösen zu können. Die Lehrkraft muss dabei stets die Perspektive der Lernenden einnehmen und darüber nachdenken, welches Wissen jemand benötigt, um ein mathematisches Konzept zu verstehen, das er oder sie zum ersten Mal sieht. Dewey (1902), der sich bereits vor über 100 Jahren mit der Strukturänderung eines Gegenstands während dessen Vermittlungs- und Lernprozess und nicht nur mit seiner fertigen logischen Form beschäftigte, nannte diesen Aspekt „Psychologisierung" eines Fachgegenstands. Dies ist genau eine der zentralen Aufgaben der seit den 1970er-Jahren in Deutschland etablierten Fachdidaktiken, die in den USA als Wissenschaftsdisziplin weitestgehend unbekannt sind.

7.2.3 Anschlussfähige Konzepte und jahrgangsstufenadäquate Sprache verwenden

Angesichts des Voranstehenden sollte es nicht verwunderlich sein, dass auch die zentrale Bedeutung der mathematischen Sprache sowie die Notwendigkeit eines flexiblen und sicheren Umgangs mit mathematischen Begriffen zunehmend in den Blick der Forschung rückte. Aus der Unterrichtspraxis und Unterrichtsbeobachtungen bei Grundschülerinnen und -schülern wird deutlich, dass Lehrkräfte ständig darüber entscheiden müssen, wie Begriffe definiert werden und ob dabei informelle Sprache zugelassen oder Fachvokabular, -grammatik und -syntax verwendet werden sollte. Wann könnte eine ungenaue, mehrdeutige Sprache aus didaktischer Sicht vielleicht sogar vorzuziehen sein und wann könnte sie den Aufbau von korrektem Verständnis gefährden?

Ist es beispielsweise angemessen, Zweitklässlerinnen und -klässlern zu sagen, dass sie keine größere Zahl von einer kleineren abziehen können, oder verlangt mathematische Integrität hier eine genauere Aussage (z. B.: „Für die Zahlen, die wir bisher kennen, gibt es keine Lösung, wenn wir eine große Zahl von einer kleineren abziehen.")? Wie sollte ein Rechteck definiert werden, damit Viertklässlerinnen und -klässler herausfinden können, welche der Formen in Abb. 7.2 ein Rechteck sind und welche nicht (und warum)?

Die typische konzeptuelle Vorstellung von Viertklässlerinnen und -klässlern würde dazu führen, dass sie sich bei einigen dieser Formen unsicher sind, und auch die Alltagssichtweise („eine Form mit zwei längeren und zwei kürzeren Seiten sowie vier rechten Winkeln") hilft hier nicht weiter. Schülerinnen und Schüler, die Formen nur mithilfe von Veranschaulichungen und Beispielen lernen, konstruieren daraus oft Vorstellungen, die falsch sind.

Abb. 7.2 Formen zur Auswahl: Welche sind Rechtecke?[6]

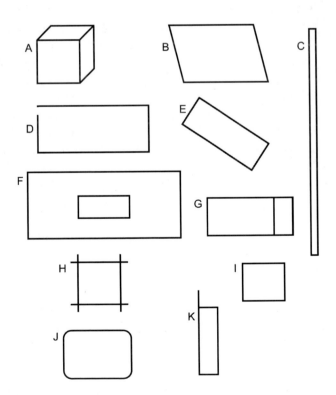

---

[6] Korrekte Lösungen sind „C", „E" und „I".

Lehrkräfte benötigen somit spezielle Fähigkeiten im Umgang mit mathematischen Begriffen und Sprechweisen, die der Klasse ein sorgfältiges mathematisches Arbeiten ermöglichen und keine falschen Vorstellungen oder Fehler evozieren. Die Schülerinnen und Schüler brauchen hierfür Definitionen, die sie verwenden können, sowie Begriffe und Konzepte, die sie bereits verstehen können. Dies erfordert, dass die Lehrkräfte mehr wissen als die Definitionen, die sie in Universitätskursen gelernt haben. Wie können beispielsweise gerade Zahlen für die Lernenden so definiert werden, dass diese 1½ nicht als gerade (d. h., es kann in zwei gleiche Teile aufgeteilt werden) akzeptieren und dennoch 0 als gerade identifizieren? Definiert man beispielsweise gerade Zahlen als „Zahlen, die sich gleichmäßig in zwei Hälften teilen lassen", kann man $\frac{1}{4}, 1\frac{1}{2}, \frac{1}{5}$ und alle anderen Brüche als gerade betrachten. Vorsichtigeres Formulieren würde zu Definitionen wie „eine Zahl ist genau dann gerade, wenn sie die Summe einer natürlichen Zahl mit sich selbst ist" führen, oder für Schülerinnen und Schüler, die noch nicht mit natürlichen Zahlen arbeiten: „Zahlen, die durch zwei geteilt werden können, ohne dass etwas übrig bleibt, werden gerade Zahlen genannt." Obgleich diese beiden Definitionen einfacher formuliert sind, ähneln sie einer typischen Definition aus der Zahlentheorie: „Gerade Zahlen haben die Form $2k$, wobei k eine natürliche Zahl ist." Die einfacheren Definitionen sind für Grundschülerinnen und -schüler zugänglicher, ohne dass dadurch die mathematische Präzision oder fachliche Integrität beeinträchtigt werden.

Lehrkräfte müssen also die mathematische Sprache und den sorgfältigen Umgang mit Symbolen fließend beherrschen. Unsere Untersuchungen zum Zusammenhang zwischen dem Professionswissen von Mathematiklehrkräften und ihrem Unterricht deuten darauf hin, dass das Professionswissen den Sprachgebrauch von Lehrkräften beeinflussen kann, und zwar sowohl in Bezug auf die Klarheit bei der Verwendung mathematischer Begriffe als auch auf die Bereitschaft der Lehrkräfte, Schülerinnen und Schüler in mathematische Unterrichtsgespräche einzubeziehen (Hill et al., 2008a). Gerade in den letzten zehn Jahren hat das Thema Sprache im Fach, insbesondere mit Blick auf die Unterstützung von Lernenden, auch in der deutschen Lehrkräfteausbildung und Forschung zunehmend Aufmerksamkeit erfahren (Moschkovich, 1999; Schleppegrell, 2007; Leiss et al., 2017).

7.3   Erfassung des Professionswissens von Mathematiklehrkräften

Das Professionswissen von Mathematiklehrkräften könnte nun zwar analog zu den Abschn. 7.2.1 bis 7.2.3 weiter anhand von Einzelbeispielen dokumentiert und auf diese qualitative Weise detailliert beschrieben werden. Weil eine solche Vorgehensweise bei einer großen Anzahl an Praxisfällen jedoch recht ressourcenaufwendig ist, könnte so nur ein Bruchteil aller möglichen Themen aus allen Klassenstufen einzeln betrachtet werden. Zudem reicht die Etablierung eines auf qualitativen Fallbeispielen fundierten Ansatzes

bezüglich der Definition und den Komponenten des mathematischen Professionswissens nicht aus. Idealerweise sollte nämlich darüber hinaus nachweisbar sein, dass
eine Steigerung dieses Wissens auch die Leistung von Schülerinnen und Schülern verbessert.

7.3.1   Ziele quantitativer Untersuchungsansätze

Wie aktuelle Debatten um die amerikanische Lehrkräftebildung verdeutlichen, gibt es
legitimerweise konkurrierende Auffassungen zum Professionswissen von Mathematiklehrkräften und darüber, was unter Unterrichtsqualitätsaspekten in Bezug auf das Lehr-
personal zu verstehen ist. Um daraus resultierende Fragestellungen überprüfen und
Evidenzen vorlegen zu können, die über Beispiele und logische Argumente hinausgehen, wurden *quantitative* Erhebungsmaßnamen zur Messung des Professionswissens
von Mathematiklehrkräften entwickelt und kontinuierlich optimiert. Die beiden zentralen
Forschungsfragen hierbei waren:

- Lässt sich das Konstrukt eines fachspezifischen Professionswissens von Mathematik-
  lehrkräften theoretisch beschreiben und empirisch von anderen Arten mathematischen
  Wissens abgrenzen?
- Hat dieses Wissen einen empirisch nachweisbaren Einfluss auf den Lernerfolg von
  Schülerinnen und Schülern?

Um diesen Fragen nachzugehen, war es zunächst erforderlich, viele Testaufgaben (sog.
Items) einer sehr großen Anzahl an Lehrkräften vorzulegen; umfassende Stichproben
waren dabei notwendig, um weitere Einflussfaktoren, die vermutlich ebenfalls zum
Lernerfolg von Schülerinnen und Schüler beitragen, berücksichtigen und die genuine
Wirkung des fachspezifischen Professionswissens erkennen zu können (für einen
vergleichbaren Ansatz mit Mathematiklehrkräften der Sekundarstufe siehe z. B. Bruckmaier et al. in Kap. 4 dieses Bandes).

Angesichts von Stichprobengrößen von mehreren hundert oder sogar tausend Lehrkräften, die zur Beantwortung derartiger Fragestellungen erforderlich sind, wurde
zugleich recht schnell klar, dass Interviews, schriftliche Freitextantworten oder
andere Formate zur Messung des Professionswissens von Mathematiklehrkräften
nicht praktikabel wären. Deshalb wurde an der Entwicklung eines Multiple-Choice-
Antwortformats gearbeitet, dessen Durchführbarkeit viele – auch die Autorinnen selbst –
anfangs kritisch betrachteten.[7]

---

[7]Von den im vorliegenden Band beschriebenen Tests nutzen mit Ausnahme von COACTIV alle
Forschungsgruppen im Wesentlichen geschlossene Antwortformate (Anm. d. Hrsg.).

7.3.2 Prozess der Item-Konstruktion

Kooperationspartnerinnen und -partner, die bereits über umfangreiche Erfahrungen bezüglich Leistungsmessung im Bildungsbereich verfügten, empfahlen als ersten Schritt bei der Konstruktion eines Testinstruments die Erstellung einer Übersicht über alle Inhaltsbereiche des Grundschullehrplans sowie eine theoretische Beschreibung der anvisierten Wissensfacetten. Auf dieser Grundlage fiel die Entscheidung auf für den Grundschulunterricht besonders relevante Themen, wobei ein Schwerpunkt auf Zahlen und Grundrechenarten gelegt wurde. Diese Inhaltsbereiche sind besonders wichtig, weil sie den Lehrplan der Grundschule dominieren und für das weitere Verständnis von Schülerinnen und Schülern von großer Bedeutung sind.

Darüber hinaus wurden die Themenfelder geometrische Muster, Funktionen und Algebra ausgewählt, weil diese in die jeweiligen amerikanischen Referenzlehrpläne erst um die Jahrtausendwende neu aufgenommen worden waren. Dies sollte zum einen eine Untersuchung des aktuellen Wissensstandes praktizierender Lehrkräfte ermöglichen, zum anderen aber ggf. auch eine Veränderung dieses Wissens (z. B. intraindividuell durch Erfahrung oder auch durch externe Einflüsse wie z. B. neue Lehrpläne) aufdecken. Diesbezügliche wissenschaftliche Publikationen finden sich mit Blick auf die Unterrichtsqualität in Hill et al. (2008b, 2012) und hinsichtlich der Leistungen der Schülerinnen und Schüler in Hill et al. (2011).

Nach der Wahl der angeführten Inhaltsbereiche wurde eine Reihe von Expertinnen und Experten dazu aufgefordert, Items für das Testinstrument zu entwerfen: Universitätsdozentinnen und Dozenten im Bereich Mathematik, Mathematikerinnen und Mathematiker, Leiterinnen und Leiter von Fort- und Weiterbildungsmaßnahmen für Lehrkräfte, Projektmitarbeiterinnen und -mitarbeiter sowie berufstätige Lehrkräfte.[8] Sie alle wurden um Items gebeten, in denen Fragen zu Situationen und Anforderungen gestellt werden, mit denen Lehrkräfte bei ihrer täglichen Arbeit konfrontiert sind. Die Items wurden im Multiple-Choice-Format verfasst, um die Bewertung und Skalierung einer großen Anzahl von Antworten zu erleichtern. Ein weiteres Konstruktionsziel war, die Items in Hinblick auf Unterrichtsstile möglichst neutral zu halten.

Theoretisch wurde das *Professionswissen von Mathematiklehrkräften (Mathematical Knowledge for Teaching,* MKT) als Vereinigung zweier unterschiedlicher Wissensbereiche konzeptualisiert: einerseits als *allgemeines mathematisches Wissen,* das jeder Erwachsene mit regulärer Schulausbildung besitzen sollte, das heißt ein *(schul-) curriculares Fachwissen* (cFW), andererseits als *spezifisches Wissen für das Unterrichten von Mathematik,* über das insbesondere Lehrkräfte verfügen. Da dieses Wissen im

---

[8] In dieser Aufzählung werden – anders als zu erwarten – keine Vertreterinnen und Vertreter der Fachdidaktik genannt, da es diese Berufsgruppe in den USA nicht gibt.

deutschsprachigen Raum und auch in allen Kapiteln des vorliegenden Bandes als *fachdidaktisches Wissen* bezeichnet wird, steht hierfür auch in diesem Beitrag die Abkürzung FDW. Somit setzt sich MKT aus cFW und FDW zusammen und beide Wissensaspekte werden im Testinstrument gleichermaßen berücksichtigt.

7.3.3 Exemplarische Items zum curricularen Fachwissen (cFW) und zum spezifischen Wissen für das Unterrichten von Mathematik (FDW)

Eine Beispielaufgabe für das curriculare Fachwissen über Mathematik zeigt Abb. 7.3. Dieses Item sollte demnach auch mit mathematischem Alltagswissen beantwortbar sein, obwohl es aus dem (erweiterten) Unterrichtskontext stammt.

Ein Beispiel für den Aspekt des spezifischen Wissens für das Unterrichten von Mathematik ist in Abb. 7.4 dargestellt. Hierfür wurden Items entwickelt, die Lehrkräfte aufforderten, Zahlen oder Rechenoperationen mittels Bildern oder didaktischen Hilfestellungen zu erläutern oder darzustellen bzw. Erklärungen für allgemeine mathematische Regeln zu geben (z. B. warum eine Zahl durch 4 teilbar ist, wenn die aus den letzten beiden Ziffern gebildete Zahl durch 4 teilbar ist). In dem Item in Abb. 7.4 sollen die teilnehmenden Lehrkräfte drei verschiedene Ansätze zur Multiplikation von $35 \cdot 25$ bewerten und jeweils angeben, welche dieser Vorgehensweisen ein allgemeingültiges Verfahren für die Multiplikation ist. Jeder Erwachsene sollte wissen, wie 35

Die Grundschullehrkraft Frau Dominguez stieß in einem neuen Lehrbuch auf eine Seite, auf der Schülerinnen und Schüler einige Aussagen über die Null als wahr oder falsch beurteilen sollten. Fasziniert zeigte sie die Fragen ihrer Schwester, die auch Lehrerin war, und fragte sie nach ihrer Meinung.

Welche Aussage(n) sollten als wahr ausgewählt werden?
(Markieren Sie „Ja", „Nein" oder „Ich bin mir nicht sicher" für jedes nachstehende Item.)

		Ja	Nein	Ich bin mir nicht sicher.
a.	0 ist eine gerade Zahl.	☐	☐	☐
b.	0 ist keine eigenständige Zahl, sondern eher ein Platzhalter in großen Zahlen.	☐	☐	☐
c.	Die Zahl 8 kann als 008 geschrieben werden.	☐	☐	☐

Abb. 7.3 Item zur Erfassung des curricularen Fachwissens über Mathematik (cFW)[9]

---

[9] Korrekte Lösungen sind a) „Ja", b) „Nein", c) „Nein".

mit 25 multipliziert wird (s. Abschn. 7.2.1 und 7.2.2). Aber Lehrkräfte müssen oft unkonventionelle Ansätze von Schülerinnen und Schüler beurteilen, die zwar vielleicht korrekte Antworten liefern, deren Verallgemeinerbarkeit bzw. mathematische Gültigkeit allerdings nicht sofort ersichtlich oder nicht gegeben ist. Um mit solchen Situationen effektiv umgehen zu können, müssen Lehrkräfte diesbezügliche Probleme im Unterricht fortwährend, ad hoc und meist unter Zeitdruck erfassen und adäquat reagieren.

Obwohl im Item aus Abb. 7.4 Schülerinnen und Schüler erwähnt werden, befasst sich die Problemstellung weder mit dem dezidierten Wissen der Befragten über die Kinder noch damit, wie diesen die Multiplikation zu vermitteln ist. Stattdessen wird hier eine Frage nach alternativen Lösungsmethoden gestellt, deren Kenntnis ein zentrales Wissenselement für eine effektive Unterrichtsgestaltung ist.

Ausgehend von der bisherigen Forschungsbasis bezüglich des Lehrens und Lernens von Mathematik, Praxisbeobachtungen sowie Untersuchungen von Lehrplänen, Beispielen aus Schülerarbeiten und persönlichen Erfahrungen wurden so insgesamt über 250 Multiple-Choice-Items konzipiert, die cFW und FDW messbar machen sollten. Die Erstellung eines guten Items von der ersten Idee bis zur finalen Formulierung inklusive aller Überprüfungen, Überarbeitungen, kritischen Evaluationen, Optimierungen, Pilotierungen und Analysen dauert in der Regel über ein Jahr und ist sehr zeit- und

---

Stellen Sie sich vor, Sie behandeln in Ihrer Klasse die Multiplikation großer Zahlen. Unter den Lösungswegen Ihrer Schülerinnen und Schüler finden Sie folgende Darstellungen der Multiplikation:

Schüler*in A	Schüler*in B	Schüler*in C
$35 \cdot 25$	$35 \cdot 25$	$35 \cdot 25$
125	175	25
$+\ 75$	$+\ 700$	150
875	875	100
		$+\ 600$
		875

Welche(r) dieser Schüler*innen benutzt eine auf beliebige natürliche Zahlen verallgemeinerbare Vorgehensweise?

	Die Methode würde für alle natürlichen Zahlen funktionieren.	Die Methode würde *nicht* für alle natürlichen Zahlen funktionieren.	Ich bin mir nicht sicher.
a. Methode A	☐	☐	☐
h Methode B	☐	☐	☐
c. Methode C	☐	☐	☐

Abb. 7.4 Item zur Erfassung des spezifischen Wissens für das Unterrichten von Mathematik (FDW)[10]

---

[10] Korrekte Lösungen sind a) „Nein", b) „Ja", c) „Ja".

kostenintensiv. Angesichts der relativ einfachen Durchführbarkeit und Auswertbarkeit sowie der Zuverlässigkeit einer groß angelegten, quantitativ ausgerichteten Multiple-Choice-Erhebung ist dies jedoch eine lohnenswerte Investition.

Ziel dieser Studie war es, das für eine effektive Unterrichtspraxis erforderliche Professionswissen zu identifizieren und Testinstrumente für dieses Wissen zu entwickeln, die auch in zukünftigen Forschungsvorhaben eingesetzt werden können. Die Hypothese, dass dieses Wissen auch empirisch erfasst werden kann, erfordert dabei eine kritische Prüfung und gesicherte Belege. Ein zentrales Kriterium ist hierbei, ob ein (sehr) gutes Abschneiden der Lehrkräfte bei den konstruierten Items mit der von diesen gestalteten Unterrichtsqualität zusammenhängt (vgl. hierzu Abb. 1.1 in dem Beitrag von Lindl et al. in Kap. 1 dieses Bandes). Ist aufgrund der Punktzahlen, die Lehrkräfte im Test erreichen, bestimmbar, ob sie mit ihrem mathematischen Können effektiv unterrichten, oder sogar, dass ihre Schülerinnen und Schüler mehr oder besser lernen?

7.4 Welche Befunde zeigen sich bezüglich des Professionswissens von Mathematiklehrkräften der Grundschule?

The *Study of Instructional Improvement* (SII) ist eine in den USA durchgeführte Längs-schnittstudie mit Schulen, die an weitreichenden Reformmaßnahmen beteiligt waren. In dieser Studie wurden Leistungswerte von Grundschülerinnen und -schülern aller Jahr-gangsstufen mithilfe des Mathematikteils des Terra-Nova-Tests (ein reliabler, valider und standardisierter Schulleistungstest, der in ganz Amerika eingesetzt wird) gemessen und individuelle Leistungszuwächse berechnet, das heißt um wie viele Bewertungseinheiten sich die Lernenden im Laufe eines Jahres verbesserten. Zudem wurden Informationen über den familiären Hintergrund der Kinder – insbesondere über ihren sozioöko-nomischen Status – erhoben, um diese bei der Vorhersage der Größe der Leistungs-zuwächse der Schülerinnen und Schüler einzubeziehen. Etwa die Hälfte der Items des Lehrkräftetests zielte auf das cFW, die andere Hälfte auf das FDW von Lehrkräften ab.

7.4.1 Positiver Zusammenhang zwischen Professionswissen und Mathematikleistungen der Schülerinnen und Schüler

Eine Analyse von 700 Lehrkräften der ersten und dritten Klasse (und von fast 3000 Kindern) ergab, dass die Leistung der Lehrkräfte sowohl bei den Items zum cFW als auch zum FDW das Ausmaß der Leistungszuwächse der Lernenden signifikant vorher-sagte. Dieses Resultat war unabhängig von zusätzlichen Faktoren wie dem sozioöko-nomischen Status des Elternhauses, schulischen Fehlzeiten der Kinder, der Qualifikation der Lehrkräfte, deren Lehrerfahrung und der durchschnittlichen Dauer der Mathematik-unterrichtsstunden (Hill et al., 2005). Schülerinnen und Schüler von Lehrkräften, die mehr Punkte im Test erzielten, lernten im Laufe eines Unterrichtsjahres also in der Tat auch selbst mehr hinzu. Vergleicht man eine Lehrkraft, die eine durchschnittliche Punktzahl in dieser Studie erreicht hat, mit einer Lehrkraft im obersten Leistungsviertel, so zeigten die Schulkinder der überdurchschnittlichen Lehrkraft einen Lernzuwachs, der dem von zwei bis drei Wochen zusätzlichem Unterricht entspricht.

7.4.2   Professionswissen als Beitrag zu Bildungsgerechtigkeit

Darüber hinaus war die Bedeutung des FDW von Lehrkräften für den Leistungszuwachs der Schülerinnen und Schüler ähnlich zur Bedeutung der Größe des entsprechenden Einflusses des sozioökonomischen Status. Dies ist ein vielversprechendes Ergebnis, da es darauf hindeutet, dass das Professionswissen der Lehrkräfte eine Möglichkeit sein könnte, die Leistungsdifferenz zwischen Kindern aus sozial schwachen und starken Gesellschaftsschichten während ihrer Schulzeit zu reduzieren. Laut einschlägiger Fachliteratur gibt es zwar tendenziell bereits zu Beginn der Schullaufbahn einen signifikanten Leistungsunterschied; abgesehen davon fallen aber viele sozial benachteiligte Kinder mit jedem Schuljahr immer weiter zurück. Diese Studie legt also nahe, dass die bestehende Leistungsdifferenz durch das Professionswissen der Lehrkräfte zwar nicht komplett überwunden, jedoch zumindest verhindert werden könnte, dass diese noch zunimmt. Somit leisten die Befunde der vorliegenden Studie auch einen wichtigen Beitrag zur Bildungsgerechtigkeit, wenn gewährleistet ist, dass jede Schülerin und jeder Schüler von einer Lehrkraft unterrichtet wird, die über das für eine erfolgreiche Vermittlung von Mathematik erforderliche mathematikspezifische Professionswissen verfügt.

7.4.3   Professionswissen als Indiz sozialer Ungleichheit

Durch diese Analysen wurde – gerade mit Blick auf die Zusammensetzung der amerikanischen Gesellschaft und das Bildungssystem in den USA – auch noch eine weitere Forschungsfrage angeregt: Ist der Grad des Professionswissens von Mathematiklehrkräften über die Stichprobe von Schülerinnen und Schülern, Klassen und Schuleinrichtungen hinweg gleichmäßig verteilt und beispielsweise von der ethnischen Zugehörigkeit der Kinder oder dem sozioökonomischen Status ihrer Familien unabhängig? Oder werden Lernende, die einer gesellschaftlichen Minderheit angehören, bzw. Kinder aus ärmeren Verhältnissen von Lehrkräften mit einem geringeren Professionswissen unterrichtet?

In den vorliegenden Daten wird nur ein sehr kleiner Zusammenhang zwischen sozioökonomischem Status von Schülerinnen und Schülern und Professionswissen von Lehrkräften deutlich, wobei Lehrkräfte von Kindern aus sozial schwachen Haushalten tendenziell eher ein geringeres Wissensniveau aufweisen. Der Zusammenhang mit der ethnischen Zugehörigkeit der Lernenden war hingegen etwas größer.

In der dritten Klasse korrelieren beispielsweise die Zugehörigkeit der Kinder zu einer ethnischen Minderheit und das Professionswissen ihrer Lehrkraft mit einem Effekt von −0,26 negativ miteinander. Das heißt, Lehrkräfte mit einem höheren Wissensniveau unterrichteten tendenziell Schülerinnen und Schüler, die keiner ethnischen Minderheit angehörten. Daraus folgt, dass Kinder, die zu einer ethnischen Minderheit gehören, von Lehrkräften mit einem niedrigeren Professionswissen unterrichtet werden und diese also im Laufe eines Schuljahres auch nur einen geringeren Beitrag zum Lernerfolg ihrer Schülerinnen und Schüler leisten können.

Diese Resultate sind ernüchternd und beschämend, entsprechen jedoch im Wesentlichen Ergebnissen, die auch in Studien mit anderen Stichproben von Schulen und Lehrkräften gefunden wurden (Hill & Lubienski, 2007; Loeb & Reiniger, 2004). Auch diese weiteren Untersuchungen deuten nämlich darauf hin, dass zumindest ein Teil der Leistungsdifferenzen, die z. B. in der US-Evaluationsstudie *National Assessment of Educational Progress* (NAEP) und anderen standardisierten Bildungsmonitorings gefunden wurden, ebenfalls darauf zurückzuführen sein könnte, dass Lehrkräfte mit geringerem Professionswissen eher Kinder unterrichten, die zu gesellschaftlichen Minderheiten zählen und aus sozial schwachen Familien stammen. Ein naheliegender Ansatzpunkt, diese Ungleichheit abzumildern, könnte daher sein, in die Qualität des Lehrpersonals an Schulen zu investieren, und zwar insbesondere in Hinblick auf dessen Professionswissen. Die potenzielle Wirksamkeit dieses Vorschlags unterstreichen die vergleichbaren Größenordnungen des Einflusses des Lehrkräftewissens einerseits und des sozioökonomischen Status andererseits auf die Leistungssteigerung bei Schülerinnen und Schülern.

7.4.4 Bedingungsfaktoren des Professionswissenserwerbs

Die erzielten Erkenntnisse könnten weiterhin für die berufliche Fort- und Weiterbildung von Lehrkräften fruchtbar gemacht werden. Denn wenn es ein fachspezifisches Professionswissen von Mathematiklehrkräften mit einem nachweisbaren Einfluss auf das Lernen von Schülerinnen und Schülern gibt, sollten Fort- und Weiterbildungsprogramme auf die Vermittlung exakt dieses Wissens ausgerichtet sein. Um dies zu untersuchen, wurde der Erwerbsprozess des Professionswissens von Grundschullehrkräften im Rahmen entsprechender beruflicher Veranstaltungen betrachtet (Hill et al., 2008a) sowie analysiert, was und wie viel genau die Lehrkräfte hier lernten (Hill & Ball, 2004). Hierzu wurden wieder die konzipierten Testinstrumente zum Professionswissen eingesetzt und das umfassende öffentliche Fort- und Weiterbildungsprogramm quantitativ evaluiert. Daraus wurde einerseits deutlich, dass Lehrkräfte durch den Besuch dieser Maßnahmen ihr Professionswissen in der Tat erweitern konnten, und anderseits, dass die Größe des gemessenen Zugewinns an Professionswissen mit der Dauer der besuchten Maßnahmen und den Lerninhalten zusammenhing, die sich auf Beweistechniken, didaktische Zugänge und Analysen mathematischer Probleme und deren Kommunikations- und Darstellungsformen konzentrierten (Hill & Ball, 2004). Somit konnte mit dem neu entwickelten Test also auch ein Beitrag zu Bedingungen, unter denen Lehrkräfte mathematikbezogenes Professionswissen am effektivsten erwerben, geleistet werden (vgl. hierzu z. B. auch König et al. in Kap. 9, Lindmeier & Heinze in Kap. 3 sowie Schwarz et al. in Kap. 2 dieses Bandes).

7.4.5 Mathematical Knowledge for Teaching – das professionsspezifische Wissen von Mathematiklehrkräften

Ein zentrales Forschungsziel war es weiterhin zu untersuchen, ob das FDW von dem cFW unabhängig ist. Analysen früherer Pilotstudien mit Lehrkräften (Hill & Ball, 2004) bejahen diese Forschungsfrage tendenziell. Es konnte nämlich festgestellt werden, dass die Bearbeitung der Items zum FDW (z. B. Abb. 7.4) von derjenigen der Items zum cFW (z. B. Abb. 7.3) statistisch trennbar war (d. h., die beiden entsprechenden Summenwerte bzw. Gesamttestpunkte korrelierten nur vergleichsweise wenig miteinander). Oder mit anderen Worten ausgedrückt: Die richtige Beantwortung von Items der Art in Abb. 7.4 schien also Wissen zu erfordern, das über das Wissen hinausgeht, welches für die richtige Beantwortung von Items zur anderen Wissensart erforderlich ist (z. B. Abb. 7.3). Hierzu hat sich mittlerweile auch in Deutschland eine aktive Forschungsrichtung etabliert, die in den letzten Jahren ebenfalls vergleichbare Ergebnisse erzielen konnte. Auch in weiteren Beiträgen für den vorliegenden Band konnte das fachdidaktische Wissen der Lehrkräfte empirisch von ihrem Fachwissen unterschieden werden (z. B. Bruckmaier et al. in Kap. 4 sowie Schwarz et al. in Kap. 2 dieses Bandes; zur Ver-allgemeinerung dieses Befundes zsfd. Krauss et al., 2017).

Letztlich wird durch solche Analysen die Annahme bestätigt, dass Lehrkräfte über eine ganz spezifische Art von angewandtem mathematischem Wissen verfügen, das in Deutschland sowie auch im vorliegenden Band als fachdidaktisches Wissen bezeichnet wird. Dieses geht über (schul-)curriculares mathematisches Wissen, aber auch über die Mathematik, die im Rahmen der Ausbildung für mathematikaffine Berufsfelder (wie z. B. Buchhaltung oder in Ingenieurstudiengängen) vermittelt wird, weit hinaus (vgl. auch Krauss et al., 2008). Hierfür ist eine spezifische Vermittlung dieses speziellen Wissens in allen Phasen der Lehrerausbildung natürlich essenziell.

7.5 Zusammenfassung

Mithilfe der hier vorgestellten Studien konnten erste Antworten auf einige zentrale Fragestellungen gegeben werden, die regelmäßig Debatten über Bildungspolitik und Berufspraxis beherrschen. Das Professionswissen von Mathematiklehrkräften, wie es hier modelliert und erfasst wurde, erweist sich für diese nicht nur als standes-spezifisch, sondern ist positiv mit Zuwächsen in der Schülerleistung assoziiert (Hill et al., 2005). Dies unterstreicht zwar die enorme Bedeutung dieser genuinen Wissensbasis für den Unterricht auf der Mikro- und das Bildungssystem auf der Makroebene. Ungeklärt ist jedoch, inwiefern hiervon abweichende alternative Definitionsansätze und Messmethoden des Professionswissens von Lehrkräften (zsfd. z. B. Depaepe et al., 2013) mit Unterrichtsqualität und Lernzuwächsen von Schülerinnen und Schülern zusammenhängen (vgl. z. B. Bruckmaier et al. in Kap. 4 dieses Bandes). Und weiter: Welche Maßnahmen bzw. Lernmodule vermitteln dieses Wissen in der Lehrkräfteaus-bildung so, dass es später im Unterricht auch produktiv eingesetzt werden kann? Gibt es ein gewisses Schwellenniveau an cFW und FDW, unterhalb dessen Lehrkräfte keine Klassen unterrichten sollten? Welche Schülerinnen und Schüler sind am stärksten von einem geringen Wissensniveau der Lehrkräfte betroffen? Und vor allem: Wie kann dieses Wissen Grundschullehrkräften zuverlässig vermittelt werden?

Ähnliches gilt in Bezug auf die Etablierung einer forschungsbasierten Wissensbasis für eine effektive Lehrkräfteausbildung und berufsbegleitende Fort- und Weiterbildung in den USA. Bis gegen Ende des letzten Jahrhunderts wurde die vorwiegend fach-inhaltlich orientierte Ausbildung überwiegend regional evaluiert, und zwar oft mittels subjektiver Einschätzungen (z. B.: Glauben Lehrkräfte, dass sie ein ausreichendes Wissen über Mathematik besitzen?) und nicht durch hierfür gezielt konstruierte und validierte Wissenstests für Lehrkräfte (vgl. Wilson & Berne, 1999). Die Entwicklung präziser psychometrischer Testinstrumente und deren Einsatz bei einer größeren Stich-probe angehender Lehrkräfte tragen so weiterhin zu verallgemeinerbaren Erkennt-nissen über den Professionswissenserwerb und einer evidenzbasierten Optimierung oder Reform des Lehrkräftebildungssystems bei. Denn sie bereichern die diesbezügliche Dis-kussion um empirisch überprüfte Annahmen und Argumente dazu, was Lehrkräfte wirk-lich wissen sollten, wie sie dies erwerben könnten, warum sie dies lernen sollten und in welchem Zusammenhang dies mit dem Unterricht und der Leistung von Schülerinnen und Schülern steht.

Der hier von den Autorinnen eingeschlagene Weg, an die Anforderungen der Berufs-praxis anzuknüpfen, auf diese mit kritischem Sachverstand einzugehen und sie mit psychometrischen Instrumenten zu beschreiben, ist ein exemplarischer Ansatz zur Evidenzbasierung des Mathematikunterrichts in der Grundschule und für den Auf-bau von handlungsleitendem Wissen. Sich den damit verbundenen Herausforderungen zu stellen, ist nicht nur entscheidend für die stete Weiterentwicklung der Lehrkräfte-bildung und damit eine zentrale berufliche Verantwortung für alle, die an der Universität in die Lehrerbildung involviert sind. Vielmehr stellt dies eine gemeinsame Forschungs-aufgabe aller bildungswissenschaftlichen und -affinen Bereiche dar, da natürlich eine Kombination vielfältiger und verschiedenartiger Studien erforderlich ist, um zu ver-stehen, wie sich Unterschiede bezüglich der Inhalte von Bildungsprogrammen auf Lehr-kräfte, Unterricht und letztlich auch auf Leistungen von Schülerinnen und Schülern auswirken. Um dies zu untersuchen, greifen u. a. die Forschungsgruppen von Kersting et al. (2012) sowie neuerdings auch von Kelcey et al. (2019) in ihren Studien unmittelbar auf die von Hill und Ball entwickelten Testinstrumente zurück und führen damit den von diesen im angloamerikanischen Sprachraum etablierten Forschungsansatz bis heute fort.

7.6   Förderung und Danksagung

Die Studien, über die in diesem Beitrag berichtet wird, wurden teils durch Zuschüsse des U.S. Department of Education an das Consortium for Policy Research in Education (CPRE) an der University of Pennsylvania (OERI-R308A60003) und das Center for the Study of Teaching and Policy an der University of Washington (OERI-R308B70003) unterstützt; weitere Förderer waren die National Science Foundation (REC-9979863 & REC-0129421, REC-0207649, EHR-0233456, und EHR-0335411), die William and Flora Hewlett Foundation sowie die Atlantic Philanthropies. Bei den in diesem Artikel geäußerten Ansichten handelt es sich um die Meinungen der Autorinnen und Autoren; sie spiegeln nicht die Standpunkte des U.S. Department of Education, der National Science Foundation, der William and Flora Hewlett Foundation oder der Atlantic Philanthropies wider. Die Autorinnen und Autoren danken Daniel Fallon, Jennifer Lewis und Mark Thames für ihre hilfreichen Kommentare zu einem früheren Entwurf dieses Beitrags sowie den Herausgebern des vorliegenden Bandes für dessen aktualisierte Übertragung ins Deutsche.

Literatur

Ayvazo, S., & Ward, P. (2011). Pedagogical content knowledge of experienced teachers in physical education: Functional analysis of adaptations. *Research quarterly for exercise and sport, 82*(4), 675–684.

Ball, D. L. & Bass, H. (2003). Toward a practice-based theory of mathematical knowledge for teaching. In B. Davis & E. Simmt (Hrsg.), *Proceedings of the 2002 annual meeting of the Canadian Mathematics Education Study Group* (S. 3–14). CMESG/GDEDM.

Ball, D. L. (1993). With an eye on the mathematical horizon: Dilemmas of teaching elementary school mathematics. *Elementary School Journal, 93,* 373–397.

Ball, D. L., Lubienski, S., & Mewborn, D. (2001). Research on teaching mathematics: The unsolved problem of teachers' mathematics knowledge. In V. Richardson (Hrsg.), *Handbook of research on teaching* (4. Aufl., S. 433–456). Macmillan.

Baumert, J., Kunter, M., Blum, W., Brunner, M., Voss, T., Jordan, A., Klusmann, U., Krauss, S., Neubrand, M., & Tsai, Y.-M. (2010). Teachers' Mathematical Knowledge, Cognitive Activation in the Classroom, and Student Progress. *American Educational Research Journal, 47*(1), 133–180.

Carlson, J., & Daehler, K. R. (2019). The Refined Consensus Model of pedagogical content knowledge in science education. In A. Hume, R. Cooper, & A. Borowski (Hrsg.), *Repositioning pedagogical content knowledge in teachers' knowledge for teaching science* (S. 77–92). Springer.

Conference Board of the Mathematical Sciences. (2001). *The mathematical education of teachers.* American Mathematical Society and Mathematical Association of America.

Council for the Accreditation of Educator Preparation (CAEP) (Hrsg.) (2018). *CAEP 2018 K-6 Elementary Teacher Preparation Standards [Initial Licensure Programs].* http://caepnet.org/~/media/Files/caep/standards/2018-caep-k-6-elementary-teacher-prepara.pdf?la=en.

Depaepe, F., Verschaffel, L., & Kelchtermans, G. (2013). Pedagogical content knowledge: A systematic review of the way in which the concept has pervaded mathematics educational research. *Teaching und Teacher Education, 34,* 12–25.

Dewey, J. (1902/1956). The child and the curriculum. In *The child and the curriculum: The school and society* (S. 3–31). University of Chicago.

Hashweh, M. Z. (2005). Teacher pedagogical constructions: a reconfiguration of pedagogical content knowledge. *Teachers and Teaching, 11*(3), 273–292.

Hill, H. C., & Ball, D. L. (2004). Learning mathematics for teaching: Results from California's mathematics professional development institutes. *Journal for Research in Mathematics Education, 35*(5), 330–351.

Hill, H., Rowan, B., & Ball, D. L. (2005). Effects of teachers' mathematical knowledge for teaching on student achievement. *American Education Research Journal, 42*(2), 371–406.

Hill, H. C., & Lubienski, S. T. (2007). Teachers' mathematics knowledge for teaching and school context: A study of California teachers. *Educational Policy, 21,* 747–768.

Hill, H. C., Ball, D. L. & Schilling, S. G. (2008a). Unpacking "Pedagogical Content Knowledge" *Journal for Research in Mathematics Education, 39,* 372–400.

Hill, H. C., Blunk, M., Charalambous, C., Lewis, J., Phelps, G. C., Sleep, L., & Ball, D. L. (2008). Mathematical Knowledge for Teaching and the Mathematical Quality of Instruction: An Exploratory Study. *Cognition and Instruction, 26,* 430–511.

Hill, H. C., Kapitula, L. R., & Umland, K. L. (2011). A validity argument approach to evaluating value-added scores. *American Educational Research Journal, 48*(3), 794–831.

Hill, H. C., Umland, K. L., Litke, E., & Kapitula, L. (2012). Teacher quality and quality teaching: Examining the relationship of a teacher assessment to practice. *American Journal of Education, 118,* 489–519.

Kelcey, B., Hill, H. C. & Chin, M. J. (2019). Teacher mathematical knowledge, instructional quality, and student outcomes: a multilevel quantile mediation analysis. *School Effectiveness and School Improvement*. https://doi.org/10.1080/09243453.2019.1570944.

Kersting, N., Givvin, K., Thompson, B., Santagata, R., & Stigler, J. (2012). Measuring usable knowledge: Teachers' analyses of mathematics classroom videos predict teaching quality and student learning. *American Education Research Journal, 49*(3), 568–589.

Kilpatrick, J., Swafford, J., & Findell, B. (Hrsg.). (2001). *Adding it up: Helping children learn mathematics*. National Academy Press.

Koehler, M., & Mishra, P. (2009). What is technological pedagogical content knowledge (TPACK)? *Contemporary issues in technology and teacher education, 9*(1), 60–70.

Krauss, S., Baumert, J. & Blum, W. (2008). Secondary mathematics teachers' pedagogical content knowledge and content knowledge: validation of the COACTIV constructs. *ZDM Mathematics Education, 40,* 873–892.

Krauss, S., Lindl, A., Schilcher, A., Fricke, M., Göhring, A., Hofmann, B., Kirchhoff, P. & Mulder, R. H. (Hrsg.) (2017). *FALKO: Fachspezifische Lehrerkompetenzen. Konzeption von Professionswissenstests in den Fächern Deutsch, Englisch, Latein, Physik, Musik, Evangelische Religion und Pädagogik*. Waxmann.

Lampert, M. (2001). *Teaching problems and the problems of teaching*. Yale University Press.

Leiss, D., Hagena, M., Neumann, A. & Schwippert, K. (Hrsg.) (2017). *Mathematik und Sprache. Empirischer Forschungsstand und unterrichtliche Herausforderungen*. Waxmann.

Loeb, S., & Reininger, M. (2004). *Public policy and teacher labor markets: What we know and why it matters*. Education Policy Center, Michigan State University.

Magnusson, S., Krajcik, J., & Borko, H. (1999). Nature, sources, and development of pedagogical content knowledge for science teaching. In J. Gess-Newsome & N. Lederman (Hrsg.), *Examining Pedagogical content Knowledge* (S. 95–132). Kluwer Press.

Moschkovich, J. (1999). Supporting the participation of English language learners in mathematical discussions. *For the learning of mathematics, 19*(1), 11–19.

Ottmar, E. R., Rimm-Kaufman, S. E., Larsen, R. A., & Berry, R. Q. (2015). Mathematical knowledge for teaching, standards-based mathematics teaching practices, and student achievement in the context of the responsive classroom approach. *American Educational Research Journal, 52*(4), 787–821.

Park, S., & Oliver, J. S. (2008). Revisiting the conceptualisation of pedagogical content knowledge (PCK): PCK as a conceptual tool to understand teachers as professionals. *Research in science Education, 38*(3), 261–284.

Rockoff, J. E., Jacob, B. A., Kane, T. J., & Staiger, D. O. (2011). Can you recognize an effective teacher when you recruit one? *Education finance and Policy, 6*(1), 43–74.

Schilcher, A., Krauss, S., Kirchhoff, P., Lindl, A., Hilbert, S., Asen-Molz, K., Ehras, C., Elmer, M., Frei, M., Gaier, L, Gastl-Pischetsrieder, M., Gunga, E., Murmann, R., Röhrl, S., Ruck, A.-M., Weich, M., Dittmer, A., Fricke, M., Hofmann, B., Memminger, J., Rank, A., Tepner, O., & Thim-Mabrey, C. (2021). FALKE: Experiences from transdisciplinary educational research by fourteen disciplines. *Frontiers in Education, 5*, 579982. https://doi.org/10.3389/feduc.2020.579982.

Schleppegrell, M. J. (2007). The linguistic challenges of mathematics teaching and learning: A research review. *Reading & Writing Quarterly, 23*(2), 139–159.

Shulman, L. S. (1986). Those who understand: Knowledge growth in teaching. *Educational Researcher, 15*, 4–14.

Shulman, L. S. (1987). Knowledge and Teaching: Foundations of the New Reform. *Harvard Educational Review, 57*(1), 1–22.

Ständige Konferenz der Kultusminister der Länder in der Bundesrepublik Deutschland (Hrsg.). (2008/2019). *Ländergemeinsame inhaltliche Anforderungen für die Fachwissenschaften und Fachdidaktiken in der Lehrerbildung.* https://www.kmk.org/fileadmin/Dateien/veroeffentlichungen_beschluesse/2008/2008_10_16-Fachprofile-Lehrerbildung.pdf.

Wilson, S. M. & Berne, J. (1999). Teacher learning and the acquisition of professional knowledge: An examination of research on contemporary professional development. In A. Iran-Nejad & P. D. Pearson (Hrsg.), *Review of research in education* (Bd. 24; S. 173–209). Washington: American Educational Research Association.

Fachfremdes Professionswissen – was Physiklehrkräfte über Mathematik wissen (sollten)!

Irene Neumann und Knut Neumann

► Die Mathematik spielt in der Physik eine zentrale Rolle. Sie liefert ein mächtiges Repertoire an Werkzeugen, um z. B. Berechnungen anzustellen aber auch Theorien zu entwickeln. Diese enge Verknüpfung von Mathematik und Physik soll auch im Physikunterricht vermittelt werden. Deshalb müssen Physiklehrkräfte etwas über Mathematik wissen. Beginnend mit einem typischerweise eher an Phänomenen orientierten, beschreibenden Physikunterricht werden im Laufe der Schulzeit physikalische Konzepte und Zusammenhänge mehr und mehr mithilfe von mathematischem Formalismus dargestellt, sodass spätestens in der Oberstufe die Mathematisierung der Physik ein zentraler Lerngegenstand ist. Gleichzeitig scheint jedoch die Mathematisierung in der Physik Lernende häufig vor Probleme zu stellen. Das vorliegende Kapitel widmet sich daher der Frage, was Physiklehrkräfte über Mathematik wissen sollten.

I. Neumann · K. Neumann (✉)
Leibniz-Institut für die Pädagogik der Naturwissenschaften und Mathematik (IPN),
Kiel, Deutschland

I. Neumann
E-Mail: ineumann@leibniz-ipn.de

K. Neumann
E-Mail: neumann@leibniz-ipn.de

© Springer-Verlag GmbH Deutschland, ein Teil von Springer Nature 2023
S. Krauss und A. Lindl (Hrsg.), *Professionswissen von Mathematiklehrkräften*, Mathematik Primarstufe und Sekundarstufe I + II,
https://doi.org/10.1007/978-3-662-64381-5_8

8.1   Einleitung

Sonderbar an der Physik ist, daß wir, um die Grundgesetze auszudrücken, noch immer die
Mathematik brauchen. (Feynman, 1990, S. 49)

Die Mathematik ist nicht nur eine Wissenschaft für sich. Bereits Galileo Galilei soll
die Mathematik als die Sprache der Naturwissenschaften bezeichnet haben. Dieses
Bild scheint auch heute noch gültig zu sein: Mathematik ist ein elementares Werkzeug
aller modernen Naturwissenschaften (z. B. Lesk, 2000; Wigner, 1960). Insbesondere in
der Physik findet die Mathematik vielfältig Anwendung, z. B. in der Mechanik bei der
Beschreibung des Zusammenhangs zwischen Geschwindigkeit und Beschleunigung
mittels Differentialrechnung. Umgekehrt haben Entwicklungen in der (theoretischen)
Physik auch Weiterentwicklungen in der Mathematik angestoßen; so führte z. B. der
ursprünglich zur Beschreibung der Gravitation und Supergravitation in der Quanten-
feldtheorie entwickelte Batalin-Vilkovisky-Formalismus zu Weiterentwicklungen in
der Algebraischen Geometrie. Infolge dieser engen, wechselseitigen Verknüpfung von
Mathematik und Physik spielen Mathematisierungen auch im Physikunterricht eine
zentrale Rolle (vgl. z. B. KMK, 2004, 2005; MfSB-SH, 2016). Die Bildungsstandards
für den Mittleren Schulabschluss in Physik fordern beispielsweise, dass Schülerinnen
und Schüler „einfache Formen der Mathematisierung [anwenden]" oder „gewonnene
Daten, ggf. auch durch einfache Mathematisierungen, [auswerten]" (KMK, 2005, S. 11).
Der Grad der Mathematisierung soll dabei im Verlauf der Sekundarstufe I systematisch
zunehmen und in der gymnasialen Oberstufe das Maximum erreichen (MfSB-SH, 2016;
vgl. KMK, 2004; siehe Beispiel 1).

Beispiel 1: Entwicklung des Energieverständnisses

Das Energiekonzept ist eines der zentralen Konzepte der Physik. Dies liegt insbesondere in seiner Eigenschaft begründet, eine Erhaltungsgröße zu sein: Die Energie
in einem abgeschlossenen System bleibt erhalten. Die Kenntnis der in einem System
zur Speisung eines Prozesses vorhandenen Energie erlaubt in der Folge die Vorhersage, in welchem Umfang der Prozess stattfinden kann. Zum Beispiel bestimmt die
Lageenergie eines Gegenstands relativ zum Boden, mit welcher Geschwindigkeit
dieser auf den Boden auftreffen wird und welche Wirkung er dabei erzielt. In der
Sprache der Mathematik gilt[1]: $E_{\text{Bewegung}} = E_{\text{Lage}}$ und in der Folge $\frac{1}{2} mv^2 = mgh$ oder
$v = \sqrt{2gh}$. Historisch erfolgte die Einführung des Energiekonzepts in der Schule
häufig über die (mechanische) Arbeit: Die in einem System gespeicherte Energie wird
gleichgesetzt mit der am System verrichteten Arbeit $W = Fs$. Dieser recht formale,
häufig formalmathematisch begleitete Zugang, bei dem die Berechnung der in verschiedenen Formen vorliegenden Energie im Vordergrund stand, ist heute weitgehend

---

[1] In Abschn. 8.7 findet sich ein Glossar physikalischer Größen, die in diesem Kapitel genutzt
werden (Tab. 8.4).

durch einen eher phänomenologischen Zugang abgelöst, bei dem eine sukzessiv zunehmende Mathematisierung Anwendung findet.

In einem phänomenologischen Zugang wird Energie eingeführt als die Fähigkeit, Prozesse zu initiieren. Dazu kann zum Beispiel Energie gemessen werden als Stärke der Verformung eines Stücks Knete, z. B. infolge eines darauf stoßenden oder fallenden Körpers (Hadinek et al., 2016). Darauf aufbauend wird systematisch untersucht, von welchen Größen (d. h. welchen Eigenschaften des Körpers) das Ausmaß der Verformung und damit die Energie abhängt, und es werden halbquantitative Zusammenhänge zwischen diesen Größen modelliert: Je größer die Masse eines Körpers und je größer seine Geschwindigkeit, desto größer seine Energie. Es wird unterschieden zwischen Faktoren (die die Menge an Energie beeinflussen, z. B. die Masse) und Indikatoren (die identitätsstiftend für die jeweilige Energieform sind, z. B. die Geschwindigkeit als Indikator für kinetische Energie oder die Höhe über dem Nullpunkt als Indikator für potenzielle Energie). Im Verlauf der Sekundarstufe I werden weitere Energieformen eingeführt und auf diese Art und Weise untersucht. Die dabei verwendeten Modelle beruhen auf einfachen Bilanzierungen (z. B. Bewegungsenergie = Lageenergie). Schrittweise werden quantitativere Modelle verwendet. Zum Beispiel wenn untersucht wird, in welchem Umfang die Verlangsamung eines Pendels mit der Erwärmung der Umgebung zusammenhängt und wie viel (scheinbar verschwundene) Energie man auf diesem Weg „wiederfinden" kann. Dadurch wird die Energie mittels (letztendlich mathematischer) Bilanzierungen systematisch als Erhaltungsgröße eingeführt (Neumann, 2018).

In der gymnasialen Oberstufe wird systematisch auf die Eigenschaft der Energie als Erhaltungsgröße fokussiert. Die Bilanzierung der Energie eines Systems und die Beschreibung ihrer zeitlichen Veränderung bzw. Konstanz wird systematisch zur Lösung von Problemen eingesetzt. Dies erfolgt zunehmend im Rahmen mathematischer Modellierungen physikalischer Problemstellungen. So bestimmen die Schülerinnen und Schüler zum Beispiel die sogenannte Fluchtgeschwindigkeit einer Rakete durch Mathematisierung der Überlegung, dass ein Verlassen der Erde voraussetzt, dass die kinetische Energie der Rakete größer ist als ihre Bindungsenergie im Gravitationsfeld (vgl. MfSB-SH 2016).

Im Physikstudium erreicht die Mathematisierung ihren Höhepunkt. Die mathematische Beschreibung physikalischer Probleme mithilfe der Energieerhaltung findet Anwendung z. B. in der Betrachtung elastischer und unelastischer Stöße, der Beschreibung der Auf- und Entladung eines Kondensators oder der Bestimmung des Massendefekts in der Experimentalphysik und wird im Lagrange- oder Hamilton-Formalismus in der theoretischen Physik zum Prinzip erhoben. Nicht zuletzt wird spätestens hier klar, dass die Energie kein greifbares, sondern ein abstraktes (mathematisches) Konstrukt ist. ◀

Die Mathematisierung im Physikunterricht sollte dabei keinesfalls als die (alleinige) Anwendung von im Mathematikunterricht erworbenem Wissen bzw. erworbener Fähigkeiten auf physikalische Beispiele verstanden werden. Neben einer sprachlichen und technischen hat die Mathematik in der Physik nämlich auch eine strukturgebende

Funktion (Uhden et al., 2012). Die sprachliche, insbesondere aber die strukturgebende Funktion der Mathematik sind es, die den Schülerinnen und Schülern im Physikunterricht Probleme bereiten und (mit) dazu führen können, dass sie sich letztendlich von der Physik abwenden. Die physikdidaktische Forschung zeigt, dass Lernende zum Beispiel Probleme haben, die korrekte physikalische Bedeutung von Termen in physikalischen Formeln zu erkennen (Bagno et al., 2008) oder ihre mathematischen Kenntnisse mit ihrem physikalischen Wissen zu verknüpfen (z. B. Kuo et al., 2013; Rebello et al., 2007). Mit Schwierigkeiten dieser Art begründet eine substanzielle Zahl von Schülerinnen und Schülern, warum sie Physik in der gymnasialen Oberstufe abwählt (Hoffman et al., 1998). Damit Lehrkräfte physikalische Lehr-Lern-Prozesse effektiv und erfolgreich gestalten können, muss ihr Professionswissen auch mathematikbezogene Aspekte umfassen. Im vorliegenden Kapitel stellen wir einige solcher mathematikbezogenen Aspekte physikalischen Professionswissens vor. Dazu gehen wir zunächst kurz auf die Rolle der Mathematik in der Physik ein, fassen anschließend theoretische und empirische Erkenntnisse zur Mathematik im Physikunterricht und im Physikstudium zusammen, bevor wir daraus Schlussfolgerungen ableiten, welche mathematikbezogenen Aspekte physikalisches Professionswissen letztlich umfassen sollte.

8.2   Die Mathematik in der Physik

Die Physik wird wie die Mathematik als ein Modus der Weltbegegnung verstanden (vgl. KMK, 2005). Dabei bedient sich die Physik zur Gewinnung von Erkenntnissen einer Reihe verschiedener Tätigkeiten, zum Beispiel dem Beobachten und Messen, Erkunden und Experimentieren oder Diskutieren und Interpretieren (Duit et al., 2004). All diese Tätigkeiten beruhen auf physikalischen Modellen. Deshalb kommt dem Modellieren, also dem Entwickeln und Nutzen von Modellen, bei der physikalischen Erkenntnisgewinnung eine zentrale Bedeutung zu (man beachte, dass der Begriff des „Modellierens" hier natürlich/naturgemäß von der entsprechenden Kompetenz K3 der Bildungsstandards für das Fach Mathematik abweicht).

Physikalische Modelle können ganz unterschiedliche Formen annehmen (vgl. Kircher, 2010): So gibt es gegenständliche Modelle (z. B. Kristallgittermodell aus Styroporkugeln), idealisierende Modelle (z. B. Massepunkt, Reibungsfreiheit), komplexere theoretische Modelle (z. B. Gravitationstheorie), symbolische Modelle (z. B. Schaltbild eines elektrischen Stromkreises) oder formalisierte Modelle (z. B. $\vec{F} = m \cdot \vec{a}$). Allen Modellen gemein ist, dass sie (die relevanten) Elemente des untersuchten Systems sowie ihre Interaktionen spezifizieren. Die Rolle der Mathematik wird insbesondere in den formalisierten physikalischen Modellen offensichtlich (diese kommen K3 wohl am nächsten). Eine Gleichung wie $\vec{F} = m \cdot \vec{a}$ könnte auch in einem innermathematischen Kontext im Mathematikunterricht als Beschreibung dafür auftreten, dass der Vektor $\vec{F}$ eine Streckung des Vektors $\vec{a}$ ist. Der Unterschied zwischen der mathematischen und der physikalischen Sicht auf diese Gleichung ist, dass bei der physikalischen Sicht den einzelnen Elementen und dem Zusammenspiel dieser Elemente eine physikalische Bedeutung zugrunde liegt:

> Der Physiker [...] verbindet mit all seinen Sätzen eine Bedeutung – ein äußerst wichtiger Umstand, den Physiker, die von der Mathematik herkommen, oft nicht richtig einschätzen. Physik ist nicht Mathematik, und Mathematik ist nicht Physik. Eine hilft der anderen. Aber in der Physik müssen Sie den Zusammenhang zwischen Wörtern und wirklicher Welt begreifen. Unter dem Strich müssen Sie das, was Sie herausgefunden haben, ins Deutsche übersetzen, in die Welt, in die Kupfer- und Gasblöcke, mit denen Sie Ihre Experimente durchführen. Nur so können Sie feststellen, ob Ihre Schlussfolgerungen zutreffen – ein Problem, das die Mathematik nicht kennt. (Feynman, 1990, S. 72)

So repräsentiert die Gleichung $\vec{F} = m \cdot \vec{a}$ aus physikalischer Sicht das zweite Newtonsche Axiom „Die Beschleunigung eines Körpers ist proportional zur ausgeübten Kraft. Sie erfolgt in Richtung dieser Kraft" (z. B. Diehl et al., 2009, S. 34). Dabei ist jedoch zu beachten, dass das Newtonsche Axiom bereits ein Modell der realen Welt ist: Ihm liegen Annahmen zugrunde, beispielsweise dass der betrachtete Körper punktförmig ist oder dass die Bewegung reibungsfrei verläuft. Das Modell „Newtonsches Axiom" kann also in zwei Formen auftreten (bzw. genutzt werden), in einer physikalisch (konzeptuellen) und einer mathematischen (formalen) Form. Dies trifft im Kern auf (fast) jedes physikalische Modell zu.

Das physikalische Modellieren dient dem Ziel, zu idealisieren, Zusammenhänge zu beschreiben, zu verallgemeinern, zu abstrahieren, Begriffe zu bilden, zu formalisieren, einfache Theorien aufzustellen und zu transferieren (KMK, 2005, S. 10). Kurzum, physikalisches Modellieren beschreibt die Entwicklung und Nutzung physikalischer Modelle zum Zweck physikalischer Erkenntnisgewinnung. In der Physik ist das Ziel häufig die mathematisch-formale Formulierung eines physikalisch-konzeptuellen Modells, um ein reales Phänomen zu erklären oder ein Problem zu lösen. Um die Verschränkung physikalischer Modellierung mit der mathematischen Repräsentation eines Modells angemessen zu berücksichtigen, schlägt Trump (2015) einen Modellierungskreislauf vor, der neben dem Kontext (sprich: der realen Welt) die Physik und die Mathematik als Wissenswelten enthält (Abb. 8.1). Dazu kombiniert sie die aus der Mathematikdidaktik bekannte Konzeption des Modellierungskreislaufs (Blum & Leiss, 2005; Borromeo Ferri, 2011) mit einer Konzeption von Uhden (2012), die insbesondere die verschiedenen Funktionen der Mathematik in der Physik berücksichtigt. Den Ausgangspunkt des Modellierungskreislaufs bildet bei Trump (2015) ein Phänomen oder Problem in der realen Welt, beispielsweise ein Apfel, der vom Baum fällt und dessen Auftreffgeschwindigkeit am Boden zu bestimmen ist. Da Schülerinnen und Schüler in der Regel ein derartiges Problem nicht selbst in der realen Welt beobachten, sondern in Form von Aufgaben vorgelegt bekommen, in denen dieser Kontext beschrieben wird, ist der erste Schritt im Modellierungskreislauf bei Trump (2015) die Erzeugung einer mentalen Repräsentation dieser realen Situation („MSR"). Diese erfordert neben Welt-

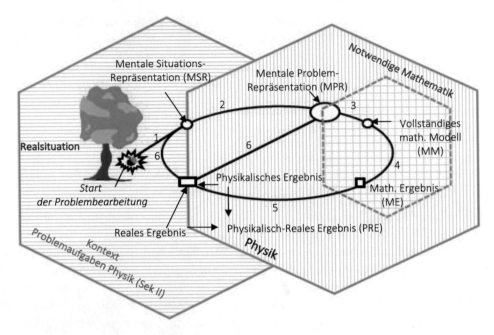

Abb. 8.1   Das physikalisch-mathematische Modellieren nach Trump (2015, S. 56)

wissen auch bereits physikalisches Wissen (z. B. Feststellen von Ähnlichkeiten mit bereits bekannten physikalischen Problemen). Die mentale Situationsrepräsentation wird im nächsten Schritt in eine mentale Problemrepräsentation („MPR") überführt. Die mentale Problemrepräsentation berücksichtigt dabei bestimmte physikalische Modellannahmen, wie beispielsweise die Vernachlässigung der Luftreibung oder die Ausdehnung des fallenden Körpers „Apfel". Diese idealisierte Problemrepräsentation wird dann (häufig) durch Mathematisieren in ein mathematisches Modell („MM") überführt, also durch einen mathematischen Formalismus ausgedrückt. Durch rein innermathematische Operationen an diesem mathematischen Modell kann nun die interessierende Variable als mathematisches Ergebnis („ME") bestimmt und anschließend als interessierende physikalische Größe (hier: „Auftreffgeschwindigkeit") interpretiert werden. Dieses physikalische bzw. reale Ergebnis (Trump unterscheidet hier nicht) wird schließlich auf Plausibilität und Passung zur mentalen Situations- bzw. Problemrepräsentation geprüft.

Im Modellierungskreislauf nach Trump (2015) wird also zwischen der physikalisch-konzeptuellen Formulierung (d. h. der mentalen Problemrepräsentation) und der mathematisch-formalen Formulierung eines Modells unterschieden. Dabei ist jedoch zu beachten, dass diese beiden Modelle nicht voneinander zu trennen sind. Die mathematisch-formale Darstellung ist ohne das physikalisch-konzeptuelle Modell bedeutungslos, dem physikalisch-konzeptuellen Modell fehlt es ohne mathematisch-formales Modell an der Struktur, die für eine präzise Erklärung bzw. eindeutige Lösung des Problems erforderlich ist. Mathematik und Physik sind aus wissenschaftstheoretischer Perspektive also weniger zwei getrennte Systeme, sondern eng miteinander verwoben (Uhden et al., 2012). Dabei erfüllt die Mathematik neben einer technischen eben auch eine strukturelle Funktion (Pietrocola, 2008; Uhden et al., 2012). Die technische Funktion liegt in der Notwendigkeit begründet, das mathematische Modell in ein mathematisches Ergebnis zu überführen. Sie beinhaltet z. B. das Auflösen physikalischer Formeln nach einer bestimmten Größe oder das Einsetzen und Berechnen von Zahlenwerten. Die strukturelle Funktion begründet sich daraus, dass Mathematik dabei hilft, physikalische Begriffe zu konstruieren, ihnen eine gewisse Struktur zu geben (z. B. die Anwendung von Geometrie in der Strahlenoptik oder die Nutzung von Vektoreigenschaften zur Interpretation des Zusammenhangs vektorieller physikalischer Größen in der Theorie des Elektromagnetismus). Der Mathematik kommt demnach bei der Übersetzung des physikalischen Problems in ein mathematisches Modell (und in gewisser Weise auch bei der Rückübersetzung des mathematischen Ergebnisses in ein physikalisches) eine strukturierende Bedeutung zu. Beide Rollen lassen sich am Modell des physikalisch-mathematischen Modellierens von Uhden (2012) verdeutlichen (Abb. 8.2).

Auch Uhden (2012) sieht den Ausgangspunkt aller Modellierungsbemühungen (im Physikunterricht) in der realen Welt. Das beobachtete Phänomen oder sich stellende

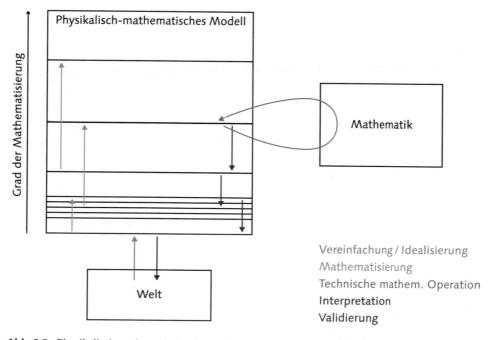

Abb. 8.2 Physikalisch-mathematisches Modellieren nach Uhden (2012, S. 64)

Problem wird dann zunächst durch Vereinfachung in ein physikalisches Modell übersetzt (der fallende Apfel und die Erde werden z. B. als ausdehnungslose Massepunkte idealisiert). Das physikalische Modell wird im Rahmen einer Mathematisierung in ein mathematisches überführt (die Anziehungskraft zwischen beiden Massepunkten wird mittels des Gravitationsgesetzes beschrieben). Durch technische mathematische Operationen wird eine Lösung erreicht (die Kraft wird als Vielfaches des Differenzvektors zwischen Ortsvektor der Erde und dem Ortsvektor des Apfels berechnet), die es zunächst physikalisch zu interpretieren gilt (die Kraft, die die Erde auf den Apfel ausübt, wirkt in Richtung der direkten Verbindungslinie des Apfels und der Erde). Den letzten Schritt markiert die Validierung (der Apfel fällt nach unten). Die strukturelle Funktion der Mathematik kommt bei der Übersetzung des physikalischen Modells (Mathematisierungsgrad = 0) in ein physikalisch-mathematisches (Mathematisierungsgrad > 0) und zurück zum Tragen, die technische Funktion bezieht sich auf innermathematische Manipulationen am physikalisch-mathematischen Modell.

Zusammengefasst kommt der Mathematik beim Modellieren in der Physik eine zentrale Rolle zu. Konkret erfüllt sie im mehrere Schritte umfassenden Prozess des physikalischen Modellierens zwei Funktionen: Sie hilft, ein physikalisch-konzeptuelles Modell in ein mathematisch-formales zu übersetzen sowie die im Rahmen des mathematisch-formalen Modells erarbeiteten Lösungen zu interpretieren (strukturelle Funktion), und sie hilft durch mathematisch-technische Manipulationen des mathematisch-formalen Modells überhaupt erst eine Lösung zu erarbeiten (technische Funktion).

8.3 Die Mathematik im Physikunterricht

8.3.1 Fokus auf die technische Rolle und folgende Lernschwierigkeiten

Der Physikunterricht betont historisch die technische Funktion der Mathematik. Alte Lehrpläne fokussieren häufig auf Formelwissen und dessen Anwendung in der Berechnung bestimmter Größen. So heißt es im ehemaligen Lehrplan Physik für Gymnasien in Schleswig–Holstein zum Beispiel:

> Die Schülerinnen und Schüler sollen die elektrischen Größen Spannung, Stromstärke, Leistung und Arbeit kennenlernen, mit den entsprechenden Meßgeräten sachgerecht umgehen, mit den ermittelten Werten Berechnungen ausführen und die Ergebnisse bewerten. (MfBWFK-SH, 1997, S. 33)

Konkret wird gefordert, dass die Schülerinnen und Schüler wissen, dass die elektrische Energie (sprich: Arbeit) das Produkt aus Leistung und Zeit ist, und dass sie (darauf aufbauend) elektrische Geräte hinsichtlich ihrer Betriebskosten vergleichen können. Diese Fokussierung auf die technische Funktion der Mathematik (oder kurz: Formeln) zeigt sich auch in den Schulbüchern zur Physik. Uhden (2012) zeigt anhand der Analyse zweier ausgewählter Schulbücher auf, dass insgesamt das Rechnen bzw. die Quantifizierung physikalischer Größen im Vordergrund steht, dass Formeln als Methode zur Berechnung von Zahlen dargestellt werden und dass das Kennen der richtigen Formel als Lernziel im Vordergrund zu stehen scheint (S. 80). Dass die untersuchten Schulbücher keine Einzelfälle sind, belegt eine Studie von Strahl et al. (2013). Die Autoren kommen aufgrund ihrer Analyse von über 20 Physikschulbüchern zu dem Schluss, dass der schulische Physikunterricht sich auf die rein mathematische Bearbeitung von Formeln beschränkt und die Frage, welche Rolle die Formeln (bzw. die Mathematik) für die Physik haben, nicht erörtert wird (S. 2).

Der starke Fokus auf Formeln und die Fähigkeit, sie zur Berechnung bestimmter Größen einsetzen zu können, manifestiert sich auch in den Befunden zum Leistungsstand der deutschen Schülerinnen und Schüler in Physik. So zeigt die Third International Mathematics and Science Study („TIMSS 1995"), dass die deutschen Schülerinnen und Schüler zwar im internationalen Vergleich hinter den Erwartungen zurückbleiben, aber auch mit Stärken aufwarten können. Diese Stärken liegen vor allem in der Bearbeitung von Routineaufgaben, die Wissen und die schematische Anwendung von Formeln erfordern. Aufgaben, die eine adaptivere Anwendung des Wissens zum Beispiel in variiertem Aufgabenkontext erfordern, fallen den deutschen Schülerinnen und Schülern bereits schwerer, selbst wenn der Kontext nur leicht von bekannten Kontexten abweicht. Besonders schwierig sind Aufgaben, die ein konzeptuelles Verständnis, d. h. eine eigenständige Übersetzungsleistung aus der physikalischen in die mathematische Welt erfordern (Schecker & Klieme, 2001; siehe auch Baumert et al., 2002, 2000). Schecker & Klieme (2001) folgern, dass die Schülerinnen und Schüler das Lösen von Aufgaben und nicht die Bearbeitung von Problemen gelernt haben (S. 114). Letztere scheitern also an Aufgaben, deren Lösung (oder Lösungsansatz/Formel) sie nicht bereits kennen. Sie attribuieren dieses Scheitern zu einem beträchtlichen Anteil auf mangelnde mathematische Fähigkeiten und wählen in der Folge Physik in der Oberstufe oftmals ab (Hoffman et al., 1998).

Offensichtlich fehlt es aber nicht an Formelwissen, sondern an mangelnden mathematischen Fähigkeiten bei der Anwendung dieses Wissens in variablen Kontexten sowie insbesondere bei der Übersetzung physikalischer Probleme in mathematische Formeln bzw. bei der Interpretation entsprechender Formeln (vgl. Rebello et al., 2017). Bagno et al. (2008) berichten beispielsweise, dass Schülerinnen und Schüler die Bedeutung einzelner Elemente einer Formel nicht exakt benennen können (z. B. verwechseln sie Strecke und zurückgelegte Strecke ab Zeitpunkt $t = 0$) oder die Bedingungen, unter denen eine Formel gilt, nicht spezifizieren können (z. B.: Formel gilt nur für konstanten Druck und Temperatur) (S. 76). Daraus ergeben sich zwei zentrale

Problembereiche hinsichtlich der Übersetzung von der Physik in die Mathematik (und zurück): erstens schematisch-technische Probleme und zweitens strukturelle Probleme (vgl. Uhden, 2012)[2]. Der erste Bereich bezieht sich auf eine exklusive Fokussierung auf die Mathematik als Werkzeug und ein mangelndes Erkennen der strukturierenden Funktion der Mathematik (vgl. Kuo et al., 2013, d. h., die Schülerinnen und Schüler gehen rechnerisch vor, anstatt zu modellieren. Ein typisches Beispiel wäre hier das Suchen nach der (vermeintlich) richtigen Formel anstelle eines echten Sich-Einlassens auf den Modellierungsprozess (siehe Beispiel 2).

Beispiel 2: Energiebilanz: Wie hoch wirft Paul den Ball?

Zettelabfrage: Wie hoch wirft Paul den Ball?

Aufgaben

a) Erstelle eine grafische Energiebilanz des Vorgangs (Kontomodell).

b) Berechne die maximale Wurfhöhe h_{Wurf}.

$E_{pot} = m \cdot g \cdot h$

$E_{kin} = m/2 \cdot v^2$

$g = 10 \frac{m}{s^2}; m = 1\,kg$

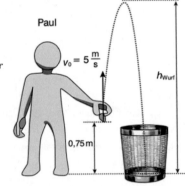

Die obige Abbildung (Ludemann & Kraus, 2018, S. 40) zeigt eine typische Aufgabe, wie sie im Physikunterricht häufig eingesetzt wird. Gegenstand der Aufgabe ist die Frage, wie hoch ein mit der Geschwindigkeit v_0 abgeworfener Ball fliegt. Ludemann & Kraus (2018) berichten, dass die Schülerinnen und Schüler häufig einfach auf das Gleichsetzen von kinetischer und potenzieller Energie als vereinfachtes Prinzip der Bilanzierung fokussieren. Einfaches Gleichsetzen $E_{Kin} = E_{Lage}$ führt aber an dieser Stelle nicht zur Lösung. Tatsächlich führt eine systematische Modellierung zu der Erkenntnis, dass die Ausgangshöhe und damit die Lageenergie bei Abwurf mitberücksichtigt werden muss, also gilt $E_{Kin}^1 + E_{Lage}^1 = E_{Lage}^2$. Deshalb ist es wichtig, dass die Schülerinnen und Schüler lernen, das Prinzip der Energieerhaltung in seiner mathematischen Repräsentation im Rahmen der Modellierung eines physikalischen Phänomens oder Problems systematisch einzusetzen (vgl. Ludemann & Kraus, 2018). ◄

---

[2]Tatsächlich identifiziert Uhden (2012) noch zwei weitere Problembereiche: Der eine bezieht sich auf Probleme, die sich aus den (individuellen) Vorerfahrungen der Schülerinnen und Schüler ergeben, der andere auf die rein mathematische bzw. physikalische Korrektheit und damit auf Probleme jenseits der Übersetzung zwischen Mathematik und Physik. Beide spielen für die Frage typischer Schülerprobleme (die Lehrkräfte kennen sollten) eher eine untergeordnete Rolle.

Der zweite Bereich umfasst Probleme bei der Nutzung der Mathematik in ihrer kommunikativen oder strukturierenden Funktion, also konkrete Probleme der Schülerinnen und Schüler beim Versuch, die Übersetzung von der Physik in die Mathematik zu leisten. Uhden (2012) differenziert beide Bereiche anhand der Erkenntnisse seiner qualitativen Studie weiter aus. So identifiziert er folgende Kategorien von typischen schematisch-technischen Problemen:

1. Das Problem des Erinnerns als Ersatz für die Mathematisierung: Die Schülerinnen und Schüler erinnern oder versuchen, die passende Formel zu erinnern. *Beispiel:* Sie suchen bei der Frage nach der Kraft zwischen zwei Ladungen in ihrem auswendig gelernten Repertoire nach der richtigen Formel (d. h. dem Coulomb-Gesetz), statt sich die Formel selbst zu erschließen.
2. Das Problem der Assoziation als Ersatz für Interpretation: Die Schülerinnen und Schüler setzen aufgrund einer oberflächlichen Assoziation von Mathematik und physikalischer Bedeutung Teile einer Struktur mit dem Ganzen gleich. *Beispiel:* Bei der Beschreibung der (Gesamt-)Stromstärke in einer Parallelschaltung schließen sie aus der Gleichung $I_{\text{gesamt}} = \frac{U_1}{R_1} + I_2$, dass $\frac{U_1}{R_1}$ die Gesamtstromstärke sei, anstatt die Bedeutung der drei Elemente I, Q und t in der Formel sowie ihre Beziehung zueinander zu interpretieren.
3. Schematisch-technisches Vorgehen unter Vernachlässigung der Bedeutung: Die Schülerinnen und Schüler fokussieren auf das Rechnen und übersehen dabei Fehler in der Bedeutung. *Beispiel:* Sie hängen bei der Berechnung der Coulomb-Kraft einfach die Einheit (Coulomb) an den errechneten Zahlenwert an, ohne dass eine saubere Einheitenrechnung stattfindet (vgl. Uhden, 2012).

Diese Probleme ergeben sich augenscheinlich aus der starken Fokussierung auf die Mathematik als Werkzeug unter Vernachlässigung der (konzeptuellen) Übersetzungsleistung zwischen Physik und Mathematik. Dies führt aber auch zu einer (noch) größeren Zahl von Schwierigkeiten im Bereich des strukturellen Aspekts der Übersetzung von der Physik in die Mathematik (und zurück). Uhden (2012) identifiziert insgesamt acht Problemfelder, von dem jedes wiederum mehrere Kategorien umfasst (Tab. 8.1). Dabei zeigt sich, dass ein Großteil der Probleme aus mangelnden Vorstellungen zur physikalischen Bedeutung mathematischer Strukturen resultiert. In der Folge gerät die Kommunikation der Schülerinnen und Schüler über die Mathematik oft zur auswendig gelernten Reproduktion mathematischer Formalismen, kurz: Sie erwerben Formelwissen, das sie zwar wiedergeben, manchmal auch anwenden, selten jedoch konzeptuell unterfüttern können.

Tab. 8.1 Typische strukturelle Probleme der Schülerinnen und Schüler bei der Übersetzung physikalischer Phänomene bzw. Probleme in eine mathematische Repräsentation nach Uhden (2012)

Problemfelder	Problemkategorien
Problematische Vorstellungen zum Verhältnis zweier physikalischer Größen	Aus zusammengesetzten Einheiten (z. B. $[m/s]$ für die Geschwindigkeit) kann nicht gekürzt werden.
	Die zwei Größen bilden ein konstantes Verhältnis (z. B. wenn sich der Weg ändert, muss sich die Zeit gleichermaßen ändern, ohne dass $v = const.$).
Problematische Vorstellungen zur Bedeutung eines Produkts zweier physikalischer Größen	Ein Produkt beschreibt die Abhängigkeit zweier Größen.
	Ein Produkt von zwei Größen kann nur gebildet werden, wenn sich die beiden Größen auf denselben Körper beziehen.
Problematische Vorstellungen zum Ausdruck von Wichtigkeit in mathematischen Strukturen	Die Position in der Gleichung gibt die Wichtigkeit der Größe an.
	Eine direkte Proportionalität drückt die wichtigere Einflussgröße aus.
	Kommutativität einer Summe wird fehlinterpretiert als gleich große/gleich gewichtete Summanden.
Probleme beim Mathematisieren von Proportionalität	Proportionale Zusammenhänge werden zwar inhaltlich erkannt, können aber nicht in Form einer mathematischen Gleichung geschrieben werden.
	Multiplikation wird nicht als adäquate Repräsentation von Proportionalität angesehen; Grundvorstellungen zu Multiplikation und Addition sind unklar.
Probleme mit der Verwendung der neutralen Elemente 0 oder 1	Statt einer korrekten Interpretation (z. B.: $v = 0$ heißt, der Körper ruht) wird der Null eine (negativ besetzte) Sonderstellung zuteil (z. B.: $v = 0$ kann es nicht geben).
	Die Null wird nicht explizit mathematisiert.
	Zu vernachlässigende Größen werden durch 0 oder 1 mathematisiert.
Probleme mit dem Konzept der Änderungsrate und zugehörigen mathematischen Strukturen	Eine Konstante beschreibt die Zunahme einer Größe.
	Die Änderungsrate der Geschwindigkeit wird nicht als mathematisch äquivalent zur Beschleunigung angesehen.
Nichtbeachtung der Eigenschaften einer Funktion	Die Bedeutung eines konstanten Terms wird nicht verstanden.
	Ein Parameter wird als abhängig vom Funktionswert betrachtet.
	Eine Variable wird als Parameter/Konstante angesehen.

(Fortsetzung)

Tab. 8.1 (Fortsetzung)

Problemfelder	Problemkategorien
Auffassung eines Produkts als Funktion	Im Produkt „Größe mal Zeit" bedeutet die Größe „ist zeitlich abhängig".
	Das Produkt „Größe mal Zeit" entspricht der Formel für die Größe.
	Das Produkt „Größe mal Zeit" beschreibt die „(Wirk-) Dauer" der Größe.
	Das Produkt „Größe mal Zeit" beschreibt die Dauer des Produkts.
	In einem Produkt führt die Änderung eines Faktors zur Änderung des anderen.

8.3.2 Fokus auf konzeptuelles Wissen

Infolge der Erkenntnis, dass Schülerinnen und Schüler vor allem gut in der Reproduktion mathematischen Formelwissens sind, aber nicht über das notwendige korrespondierende physikalische Konzeptwissen verfügen, wurde in den Bildungsstandards und neueren Rahmenvorgaben für das Fach Physik (wie Kernlehrplänen oder Fachanforderungen) eine andere Schwerpunktsetzung gewählt. Insbesondere wurden im Bereich „Fachwissen anwenden" Kompetenzen formuliert, die an physikalischen Basiskonzepten orientiert sind. Basiskonzepte – in Physik also Materie, Energie, Wechselwirkung und System – sind „übergreifende, inhaltlich begründete Prinzipien und Erkenntnis leitende Ideen, mit denen Phänomene physikalisch beschrieben und geordnet werden" (KMK, 2005, S. 7). Der Fokus rückt damit weg von Routinen und Algorithmen bzw. einzelnen zu erinnernden Fakten hin zu einem konzeptuellen Wissen, das zur Problemlösung angewendet werden kann.

Dies bedeutet jedoch keine Abwendung von der Mathematisierung. Diese wird nun vielmehr in ihrer Rolle als Methode der physikalischen Erkenntnisgewinnung gestärkt: „[D]ie *Methode der Physik* [ist] gekennzeichnet […] durch Beobachtung, Beschreibung, Begriffsbildung, Experiment, Reduktion, Idealisierung, Modellierung, Mathematisierung" (KMK, 2004, S. 3, siehe auch Kompetenzbereich „Erkenntnisgewinnung" der Bildungsstandards in KMK, 2005). Gleichzeitig legt der Forschungsstand nahe, dass dies nicht „einfach so" geschehen kann, sondern die Mathematisierung „nebenbei" zu einer Fokussierung der Schülerinnen und Schüler auf das Wissen und die Fähigkeit zur Anwendung der Formeln führt und in der Folge zu einer Reihe von Problemen schematisch-technischer Natur (siehe oben).

Der Unterricht muss also systematisch darauf hinarbeiten, Kompetenzen im Bereich der Mathematisierung zu fördern. Dabei ist es sinnvoll, gerade nicht bei der Formel anzusetzen, sondern zunächst die Übersetzungsleistung in den Vordergrund zu stellen. Die Schülerinnen und Schüler müssen zunächst die strukturelle Bedeutung der Mathematik im physikalisch(-mathematischen) Modellierungsprozess verstehen, anschließend lernen, physikalische Probleme schlüssig in mathematische Modelle zu übersetzen, und erst dann sollten die technischen Feinheiten der Mathematisierung (z. B. $\frac{\Delta x}{\Delta t}$ versus $\frac{dx}{dt}$) in den Blick genommen werden. Diese Herangehensweise spiegelt sich zunehmend in Bildungsdokumenten wider. So führen die kürzlich neu eingeführten Fachanforderungen Physik für die Sekundarstufe I und II an allgemeinbildenden Schulen in Schleswig–Holstein dazu aus:

> Eine besondere Rolle kommt bei der Modellierung physikalischer Sachverhalte der Mathematisierung zu. Die Mathematik dient als Kommunikationsmittel und ermöglicht eine exakte Formulierung physikalischer Sachverhalte. Dabei ist zentral, dass ein physikalischer Sachverhalt nicht nur in Form einer Formel präsentiert wird, sondern die Schülerinnen und Schüler auch lernen, physikalische Sachverhalte eigenständig mathematisch zu formulieren und die Bedeutung der Mathematik für die exakte Formulierung physikalischer Sachverhalte erkennen. (MfSB-SH, 2016, S. 14f.)

sowie weiterhin:

> Während sich die Mathematisierung im Physikunterricht der Sekundarstufe I erst langsam entwickelt, ist in der Sekundarstufe II die Mathematisierung von Zusammenhängen ein zentrales Element. (MfSB-SH, 2016, S. 14f.)

Der Grad der Mathematisierung soll also über die Sekundarstufe I hinweg systematisch gesteigert werden und erreicht sein Maximum in der Sekundarstufe II. Mit Blick auf das Beispiel 1 zum Thema Energie heißt das, dass die Energie zunächst qualitativ eingeführt werden sollte – z. B. als die Fähigkeit, ein Stück Knete zu verformen (für Details siehe Hadinek et al., 2016; Neumann, 2018). Darauf aufbauend sollten halbquantitative Zusammenhänge erarbeitet werden, indem beispielsweise untersucht wird, wovon die Verformung der Knete abhängt, wenn ein Gewicht mit großer Geschwindigkeit darauf prallt oder aus großer Höhe darauf fällt, um darauf aufbauend zu formulieren: „Je höher die Fallhöhe eines Gegenstandes, desto stärker die Verformung der Knete." Wichtig ist, dass nicht eine Formel, sondern stets das Phänomen – also die Frage „Warum verformt sich die Knete?" oder „Wovon hängt es ab, wie stark sich die Knete verformt?" – und die entsprechenden physikalischen Konzepte – sprich die Bewegungsenergie und ihre Abhängigkeit von Masse und Geschwindigkeit – im Vordergrund stehen.

Im weiteren Verlauf der Mittelstufe sollten weitere Zusammenhänge erarbeitet und zunehmend formaler beschrieben werden, sodass die Schülerinnen und Schüler zum Ende der Mittelstufe die Energie in ihren Erscheinungsformen formal-mathematisch beschreiben und einfache Bilanzierungen vornehmen können (z. B. $E_{\text{Bewegung}} = E_{\text{Lage}}$; Gegenstand der Sekundarstufe II sollten schließlich komplexere Bilanzierungen sein; siehe Beispiel 3). Durch eine intensive Mathematisierung im Physikunterricht der Oberstufe werden damit nicht nur interessierte Schülerinnen und Schüler auf ein Physikstudium oder physiknahes Studium vorbereitet, es wird im Sinne der Wissenschaftspropädeutik auch ein adäquates Bild von der Wissenschaft Physik vermittelt, insbesondere von der Rolle der Mathematik für die Gewinnung neuer physikalischer Erkenntnisse.

Beispiel 3: Ballistik – eine typische Aufgabe aus der Oberstufenmechanik

Eine Kugel wird waagerecht in der Höhe h_0 mit der Geschwindigkeit v_0 abgeschossen. Sie trifft mit der Geschwindigkeit $v_1 = 25\,m/s$ unter einem Winkel von 30° auf dem Boden auf. Bestimmen Sie die Höhe, in der die Kugel abgeschossen wurde.

Zur Lösung dieses Problems müssen die Schülerinnen und Schüler zunächst erkennen, dass das Problem leicht mithilfe des Energieerhaltungssatzes zu lösen ist. Unter der Vernachlässigung von Reibungseffekten ist die Summe aus potenzieller und kinetischer Energie zum Zeitpunkt des Abschusses gleich der Summe aus potenzieller und kinetischer Energie zum Zeitpunkt des Auftreffens auf dem Boden. Diese theoretische Überlegung muss nun in eine mathematische Formel übersetzt werden: $E_{kin0} + E_{pot0} = E_{kin1} + E_{pot1}$

Mit $E_{kin} = \frac{1}{2}mv^2$ und $E_{pot} = mgh$ lässt sich die Gleichung leicht nach der gesuchten Abschusshöhe h_0 auflösen. Zur Bestimmung des Zahlenwertes ist nun noch zu beachten, dass beim Auftreffen auf dem Boden die Höhe $h_1 = 0$ gesetzt werden kann und damit die potenzielle Energie $E_{pot1} = 0$ ist. Außerdem ist zur Bestimmung der kinetischen Energie beim Abschuss v_0 zu bestimmen. Dazu muss v_1 als Betrag des Geschwindigkeitsvektors (v_x, v_y) modelliert werden, wobei – unter Berücksichtigung, dass (1) keine Beschleunigung in x-Richtung wirkt und damit v_x konstant bleibt und (2) v_y zum Zeitpunkt des Abschusses null ist – die x-Komponente der gesuchten Geschwindigkeit v_0 entspricht: $v_0 = v_1 cos(30°)$. ◄

Zusammengefasst fokussiert der Physikunterricht bisher zu stark auf die technische Funktion der Mathematik. Dies führt gemeinhin dazu, dass Schülerinnen und Schüler eine Reihe schematisch-technischer Probleme bei der Bearbeitung von Aufgaben haben, die die Anwendung mathematischer Fähigkeiten in Kontexten erfordern, die dem Kontext, in dem die Fähigkeiten erworben wurden, zwar ähnlich, aber nicht mit ihm identisch sind. Zudem zeigen Schülerinnen und Schüler oft strukturelle Probleme bei Aufgaben, die die Modellierung unbekannter physikalischer Phänomene oder Probleme unter Nutzung der mathematischen Fähigkeiten der Schülerinnen und Schüler erfordern. In der Folge wird zunehmend gefordert, dass im Physikunterricht zunächst die physikalische Modellierung (also die Übersetzung eines Phänomens oder Problems in ein physikalisches Modell) in den Vordergrund gestellt, die Mathematisierung langsam über die Sekundarstufe I hinweg gesteigert und ein physikalisch-mathematischer Modellierungsprozess mit gleichwertigen Anteilen, bei dem auch umfangreiche innermathematische Operationen auf dem mathematischen Modell nötig sind, erst in der Sekundarstufe II zur Regel wird.

8.4   Die Mathematik im Physikstudium

8.4.1 Mathematik als Lernvoraussetzung

Dass die Mathematik auch im Physikstudium eine zentrale Rolle einnimmt, belegen einschlägige Untersuchungen zum Studienerfolg. So beobachten bereits Hudson & McIntire
(1977), dass mathematische Fähigkeiten eine notwendige, wenn auch nicht hinreichende
Bedingung für Erfolg im Physikstudium sind (S. 470). Heublein et al. (2017) berichten,
dass Studienabbrecherinnen und -abbrecher im Bereich der Naturwissenschaften fehlende
Kenntnisse in Mathematik angeben, und verschiedene Arbeiten haben gezeigt, dass die
Schulnote in Mathematik prädiktiv für den Studienerfolg im Bereich Physik bzw. Natur-
wissenschaften ist (Buschhüter et al., 2017; Trapmann et al., 2007). Buschhüter et al.
(2017) weisen darüber hinaus einen mittleren Effekt von mathematischem Wissen auf
Studienerfolg in Physik nach und auch Müller et al. (2018) berichten einen substanziellen
Effekt zwischen mathematischem Wissen zu Beginn des Studiums und Studienerfolg am
Ende des ersten Semesters. Entsprechend ist es wenig überraschend, dass Hochschullehrende mathematische Fähigkeiten von Studienanfängerinnen und -anfängern erwarten
und zum Teil sogar über deren mangelnde mathematische Fähigkeiten klagen. So heißt es
in einer gemeinsamen Stellungnahme der deutschen Mathematiker-Vereinigung (DMV),
der Gesellschaft für Didaktik der Mathematik (GDM) und des Verbandes zur Förderung
des MINT-Unterrichts (MNU):

> An deutschen Hochschulen verzeichnet man seit mehr als einer Dekade den alarmierenden
> Befund, dass einem Großteil der Studierenden bei Studienbeginn viele mathematische
> Grundkenntnisse und -fertigkeiten sowie konzeptuelles Verständnis mathematischer Inhalte
> fehlen. Die Lehrenden an den Hochschulen stellen fest, dass diese Mängel sowohl bei der
> Oberstufenmathematik als auch bei den in der Mittelstufe behandelten Themen auftreten –
> etwa bei Bruchrechnung oder den Potenzgesetzen. Auch die Behandlung von Funktionen-
> typen in der Schule ist mittlerweile so ausgedünnt, dass eine Ausbildung in höherer
> Mathematik als Teil etwa eines Ingenieurstudiums nicht mehr darauf aufbauen kann. (DMV,
> GMD, & MNU, 2017, S. 6)

Welche mathematischen Fähigkeiten Hochschulehrende als Lernvoraussetzung erwarten,
war bisher jedoch weitgehend unklar. So liegen von einzelnen Arbeitsgruppen Kataloge
vor: Die sogenannte cosh-Gruppe (Cooperation Schule:Hochschule) beschreibt beispielsweise für den WiMINT-Bereich (Wirtschaft und MINT) mathematische Mindest-
anforderungen für Universitäten und Hochschulen in Baden-Württemberg (cosh, 2014),
und die Konferenz der Fachbereiche Physik (KFP) legte eine Expertise vor, welche
typischen mathematischen Anforderungen zu Beginn eines Physikstudiums in der Regel
als schulische Vorkenntnisse zu erwarten und welche eher im Rahmen der universitären
Ausbildung zu verorten sind (KFP, 2012). Inwieweit jedoch diese Kataloge repräsentativ
für alle MINT-Studiengänge sind, die an allen Hochschulen in Deutschland angeboten
werden, ist unklar.

Mit der Delphi-Studie *Mathematische Lernvoraussetzungen für MINT-Studiengänge (MaLeMINT)* legten Neumann et al. (2017) erstmals differenzierte und repräsentative Erkenntnisse vor, welche Lernvoraussetzungen Hochschullehrende von Studienanfängerinnen und -anfängern erwarten. Die identifizierten Lernvoraussetzungen umfassten 1) mathematische Inhalte, 2) mathematische Arbeitstätigkeiten, 3) Vorstellungen zum Wesen der Mathematik und 4) persönliche Merkmale (Exkurs). Auch wenn der MaLeMINT-Katalog sehr umfassend die Erwartungen der Hochschullehrenden widerspiegelt, ist jedoch unklar, inwieweit die Lernvoraussetzungen auch über die Studieneingangsphase hinaus relevant sind.

Die Delphi-Studie MaLeMINT

In MaLeMINT wurden über drei Befragungsrunden hinweg deutschlandweit etwa 1000 Hochschullehrende befragt, welche mathematischen Lernvoraussetzungen sie von Studienanfängerinnen und -anfängern erwarten. Die befragten Hochschullehrenden waren involviert in die Mathematiklehrveranstaltungen in der Studieneingangsphase von MINT-Studiengängen, die an (Technischen) Universitäten und (Fach-)Hochschulen angeboten wurden. Im Laufe der Befragung wurden insgesamt 179 Lernvoraussetzungen aus den Nennungen der Hochschullehrenden identifiziert. Die Lernvoraussetzungen bezogen sich auf vier übergeordnete Bereiche: 1) mathematische Inhalte (z. B. Bruchrechnung, Stetigkeit, Differenzierbarkeit oder Vektoren im $\mathbb{R}^3$), 2) mathematische Arbeitstätigkeiten (z. B. Umgang mit Standarddarstellungen, Argumentieren oder Modellieren), 3) Vorstellungen zum Wesen der Mathematik (z. B. über die zentrale Rolle des Beweisens für die mathematische Erkenntnisgewinnung) sowie (4) persönliche Merkmale (z. B. Durchhaltevermögen, Offenheit gegenüber akademischer Mathematik). Trotz der verschiedenen Ausrichtungen der Ausbildung an Universitäten und (Fach-)Hochschulen und trotz der unterschiedlichen Rollen, die die Mathematik in den verschiedenen MINT-Fächern spielt, konnte im Rahmen der Studie ein weitreichender Konsens bezüglich der erwarteten mathematischen Lernvoraussetzungen festgestellt werden: 140 Lernvoraussetzungen wurden als notwendig erachtet, vier als nicht notwendig, lediglich 35 erfüllten die Konsenskriterien nicht. Insbesondere zu denjenigen Lernvoraussetzungen, die sich auf formale und abstrakte Aspekte beziehen (z. B. ein formales Verständnis des Stetigkeitsbegriffs oder das Entwickeln und Formulieren von Beweisen), konnte kein Konsens festgestellt werden. Insgesamt sind die als notwendig erachteten Lernvoraussetzungen in weiten Teilen anschlussfähig an das, was typischerweise im schulischen Mathematikunterricht behandelt wird.

Es ist allerdings anzunehmen, dass die genannten Aspekte nicht nur relevant für den Studieneinstieg, sondern auch als Lernvoraussetzungen für den Erwerb weiterer mathematischer Fähigkeiten im Studienverlauf zu verstehen sind. Das heißt, schulisch

Tab. 8.2 Lerninhalte des Moduls „Elementare Mathematische Methoden der Physik" an der Christian-Albrechts-Universität zu Kiel (Sektion Physik der CAU Kiel, 2017, S. 4)

- Grundlagen der Analysis
- Integration
- Koordinatensysteme
- Vektorrechnung
- Komplexe Zahlen
- Differentialgleichungen
- Fourier-Reihen und Fourier-Transformation
- Felder
- Raumkurven
- Kurvenintegrale
- Flächen- und Volumenintegrale
- Integralsätze
- Lineare Abbildungen, Matrizen und Tensoren
- Lineare Differentialgleichungssysteme
- Variationsrechnung

erworbene mathematische Kompetenzen sind nicht nur Werkzeug für die Erschließung physikalischer Inhalte im Studium, sondern vor allem auch Grundlage für den Erwerb weiterer mathematischer Fähigkeiten (vgl. Tab. 8.2). Im Studium spielen mathematische Fähigkeiten dabei die gleiche Rolle wie zuvor in der Schule (vgl. Müller, 2019). Das heißt, die Mathematik ist gleichermaßen, wenn nicht mehr denn je, Sprache, technisches Werkzeug und strukturierendes Element der Physik als Wissenschaft. So erachtet auch Müller (2019) auf Grundlage einer umfassenden Analyse der Studieneingangsphase die Mathematik vor allem im Rahmen physikalisch(-mathematisch)er Modellierungsprozesse als relevant. Dies zeigt sich in sämtlichen Lehrveranstaltungen – nicht nur der Studieneingangsphase (siehe Beispiel 4 und Beispiel 5). In Lehrveranstaltungen zur theoretischen Physik, die in der Regel etwas später im Studienverlauf als die Experimentalphysik-Veranstaltungen einsetzen, erreicht der Grad der Mathematisierung der Physik schließlich den Höhepunkt. Hier ist es vor allem die strukturierende Rolle der Mathematik, die zum Tragen kommt, wenn beispielsweise neue mathematische Formalismen eingeführt werden, um physikalische Probleme zu modellieren (wie der Lagrange-Formalismus in der Mechanik oder die Diracsche Bra-Ket-Schreibweise für quantenmechanische Zustände).

Beispiel 4: Viskosität – Ein typischer Versuch aus dem physikalischen Grundpraktikum (vgl. Neumann & Stettner, 2018)

Die Viskosität η ist eine Materialkonstante und beschreibt die Zähigkeit einer Flüssigkeit. Ein typischer Versuch im physikalischen Grundpraktikum (einer Pflichtveranstaltung im ersten Studienjahr) behandelt die experimentelle Bestimmung der Viskosität einer bestimmten Flüssigkeit mithilfe eines sogenannten Viskosimeters.

Bei einem Kapillarviskosimeter wird der Fluss einer Flüssigkeit durch eine dünne Kapillare gemessen und daraus die Viskosität bestimmt.

Grundlage dafür ist das Gesetz von Hagen-Poiseuille, das den Volumenstrom einer Flüssigkeit durch ein zylinderförmiges Rohr beschreibt. Die Front einer durch ein Rohr fließenden Flüssigkeit bildet einen Rotationsparaboloiden (dies lässt sich zum Beispiel im Experiment beobachten), wobei die Geschwindigkeit der Flüssigkeitsteilchen vom Abstand r' zur Rohrmitte abhängt: $v(r') = \dfrac{p_1 - p_2}{4\eta l} \cdot (r^2 - r'^2)$. Flüssigkeitsteilchen im Abstand r' legen also in der Zeit t die Strecke $s(r', t) = v(r') \cdot t$ zurück, und das in der Zeit t durch das Rohr geflossene Volumen entspricht gerade dem Volumen des Rotationsparaboloiden. Dieses kann durch Integration bestimmt werden: Dazu wird zunächst das Volumen eines Hohlzylinders mit infinitesimal kleiner Wandstärke betrachtet: $dV = 2\pi r' \cdot dr' \cdot s(r', t) = 2\pi r \cdot dr' \cdot v(r') \cdot t$, das den Beitrag $dS = \dfrac{dV}{t} = 2\pi r' \cdot dr' \cdot v(r')$ zum gesamten Volumenstrom S liefert. Durch Integration $S = \int dS$ ergibt sich dann $S = \int_0^r 2\pi r' \cdot dr' \cdot v(r') = \dfrac{2\pi}{4\eta} \cdot \dfrac{(p_2 - p_1)}{l} \cdot \int_0^r (r^2 - r'^2) r' dr' = \dots = \dfrac{\pi(p_2 - p_1)}{8\eta l} r^4$, was dem Gesetz von Hagen-Poiseuille entspricht.

Bei der experimentellen Bestimmung der Viskosität mithilfe eines Kapillarviskosimeters kann man also die Zeit bestimmen, die ein vorgegebenes Volumen benötigt, um durch eine Kapillare zu fließen, und daraus über das Gesetz von Hagen-Poiseuille die Viskosität der Flüssigkeit berechnen. Üblicherweise umfasst ein solcher Versuch im physikalischen Grundpraktikum eine gesamte Versuchsreihe (d. h. das mehrmalige Durchführen des Versuchs und Aufzeichnen von Messwerten). Die Auswertung der Versuchsreihe beinhaltet dann auch eine Fehlerbetrachtung und Abschätzung der Messungenauigkeit. In diesem Fall müssten die Messungenauigkeiten von Volumen, Kapillarlänge und -durchmesser sowie Zeit berücksichtigt und für die Bestimmung der Messungenauigkeit der Viskosität eine entsprechende Fehlerfortpflanzung betrachtet werden.

Die Herleitung des Gesetzes von Hagen-Poiseuille kann mit interessierten und begabten Schülerinnen und Schülern behandelt werden. Ein Vorschlag für Material findet sich dazu in Neumann & Stettner, (2018). ◄

Beispiel 5: Bindungswinkel – Eine Modellierung der Molekülphysik (vgl. Neumann & Stettner, 2018)

Die Atome in Molekülen sind in einer bestimmten Raumgeometrie angeordnet. Aus dem sogenannten VSEPR-Modell (Valence Shell Electron Pair Repulsion, Modell der Valenzschalenelektronenpaarabstoßung) lassen sich die Bindungswinkel in Molekülen theoretisch herleiten. Das VSEPR-Modell nimmt u. a. an, dass sich in einem Molekül mit Zentralatom (z. B. Methan, CH_4) die Valenzelektronen, die die Bindungen zu den Liganden (d. h. den darum herum liegenden Atomen) bilden, so anordnen, dass ihr Abstand untereinander möglichst maximal wird (da zwischen ihnen eine elektrostatische Abstoßung herrscht). Für das Beispiel Methan (CH_4)

bedeutet das, dass die vier H-Atome die Ecken eines Tetraeders bilden, in dessen Zentrum das C-Atom liegt.

Mit diesen Überlegungen lassen sich mithilfe der Vektorrechnung die Bindungswinkel zwischen zwei benachbarten C-H-Bindungen bestimmen. Dazu modelliert man beispielsweise den Tetraeder einbeschrieben in einen Einheitswürfel, in dessen Mittelpunkt der Ursprung des Koordinatensystems gelegt wird. Die Koordinaten $(-\frac{1}{2}|\frac{1}{2}|-\frac{1}{2})$, $(\frac{1}{2}|-\frac{1}{2}|-\frac{1}{2})$, $(-\frac{1}{2}|-\frac{1}{2}|\frac{1}{2})$ und $(\frac{1}{2}|\frac{1}{2}|\frac{1}{2})$ entsprechen dann den H-Atomen und $(0|0|0)$ dem C-Atom. Die C-H-Bindungen werden durch Vektoren modelliert, konkret den Ortsvektoren der H-Atome:
$$\vec{b_1} = \begin{pmatrix} -\frac{1}{2} \\ \frac{1}{2} \\ -\frac{1}{2} \end{pmatrix}, \vec{b_2} = \begin{pmatrix} \frac{1}{2} \\ -\frac{1}{2} \\ -\frac{1}{2} \end{pmatrix}, \vec{b_3} = \begin{pmatrix} -\frac{1}{2} \\ -\frac{1}{2} \\ \frac{1}{2} \end{pmatrix} \text{ und } \vec{b_4} = \begin{pmatrix} \frac{1}{2} \\ \frac{1}{2} \\ \frac{1}{2} \end{pmatrix}.$$

Mit dem Skalarprodukt zwischen zwei Vektoren ergibt sich nun
$$\cos\alpha = \frac{\vec{b_1} * \vec{b_2}}{|\vec{b_1}|\cdot|\vec{b_2}|} = \frac{-\frac{1}{4}}{\sqrt{\frac{3}{4}}\cdot\sqrt{\frac{3}{4}}} = -\frac{1}{3} \text{ und folglich } \alpha = 109,5° \text{ als Bindungswinkel.}$$
Eine paarweise Berechnung ergibt, dass alle Bindungswinkel diesen Betrag haben; dies zeigt sich aber auch – deutlich einfacher – durch eine Betrachtung der Symmetrie dieses Problems.

Ein Vorschlag für Unterrichtsmaterial zu Bindungswinkeln in Molekülen findet sich in Neumann & Stettner, 2018. ◄

8.4.2 Förderung physikbezogenen Mathematikwissens im Studium

Zur Vermittlung der mathematischen Fähigkeiten, die Studierende für physikalisch(-mathematisch)e Modellierungsprozesse brauchen, bieten einige Universitäten spezifisch dafür angelegte Veranstaltungen an. An der Christian-Albrechts-Universität zu Kiel ist beispielsweise ein Modul „Elementare Mathematische Methoden der Physik" (EMMP) integraler Bestandteil des Physikstudiums – für Studierende der Physik wie für Studierende des Lehramts Physik. Ziel dieses Moduls ist, dass die Studierenden die mathematischen Fähigkeiten erwerben, die sie benötigen, um die Grundvorlesungen der Experimentalphysik und(!) die Vorlesung zur Theoretischen Mechanik zu bestehen. Sie sollen in die Lage versetzt werden, in praktischen physiknahen Anwendungen einfache Aufgabenstellungen zu lösen. So heißt es in der Modulbeschreibung:

> Das Modul erfüllt eine Brückenfunktion zwischen den Physik- und Mathematikvorlesungen. Zum einen soll es das notwendige mathematische Rüstzeug für die parallellaufenden Vorlesungen „Physik I und II" zeitnah und anwendungsorientiert bereitstellen, zum anderen die mathematischen Voraussetzungen für die Vorlesung „Theoretische Mechanik (Theorie I)" im dritten Semester vermitteln. Im gymnasialen Lehramtsstudium bietet das Modul zudem die einzige mathematische Grundlage für Studierende der Physik, deren zweites Studienfach nicht Mathematik ist. (Sektion Physik der CAU Kiel, 2016, S. 4)

Zusammenfassend kann festgehalten werden, dass die universitäre Ausbildung in Physik ähnlich wie der Physikunterricht mathematische Fähigkeiten im Bereich des Modellierens physikalischer Phänomene und Probleme erfordert. Das Physikstudium geht dabei insofern über den Physikunterricht hinaus, als dass die Erklärung physikalischer Phänomene bzw. die Lösung physikalischer Probleme nahezu ausschließlich auf der Ebene physikalisch-mathematischer Modelle mit höherem bis höchstem Mathematisierungsgrad erfolgt. Tatsächlich werden von den Studierenden umfassende Fähigkeiten in der Übersetzung physikalischer Probleme in mathematische Modelle und in der Interpretation mathematischer Ergebnisse gefordert. Die dafür notwendigen Fähigkeiten sollten die Studierenden in einschlägigen Veranstaltungen an der Universität erwerben und nach Auskunft der Lehrenden nur zu einem geringen Umfang aus der Schule mitgebracht werden (vgl. Tab. 8.2).

8.5   Implikationen für das Professionswissen von Physiklehrkräften: mathematikbezogene Aspekte

Die bisherigen Betrachtungen legen nahe, dass Physiklehrkräfte mathematikbezogenes Professionswissen in drei Bereichen benötigen: 1) mathematisches Wissen, 2) Wissen über die Rolle der Mathematik in der Physik und 3) physikdidaktisches Wissen, wie man Physik mittels Mathematik vermittelt (vgl. Abb. 8.3). Ein potenzieller vierter Bereich wäre mathematikdidaktisches Wissen zur Vermittlung mathematischer Kompetenzen, wie sie in der Physik benötigt werden, aber seitens der Lernenden nicht verfügbar sind, weil sie z. B. im Mathematikunterricht bisher nicht vermittelt oder von den Schülerinnen und Schülern nur unzureichend erworben wurden. Dieses Wissen sollte aber im Kern identisch sein mit dem mathematikdidaktischen Wissen, wie es Lehrkräfte der Mathematik zur Vermittlung entsprechender Kompetenzen benötigen; es wird deshalb hier nicht weiter betrachtet (vgl. hierzu die entsprechenden Beiträge in diesem Band). Die anderen drei Bereiche werden im Folgenden umrissen und jeweils an Beispielen konkretisiert.

8.5.1   Mathematisches Wissen

Das mathematische Wissen, das Physiklehrkräfte benötigten, sollte wohl im Minimum das mathematische Wissen bzw. die mathematischen Fähigkeiten umfassen, das bzw. die Schülerinnen und Schüler selbst benötigen, um dem Physikunterricht angemessen folgen zu können. Einen Überblick über die im Physikunterricht der Sekundarstufe I und II üblicherweise behandelten Sachgebiete sowie das dafür notwendige mathematische Wissen bzw. die dafür notwendigen Fähigkeiten gibt Tab. 8.3. Andererseits müssen angehende Physiklehrkräfte über das mathematische Wissen verfügen, das sie benötigen, um den Lehrveranstaltungen der universitären Physik(lehrkräfte)ausbildung folgen zu können (vgl. Tab. 8.2 im vorherigen Abschnitt). Das mathematische Wissen, das

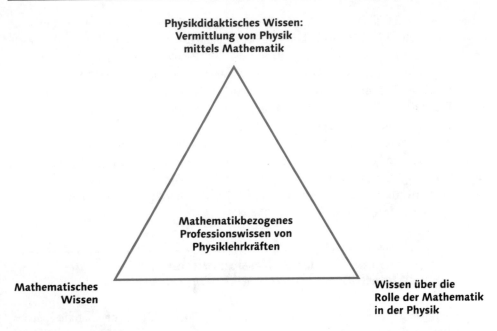

Abb. 8.3 Rahmenmodell für mathematikbezogenes Professionswissen von Physiklehrkräften

Physiklehrkräfte brauchen, um Physik *unterrichten* zu können, dürfte zwischen diesen Extremen liegen.

Zum Beispiel wird im Physikunterricht der Mittelstufe die Geschwindigkeit als Durchschnittsgeschwindigkeit

$$v = \bar{v} = \frac{\Delta x}{\Delta t} = \frac{x_2 - x_1}{t_2 - t_1}$$

eingeführt. In der Sekundarstufe II wird die Geschwindigkeit als die zeitliche Ableitung des Orts

$$v = \dot{x}(t) = \frac{\mathrm{d}x(t)}{\mathrm{d}t}$$

beschrieben. Zum Verständnis der Theoretischen Mechanik im Physikstudium wird u. a. Wissen darüber benötigt, wie sich die Ortskurve eines freien Massepunkts als zeitlich veränderlicher Vektor in Abhängigkeit vom Ausgangsort zum Zeitpunkt t_0, der Geschwindigkeit (als Vektor) zum Zeitpunkt t_0 und der Beschleunigung (ebenfalls als Vektor) darstellen lässt (vgl. Nolting 2018, S. 176):

$$\vec{r}(t) = \vec{r}(t_0) + \vec{v}(t_0)(t - t_0) + \int\limits_{t_0}^{t} \left[\int\limits_{t_0}^{t'} \mathrm{d}t'' \, \vec{a}\left(t''\right) \right] \mathrm{d}t'$$

Tab. 8.3 Mathematische Kenntnisse und Fähigkeiten, wie sie im Physikunterricht der Sekundarstufe I und II benötigt werden

Sekundarstufe I		
Teilbereich	**Typische Inhalte**	**Angesprochene Mathematik**
Mechanik	Kräfte, Kräfteaddition, Kräftepfeile, Trägheit, Kraft als Produkt von Masse und Beschleunigung, Wechselwirkungssatz, Hooke, Kräftezerlegung (schiefe Ebene), Gewichtskraft, freier Fall, Energiearten, Goldene Regel der Mechanik, Leistung, Wirkungsgrad, Zeit-Ort-Diagramme, Zeit-Geschwindigkeit-Diagramme, Bewegungsfunktionen $s(t)$, $v(t)$, $a(t)$	• Termumformungen • Bruchrechnung • Lineare Gleichungen • Quadratische Gleichungen • Diagramme lesen • Funktionsbegriff • Vektoren als gerichtete Größen inkl. Vektoraddition • Zehnerpotenzen • Exponentialfunktion • Einfache geometrische Konstruktionen
Elektrizitätslehre	Stromkreis, einfaches Atommodell, Ohmsches Gesetz (U, I, R), Magnetismus, Widerstände in Serien- und Parallelschaltung, elektrische Energie und Leistung (Zusammenhang mit Stromstärke, Ladung, Elementarladung, Spannung), Lorentz-Kraft, Elektromotor, Induktionsspannung, Lenzsche Regel	
Wärmelehre	Teilchenmodell, innere Energie und Zusammenhang mit Temperatur, Aggregatzustände, Volumenänderung	
Optik	Lichtstrahlen, Licht/Schatten, Reflexion, Brechung, Linsen, Spektralzerlegung	
Atomphysik	Aufbau, Größenvorstellungen, Energieaufnahme und -abgabe, radioaktive Strahlung, Zerfall, Halbwertszeit, Kernspaltung und -fusion inkl. Energiebetrachtung, Energie-Masse-Äquivalenz	
Astronomie	Geozentrisches/heliozentrisches Weltbild, Keplersche Gesetze, Kosmologie, Expansion und Struktur des Universums	

(Fortsetzung)

Tab. 8.3 (Fortsetzung)

Sekundarstufe II		
Teilbereich	**Typische Inhalte**	**Angesprochene Mathematik**
Mechanik	Newtonsche Mechanik: Axiome, numerische Verfahren bei 1-dim-Bewegungen, harmonische Schwingung Impuls(-erhaltung) Waagerechter Wurf Kreisbewegungen: Winkelgeschwindigkeit, Zentripetalkraft, Gravitationsgesetz	… und zusätzlich • Differentialrechnung • Integralrechnung • Differentialgleichungen • Komponentendarstellung von Vektoren • Trigonometrische Funktionen, insbesondere Sinus und Cosinus • Wahrscheinlichkeitsbegriff
Elektrizitätslehre	Quantitative Betrachtung elektrischer Felder, Feldstärke (Vektor), Spannung, Potenzial, Kapazität von Kondensatoren, Coulomb-Kraft, Felder von Punktladungen (und Überlagerung)	
Magnetismus	Magnetische Flussdichte, Zusammenhang zu Kraftwirkung auf stromdurchflossenen Leiter, magnetische Flussdichte und Feld der stromdurchflossenen Spule	
Elektromagnetismus	Bewegung geladener Teilchen in elektrischen und magnetischen Feldern, Kraftwirkung, spezifische Ladung, Hall-Effekt, Massenspektrographie, Induktion(sgesetz), Energieerhaltung, Lenzsche Regel, Selbstinduktion, Energie des Magnetfeldes einer Spule Elektromagnetische Schwingungen und Wellen, Schwingkreis, Interferenz an Spalt und Gitter	
Relativitätstheorie	Relativistische Masse, Zeitdilatation und Längenkontraktion	
Quantenphysik	Interferenz, Beugung Welle-Teilchen-Dualismus bei Licht: Doppelspalt und Photoeffekt qualitativ Welle-Teilchen-Dualismus bei Elektronen: Elektronenbeugung qualitativ Quantenobjekte: quantenphysikalische Vorstellung von Zeit und Geschwindigkeit	

Als vertieftes (mathematisches) Schulwissen könnte man verstehen, dass Lehrkräfte wissen, dass

$$f(x) = \frac{df(x)}{dx} = \lim_{h \to 0} \frac{f(x+h) - f(x)}{h}.$$

In diesem Sinne lässt sich das mathematische Wissen von Physiklehrkräften als vertieftes mathematisches Schulwissen beschreiben.

Dieses vertiefte (mathematische) Schulwissen ist das Wissen, das notwendig ist, um physikalische Inhalte sinnvoll für den Physikunterricht aufbereiten zu können. Physiklehrkräfte brauchen es, um physikalische Inhalte zu elementarisieren und didaktisch angemessen zu rekonstruieren (Kattmann et al., 1997), das heißt physikalische Konzepte und Zusammenhänge so für Lernende aufzubereiten, dass sie einerseits an das vorhandene Vorwissen, andererseits aber auch für zukünftige Lerninhalte anschlussfähig sind. Deshalb müssen die Lehrkräfte z. B. wissen, wie Momentan- und Durchschnittsgeschwindigkeit formal(mathematisch) zusammenhängen.

Darüber hinaus benötigen Lehrkräfte aber auch (mathematisches) Wissen, um Weiterentwicklungen in der Physik folgen zu können (Grossman et al., 2005), zum Beispiel im Bereich der Elementarteilchenphysik (Zusammensetzung dunkler Materie) oder der Quantentheorie (Quantencomputer). Damit sich Lehrkräfte die zum Teil stark durch mathematische Methoden getriebenen Weiterentwicklungen erschließen können, benötigen sie neben ihrem physikalischen Fachwissen auch ein Überblickswissen im Bereich mathematischer Methoden der (modernen) Physik. Deshalb sollte das mathematische Wissen, das Physiklehrkräfte benötigen, so wie von Dreher et al. (2018) für Mathematiklehrkräfte vorgeschlagen (siehe Dreher et al. in Kap. 5 dieses Bandes), als schulbezogenes Fachwissen verstanden werden, das einerseits ein vertieftes Wissen der für den Physikunterricht relevanten mathematischen Methoden und gleichzeitig ein Überblickswissen über die für die Physik als Disziplin relevanten mathematischen Methoden umfasst.

8.5.2 Wissen über die Rolle der Mathematik in der Physik

Das Wissen zur Rolle der Mathematik in der Physik sollte einerseits Wissen über das physikalisch-mathematische Modellieren und andererseits die Funktion(en) der Mathematik diesbezüglich umfassen. Die Physiklehrkräfte sollten also mindestens eine, besser aber verschiedene Beschreibungen des physikalischen Modellierens kennen. Konkret umfasst dies auch Wissen darüber, an welchen Stellen im Modellierungsprozess die Mathematik eine Rolle spielt. Das heißt, wo und wie in diesem Prozess die Mathematik zu einer Übersetzung des physikalischen Modells in ein mathematisches Modell (mit unterschiedlichen Mathematisierungsgraden) angewandt wird, wie durch innermathematische Operationen ein mathematisches Ergebnis gewonnen wird und wie das mathematische Ergebnis physikalisch zu interpretieren ist. Bei diesem Wissen handelt es sich also primär um Metawissen über die Mathematisierung im physikalischen Modellierungsprozess (von Trump, 2015, in der Folge auch als mathematisch-physikalischer Modellierungskreislauf beschrieben, vgl. Abb. 8.1). Dieses Wissen umfasst z. B. Wissen darüber, wie wichtig der physikalische Modellierungsprozess ist, dass jedem mathematischen Modell ein physikalisches Modell vorausgeht und dass die Interpretation des mathematischen Ergebnisses als Antwort auf die ursprünglich zu dem erklärenden Phänomen oder dem zu lösenden Problem gestellte Frage und nicht bereits das mathematische Ergebnis das Ende des Modellierungsprozesses markiert. Dieses Wissen kann auch als Aspekt des Wissens über die Natur der naturwissenschaftlichen Erkenntnisgewinnung (englisch: *knowledge about the Nature of Scientific Inquiry*, NOSI) verstanden werden.

Das Wissen über die Funktion(en) der Mathematik umfasst zunächst das Wissen, dass Mathematik in der Physik eben nicht nur eine technische, sondern auch eine strukturierende Funktion hat. Das heißt, dass die Mathematik nicht nur das Werkzeug der Physik ist, sondern das mathematische Wissen bzw. die mathematischen Fähigkeiten definieren, welche Phänomene wie erklärt bzw. welche Probleme wie gelöst werden können. Dies betrifft insbesondere auch das Wissen, wie Entwicklungen im Bereich der Mathematik die Entwicklung der Physik begünstigt haben (z. B. die Fortschritte im Bereich der Gruppentheorie für die Entwicklung der Quantenphysik) und wie Entwicklungen im Bereich der Physik bzw. der Wunsch danach zu Weiterentwicklungen im Bereich der Mathematik geführt haben (z. B. die Entwicklung der Differentialrechnung durch Newton, der versuchte, eine Beschreibung der Mechanik von Bewegungen zu entwickeln). Dieses Wissen setzt ein Wissen über die Physik als Wissenschaft voraus. Insbesondere schließt dies Wissen darüber ein, dass theoretische und experimentelle Physik gleichberechtigt nebeneinanderstehen und die Methoden der theoretischen Physik (z. B. Simulationen) denen der experimentellen Physik (sprich: dem Experiment) ebenbürtig sind. Bei diesem Wissen handelt es sich also primär um Metawissen über die Physik als Wissenschaft sowie die Bedeutung der Mathematik für die Physik und die Entwicklung der Physik. Dieses Wissen kann auch als Wissen über die Natur der Physik bzw. Naturwissenschaften (englisch: *knowledge about the Nature of Science*, NOS) interpretiert werden.

8.5.3 Physikdidaktisches Wissen zur Vermittlung von Physik mittels Mathematik

Das physikdidaktische Wissen, wie man Schülerinnen und Schülern Physik mittels Mathematik vermittelt, sollte mathematikbezogenes Wissen in den Bereichen Schülerkognition, Instruktionsstrategien, Curriculum und Diagnostik umfassen (vgl. Magnusson et al., 1999). Darunter fällt zuvorderst das Wissen, welche Probleme Lernende mit der Mathematik (in der Physik) haben. Dies betrifft weniger Lernschwierigkeiten beim Erwerb mathematischen Wissens (was wohl eher in den Bereich mathematikdidaktischen Wissens fiele), sondern eher die schematisch-technischen und insbesondere strukturellen Probleme, die Schülerinnen und Schüler im Umgang mit der Mathematik beim physikalischen bzw. physikalisch-mathematischen Modellieren haben – zum Beispiel das häufig schematisch-technische Vorgehen von Schülerinnen und Schülern beim Versuch, ein physikalisches Problem in ein mathematisches Modell zu übersetzen (siehe Beispiel 2), oder die zahlreichen Probleme, die Lernende haben, mathematisches Wissen konzeptuell zu unterlegen (vgl. Tab. 8.1). Offensichtlich reicht es nicht aus, nur die typischen Probleme der Schülerinnen und Schüler zu kennen. Lehrkräfte müssen auch Instruktionsstrategien kennen, mit denen diesen Problemen begegnet werden kann. Das umfasst z. B., wann und wie man erreichen kann, dass Schülerinnen und Schüler nicht nur die Formel auswendig kennen, sondern auch die Bedeutung der einzelnen Terme einer Formel und ihres Zusammenspiels (warum z. B. die kinetische Energie das Produkt aus Masse und Quadrat der Geschwindigkeit ist), weiterhin, wie man Lernenden die Anwendungsbereiche bestimmter Formeln vermitteln kann (z. B. indem Gültigkeitsbereiche physikalischer Gesetzmäßigkeiten wie des Ohmschen Gesetzes ausgelotet werden, statt die Formel aus wenigen Messwerten herzuleiten) oder wie man Schwierigkeiten im Umgang mit Einheiten begegnen kann (z. B. im Rahmen einer getrennten Einheitenrechnung). Dieses Wissen umfasst auch Wissen darüber, wie man Grundvorstellungen mathematischer Konzepte für die Entwicklung eines vertieften Verständnisses der Physik nutzen kann (z. B. durch Interpretation der Ableitung als lokale Änderungsrate).

Darüber hinaus sollten Physiklehrkräfte zumindest rudimentäre Kenntnis des Mathematikcurriculums haben; das heißt, wann und wie welche mathematischen Inhalte im Mathematikunterricht behandelt werden. Dies ist gerade auch deshalb relevant, weil im Physikunterricht zumindest historisch häufig mathematisches Wissen bzw. mathematische Fähigkeiten Anwendung fanden, die im Mathematikunterricht noch gar nicht behandelt wurden. Beispielsweise wurde die Brechung im Optikunterricht der siebten oder achten Jahrgangsstufe behandelt, die trigonometrischen Funktionen im Mathematikunterricht aber erst in Jahrgang 9 eingeführt; und auch die Mechanik der Bewegungen wurde üblicherweise behandelt, bevor Schülerinnen und Schüler über die entsprechenden Kenntnisse im Bereich der Differentialrechnung verfügten bzw. während sie diese im Mathematikunterricht entwickelten. Dieses Problem ist durch die Einführung schulspezifischer Curricula zwar lösbar geworden, jedoch bedarf es zur Lösung spezifischer Kenntnisse über das Curriculum relevanter anderer Fächer, insbesondere wenn die Curricula (wie normalerweise üblich) innerhalb von Fachschaften erstellt werden. Für Physiklehrkräfte gilt dies insbesondere für die Mathematikcurricula, gerade wenn sie Mathematik nicht als zweites Fach gewählt haben.

Zuletzt ist es wichtig, dass Physiklehrkräfte über Wissen im Bereich der Diagnostik verfügen, das es ihnen ermöglicht, nicht nur bei der Vermittlung, sondern auch bei der Diagnose des Wissens bzw. der Kompetenzen ihrer Schülerinnen und Schüler den Schwerpunkt über die technische Funktion der Mathematik hinaus auch auf die strukturierende Funktion zu legen. So ist die Aufgabe „Das schaukelnde Kind" (Beispiel 6) beispielsweise bewusst so angelegt, dass die Schülerinnen und Schüler sich zunächst mit der

Aufgabenstellung und der Entwicklung eines physikalischen Modells befassen müssen. Dabei ist es wichtig, dass Lernende zunächst überlegen, welche Aspekte der Problembeschreibung überhaupt relevant sind. So fehlt – für Schülerinnen und Schüler häufig zunächst verwirrend – die Information, wie lang die Schaukel ist bzw. wie groß der Abstand des Kindes vom Drehpunkt ist. Stattdessen wird auf die für die Lösung des Problems nicht unmittelbar relevante Reibung am Aufhängepunkt bzw. die Luftreibung hingewiesen. Lernende neigen hier schnell dazu, nach einer Formel zu suchen, die diese Größen enthält. Mit etwas in die physikalische Modellierung investierter Zeit und unter Berücksichtigung des Prinzips der Energieerhaltung bzw. der Bilanzierung von Energie (strukturierende Funktion der Mathematik) wird schnell deutlich, dass sich die Aufgabe eigentlich einfach lösen lässt. Sie stellt im Prinzip nur eine Variation der klassisch im Unterricht eingesetzten Aufgaben zur Berechnung der von einem Gerät mit der Leistung P umgesetzten Energie pro Zeit t dar. Werden solche „ungewöhnlichen" Aufgaben, die nicht unmittelbar erkennbar auf die Anwendung einer bestimmten Formel zielen und/oder zusätzliche irrelevante Informationen enthalten, im Physikunterricht häufiger eingesetzt, werden die Schülerinnen und Schüler angeregt, sich intensiver mit der Entwicklung eines physikalischen Modells und dessen Übersetzung in ein mathematisches Modell auseinanderzusetzen.

Beispiel 6: Das schaukelnde Kind

Die folgende Abbildung zeigt ein schaukelndes Kind ($m = 20\,kg$). Das Kind schaukelt sich wiederholt bis zur Höhe der Schaukel ($h = 2{,}50\,m$) hoch und stellt dann die Schaukelbewegungen ein.

Nach $t = 270\,s$ sind Schaukel und Kind näherungsweise in Ruhe. Schätzen Sie ab, wie viel Energie pro Sekunde über die Reibung am Aufhängepunkt und die Luftreibung an die Umgebung abgegeben wird! ◀

8.6   Zusammenfassung und Ausblick

In der Physik spielt die Mathematik eine zentrale Rolle. Zentrale Elemente des physikalischen Modellierungsprozesses beruhen auf der Mathematik, namentlich bei der Übersetzung des physikalischen Modells in ein mathematisches, der Erarbeitung eines Ergebnisses durch innermathematische Operationen auf diesem Modell und der Interpretation des Ergebnisses mit dem Ziel, eine Antwort auf eine Frage zu einem physikalischen Phänomen zu erhalten oder die Lösung eines physikalischen Problems zu erreichen. Dabei kommt der Mathematik nicht nur eine technische Funktion als Werkzeug der Physik, sondern auch eine strukturierende Funktion als Sprache der Physik zu. Aus dieser zentralen Rolle der Mathematik und ihrer (ihren) Funktion(en) im physikalischen Modellierungsprozess leitet sich ab, dass Physiklehrkräfte als Teil ihres Fach- und fachdidaktischen Wissens auch mathematikbezogenes Wissen erwerben müssen (siehe Abb. 8.4). Demnach sollten (angehende) Physiklehrkräfte im Bereich des Fachwissens ein schulbezogenes, physikrelevantes, mathematisches Fachwissen erwerben (z. B. Wissen darüber, wie sich mathematische Grundvorstellungen für die Entwicklung eines vertieften Verständnisses der Physik nutzen lassen). Darüber hinaus sollen sie Metawissen über die Physik als Wissenschaft, speziell die Rolle der Mathematik in der Physik und die Funktionen der Mathematik beim physikalisch(-mathematischen) Modellieren haben. Dieses Wissen lässt sich unter Wissen über die Natur der Naturwissenschaften und der naturwissenschaftlichen Erkenntnisgewinnung subsummieren. Es ist in der Abb. 8.4 zwischen dem Fach- und dem fachdidaktischen Wissen angesiedelt, weil die Physik- bzw. Naturwissenschaftsdidaktik sich hier nicht eindeutig positioniert. Teilweise wird das Wissen unter dem Fach-, teilweise im Bereich des fachdidaktischen Wissens angesiedelt. Tatsächlich liegt es wohl am ehesten dazwischen, da sicher sowohl fachliche als auch fachdidaktische Lehrveranstaltungen zur Entwicklung dieses Wissens beitragen. Im Bereich des originär fachdidaktischen Wissens sollten (angehende) Physiklehrkräfte in Anlehnung an einschlägige Modellierungen (für einen Überblick siehe Kröger et al. 2012) Wissen in vier Bereichen erwerben: Wissen über typische Schülerprobleme mit der Mathematik beim physikalisch(-mathematisch)en Modellieren (Schülerkognitionen), Wissen über Instruktionsstrategien zur Vermittlung der Rolle der Mathematik beim physikalisch(-mathematisch)en Modellieren (Instruktionsstrategien), Wissen über das Mathematikcurriculum der Sekundarstufe I und II (Curriculum) und Wissen über die Diagnose physikalischer Kompetenz jenseits (aber inklusive) mathematischen Formelwissens (Diagnose),

Die umfassende Professionsforschung bei Physiklehrkräften in den letzten Jahren (z. B. Riese et al., 2015; Sorge et al., 2019; Tepner et al., 2012) hat mathematikbezogene Aspekte des Professionswissens bislang nicht im Detail untersucht. Einen Großteil dieses Wissens erwerben (angehende) Physiklehrkräfte wahrscheinlich im Rahmen ihrer Ausbildung. Dies sollte insbesondere auf das schulbezogene, physikrelevante

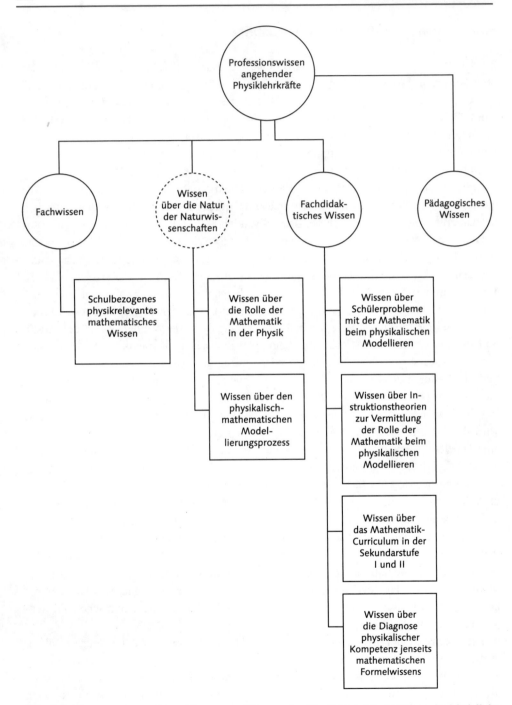

Abb. 8.4 Verortung des mathematikbezogenen Wissens, das Physiklehrkräfte benötigen, im Modell des Professionswissens von (angehenden) Physiklehrkräften nach Kröger et al. (2012)

mathematische Fachwissen zutreffen, das angehende Physiklehrkräfte üblicherweise in Mathematikveranstaltungen für Studierende der Physik vermittelt bekommen. Inwieweit dies tatsächlich der Fall ist, ist bisher aber nicht untersucht. Offen ist auch, inwieweit sie explizit Wissen über die Rolle der Mathematik in der Physik und die Funktionen der Mathematik im physikalisch-mathematischen Modellierungsprozess sowie fachdidaktisches zur Rolle der Mathematik in der Physik erwerben. Der Erwerb solchen Wissens dürfte – mit Blick auf die entsprechenden Modulbeschreibungen – eher unsystematisch erfolgen und stark vom Standort abhängig sein. Insbesondere (angehende) Physiklehrkräfte, die nicht Mathematik als zweites Fach haben, könnten hier deutliche Defizite aufweisen. Bislang gibt es hier jedoch nur wenige empirische Befunde. Mit Blick auf die Rolle der Mathematik für die Physik und die Befunde, dass diese im Physikunterricht nicht angemessen deutlich wird, erscheint es jedoch geboten, sie einerseits stärker in fachdidaktischen Veranstaltungen (z. B. im Rahmen des Modellierens) zu behandeln und andererseits parallel zu erforschen, inwieweit das erworbene Wissen die adäquate Behandlung im Unterricht ermöglicht bzw. welches Wissen fehlt, um eine adäquate Behandlung zu realisieren. Das in diesem Kapitel begründete Modell schafft dafür einen angemessenen theoretischen Rahmen.

8.7   Glossar physikalischer Größen

Tab. 8.4   Abkürzungsverzeichnis

a	Beschleunigung	p	Druck
$E_{Bewegung}$	Kinetische Energie	P	Leistung
E_{Lage}	Lageenergie	r	Radius; Ort
E_{Pot}	Potenzielle Energie	s	Strecke
F	Kraft	S	Volumenstrom
g	Ortsfaktor	t	Zeit
h	Höhe	v	Geschwindigkeit
I	Stromstärke	V	Volumen
l	Länge	W	Arbeit
m	Masse	x	Ort
Q	Ladung	η	Viskosität

Literatur

Bagno, E., Berger, H., & Eylon, B.-S. (2008). Meeting the challenge of students' understanding of formulae in high-school physics: A learning tool. *Physics Education, 43*(1), 75–82.

Baumert, J., Bos, W., & Watermann, R. (2000). Mathematische und naturwissenschaftliche Grundbildung im internationalen Vergleich. Mathematische und naturwissenschaftliche Grundbildung am Ende der PflichtschulzeitIn J. Baumert, W. Bos, & R. Lehmann (Hrsg.), *TIMSS/III – Dritte Internationale Mathematik- und Naturwissenschaftsstudie – Mathematik und naturwissenschaftliche Bildung am Ende der Schullaufbahn* (Bd. 1, S. 134–197). Leske + Budrich.

Baumert, J., Artelt, C., Klieme, E., Neubrand, M., Prenzel, M., Schiefele, U., Schneider, W., Tillmann, K.-J. & Weiß, M. (2002). *PISA 2000 – Die Länder der Bundesrepublik Deutschland im Vergleich*. Opladen, Leske + Budrich.

Blum, W., & Leiss, D. (2005). Modellieren im Unterricht mit der "Tanken"-Aufgabe. *Mathematik lehren, 128*, 18–21.

Borromeo Ferri, R. (2011). *Wege zur Innenwelt des mathematischen Modellierens. Kognitive Analysen von Modellierungsprozessen im Mathematikunterricht*. Vieweg.

Buschhüter, D., Spoden, C., & Borowski, A. (2017). Studienerfolg im Physikstudium: Inkrementelle Validität physikalischen Fachwissens und physikalischer Kompetenz. *Zeitschrift für Didaktik der Naturwissenschaften, 23*, 127–141.

cosh – Cooperation Schule:Hochschule (2014). *Mindestanforderungskatalog Mathematik (Version 2.0) der Hochschulen Baden-Württembergs für ein Studium von WiMINT-Fächern (Wirtschaft, Mathematik, Informatik, Naturwissenschaft und Technik)*. cooperation schule:hochschule. http://www.mathematik-schule-hochschule.de/images/Aktuelles/pdf/MAKatalog_2_0.pdf.

Diehl, B., Erb, R., Heise, H., Kotthaus, U., Lindner, K., Schlichting, H.-J. & Winter, R. (2009). *Physik Oberstufe Gesamtband*. Cornelsen Verlag.

DMV, Gdm & MNU,. (2017). Zur aktuellen Diskussion über die Qualität des Mathematikunterrichts. *Mitteilungen der Deutschen Mathematiker-Vereinigung, 25*(1), 6–7.

Dreher, A., Lindmeier, A., Heinze, A., & Niemand, C. (2018). What kind of content knowledge do secondary mathematics teachers need? A conceptualization taking into account academic and school mathematics. *Journal für Mathematik-Didaktik, 39*, 319–341.

Duit, R., Gropengießer, H., & Stäudel, L. (2004). *Naturwissenschaftliches Arbeiten. Unterricht und Material 5–10*. Friedrich

Feynman, R. (1990). *Vom Wesen physikalischer Gesetze*. Piper.

Grossman, P., Schoenfeld, A., & Lee, C. (2005). Preparing teachers for a changing world. What teachers should learn and be able to do. In L. Darling-Hammond & J. Bransford (Hrsg.), *Teaching subject matter* (S. 301–231). Jossey-Bass.

Hadinek, D., Weßnigk, S., Neumann, K. (2016. Neue Wege zur Energie – Physikunterricht im Kontext Energiewende. *Der Mathematisch-Naturwissenschaftliche Unterricht* (MNU), *69*(5), 292–298.

Heublein, U., Ebert, J., Hutzsch, C., Isleib, S., König, R., Richter, J. et al. (DZHW, Hrsg.). (2017). *Zwischen Studienerwartungen und Studienwirklichkeit, Ursachen des Studienabbruchs, beruflicher Verbleib der Studienabbrecherinnen und Studienabbrecher und Entwicklung der Studienabbruchquote an deutschen Hochschulen. Forum Hochschule 1\2017*. http://www.dzhw.eu/pdf/pub_fh/fh-201701.pdf. Zugegriffen: 24. Nov. 2017.

Hoffmann, L., Häußler, P. & Lehrke, M. (1998). *Die IPN-Interessenstudie Physik*. IPN

Hudson, H. T. und McIntire, W. R. (1977). Correlation between mathematical skills and success in physics. *American Journal of Physics 45*(5), 470–471.

Kattmann, U., Duit, R., Gropengießer, H., & Komorek, M. (1997). Das Modell der Didaktischen Rekonstruktion – Ein Rahmen für naturwissenschaftsdidaktische Forschung und Entwicklung. *Zeitschrift für Didaktik der Naturwissenschaften, 3,* 3–18.

KFP – Konferenz der Fachbereiche Physik. (2012). *Empfehlung der Konferenz der Fachbereiche Physik zum Umgang mit den Mathematikkenntnissen von Studienanfängern der Physik.* http://www.kfp-physik.de/dokument/KFP-Empfehlung-Mathematikkenntnisse.pdf.

Kircher, E. (2010). Modellbegriff und Modellbildung in der Physikdidaktik. In E. Kircher, R. Girwidz, & P. Häußler (Hrsg.), *Physikdidaktik: Theorie und Praxis* (S. 735–762). Springer.

Kröger, J., Euler, M., Neumann, K., Härtig, H., & Petersen, S. (2012). Messung professioneller Kompetenz im Fach Physik. In S. Bernholt (Hrsg.), *Konzepte fachdidaktischer Strukturierung für den Unterricht: GDCP-Jahrestagung Oldenburg 2011* (Bd. 32, S. 616–618). LIT.

Kuo, E., Hull, M., Gupta, A., & Elby, A. (2013). How students blend conceptual and formal mathematical reasoning in solving physics problems. *Science Education, 97*(32), 32–57.

Lesk, A. M. (2000). The unreasonable effectiveness of mathematics in molecular biology. *The mathematical intelligencer, 22*(2), 28–37.

Ludemann, M., & Kraus, M. E. (2018). Energieerhaltung anwenden, Energiebilanzen beherrschen. Eine Methode zur Diagnose des Verständnisses der Energieerhaltung bei Schülerinnen und Schülern. *Naturwissenschaften im Unterricht Physik, 164,* 39–43.

Magnusson, S., Krajcik, J., & Borko, H. (1999). Nature, sources and development of pedagogical content knowledge for science teaching. In J. Gess-Newsome & N. G. Lederman (Hrsg.), *Examining pedagogical content knowledge* (S. 95–132). Kluwer Academic Press.

Ministerium für die Bildung, Wissenschaft, Forschung und Kultur des Landes Schleswig-Holstein (1997). Physik. Lehrplan für die Sekundarstufe I der weiterführenden allgemeinbildenden Schulen. Hauptschule, Realschule, Gymnasium. Kiel: Ministerium für die Bildung, Wissenschaft, Forschung und Kultur des Landes Schleswig-Holstein.

Ministerium für Schule und Berufsbildung des Landes Schleswig-Holstein. (2016). *Fachanforderungen Physik. Allgemein bildende Schulen Sekundarstufe I – Gymnasien Sekundarstufe II.* Ministerium für Schule und Berufsbildung des Landes Schleswig Holstein.

Müller, J., Stender, A., Fleischer, J., Borowski, A., Dammann, E., Lang, M., & Fischer, H. E. (2018). Mathematisches Wissen von Studienanfängern und Studienerfolg. *Zeitschrift für Didaktik der Naturwissenschaften, 24*(1), 183–199.

Müller, J. (2019). *Studienerfolg im Fach Physik – Zusammenhang zwischen Modellierungskompetenz und Studienerfolg.* Unveröffentlichte Dissertation, Universität Duisburg-Essen.

Neumann, I., Pigge, C., & Heinze, A. (2017). *Welche mathematischen Lernvoraussetzungen erwarten Hochschullehrende für ein MINT-Studium?* IPN – Leibniz-Institut für die Pädagogik der Naturwissenschaften und Mathematik.

Neumann, I., & Stettner, J. (2018). Der Übergang von der Schule zum Physikstudium: Ideen zur Förderung besonders interessierter und begabter Schülerinnen und Schüler. *MNU Journal, 71*(2), 125–130.

Neumann, K. (2018). Energieverständnis entwickeln – Physikdidaktische Erkenntnisse und Implikationen für die Unterrichtspraxis, *Naturwissenschaften im Unterricht Physik, 164,* 7–9.

Nolting, W. (2018). *Grundkurs Theoretische Physik 1. Klassische Mechanik Klassische Mechanik und mathematische Vorbereitungen.* Springer.

Pietrocola, M. (2008). Mathematics as structural language of physical thought. In M. Vicentini & E. Sassi (Hrsg.) *Connecting research in physics education with teacher education (Vol. 2). International Commission on Physics Education.* https://web.phys.ksu.edu/icpe/Publications/teach2/index.html.

Rebello, N. S., Cui, L., Benett, A.G., Zollman, D.A., & Ozimek, D.J. (2007). Transfer of learning in problem solving in the context of mathematics and physics. In D. Jonassen (Hrsg.), *Learning to solve complex scientific problems*. Lawrence Earlbaum Assoc.

Riese, J., Kulgemeyer, C., Zander, S., Borowski, A., Fischer, H E., Gramzow, Y., Reinhold, P., Schecker, H., & Tomczyszyn, E. (2015). Modellierung und Messung des Professionswissens in der Lehramtsausbildung Physik. In: S. Blömeke & O. Zlatkin-Troitschanskaia (Hrsg.), *Kompetenzen von Studierenden*. Zeitschrift für Pädagogik, Beiheft 61, S. 55–79.

Schecker, H. & Klieme, E. (2001). Mehr Denken, weniger Rechnen. Konsequenzen aus der internationalen Vergleichsstudie TIMSS fü den Physikunterricht. *Physikalische Blätter 57*(7/8), 113–117.

Sekretariat der Ständigen Konferenz der Kultusminister der Länder der Bundesrepublik Deutschland [KMK]. (2004). *Einheitliche Prüfungsanforderungen in der Abiturprüfung Physik*. https:// www.kmk.org/fileadmin/veroeffentlichungen_beschluesse/1989/1989_12_01-EPA-Physik.pdf.

Sekretariat der Ständigen Konferenz der Kultusminister der Länder der Bundesrepublik Deutschland [KMK] (2005). *Bildungsstandards im Fach Physik für den Mittleren Schulabschluss (Jahrgangsstufe 10)*. Luchterhand.

Sektion Physik der Christian-Albrechts-Universität zu Kiel (2016). Modulhandbuch Bachelor of Science „Physik". https://www.physik.uni-kiel.de/de/studium/bama/modulhandbuch-1-fachbachelor.

Sektion Physik der Christian-Albrechts-Universität zu Kiel. (2017). Modulhandbuch 1-Fach BSc Physik. https://www.physik.uni-kiel.de/de/studium/studiengang-physik/Modulhandbuch_ Physik_1Fach_BSc_27052019.pdf.

Sorge, S., Kröger, J., Petersen, S., & Neumann, K. (2019). Structure and development of preservice physics teachers' professional knowledge. *International Journal of Science Education, 41*(7), 862–889.

Strahl, A., Franz, R., & Müller, R. (2013). Qualitative Analyse von Schulbüchern zum Thema Formeln. *PhyDid B*. http://phydid.physik.fu-berlin.de/index.php/phydid-b/article/view/447.

Tepner, O., Borowski, A., Dollny, S., Fischer, H. E., Jüttner, M., Kirschner, S. et al. (2012). Modell zur Entwicklung von Testitems zur Erfassung des Professionswissens von Lehrkräften in den Naturwissenschaften. *Zeitschrift für Didaktik der Naturwissenschaften*, 7–28.

Trapmann, S., Hell, B., Weigand, S., & Schuler, H. (2007). Die Validität von Schulnoten zur Vorhersage des Studienerfolgs – eine Metaanalyse. *Zeitschrift für Pädagogische Psychologie, 21*(1), 11–27.

Trump, S. (2015). *Mathematik in der Physik der Sekundarstufe II !? Eine systematische Analyse zur notwendigen Mathematik in der Physik der Sekundarstufe II sowie eine Benennung notwendiger mathematischer Fertigkeiten für einen flexiblen Umgang mit Mathematik beim Lösen physikalisch-mathematischer Probleme im Rahmen der Schul- und Hochschulbildung*. Unveröffentlichte Dissertation, Universität Potsdam.

Uhden, O. (2012). *Mathematisches Denken im Physikunterricht. Theorieentwicklung und Problemanalyse*. https://d-nb.info/106773242X/34.

Uhden, O., Karam, R., Pietrocolo, M., & Pospiech, G. (2012). Modelling mathematical reasoning in physics education. *Science & Education, 21*, 485–506.

Wigner, E. P. (1960). The unreasonable effectiveness of mathematics in the natural sciences. *Communication on pure and applied mathematics XIIII*, 1–14.

Professionelle Kompetenz von Mathematiklehrkräften aus einer pädagogischen Perspektive

Johannes König, Caroline Felske und Gabriele Kaiser

▶   Der folgende Beitrag betrachtet professionelle Kompetenz von Mathematiklehrkräften aus dem Blickwinkel der Pädagogik bzw. Erziehungswissenschaft. Er beleuchtet dafür schwerpunktartig pädagogisches Wissen, situationsspezifische pädagogische Fähigkeiten (d. h. professionelle Unterrichtswahrnehmung) und ihr Zusammenspiel in pädagogisch geleitetem Unterrichtshandeln. Im Rahmen eines Forschungsüberblicks wird der Frage nachgegangen, wie pädagogische Kompetenzfacetten in der Lehramtsausbildung und im Beruf (weiter-)entwickelt werden. Weiterhin wird dargestellt, wie diese Facetten mit anderen Aspekten von Lehrprofessionalität zusammenhängen und inwiefern sie das fachliche Lernen von Schülerinnen und Schülern beeinflussen. Schließlich werden Implikationen für die Kompetenzentwicklung von angehenden und berufstätigen Mathematiklehrkräften diskutiert.

J. König (✉) · C. Felske
Universität zu Köln, Köln, Deutschland
E-Mail: johannes.koenig@uni-koeln.de

C. Felske
E-Mail: caroline.felske@posteo.de

G. Kaiser (✉)
Universität Hamburg, Hamburg, Deutschland
E-Mail: Gabriele.kaiser@uni-hamburg.de

9.1   Einleitung

Mathematiklehrkräfte sind im beruflichen Alltag mit einer Reihe von Anforderungen konfrontiert, die über rein fachliche und fachdidaktische Aufgaben hinausgehen. Somit werden neben fachspezifischen auch pädagogische Kompetenzfacetten von Lehrkräften benötigt. Die Verfügbarkeit solcher, so die Annahme, versetzt Lehrkräfte beispielsweise in die Lage, Verständnisschwierigkeiten ihrer Lernendengruppe nicht nur mathematik-didaktisch zu analysieren, sondern auch aus fächerübergreifender Perspektive, etwa mit Blick auf allgemeine unterrichtliche Anforderungen der Klassenführung, zu inter-pretieren und einzuordnen. Pädagogische Kompetenzfacetten gelten daher ebenso wie fachliche und fachdidaktische als zentraler Bestandteil der professionellen Kompetenz von Lehrkräften und werden als Voraussetzung für ihren beruflichen Erfolg beschrieben (Bromme, 1992; Shulman, 1987).

Dabei wird grundsätzlich von einer Wirkungskette ausgegangen, die sich vom Wissen der Lehrkräfte über ihr Handeln im Unterricht bis hin zum Lernen der Schülerinnen und Schüler erstreckt (Kaiser & König, 2019; Terhart, 2012). Da viele der daran geknüpften Annahmen bis vor 15 Jahren empirisch noch weitgehend ungeprüft waren, handelt es sich bei der Lehrkompetenzforschung und insbesondere der Forschung zu pädagogischen Kompetenzfacetten um ein vergleichsweise junges, aber stark wachsendes Feld. Ins-besondere die vergangenen Jahre haben zahlreiche Studien hervorgebracht (vgl. König, 2014; Voss et al., 2015), die eine Reihe zentraler Fragen adressieren, wie beispielsweise: Was ist unter professioneller Kompetenz von Lehrkräften aus pädagogischer Perspektive zu verstehen? Wie lässt sie sich erfassen und zielgerichtet entwickeln? Und wie bedeut-sam ist sie für den beruflichen Alltag von Lehrkräften und das Lernen der Schülerinnen und Schüler?

Ziel des Kapitels ist es, einen Überblick über Konzepte, Methoden und Befunde dar-zustellen, die dieser Strang der empirischen Bildungsforschung aus pädagogischer bzw. erziehungswissenschaftlicher Perspektive hervorgebracht hat. Da es sich als einziges Kapitel des vorliegenden Bandes der pädagogischen Perspektive widmet, wird gleich-zeitig eine überblicksartige Zusammenfassung verschiedener Studien gegeben. Wenn-gleich hierbei angesichts der sichtbaren Entwicklung des Forschungsfeldes nur ein Zwischenstand dargestellt werden kann, soll anschließend auf der aktuellen Befundlage aufgebaut werden, um Implikationen, die sich in Bezug auf die Kompetenzentwicklung von angehenden und berufstätigen Lehrkräften ergeben, zu diskutieren.

9.2   Was ist professionelle Kompetenz von Lehrkräften?

Die Frage, was unter pädagogischen Kompetenzfacetten verstanden werden kann, knüpft an den allgemeinen Begriff professioneller Kompetenz an, der aus Platz-gründen nur skizziert werden soll. Er ist stark von den Arbeiten Weinerts (2001) geprägt und beschreibt professionelle Lehrkompetenz als ein Bündel kognitiver und

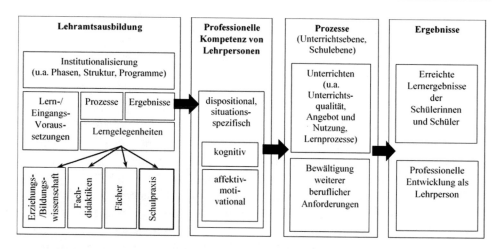

Abb. 9.1 Professionelle Kompetenz von Lehrkräften (aus König, 2018, S. 70)

affektiv-motivationaler Merkmale, die in unterschiedlichen Situationen angewendet werden, um lehrberufsbezogene Anforderungen erfolgreich zu bewältigen (vgl. Baumert & Kunter, 2006; Klieme & Leutner, 2006). Mit den Arbeiten von Blömeke et al. (2015) hat sich in den letzten Jahren eine Erweiterung des Kompetenzverständnisses etabliert, das neben kognitiven und affektiv-motivationalen Dispositionen auch situationsspezifische Fähigkeiten stärker einbezieht. Dabei wird Kompetenz als Kontinuum bis hin zur Performanz beschrieben, insbesondere bezogen auf Prozesse des Unterrichtens, aber auch auf die Bewältigung weiterer beruflicher Anforderungen (Abb. 9.1; siehe dazu auch Abb. 2.2 in Kap. 2 dieses Bandes). Die Verbindung von Kompetenzmerkmalen und den Prozessebenen im Unterricht und in der Schule wird einerseits durch die Lehramtsausbildung umrahmt, die als Bedingung der professionellen Kompetenz betrachtet wird, und andererseits von Prozessmerkmalen des Unterrichts und der Schule. Hier spielen die erreichten Lernergebnisse der Schülerinnen und Schüler, aber auch die professionelle Entwicklung als Lehrperson eine wichtige Rolle.

9.2.1 Pädagogisches Wissen

Wissen über Lernende, Lehr-Lern Prozesse und Leistungsbeurteilung

Pädagogisches Wissen wird als ein zentraler, fachunabhängiger Bestandteil des Professionswissens von Lehrkräften definiert, das mit dem fachlichen und fachdidaktischen Wissen eine Trias bildet. In der Literatur finden sich zunächst unterschiedliche Ansätze zur Beschreibung des pädagogischen Wissens (vgl. Gindele & Voss, 2017; König, 2014). Ein Großteil der Definitionen pädagogischen Wissens im deutschsprachigen Raum geht jedoch auf die Arbeiten von Shulman (1986, 1987) zurück. Dieser grenzt pädagogisches Wissen von fachlichem, fachdidaktischem und curricularem

Wissen ab, ebenso wie vom Wissen über Lernende, Rahmenbedingungen des Lernens und Bildungsziele. Das pädagogische Wissen selbst definiert er als Kenntnisse über fachübergreifende, allgemeine Prinzipien der Klassenführung und -organisation (Shulman, 1987, S. 9). Aufbauend auf diesem Verständnis wurden weiterführende Konzeptionen entwickelt. Diese führen Shulmans (1987) Definition mit der von ihm entwickelten Kategorie des Wissens über Lernende zusammen (Borko & Putnam, 1996; Grossman & Richert, 1988) und ergänzen sie um zusätzliche Bereiche wie beispielsweise dem allgemeindidaktischen Planungswissen, fächerübergreifenden Prinzipien der Diagnostik und Leistungsbeurteilung, Unterrichtsstrukturierung oder Erziehungswissen (Baumert & Kunter, 2006; Blömeke et al., 2010; Seifert et al., 2009).

Die Ausdifferenzierung des pädagogischen Wissens wird in der einschlägigen Literatur teilweise unterschiedlich vorgenommen. Während einige Arbeiten sich auf pädagogisches sowie psychologisches Wissen für unterrichtliches Handeln konzentrieren (Blömeke et al., 2010; Voss et al., 2011), schließen andere auch bildungstheoretisches und -historisches Wissen (Kunina-Habenicht et al., 2012) sowie Grundlagen für Aufgabenfelder außerhalb des Unterrichts (Kunter et al., 2017; Seifert et al., 2009) ein. Trotz gewisser Unterschiede in der Anzahl und der Feinjustierung der Wissensdimensionen stellen aktuelle Überblicksarbeiten breite, inhaltliche Übereinstimmungen fest, die sich insbesondere auf die Kernaufgabe des Unterrichtens beziehen. So kategorisieren beispielsweise König (2014) und Voss et al. (2015) in ihren Übersichten die zentralen Inhaltsbereiche des pädagogischen Wissens zwar in leicht unterschiedlicher Form, diese überschneiden sich jedoch weitestgehend in den untergeordneten Teilaspekten Wissen über *Lernende und ihre Lernprozesse, Lehrprozesse* und *Diagnostik und Leistungsbeurteilung* (siehe Tab. 9.1).

Tab. 9.1 Zentrale Inhaltsbereiche pädagogischen Wissens von Lehrkräften aus Überblicksarbeiten

Voss et al. (2015, S. 194)	König (übersetzt nach 2014, S. 49)
Wissen über Lernen und Lernende: • Lernprozesse (lern-, motivations- und emotionspsychologisches Wissen) • Unterschiede in den Voraussetzungen der Lernenden (Heterogenität) • Altersstufen und Lernbiografien (entwicklungspsychologisches Wissen)	**Wissen über Schülerlernen:** • Individuelle kognitive, motivationale, emotionale Dispositionen von Lernenden • Lernprozesse und Entwicklung von Lernenden • Lernen in Gruppen inkl. Umgang mit Heterogenität von Lernenden und adaptive Lehrstrategien
Wissen über den Umgang mit der Klasse als komplexes soziales Gefüge: • Klassenführung/Strukturierung der Klassenprozesse • Interaktion/Kommunikation und soziale Konflikte	**Wissen über Lehr-Lern-Prozess:** • Lehrmethoden • Allgemeine Didaktik • Strukturierung von Unterricht • Klassenführung
Methodisches Repertoire: • Lehr-Lern-Methoden und -Konzepte und deren lernzieladäquate Orchestrierung • Generelle Prinzipien der Individual- und Lernprozessdiagnostik und Evaluation	**Wissen über Leistungsbeurteilung:** • Fächerübergreifende Prinzipien der Diagnostik • Methoden der Leistungsbeurteilung

Der Fokus auf die Kernaufgabe des Unterrichtens und die damit verbundenen Wissensbereiche decken sich auch mit dem internationalen Diskurs um pädagogische Kompetenzfacetten von Lehrkräften. Dieser sieht sich mit der Problematik konfrontiert, dass international tragfähige Definitionen bislang fehlen und aufgrund der starken kulturellen Prägung der Vorstellungen von Pädagogik bzw. Erziehungswissenschaft nur schwer zu entwickeln sind. Unterrichten und Klassenführung hingegen stellen sich im internationalen Literaturvergleich als größte Gemeinsamkeit heraus, die für pädagogische Anforderungen im Beruf und Wissen von Lehrkräften formuliert wird (König, 2014).

Neben den Inhalten des pädagogischen Wissens von Lehrkräften ist auch die Frage nach der Qualität ihres Wissens zentral. Eine gängige Unterteilung ist die in deklaratives Wissen („wissen, dass …") und prozedurales Wissen („wissen, wie …") (vgl. Bromme, 1992). Daran angelehnt werden in vielen Arbeiten weitere Abstufungen vorgenommen, indem die revidierte Fassung der Bloomschen Taxonomie kognitiver Prozesse (Anderson & Krathwohl, 2001) angewendet wird. Diese unterscheidet die Prozesse

- Erinnern,
- Verstehen,
- Anwenden,
- Analysieren,
- Evaluieren,
- Kreieren

und geht davon aus, dass diese hierarchisch aufeinander aufbauen. Eine beispielhafte Anwendung der Taxonomie im pädagogischen Bereich wird in Abschn. 9.3.1 ausgeführt, ebenso wie in Schwarz et al. (Kap. 2 dieses Bandes) für den fachdidaktischen Bereich. Während sich Prozesse des Erinnerns, Verstehens und Analysierens eher dem deklarativen Wissen zuordnen lassen, lassen sich die übrigen eher unter prozeduralem Wissen subsumieren.

9.2.2   Situationsspezifische pädagogische Fähigkeiten (Professionelle Unterrichtswahrnehmung)

Situationen wissensbasiert wahrnehmen, analysieren und entscheiden

Das pädagogische Wissen stellt eine notwendige, jedoch keine hinreichende Bedingung für erfolgreiches Handeln im Unterricht dar. Damit es in unterschiedlichen Kontexten angewendet werden kann, sind situationsspezifische Fähigkeiten – als professionelle Unterrichtswahrnehmung bezeichnet (für einen Überblick vgl. König et al., 2022) notwendig. Diese steuern die Verarbeitung und Abwägung von Informationen in komplexen Unterrichtssituationen und werden in aktuellen Forschungsarbeiten in drei Schritte unterteilt: in die professionelle Wahrnehmung von Unterrichtssituationen, ihre Interpretation auf Basis vorhandener Wissensbestände und das Treffen von Entscheidungen für das Unterrichtshandeln (Blömeke et al., 2015).

Als Teil der Wahrnehmung werden Prozesse verstanden, mittels derer Lehrkräfte ihre Aufmerksamkeit auf relevante Aspekte der Unterrichtssituationen richten und in einen ganzheitlichen Kontext bringen (Van Es & Sherin, 2002, 2008). Die wahrgenommenen Aspekte analysieren und interpretieren die Lehrkräfte, indem sie auf ihr Wissen zurückgreifen, um sie zueinander in Bezug zu setzen, mit ähnlichen Fällen zu vergleichen und nach Mustern zu untersuchen. Auch prüfen sie, ob weitere Informationen nötig sind (Putnam, 1987). Im Zusammenhang mit dieser Analyse antizipieren sie Folgeaktivitäten, wägen Handlungsoptionen ab und treffen Entscheidungen für das weitere Geschehen (Kaiser et al., 2015). So kann eine Mathematiklehrkraft beispielsweise mithilfe ihres Wissens über die Heterogenität ihrer Schülerinnen und Schüler differenziert Lernprozesse wahrnehmen, deren unterschiedliche Lernvoraussetzungen analysieren und ihre Entscheidungen zur Unterrichtsplanung und -umsetzung entsprechend anpassen.

9.2.3 Professionelle Kompetenz und Prozessqualität von Unterricht

Schulklassen kognitiv aktivieren, effizient führen und konstruktiv unterstützen
Im Unterricht sieht sich die Lehrkraft mit der besonderen Herausforderung konfrontiert, in einer komplexen Situation Lernenden solche Lerngelegenheiten anzubieten, die sie effektiv für individuelle wie auch lerngruppenbezogene Lernprozesse nutzen kann (Kunter & Voss, 2011). In der einschlägigen Literatur anzutreffende Ansätze zur Beschreibung der Qualität solcher Lerngelegenheiten sehen eine unterschiedlich starke Ausdifferenzierung vor. Angesprochen ist dabei die Seite von Unterricht als „Angebot", beschrieben als Merkmale des Unterrichtsprozesses, die in ihrer Qualität maßgeblich von der Lehrperson bestimmt und den Schülerinnen und Schülern gegenüber dargeboten werden, z. B. die Strukturiertheit der Erklärungen von Lehrkräften (vgl. Helmke, 2012). Während einige Modelle von bis zu 27 verschiedenen Faktoren ausgehen (Slavin, 1994), beschränken sich andere auf sechs Dimensionen (vgl. Baumert et al., 2004). Eine Unterteilung, die sich in jüngeren Forschungsarbeiten – insbesondere im deutschsprachigen Raum – durchgesetzt hat, ist jene in drei Basisdimensionen (u. a. Kunter & Voss, 2011; Praetorius et al., 2018; Schlesinger & Jentsch, 2016):

- Kognitive Aktivierung
- Effektive Klassenführung
- Konstruktive Unterstützung der Lernenden

Kognitive Aktivierung bezieht sich darauf, wie stark Unterrichtsmethoden und Aufgaben die Lernenden dazu anregen, sich vertieft und aktiv mit den Unterrichtsgegenständen auseinanderzusetzen – also ihre Wissensstrukturen selbst zu verändern. Unter effizienter Klassenführung wird u. a. gefasst, wie effektiv Lernzeitnutzung, Phasenübergänge, Schülerverhalten und Rückmeldungen von der Lehrperson gesteuert werden. Konstruktive Unterstützung der Lernenden wird schließlich daran festgemacht, wie eine Lehrkraft mit Fehlern der Lernenden umgeht, ihnen individuelle Hilfestellungen bietet und insgesamt positive Beziehungen zu ihnen aufbaut.

9.3   Wie lässt sich die Kompetenz von Lehrkräften erfassen?

In der Lehramtsausbildung und der Kompetenzforschung wird davon ausgegangen, dass die Kompetenz von Lehrkräften erlern- und veränderbar ist, also ein Ergebnis der Interaktion von Lernvoraussetzungen der angehenden Lehrkräfte mit ihren – vor allem – institutionalisierten Lerngelegenheiten darstellt. Wenngleich diese Annahme schon seit Langem als plausibel gilt und der institutionalisierten Lehrerbildung zugrunde liegt, stehen Hochschulen seit den internationalen Schülerleistungsstudien PISA und der universitären Bologna-Reform zunehmend unter dem Druck, Rechenschaft abzulegen und die Qualität und Effektivität ihrer Ausbildungsprozesse mess- und steuerbar zu machen (vgl. dazu auch Schwarz et al. in Kap. 2 dieses Bandes).

Mit dem Ziel, die Qualität der pädagogischen bzw. erziehungswissenschaftlichen oder auch bildungswissenschaftlichen Ausbildung von Lehrkräften zu sichern, hat die Kultusministerkonferenz im Jahr 2004 spezifische Kompetenzstandards für die theoretischen und praktischen Ausbildungsabschnitte formuliert (Sekretariat der Ständigen Konferenz der Kultusminister der Länder in der Bundesrepublik Deutschland 2004). Diese dienen als Orientierung zur Entwicklung von Ausbildungscurricula. Verschiedene Forschungsprojekte nutzen sie als Referenz zur Untersuchung der Lernwirksamkeit von Maßnahmen der Lehrerbildung.

Um der Forderung nach einer Untersuchung und Qualitätssicherung der Lehramtsausbildung nachzugehen, ist in den letzten zehn Jahren eine ganze Reihe von Testverfahren entwickelt worden, die professionelle Kompetenz von Lehrkräften im pädagogischen bzw. erziehungs- und bildungswissenschaftlichen Bereich objektiv und standardisiert erfassbar machen sollen. Diese knüpfen an die zuvor beschriebene Unterteilung in Wissensbestände, situationsspezifische Fähigkeiten und Unterrichtsqualität an, indem sie als allgemeine Wissenstests, situationsnahe videobasierte Tests und auf Unterrichtsqualität bezogene Beobachtungsinstrumente konzipiert sind (für einen Überblick hierzu siehe auch das Kap. 1 in diesem Band). Für eine leichtere Nachvollziehbarkeit sind die Projekte, auf die im weiteren Verlauf des Kapitels verwiesen wird, in Tab. 9.2 in einer Übersicht zusammengetragen.

Tab. 9.2 Übersicht zentraler Forschungsprojekte zur professionellen Kompetenz (Schwerpunkt pädagogischer bzw. erziehungs- und bildungswissenschaftlicher Bereich) im deutschen Sprachraum

Akronym	Projektname	Zentrale Publikation
BilWiss und BilWiss-Beruf	Bildungswissenschaftliches Wissen und der Erwerb professioneller Kompetenz in der Lehramtsausbildung	Kunina-Habenicht et al. (2013)
CME	Classroom Management Expertise von Lehrkräften	König (2015)
COACTIV-R und Follow-up	COACTIV-R und Follow-up	Gindele & Voss (2017)
EMW	Entwicklung von berufsspezifischer Motivation und pädagogischem Wissen in der Lehrer*innenbildung	König & Rothland (2017)
FALKO-PA	Fachspezifische Lehrerkompetenzen – Pädagogik	Mulder et al. (2017)
LEK und LEK-R	Längsschnittliche Erhebung pädagogischer Kompetenzen bei Lehramtsstudierenden und Referendar(innen)	König & Seifert (2012)
LtP	Learning to Practice. Das Praxissemester auf dem Prüfstand	König et al. (2018)
PKE	Professionelle Kompetenz von Englischlehrkräften: Fachdidaktisches Wissen angehender Englischlehrkräfte – Konzeption, Messung, Validierung	König et al. (2016)
PlanvoLL	Planungskompetenz von Lehrerinnen und Lehrern	König et al. (2015)
PlanvoLL-D	Die Bedeutung des professionellen Wissens angehender Deutschlehrkräfte für ihre Planung von Unterricht	König et al. (2020)
ProfaLe	Professionelles Lehrerhandeln zur Förderung fachlichen Lernens unter sich verändernden gesellschaftlichen Bedingungen	Doll et al. (2018)
ProwiN und ProwiN-Video	Professionswissen von Lehrkräften in den Naturwissenschaften	Kirschner et al. (2017)
SKiLL	Studie zur Kompetenzentwicklung in der Lehrerinnen- und Lehrerausbildung für die Berufsschule	König & Pflanzl (2016)
SPEE	Standards – Profile – Entwicklung – Evaluation	Seifert & Schaper (2010)
TEDS-M und TEDS-FU	TEDS-M und TEDS-FU	Kaiser et al. (2017)
TEDS-Validierung	TEDS-Validierung	Kaiser & König (2019)
ZuS	Zukunftsstrategie Lehrer*innenbildung Köln – Heterogenität und Inklusion gestalten	König et al. (2018)

9.3.1   Testung pädagogischen Wissens

Wissenstests

Unter den bisher entwickelten Verfahren zur Erfassung von pädagogischem Wissen finden sich sowohl Tests, die eine inhaltlich breite Erfassung vorsehen, als auch Tests, die sich auf spezifische inhaltliche Teilbereiche des pädagogischen Wissens konzentrieren. Aus Gründen der Übersichtlichkeit wird die folgende Darstellung auf inhaltlich breit angelegte Instrumente beschränkt. Ein bekanntes Beispiel hierfür ist der TEDS-M-Test des pädagogischen Wissens (Blömeke et al., 2010). Dieser wurde im Rahmen des Projekts *Teacher Education and Development Study – Learning to Teach Mathematics* (TEDS-M) entwickelt und genutzt, um das pädagogische Wissen von angehenden Mathematiklehrkräften zu messen. Der Test geht von einem engeren Begriff des pädagogischen Wissens aus, der das Unterrichten als pädagogische Kernaufgabe in den Fokus rückt. Entsprechend ist er an Erkenntnisse der Allgemeinen Didaktik und der Unterrichtsforschung angelehnt und umfasst inhaltlich fünf zentrale Anforderungsbereiche: *Strukturierung von Unterricht, Umgang mit Heterogenität, Klassenführung, Motivierung* und *Leistungsbeurteilung*. Diese werden in über 40 Aufgaben thematisiert, die sowohl geschlossene als auch offene Antwortformate einschließen und kognitive Prozesse des *Erinnerns, des Verstehens/Analysierens* und des *Kreierens* umfassen.

Für die Testaufgabe in Abb. 9.2 wird beispielsweise Wissen zur *Strukturierung von Unterricht* auf der kognitiven Ebene des *Erinnerns* und des *Verstehens/Analysierens* getestet, indem Lehrkräfte aufgefordert werden, typische Unterrichtsphasen zu benennen (a) und deren Funktion zu erläutern (b). Ein Beispiel für eine Aufgabe desselben Bereichs, jedoch mit der Anforderung, eigene Handlungsoptionen zu *kreieren,* ist in Abb. 9.3 dargestellt. Hier werden Lehrkräfte gebeten, den Ansatz der Unterrichtsanalyse anzuwenden und Fragen für ein Reflexions- bzw. Evaluationsgespräch zu formulieren.

Inzwischen wurde der TEDS-M-Test schon in weiteren Projekten eingesetzt, um das pädagogische Wissen von Lehrkräften der Mathematik und weiterer Fächer sowie von Lehramtsstudierenden (EMW, ZuS, ProfaLe, LtP, LEK), im Referendariat (LEK-R, PlanvoLL-D, PKE), von Lehrkräften im Berufseinstieg (TEDS-FU) und im fortgeschrittenen Berufsleben (SKiLL, CME, TEDS-Validierung) zu untersuchen. Auf die zentralen Ergebnisse dieser und anderer Studien soll in Abschn. 9.4 bis 9.5 detaillierter eingegangen werden.

Neben dem TEDS-M-Test haben sich weitere Instrumente etabliert, die pädagogisches Wissen ebenfalls an den Kernanforderungen des Unterrichtens ausrichten, wie beispielsweise das COACTIV-Instrument (Voss & Kunter, 2011) und der ProwiN-Test (Tepner et al., 2012). Andere Tests gehen von einer breiteren Definition pädagogischer Kompetenz aus und schließen zusätzlich Anforderungsbereiche außerhalb des Unterrichts ein. So umfassen das SPEE-Instrument (Seifert et al., 2009), das KiL-Instrument (Kleickmann et al., 2014) und der pädagogische Fachwissenstest aus FALKO-PA (Mulder et al., 2017) beispielsweise auch Fragen zur Schulentwicklung und

Phasenmodelle von Unterricht stellen ein Grundgerüst dar, nach dem Unterricht strukturiert werden kann.

a) Nennen Sie die zentralen Phasen eines üblichen Unterrichtsverlaufs.
b) Nennen Sie die Funktion der jeweiligen Phase.

a) Name der Phase:	b) Funktion der Phase:
Einstieg	*Motivation*
	Themenpräsentation
Problemstellung	*SuS verdeutlichen sich das Problem, sodass jeder es versteht*
Erarbeitungsphase	*SuS gehen dem Problem „auf die Spur". Hier kann ganz differenziert gearbeitet werden.*
...	*...*
...	*...*
...	*...*
...	*...*
...	
Sicherungsphase	*Die Lösung wird präsentiert. Jeder kann die Lösung übernehmen – mögliche Diskussion nötig*
Anwendung/Transfer	*Die Lösung wird bei weiteren Aufgaben benötigt, Relevanz der Lösung transparent*

Abb. 9.2 Testaufgabe zur Erfassung von Wissen zu den Dimensionen „Strukturierung von Unterricht" und „Erinnern" bzw. „Verstehen/Analysieren"

Stellen Sie sich vor, Sie helfen einer angehenden Lehrperson bei der Auswertung ihres Unterrichts, weil sie dies noch nie gemacht hat.
Welche Fragen würden Sie ihr stellen, damit sie ihren Unterricht angemessen analysiert?
Nennen Sie zehn zentrale Fragen und formulieren Sie diese bitte aus.

1)
...
10)

Abb. 9.3 Testaufgabe zur Erfassung von Wissen zu den Dimensionen „Strukturierung von Unterricht" und „Kreieren"

-organisation, während das BilWiss-Instrument (Kunter et al., 2017) zudem Aufgaben zur Bildungstheorie berücksichtigt. Den Tests ist in der Regel gemeinsam, dass sie ähnlich wie der TEDS-M-Test Aufgaben mit offenem und geschlossenem Antwortformat kombinieren und in diesen unterschiedliche kognitive Anforderungen stellen, die vom Reproduzieren von Inhalten bis hin zu Analyse- und Anwendungsaufgaben reichen.

Die Entwicklung und Erweiterung der Instrumente zum pädagogischen Wissen unterstreicht nicht nur das allgemeine Forschungsinteresse an der professionellen Kompetenz von Lehrkräften aus pädagogischer Perspektive. Sie verdeutlicht auch, dass die pädagogischen Anforderungen des Lehrberufs einem ständigen Wandel unterzogen sind und mit ihnen auch die Konzeption der notwendigen Kompetenzen und Wissensfacetten. So bringen etwa die aktuellen Entwicklungen hin zum inklusiven Unterricht neue Herausforderungen mit sich, für deren Bewältigung das bisher vermittelte Wissen über den Umgang mit Heterogenität nicht ausreicht. König et al. (2017b) begegnen dieser Veränderung beispielsweise mit einem Test zum pädagogischen Wissen für inklusiven Unterricht, der auf dem TEDS-M-Test aufbaut.

9.3.2 Erfassung von situationsspezifischen pädagogischen Fähigkeiten (Professionelle Unterrichtswahrnehmung)

Video-basierte Tests

Wissenstests im Papier-Bleistift-Format ermöglichen es zwar, pädagogisches Wissen umfassend und unter Berücksichtigung unterschiedlicher kognitiver Anforderungen zu erheben. Zur Erfassung situationsspezifischer Fähigkeiten sind sie jedoch kaum geeignet, da sie nur sehr bedingt kontextualisierte Aufgabenstellungen ermöglichen, die repräsentativ für die Komplexität realer Handlungssituationen sind (Shavelson, 2010). Um diesem Problem zu begegnen, werden in der gegenwärtigen Forschung zunehmend Tests entwickelt und eingesetzt, die typische unterrichtliche Problemsituationen in Form von Videosequenzen aufzeigen und als Ausgangspunkt für anschließende Aufgaben nutzen (s. Tab. 9.3). Ihnen ist gemeinsam, dass sie sich am Dreischritt Wahrnehmen-Interpretieren-Entscheiden orientieren — wenngleich in jeweils unterschiedlicher Gewichtung.

Mit dem Observer Research Tool die eigene Unterrichtswahrnehmung testen
Das Observer Research Tool der TUM School of Education wird nicht nur in der Forschung eingesetzt, sondern auch für die individuelle Nutzung frei zur Verfügung gestellt. Online können Interessierte mithilfe des Tools Videoclips zu Unterrichtssituationen professionell beobachten und mittels verschiedener Einschätzungen kategorisieren. Die Antworten werden anschließend mit Experteneinschätzungen verglichen und in einer individuellen Rückmeldung gebündelt, die Auskunft darüber gibt, wie gut die eigenen Einschätzungen mit denen der Expertinnen und Experten übereinstimmen. Es kann zwischen einer 30-minütigen und einer 60-minütigen Version gewählt werden. Für Lehrveranstaltungen wird ein eigener Login angeboten sowie die Option, Ergebnisse in anonymisierter und für den Kurs in aggregierter Form zu erhalten.
Weitere Informationen: https://ww3.unipark.de/uc/ObserverResearchTool/AV/

Tab. 9.3 Videogestützte Instrumente zur Erfassung pädagogischer situationsspezifischer Fähigkeiten

Instrument	Beispielprojekt	Fokus	Literatur
AL	Adaptive Lehr-kompetenz	Adaptive Handlungs-kompetenz	Bischoff et al. (2005)
CME	CME	Klassenführung (Classroom Management Expertise)	König (2015)
PPK (Vignette)	COACTIV-R	Klassenführung	Voss et al. (2011)
Observer Research Tool	Observe	Zielorientierung und -klarheit, Lernendenunterstützung, Unterrichtsklima	Seidel & Stürmer (2014)
	Professional Minds	Differenzierung und Komplexität, Motivation, Aufgabenschwierigkeit, Wirksamkeit und Tempo, Empathie, Flexibilität, Balance zwischen Autonomie und Kontrolle, Vision und Aufgabenbedeutung	Oser et al. (2013)
P_PID	TEDS-FU	Heterogenität, Unterrichtsgestaltung, Klassenführung	Kaiser et al. (2015)
PWKF und PWLU	ViU – Early Science	Klassenführung, Lernunterstützung	Holodynski et al. (2017)
PPHW	Wirkungen der Lehrerausbildung auf professionelle Kompetenzen, Unterricht und Schülerleistungen (WiL)	Klassenführung, Unterrichtsgestaltung, Lernen	Brühwiler et al. (2017)

Zur Veranschaulichung sollen im Folgenden zwei videobasierte Instrumente beispielhaft dargestellt werden. Ein Instrument, das entwickelt wurde, um situationsspezifische Fähigkeiten im Bereich der Klassenführung zu erfassen, ist das Classroom Management Expertise Instrument (CME) (König, 2015). Hierzu werden den Lehrkräften vier Auszüge aus authentischen Unterrichtsvideografien präsentiert, die eine typische Klassenführungssituation darstellen, in der Lehrkräfte Übergänge gestalten, eine effektive Lernzeitnutzung sicherstellen, das Klassenverhalten regeln oder Schülerinnen und Schülern Feedback geben müssen. Die vier Videoclips sind im Schnitt 1–2 min lang und werden jeweils durch 4–9 Fragen mit geschlossenem oder offenem Antwortformat ergänzt, die unterschiedliche situationsspezifische Fähigkeiten erfordern.

So zeigt beispielsweise einer der Videoclips eine Schulklasse, die sich in einer Gruppenarbeitsphase befindet. Die Lehrerin leitet das Ende der Arbeitsphase ein, indem sie mit unterschiedlichen Methoden die Aufmerksamkeit der Lernenden auf sich zieht. Anschließend leitet sie die nächste Unterrichtsphase ein, indem sie den Lernenden den neuen Arbeitsauftrag erläutert. Mit dem Einstieg in die darauffolgende Phase endet das Video und die zu testende Lehrkraft wird gebeten, u. a. die drei Fragen aus Abb. 9.4 zu beantworten.

Auf der Ebene der Wahrnehmung wird so einerseits über Aufgabe a) geprüft, wie *genau* die Lehrkraft klassenführungsrelevante Details wahrnimmt, und andererseits über Aufgabe b) erfasst, wie *holistisch* sie die Situation wahrnimmt und in einen ganzheitlichen Kontext einordnet. In Aufgabe c) wird darauf aufbauend die Interpretationsfähigkeit getestet, bei der die Lehrkraft Wissen explizit heranzieht und transformiert, um die konkrete Situation analytisch zu erläutern. Aufgaben zur Testung der situationsspezifischen Entscheidungsfähigkeit sind im CME-Test aktuell noch nicht enthalten, befinden sich jedoch in der Entwicklung.

Ein Instrument, das professionelle Unterrichtswahrnehmung erfasst, d. h. neben der Wahrnehmung und der Interpretation auch die situationsspezifische Entscheidungsfähigkeit von Lehrkräften erfasst, ist das Videoinstrument TEDS-FU (Kaiser et al., 2015). Dieses wurde speziell für Mathematiklehrkräfte entwickelt und zeigt Auszüge aus Unterrichtssituationen, denen jeweils anschließend offene und geschlossene Testaufgaben folgen. Diese sind 3–4 min lang und umfassen Schlüsselsituationen, deren Bearbeitung sowohl pädagogische als auch mathematikdidaktische Fähigkeiten erfordern (für eine Beschreibung aus mathematikdidaktischer Perspektive siehe Kap. 2 in diesem Band). Abb. 9.5 zeigt eine pädagogische Aufgabe mit der Anforderung des Entscheidens: Im

---

a) Nennen Sie vier verschiedene Handlungsmaßnahmen (Stichworte), mit denen die Lehrerin gezielt die Aufmerksamkeit der Schüler auf sich richtet.

b) Wann findet die gesehene Situation zeitlich betrachtet ungefähr statt?

Kreuzen Sie bitte nur ein Kästchen an.

A.	Am Anfang einer Unterrichtsstunde (d.h. während der ersten 5 Minuten),	⊓
B.	Im ersten Drittel einer Unterrichtsstunde.	☐
C.	Im letzten Drittel einer Unterrichtsstunde.	☐
D.	Am Ende einer Unterrichtsstunde (d.h. während der letzten ca. 5 Minuten).	☐

c) Welche Funktion besitzt das Poster an der Tafel?

Abb. 9.4 Beispielhafte Aufgabe zur Erfassung von situationsspezifischen Fähigkeiten im Bereich der Klassenführung

Abb. 9.5 Beispielhafte Aufgabe zur Testung situationsspezifischer Fähigkeiten mit der Anforderung des Entscheidens

Anschluss an eine Gruppenarbeit leitet die gefilmte Lehrkraft zur Ergebnisdiskussion ein Plenumsgespräch ein. Die getestete Lehrkraft soll nun entscheiden, welche Methoden sich alternativ eignen, um einen weniger lehrkraftzentrierten Austausch zu ermöglichen. Als korrekte Möglichkeiten wurden akzeptiert, dass sich jeweils zwei oder mehr Paare zusammentun und das Ergebnis besprechen (z. B. in Form einer Lawine) oder dass sich die Paare aufbrechen und neue Paare bilden (z. B. in Form eines kleinen Gruppenpuzzles), dass die Ergebnisse auf Plakaten dargestellt werden und in einem Rundgang betrachtet werden (z. B. als Museumsrundgang) oder dass die Lernenden sich in Form eines regulierten Partnerwechsels in zwei Kreisen austauschen (z. B. als Rundgespräch).

Standardisierte Analyse von schriftlichen Unterrichtsplanungen
Eine zentrale Situation, in der die professionelle Unterrichtswahrnehmung von Lehrpersonen losgelöst von der konkreten Unterrichtshandlung zum Tragen kommen, ist die Unterrichtsvorbereitung (König & Rothland, 2022). Während dieser entwerfen Lehrkräfte ein situationsnahes Unterrichtsszenario, das sich an realen Bedingungen orientiert, wie bspw. an der zu unterrichtenden Lernendengruppe und dem für sie aktuellen

Curriculum. Bei diesem „Probehandeln im Kopf" (Hacker, 2005, S. 569) nehmen sie unterschiedliche Aspekte der projizierten Unterrichtssituation wahr, analysieren diese auf Basis ihres Wissens und treffen anschließend Entscheidungen für das zukünftige Handeln im Unterricht. Der daraus entstandene Unterrichtsentwurf kann daher als ein Indikator für situationsspezifische Fähigkeiten von Lehrpersonen in ganz unterschiedlichen pädagogischen Wissensbereichen interpretiert werden. Wie dies umgesetzt werden kann, zeigen die Projekte PlanvoLL und PlanvoLL-D: In diesen wurden standardisierte Instrumente zur Analyse situationsspezifischer pädagogischer Fähigkeiten in schriftlichen Unterrichtsplanungen entwickelt (König et al., 2015). Ein Fokus liegt auf der didaktischen Adaptivität, d. h. auf einer angemessenen Passung zwischen den Aufgaben einer geplanten Unterrichtsstunde und den Voraussetzungen der Lernenden. Dabei werden elf Kriterien definiert und genutzt, um die Passung im Unterrichtsentwurf zu kategorisieren und zu bewerten (vgl. Tab. 9.4).

Das Kriterium 10 etwa definieren König et al. (2015) als erfüllt, sobald der Lernstand der Lerngruppe beschrieben wird. Dies ist zum Beispiel in folgender Beschreibung der Fall: „Die Lerngruppe besteht aus 23 Schülern im Alter von 15 bis 18 Jahren, darunter zwei Schüler ohne Migrationshintergrund und acht Jungen. Zwei Jugendliche wiederholen die zehnte Klasse. Die Schüler haben in der siebten Klasse mit dem Erlernen des Französischen als zweite Fremdsprache begonnen."

Das weiterführende Kriterium 11 gilt als erfüllt, wenn auf die Leistungsheterogenität der Lerngruppe Bezug genommen wird, wobei der Fokus auf die Lernenden als Gruppe gelegt sein soll (bspw.: „Hervorzuheben sind die Leistungsunterschiede zwischen den Jungen und Mädchen."). Eine Erläuterung, die sich lediglich auf einen einzelnen Lernenden bezieht, reicht hingegen nicht aus. Die konkrete Anwendung dieser und weiterer Kriterien findet sich in zwei beispielhaften Unterrichtsentwürfen, die unter folgendem Weblink abgerufen werden können:

https://static-content.springer.com/esm/art%3A10.1007%2Fs11618-015-0625-7/MediaObjects/11618_2015_625_MOESM1_ESM.pdf

---

Kategoriensysteme als Hilfsmittel

Kategoriensysteme wie das aus PlanvoLL entstandene (Tab. 9.4) können auch als Hilfsmittel in der Lehre oder im Selbststudium genutzt werden, um professionelle Unterrichtswahrnehmung und Planungskompetenzen auszubilden. Beispielsweise können angehende Lehrkräfte dazu angeregt werden, die Kategorien auf Unterrichtsentwürfe aus der eigenen Praxis oder aus Online-Portalen anzuwenden, um diese kriteriengeleitet zu analysieren und bewerten. Dies ließe sich anschließend in Gruppen oder im Plenum diskutieren, um als Grundlage für Verbesserungsvorschläge oder weitere Planungen zu dienen.

Tab. 9.4 Kriterien zur Analyse von schriftlichen Unterrichtsplanungen (König et al., 2015)

Beschreibung situativer Bedingungen (Lerngruppe)		Anwendung erbrachter Beschreibungen auf die Situation	
10	Die Lerngruppe wird beschrieben	31	Bisheriger spezifischer Lernstand der Schüler *(gesamte Lerngruppe)* hinsichtlich der für die Unterrichtsstunde gewählten Aufgaben wird beschrieben – im Sinne des „nächsten Lernschrittes"
11	Unterschiede in der Lerngruppe hinsichtlich kognitiver Voraussetzungen werden beschrieben	32	Bisheriger spezifischer Lernstand der Schüler *(Differenzierung auf einzelne Schüler oder Schülergruppen)* hinsichtlich der für die Unterrichtsstunde gewählten Aufgaben wird beschrieben – im Sinne des jeweiligen „nächsten Lernschrittes"
12	Unterschiede in der Lerngruppe hinsichtlich motivationaler Voraussetzungen werden beschrieben		
Beschreibung der Aufgabe		**Verknüpfung von Elementen der Planung**	
20	Die Aufgabenstellung wird beschrieben	33	Aufgabenstellung und Ziel der Unterrichtsstunde werden verknüpft
21	Die *Aufgabenstellung* (nicht: Nutzung oder Bearbeitung durch die Schüler) erfolgt *differenziert* hinsichtlich *kognitiver* Unterschiede der Schüler	34	Gruppierung der Schüler *(grouping students)* wird verknüpft mit der Differenzierung von Aufgaben
22	Die unter [21] vorgenommene Differenzierung der Aufgabenstellung wird *begründet*	35	Die durch die Aufgabenstellung erzielten Ergebnisse werden kontrolliert

9.3.3 Erfassung von Unterrichtsqualität

Um schließlich Informationen zu pädagogischen Aspekten des Unterrichtsgeschehens zu erfassen, können Instrumente betrachtet werden, die entwickelt wurden, um Merkmale von Unterrichtsqualität zu erfassen (für eine aktuelle Übersicht siehe Jentsch et al., 2020; Praetorius et al., 2018). Zum einen unterscheiden sich Erhebungsinstrumente für Unterrichtsqualitätsmerkmale hinsichtlich der Perspektive, aus der sie Unterricht erfassen bzw. bewerten: Während in einigen Studien die Lehrkräfte selbst gebeten werden, ihren Unterricht anhand vorgegebener Kriterien zu bewerten (z. B. Ainley

& Carstens, 2018), greifen andere Studien auf die Einschätzungen der unterrichteten Schülerinnen und Schüler (Kunter & Voss, 2011) oder von speziell geschulten, externen Beobachter(innen) zurück (z. B. Klieme et al., 2005). Darüber hinaus unterscheiden sich die Instrumente hinsichtlich der Synchronität von Unterricht und Bewertung: So finden Selbsteinschätzungen von Lehrkräften und die ihrer Lernenden für gewöhnlich erst asynchron im Anschluss an die zu bewertende Stunde statt. Bewertungen durch externe Beobachter(innen) finden je nach Studienkontext ebenfalls asynchron auf Basis einer Unterrichtsvideografie statt (z. B. Gabriel, 2014) oder direkt im Klassenraum.

Die direkte Messung durch externe Beobachter(innen) wird im Folgenden anhand eines Instruments illustriert, das im Kontext des Projekts TEDS-Unterricht/Validierung entstanden ist. Auf Basis von 21 Indikatoren werden vier Dimensionen unterrichtlicher Qualität erfasst, von denen eine fachspezifischer und drei pädagogischer Natur sind: fachdidaktische Strukturierung, Klassenführung, Potenzial zur kognitiven Aktivierung und konstruktive Unterstützung. Tab. 9.5 zeigt beispielhafte Indikatoren zur Messung des kognitiven Aktivierungsniveaus. Diese wurden durch zwei Beobachter(innen) auf einer Skala von 1 („trifft nicht zu") bis 4 („trifft völlig zu") bewertet – zu insgesamt vier Zeitpunkten im Laufe einer 90-minütigen Unterrichtsstunde. Eine vollständige Zusammenstellung der Bewertungskriterien findet sich bei Schlesinger (2018, vgl. Tab. 9.5), eine Zusammenstellung der aktuellen Skalen bei Jentsch et al. (2020).

Tab. 9.5 Beispielhafte Indikatoren zur Erhebung der kognitiven Aktivierung im Unterricht (Schlesinger, 2018, S. 109)

Items	Indikatoren
Ko-Konstruktion	Die Fachbegriffe werden aus den Vorstellungen der Schülerinnen und Schüler entwickelt
	Die Lehrkraft nutzt Fragetechniken zur Exploration und Weiterentwicklung
	Es findet eine gemeinsame Konstruktion neuen Wissens statt
Qualität der Methoden	Es werden kognitiv aktivierende Methoden verwendet
	Die Lehrkraft gibt angemessene Zeit zum Nachdenken im Plenum
	Die Methodenwahl ist dem Inhalt und den Schülerinnen und Schülern angemessen
Wissenssicherung	Die Lehrkraft verwendet Erinnerungshilfen oder Beispiele
	Es kommen Wiederholungen zur Vernetzung vor
	Relevante Zwischenschritte werden besprochen
Herausfordernde Fragen	Die Lehrkraft zeigt ein angemessenes Frageverhalten (nicht zu kleinschrittig)
	Die Lehrkraft stellt kognitiv herausfordernde Aufgaben
	Die Lehrkraft gibt geeignete Impulse, z. B. ein Problem, offene Frage

9.4   Wie wird professionelle Kompetenz in der Lehramtsausbildung erworben und entwickelt?

Was lässt sich nun mithilfe dieser Instrumente über die Wirksamkeit der Lehramtsausbildung sagen? Welche Rolle spielen Eingangsvoraussetzungen wie Schulabschlussnoten oder pädagogische Vorerfahrung für die Entwicklung professioneller Kompetenz? Und wie müssen curricular verankerte, universitäre und schulpraktische Lerngelegenheiten gestaltet sein, um professionelle Kompetenz zu fördern?

9.4.1   Kompetenzentwicklung in der ersten Phase der Lehramtsausbildung

Das Lehramtsstudium wirkt

Eine Reihe von Studien geht der Frage der Wirksamkeit des bildungswissenschaftlichen Studiums nach, indem sie Lehramtsstudierende über mehrere Jahre begleitet und in Abständen von mehreren Semestern ihr pädagogisches Wissen sowie die von ihnen genutzten Lerngelegenheiten abfragt. Die Ergebnisse zeigen über verschiedene Länder und Studienfächer hinweg, dass das pädagogische Wissen der Studierenden im Rahmen ihrer Ausbildung signifikant zunimmt (EMW und LEK; König et al., 2017c; König & Seifert, 2012). Die Relevanz der ersten Phase der Lehramtsausbildung unterstreichen auch Vergleiche von Referendarinnen und Referendaren mit und ohne Lehramtsstudium. Aus einer Untersuchung von 3273 Referendarinnen und Referendaren geht etwa hervor, dass diejenigen Lehrkräfte über höheres pädagogisches Wissen verfügen, die ein Lehramtsstudium absolviert haben (BilWiss; Kunina-Habenicht et al., 2013). Quer eingestiegene Referendarinnen und Referendare ohne Lehramtsstudium hingegen schneiden signifikant schlechter ab.

Individuelle Eingangsvoraussetzungen für den Kompetenzerwerb
Allgemeine Leistungsfähigkeit fördert den Wissenserwerb.
Eine Annahme, die vielen Kompetenzmodellen zugrunde liegt, besteht darin, dass sich allgemeine kognitive Fähigkeiten positiv auf die Kompetenzentwicklung auswirken. Interpretiert man die Abiturnote als einen Indikator für allgemeine Leistungsfähigkeit, zeigen sich unterschiedliche Effekte auf den pädagogischen Wissenserwerb und auf die langfristige Veränderung des Wissens. So zeigt sich zum Ende des Studiums bzw. zu Beginn des Vorbereitungsdienstes bspw. ein substanzieller Zusammenhang zwischen der Abiturnote und der Planungskompetenz von Referendarinnen und Referendaren (PlanvoLL; König et al., 2015). Für den Einfluss der allgemeinen Leistungsfähigkeit auf den Verlauf der pädagogischen Kompetenzentwicklung ist das Bild weniger einheitlich. Während einige Studien einen positiven Zusammenhang zwischen der Abiturnote von Lehramtsstudierenden und ihrem pädagogischen Wissenszuwachs feststellen (EMW, LtP,

ZuS, ProfaLe; Klemenz et al., 2019; König et al., 2018; König et al., 2018), zeigt sich der Zusammenhang zwischen Abiturnote und Planungskompetenz bei Referendarinnen und Referendaren zum Ende ihres Vorbereitungsdienstes nicht mehr (PlanvoLL; König et al., 2015). Da die Planungskompetenz starke Zuwächse im Verlauf der zweiten Lehrerbildungsphase erfährt (König et al., 2015, 2020), könnte somit die Bedeutung der Abiturnote auch abnehmen.

Eine pädagogische Vorbildung kann den Kompetenzerwerb begünstigen.
Des Weiteren könnte vermutet werden, dass eine pädagogische Vorbildung von Lehramtsstudierenden, wie sie bspw. in schulischen Pädagogikkursen in NRW erworben werden kann, sich positiv auf den pädagogischen Wissenserwerb auswirkt. Ergebnisse aus bisherigen Studien belegen dies jedoch nicht oder nur für einzelne Wissensbereiche (LEK, ZuS; König & Seifert, 2012; König et al., 2017d). *Praktische* pädagogische Erfahrungen, die vor Beginn des Studiums gesammelt wurden, scheinen hingegen den Wissenserwerb zu begünstigen. So verfügen Lehramtsstudierende, die Nachhilfeunterricht gegeben oder Freizeitaktivitäten für Kinder und Jugendliche gestaltet haben, über vergleichsweise höheres pädagogisches Wissen als ihre Kommilitoninnen und Kommilitonen (LEK; König & Seifert, 2012).

Institutionelle Gelingensbedingungen der Kompetenzentwicklung
Noch wesentlicher als die Frage nach dem Einfluss der Eingangsvoraussetzungen von Lehramtsstudierenden ist die Frage danach, wie Kompetenz institutionell gefördert werden kann. Die pädagogische Wissenszunahme im Studium legt zunächst die Vermutung nahe, dass eine intensivere Nutzung von Lerngelegenheiten sich positiv auswirkt. Hierzu ist eine differenzierte Betrachtung hilfreich, die zum Beispiel zwischen Lehrformaten und Inhalten unterscheidet.

Noch ist unklar, wie viel Mehrwert konkrete Lehrveranstaltungen schaffen.
Einzelne Studien stützen die Annahme, dass ein Mehr an Lehrveranstaltungen den Kompetenzerwerb befördert: Sie stellen fest, dass Lehramtsstudierende, die eine höhere Anzahl an Lehrveranstaltungen in den Bildungswissenschaften besucht haben, auch ein ausgeprägteres pädagogisches Wissen aufweisen (LEK; König & Seifert, 2012; Watson et al., 2018). Andere Studien wiederum können diesen Zusammenhang nicht bestätigen (BilWiss; Kunina-Habenicht et al., 2013), sodass der Mehrwert einer bloßen Erhöhung der Veranstaltungszahl noch unklar bleibt.

Eine inhaltlich breitere Ausbildung zahlt sich aus.
Anders als die Befundlage zur Anzahl von Lehrveranstaltungen zeichnen inhaltlich differenzierte Analysen von Lerngelegenheiten ein deutliches Bild. Hier erweist sich die Breite der pädagogischen Ausbildungsinhalte als bedeutungsvoll. So schlägt sich ein

thematisch breiteres Studium bei längsschnittlich untersuchten, d. h. über einen längeren Zeitraum hinweg mehrfach getesteten Lehramtsstudierenden in einem stärkeren Wissenszuwachs nieder (EMW, LEK; König et al., 2017c; König & Seifert, 2012). Auch im Vorbereitungsdienst zeigen sich Unterschiede: Mathematik-Referendarinnen und -Referendare, die eine größere Anzahl an Pädagogikthemen behandelt haben, weisen ein höheres pädagogisches Wissen auf (TEDS-M; König, 2014). Ein interessanter Befund ergibt sich auch mit Blick auf fachdidaktische Zusammenhänge. Diese deuten darauf hin, dass sich einzelne Bereiche pädagogischen Wissens von Lehramtsstudierenden auf fachdidaktische Lerngelegenheiten zurückführen lassen (ZuS, ProfaLe; König et al., 2018). Es ist also denkbar, dass durch inhaltliche Überschneidungen von Fachdidaktik und Pädagogik (wie bspw. zur Leistungsbeurteilung) auch fachdidaktische Lehrveranstaltungen förderlich für die Entwicklung pädagogischer Kompetenzfacetten sein könnten.

Auch an der Universität ist Lehrqualität essenziell für den Kompetenzerwerb.
Neben der inhaltlichen Breite wird auch die Lehrqualität der universitären Lehrveranstaltungen als relevant für die Kompetenzentwicklung eingeschätzt. Untersuchungen zu dieser Annahme sind noch vergleichsweise jung und mit der Herausforderung konfrontiert, Lehrqualität über verschiedene Veranstaltungskontexte hinweg vergleichbar zu erfassen. Erste Ergebnisse, die auf Lehrqualitätsurteilen von Lehramtsstudierenden beruhen, weisen darauf hin, dass Kurse mit einem höheren didaktischen Strukturierungsgrad, größeren Partizipationsmöglichkeiten und einem höheren kognitiven Aktivierungsgrad sich positiv auf das pädagogische Wissen auswirken (Klemenz et al., 2019; Watson et al., 2018).

Förderung situationsspezifischer Klassenführungskompetenz in video- und transkriptgestützten Seminaren – eine Interventionsstudie
Unterrichtsvideos sind ein besonders naheliegendes Medium, wenn es um die Förderung situationsspezifischer Fähigkeiten von Lehrkräften geht. Sie bieten die Möglichkeit, der Komplexität unterrichtlicher Prozesse realitätsnah gerecht zu werden und somit auch situative Wahrnehmungs-, Interpretations- und Entscheidungsfähigkeiten zu trainieren. Um zu untersuchen, ob sich Unterrichtsvideos tatsächlich besser für den Erwerb dieser Fähigkeiten eignen als traditionelle Seminarformate oder als transkriptgestützte Lehr-Lern-Formate, entwickelten Kramer et al. (2017) ein speziell videobasiertes Trainingsprogramm.

Einem quasi-experimentellen Design folgend wurden Lehramtsstudierende ein Semester lang in drei unterschiedlichen Gruppen unterrichtet: Eine Gruppe nahm an einem Trainingsseminar teil, in dem der thematische Schwerpunkt der Klassenführung mithilfe von Unterrichtsvideos erarbeitet wurde; die zweite besuchte ein Parallelseminar, das identische Inhalte auf Basis von Unterrichtstranskripten behandelte; und eine Kontrollgruppe nahm an einem klassischen Seminar teil, das weder Videos noch Transkripte einsetzte und allgemeine pädagogische Inhalte schulte.

Um die Lernwirksamkeit der Methoden zu prüfen, wurden die situationsspezifischen Fähigkeiten der Studierenden zu Beginn und zum Ende des Semesters mithilfe des CME-Instruments (König, 2015) erfasst. Die Studierenden der Kontrollgruppe wiesen am Semesterende einen signifikant niedrigeren Zuwachs situationsspezifischer Fähigkeiten auf als die Studierenden der video- oder transkriptbasierten Seminare. Der Einsatz von Videos wurde von den Studierenden zwar als kognitiv aktivierend eingeschätzt, stellte sich überraschenderweise jedoch nicht als lernförderlicher heraus als die Verwendung von Transkripten.

Unterrichtsvideos für die Lehramtsausbildung: die Datenbank ViLLA

Im Rahmen des Projekts ViLLA „Videos in der Lehrerinnen- und Lehrerausbildung/Lernen mit Unterrichtsvideos in der Lehrerausbildung" fördert die Universität zu Köln die professionelle Wahrnehmung und Interpretation von unterrichtlichen Situationen von Lehramtsstudierenden, indem sie eine Online-Datenbank mit Unterrichtsvideos und didaktischem Begleitmaterial bereitstellt. Diese können sowohl in projektorientierten Lehrveranstaltungen eingesetzt als auch von Studierenden zum Selbststudium verwendet werden. Um ein individualisiertes Lernen zu ermöglichen, werden darüber hinaus Videos aus der Datenbank unter pädagogischen und fachdidaktischen Fragestellungen aufbereitet und den Lehramtsstudierenden zum seminarunabhängigen Selbstlernen zur Verfügung gestellt.

Weiterführende Informationen: http://zus.uni-koeln.de

Weitere Projekte, die Unterrichtsvideos für die Lehramtsausbildung zur Verfügung stellen:

- **FOCUS Videoportal** der Freien Universität Berlin: https://tetfolio.fu-berlin.de/tet/focus
- **Online-Fallarchiv** der Universität Kassel: http://www.fallarchiv.uni-kassel.de/
- **V-share** der Universität Lüneburg: https://www.v-share.de/index.html
- **ViU-Plattform** der Universität Münster: https://www.uni-muenster.de/Koviu/
- **ProVision** Videoportal der Universität Münster: https://www.uni-muenster.de/ProVision/
- **Plattform „Guter Unterricht"**: www.guterunterricht.de
- **Plattform „unterrichtsvideos.ch"** der Universität Zürich: http://www.unterrichtsvideos.ch/
- **Falldatenbank** der Universität Regensburg: https://www.uni-regensburg.de/forschung/impuls/impuls-falldatenbank/index.html
- **TIMSS VIDEO**-Datenbank der Videostudie TIMSS 1999 (auf Englisch): www.timssvideo.com/

Fokus: Schulpraktische Lerngelegenheiten

Mehr Schulpraxis ist keine hinreichende Bedingung für die Kompetenzentwicklung.
Ein häufig diskutierter Aspekt der universitären Lehramtsausbildung ist der Anteil
schulpraktischer Lerngelegenheiten (König et al., 2017a). Der häufig wiederkehrenden
Forderung nach mehr Praxis und weniger Theorie liegt die Annahme zugrunde, dass
schulpraktische Lerngelegenheiten notwendig sind, um die Berufswahl zu überprüfen,
berufliches Handeln zu erproben und wissenschaftliche Theorien mit der Schulwirklich-
keit zu verknüpfen (u. a. Gröschner & Schmitt, 2010; Weyland, 2012). Eine Bilanz des
aktuellen Forschungsstands verdeutlicht jedoch, dass mehr Praxis nicht automatisch zu
einer höheren Kompetenz führt (König et al., 2018).

**Eine hohe Theorie-Praxis-Verzahnung fördert die Effektivität schulpraktischer
Lerngelegenheiten.**
Die Bedingungen erfolgreicher Kompetenzentwicklung in schulpraktischen Lerngelegenheiten wurden bereits an mehreren deutschen Standorten erforscht. Eine Untersuchung von über 400 Lehramtsstudierenden konnte beispielsweise belegen, dass das
Praxissemester einen grundsätzlichen Zuwachs im pädagogischen Wissen mit sich bringt
(LtP; König et al., 2018). Die Ergebnisse unterstreichen jedoch, dass diese Zuwächse
nicht durch alle schulpraktischen Tätigkeiten und nicht für alle Wissensformen entstehen. Die angehenden Lehrkräfte profitieren umso eher von schulpraktischen Tätigkeiten, je stärker sie die Verzahnung von Universität und Praxis wahrnehmen, wie in
vergleichenden Untersuchungen verschiedener Praxisformate im Masterstudium deutlich
wurde (Doll et al., 2018). Lerngelegenheiten, in denen Theorien auf Situationen bezogen
werden, erweisen sich als bedeutsam für die Entwicklung deklarativ-konzeptionellen
Wissens. Lerngelegenheiten, die Situationsanalysen und -reflexion erfordern, stärken
zusätzlich Wissen zur Generierung von Handlungsoptionen. Für beide Arten von Lerngelegenheiten und Wissensformen ist allerdings zu berücksichtigen, dass es sich dennoch
lediglich um kleine Effekte des Praxissemesters handelt.

**Lehramtsstudierende profitieren von Unterrichtsversuchen und mentorieller
Betreuung.**
Bisherige Analysen verdeutlichen, dass die mentorielle Unterstützung der Studierenden
eine bedeutsame Rolle spielt, wenn sie von Lerngelegenheiten der Unterrichtsplanung
und -durchführung profitieren sollen (LtP; König et al., 2018). Zudem lassen sie vermuten, dass im Rahmen der Unterrichtspraxis eine Entwicklung und Umstrukturierung des
Wissens stattfindet. Zum einen zeigt sich, dass das pädagogische Wissen von Lehramtsstudierenden zwar nicht zu Beginn des Praxissemesters, sehr wohl jedoch am Ende mit der
von ihnen selbst eingeschätzten Qualität der eigenen Unterrichtsversuche zusammenhängt
(LtP; König et al., 2018). Zum anderen geht aus ihnen hervor, dass das Planen und Halten
eigenen Unterrichts sich positiv auf die pädagogische Wissensentwicklung auswirkt (LEK,
EMW; Klemenz et al., 2019; König & Seifert, 2012).

9.4.2 Kompetenzentwicklung im Referendariat

Das Referendariat fördert situationsspezifische Fähigkeiten und Wissensaufbau.
Der Aufbau pädagogischer Wissensbestände ist nicht auf die universitäre Ausbildungsphase und die darin integrierten schulpraktischen Lerngelegenheiten begrenzt. Dies zeigen Vergleiche von Lehramtsstudierenden mit Referendarinnen und Referendaren. So weisen angehende Lehrkräfte im letzten Jahr ihres Referendariats signifikant höheres pädagogisches Wissen auf als Lehramtsstudierende – ein Ergebnis, das sich über verschiedene Fächer hinweg bestätigt (TEDS-M, LEK, PKE; König, 2014; Tachtsoglou & König, 2018).

In Bezug auf die professionelle Unterrichtswahrnehmung zeichnet sich ein ähnliches Bild ab: Mit dem Verlauf des Vorbereitungsdienstes bewältigen Referendarinnen und Referendare auch situationsspezifische Wahrnehmungs- und Interpretationsanforderungen im Bereich der Klassenführung besser als Studierende (LEK-R; Kramer et al., 2017). Analysen von Unterrichtsentwürfen von (Deutsch-)Referendarinnen und -Referendaren unterstreichen zudem, dass der Vorbereitungsdienst einen bedeutsamen Einfluss auf die adaptive Planungskompetenz der angehenden Lehrkräfte hat (PlanvoLL, PlanvoLL-D; König et al., 2015; König et al., 2021).

Längsschnittliche Untersuchungen der Entwicklung pädagogischer Kompetenzfacetten vom Ende des Studiums hin zum Ende des Vorbereitungsdienstes sind selten, werden jedoch zunehmend durchgeführt: In den Projekten EMW und ZuS werden angehende Lehrkräfte während ihres Studiums und erneut im Referendariat getestet. In COACTIV-R, BilWiss und PlanvoLL-D werden Referendarinnen und Referendare zu mehreren Zeitpunkten im Laufe ihres Vorbereitungsdienstes untersucht. Wenngleich noch nicht alle Projekte zum Abschluss gekommen sind, deuten erste Befunde darauf hin, dass das pädagogische Wissen von Referendarinnen und Referendaren im Bereich der Klassenführung im Laufe eines Jahres zunimmt (COACTIV-R; Voss et al., 2017). Ähnliches bestätigen auch Analysen zur adaptiven Planungskompetenz, die diesbezüglich einen bedeutsamen Zuwachs zwischen Lehrproben zu Beginn und zum Ende des Vorbereitungsdienstes nachweisen (PlanvoLL, PlanvoLL-D; König et al., 2015).

Bildungsforschung praxisnah: Das Monitoring der Lehrer*innenbildung an der Universität zu Köln und der Universität Hamburg

Seit 2016 widmet sich die Universität zu Köln im Projekt „Heterogenität und Inklusion gestalten – Zukunftsstrategie Lehrer*innenbildung (ZuS)" dem Ziel, die Qualität ihrer Lehramtsausbildung zu überprüfen und durch ein forschungsbasiertes Bildungsmonitoring zu steuern. Hierfür nehmen über 1000 Bachelor- und Masterstudierende sowie Referendarinnen und Referendare unterschiedlicher Fachrichtungen jährlich an einer umfassenden Befragung teil, die Informationen zu ihrer längsschnittlichen Kompetenzentwicklung liefert. Hierzu werden Tests eingesetzt, die affektiv-motivationale und kognitive Kompetenzfacetten erfassen, wie Berufswahl-motivation, fachdidaktisches Wissen, pädagogisches Wissen oder Inklusionswissen. Gleichzeitig wird die Nutzung und Qualität universitärer sowie schulpraktischer Lerngelegenheiten erhoben, um Erkenntnisse für die Weiterentwicklung der Lehrver-anstaltungen und Ausbildungscurricula zu gewinnen.

Auch andere Projekte aus der BMBF-geförderten Qualitätsoffensive Lehrerbildung führen solche Panelstudien durch, wie bspw. das Projekt „Professionelles Lehrer-handeln zur Förderung fachlichen Lernens unter sich verändernden gesellschaftlichen Bedingungen (ProfaLe)" der Universität Hamburg.

Weiterführende Informationen: http://zus.uni-koeln.de/qs-makro.html, https://www.profale.uni-hamburg.de/qualitaetssicherung/begleitforschung/makroebene.htm#

Publikationen: König et al. (2018), König et al. (2017b), Doll et al. (2018) ◄

9.4.3   Kompetenzentwicklung im Beruf

Wissensstrukturen verändern sich in den ersten Berufsjahren.
Die Befunde zur Entwicklung pädagogischer Kompetenzfacetten sprechen ins-gesamt für die Wirksamkeit der Lehramtsausbildung. Die Frage, ob die erworbenen Kompetenzen auch im Beruf praktisch relevant bleiben, wird zunehmend in den Fokus von Untersuchungen gerückt. Diese beschränken sich jedoch auf Querschnitte berufs-tätiger Lehrkräfte, die eine Momentaufnahme darstellen und daher keine Aussagen zur ihrer Kompetenz*entwicklung* erlauben. Eine Ausnahme stellt das Folgeprojekt zur TEDS-M Studie dar: In TEDS-FU wurden Mathematiklehrkräfte vier Jahre nach ihrem Referendariat und ihrer Teilnahme an TEDS-M erneut getestet (vgl. hierzu Kap. 2 dieses Bandes). Dabei zeigt sich, dass die Lehrkräfte nach ihrem Berufseinstieg durch-schnittlich über deutlich umfangsreicheres pädagogisches Wissen verfügen als am Ende ihres Referendariats (Blömeke et al., 2015). Dies unterstreicht einerseits, dass sich die Kompetenzentwicklung in der beruflichen Praxis fortsetzt. Die Tatsache, dass sich auch Veränderungen in der Rangliste der Testprobanden zeigen (d. h. Testprobanden, die sich am Ende des Referendariats im unteren Leistungsbereich befanden, erzielten Leistungen im oberen Bereich und umgekehrt), deutet zusätzlich darauf hin, dass das Wissen mit dem Berufseinstieg umfassend umstrukturiert wird.

9.5   Wie hängen pädagogisches Wissen und Können mit anderen Facetten professioneller Lehrkompetenz zusammen?

Pädagogisches Wissen und Können stellt eine von mehreren Facetten der Professionalität von Lehrkräften dar. Erst wenn alle Kompetenzfacetten interagieren, können Lern-gelegenheiten für Schülerinnen und Schüler ihr volles Potenzial entfalten. Es lohnt sich also ein Blick auf die Zusammenhänge, in denen pädagogische Kompetenzfacetten mit fachlichen und fachdidaktischen Facetten sowie mit Motivationen und Emotionen stehen.

Fachliches und fachdidaktisches Wissen

Diverse Untersuchungen können für angehende Lehrkräfte unterschiedlicher Fächer belegen, dass das pädagogische Wissen konzeptionell und empirisch klar von fachlichem und fachdidaktischem Wissen trennbar ist. Dennoch unterstreichen die Befunde auch, dass diese unterscheidbaren Kompetenzfacetten nicht völlig losgelöst voneinander sind. Stattdessen zeigen sie beispielsweise, dass das fachdidaktische Wissen von Lehramtsstudierenden mit ihrem pädagogischen Wissen in einem substanziellen Zusammenhang steht (ProfaLe, ZuS, PlanvoLL-D; König et al., 2018). Ähnliches lässt sich für Referendarinnen und Referendare feststellen, die in Studien zu Mathematik- und Englischlehrkräften besser in Fachwissenstests und in Fachdidaktiktests abschneiden, je ausgeprägter ihr pädagogisches Wissen ist (COACTIV-R, PKE; König et al., 2016; Voss et al., 2011). Vergleicht man zudem die Höhe dieser Zusammenhänge, zeigt sich, dass pädagogisches Wissen enger mit fachdidaktischem Wissen verknüpft ist als mit Fachwissen.

Affektiv-motivationale Kompetenzfacetten
Die Rolle der Berufswahlmotivation im pädagogischen Kompetenzerwerb ist nicht eindeutig.

Pädagogische Kompetenzfacetten einer Lehrkraft hängen nicht nur mit ihrem fachlichen und fachdidaktischen Wissen zusammen, sondern auch mit emotionalen und motivationalen Merkmalen. Ein Merkmal, dem eine hohe Bedeutung für die Kompetenzentwicklung und den Berufserfolg zugeschrieben wird, ist die Berufswahlmotivation von Lehrkräften. Längsschnittanalysen belegen, dass die Berufswahlmotivation einen – wenn auch kleinen – Effekt auf den Erwerb und die Weiterentwicklung des pädagogischen Wissens hat (EMW; König & Rothland, 2017). Insbesondere hochgradig intrinsisch und leistungsmotivierte Lehramtsstudierende unterscheiden sich in ihrem Wissen von weniger intrinsisch motivierten Kommilitoninnen und Kommilitonen. Eine Teilanalyse zeigt zudem, dass das Wissen von Studierenden geringer ausfällt, je mehr ihre Berufswahl einer Verlegenheitslösung gleichkommt. Allerdings ist dieses Ergebnis mit einer gewissen Vorsicht zu interpretieren: Einerseits fällt der negative Zusammenhang verhältnismäßig klein aus, andererseits lässt er sich nicht für alle Erhebungszeitpunkte reproduzieren.

Pädagogisches Wissen trägt langfristig zur Berufszufriedenheit bei.

Dass pädagogisches Wissen nicht nur durch motivationale Orientierungen geprägt wird, sondern auch selbst zur Motivation der Lehrkräfte beiträgt, ergeben bspw. Analysen zu Mathematiklehrkräften. Lehrkräfte, die in einer Kombination aus Mathematik-, Mathematikdidaktik und Pädagogik-Wissenstests besser abschneiden, berichten tendenziell auch eine höhere Berufszufriedenheit (TEDS-FU; Blömeke et al., 2015).

Dass es sich hierbei um einen langfristigen Effekt handeln kann, lassen Ergebnisse von Studien mit Mathematik-Referendarinnen und -Referendare vermuten, die zu Beginn und zum Ende eines Schuljahres getestet wurden: Deren pädagogisches Wissen im Bereich der Klassenführung sagt noch ein Jahr später das Niveau ihrer Berufszufriedenheit vorher (COACTIV-R; Klusmann et al., 2012).

Emotionale Belastungen sind niedriger bei höherer professioneller Kompetenz.
Darüber hinaus wird der professionellen Kompetenz eine psychologische Schutzfunktion zugesprochen. Diese Annahme stützen verschiedene Analysen zu Referendarinnen und Referendaren, deren pädagogisches Wissen in den Bereichen Lernen, Entwicklung, Diagnostik und Klassenführung mit einer niedrigen emotionalen Erschöpfung einhergeht bzw. diese im Laufe eines Schuljahres reduziert (BilWiss, COACTIV-R; Dicke et al., 2015; Klusmann et al., 2012). Dieser Effekt wirkt – wenn auch schwach – bis in den Berufseinstieg der Lehrkräfte hinein: Schülerinnen und Schüler nehmen Lehrkräfte, die bereits in ihrem Referendariat über ein höheres pädagogisches Wissen verfügten, auch zwei Jahre später noch als emotional weniger erschöpft wahr (COACTIV-R; Gindele & Voss, 2017).

Neben der emotionalen Erschöpfung wirken pädagogische Kompetenzfacetten auch anderen Belastungen entgegen, die mit Burnout assoziiert werden. So zeigt eine Untersuchung von berufserfahrenen Lehrkräften unterschiedlicher Fächer, dass diese weniger an emotionaler Erschöpfung, Depersonalisierung und verringerter Leistungsfähigkeit leiden, je ausgeprägter ihre situationsspezifische Klassenführungsexpertise ist (CME; König, 2015). Ähnliches gilt auch für ihr pädagogisches Wissen, das einer Depersonalisierung sowohl direkt entgegenwirkt als auch indirekt, indem es die lehramtsbezogene Selbstwirksamkeitserwartung der Lehrkräfte stärkt (Lauermann & König, 2016). Der Effekt von pädagogischem Wissen der Lehrkräfte auf ihre lehramtsbezogene Selbstwirksamkeitserwartung ist dahingehend interessant, dass von ihr wiederum ein Einfluss auf das Unterrichtshandeln vermutet wird (vgl. Praetorius et al., 2017).

9.6 Professionelle Kompetenz entlang des Kontinuums: Wie hängen pädagogisches Wissen, situationsspezifische Fähigkeiten und Unterrichtsqualität zusammen?

Die Lehramtsausbildung sieht sich regelmäßig mit der Frage konfrontiert, ob die in der Ausbildung entwickelten Kompetenzen tatsächlich für die Unterrichtspraxis im beruflichen Alltag bedeutsam sind. Die Forschung zur Interaktion von pädagogischem Wissen und Wahrnehmungs-, Analyse- und Entscheidungsfähigkeiten im Unterricht steht zwar noch am Anfang, bietet jedoch bereits erste Teilantworten.

Wissen stärkt professionelle Unterrichtswahrnehmung (situationsspezifische Fähigkeiten).
Für berufstätige Mathematik-Lehrkräfte lässt sich zunächst ein mittlerer Zusammenhang zwischen pädagogischem Wissen und allgemein pädagogischen, situationsspezifischen Fähigkeiten feststellen, der allerdings auf die Interpretationsfähigkeit beschränkt zu sein scheint (TEDS-FU; Kaiser et al., 2017; Schwarz et al. in Kap. 2 dieses Bandes). Untersuchungen mit einem spezifischen Fokus auf die Teildimension der situationsspezifischen Klassenführungsfähigkeiten führen hingegen zu eindeutigeren Befunden: Hier wird am Beispiel von Lehrkräften unterschiedlicher Fächer ersichtlich, dass das pädagogische Wissen einen bedeutsamen Effekt auf die Klassenführungsexpertise hat (TEDS-Validierung, LEK-R; Felske et al., 2020; König & Kramer, 2016). Dies gilt insbesondere für Wissen aus dem Bereich der Klassenführung, aber auch allgemein für handlungsnahes Wissen.

Pädagogisches Wissen und professionelle Unterrichtswahrnehmung steigern die Unterrichtsqualität.
Eine Reihe von Studien geht in ihren Analysen einen Schritt weiter und nimmt das Unterrichtshandeln der Lehrkräfte direkt in den Blick. Auf Basis von Beobachtungen durch Schülerinnen und Schüler stellen sie u. a. fest, dass die situationsspezifische Klassenführungskompetenz sich positiv auf tatsächliche Klassenführungsaspekte der Unterrichtsqualität auswirkt (LEK-R; König & Kramer, 2016). Auch für das situationsfernere pädagogische Wissen werden Effekte auf die Unterrichtsqualität berichtet. So schätzen Schülerinnen und Schüler bspw. die Erklärfertigkeiten von Mathematik-Referendarinnen und -Referendaren positiver ein, je ausgeprägter ihr pädagogisches Wissen ist – unabhängig davon, wie hoch das mathematikdidaktische Wissen der angehenden Lehrkräfte ist (COACTIV-R; Gindele & Voss, 2017).

Vergleichbare Befunde zeigen sich bei berufstätigen Lehrkräften. So berichten Schülerinnen und Schüler bei Lehrkräften mit höherem pädagogischem Wissen und Teilkompetenzen in Diagnostik, Didaktik und Klassenführung häufiger von methodisch abwechselnder und interessanter Unterrichtsgestaltung, klarer Strukturierung, hoher Vermittlungsqualität, positiven Beziehungen zwischen Lehrkraft und Lernenden sowie effizienter Klassenführung (SKiLL, AL; Brühwiler, 2014; König & Pflanzl, 2016). Erste Untersuchungen deuten zudem darauf hin, dass Mathematiklehrkräfte mit ausgeprägtem Wissen zum Umgang mit Heterogenität Unterricht halten, der kognitiv aktivierender ist als der von Lehrkräften mit geringerem Wissen in diesem Bereich (Nehls et al., 2019).

Bewertungsinstrumente der Unterrichtsqualität

Instrumente zur Bewertung von Unterrichtsqualität bieten sich auch an, um eigenen Unterricht zu reflektieren oder um Rückmeldungen durch Schülerinnen und Schüler sowie Kolleginnen und Kollegen einzuholen. Viele sind im Internet frei zugänglich und liegen in Form von sogenannten „Skalendokumentationen" zu den Forschungsprojekten vor. Aus diesen können die entsprechenden Indikatoren leicht extrahiert und für die eigene Reflexion herangezogen werden.

- Beobachtungsbogen „Einblicknahme in die Lehr- und Lernsituation" (Version 6.1) der Agentur für Qualitätssicherung Rheinland-Pfalz: http://unterrichts-diagnostik.info/media/files/Link%208_ELL_V6_2.pdf
- „Schüler/innen-Befragung zum Mathematikunterricht" aus „Instrumente für die Qualitätsentwicklung und Evaluation in Schulen" IQES: http://andreas-helmke. de/wordpress/wp-content/uploads/2015/01/S05b_SB-Mathematikunterricht.pdf
- „Selbstbericht zum Unterricht" der BilWiss-Studie: https://www.iqb.hu-berlin. de/fdz/studies/BilWiss/BilWiss_Skalenha.pdf
- „Unterricht aus Schülersicht" der DESI-Studie: https://www.pedocs.de/voll-texte/2010/3252/pdf/MatBild_Bd25_1_D_A.pdf
- „Allgemeine Beobachtungsinstrumente" der VERA-Studie: http://andreas-helmke.de/wordpress/wp-content/uploads/2015/01/Beobachtungsinstrumente_VERA_GU.pdf
- Wep-App „AMADEUS – Anonym nutzbare Mobile App zur digitalen Evaluation des Unterrichts durch Schüler:innen" der Forschungsgruppe FALKO-PV (Universität Regensburg): https://amadeus.falko-pv.de

9.7 Wie wirkt sich professionelle Kompetenz auf das Lernen der Schülerinnen und Schüler aus?

Pädagogische Facetten professioneller Kompetenz beeinflussen das fachliche Lernen.
Der Zusammenhang zwischen der professionellen Kompetenz von Lehrkräften und dem Lernzuwachs der von ihnen unterrichteten Lernenden ist bereits in älteren Studien untersucht worden (bspw. Ball et al., 2005). Allerdings beschränken sich diese meist auf fachliche und fachdidaktische Kompetenzfacetten wie im Fall der COACTIV-Studie (Baumert et al., 2010; Kersting et al., 2012; ausführlich zur COACTIV-Studie siehe Kap. 4 in diesem Band). Der Einfluss fächerübergreifender Kompetenzfacetten auf das fachliche Lernen hingegen ist erst in jüngsten Arbeiten in den Fokus gerückt und konzentriert sich bis dato vornehmlich auf stark eingegrenzte Teilaspekte pädagogischer Kompetenz oder des Lernens. Sie belegen beispielsweise, dass Schülerinnen und

Schüler signifikant häufiger Lernstrategien zur Einprägung und zur metakognitiven Steuerung des Lernprozesses anwenden, wenn ihre Lehrkräfte über hohes pädagogisches Wissen verfügen (SKiLL; König & Pflanzl, 2016). Auch für adaptive Teilkompetenzen in den Bereichen Diagnostik, allgemeine Didaktik und Klassenführung zeigt sich ein positiver Effekt auf den Leistungszuwachs von Lernenden, der unabhängig von ihren individuellen Voraussetzungen und ihrem Klassenkontext wirkt (AL; Brühwiler, 2014).

Studien, die das gesamte Kompetenzkontinuum abbilden und pädagogisches Wissen, Unterrichtsqualität und Schülerlernen gleichzeitig untersuchen, sind derzeit noch selten (Kaiser & König, 2019; Krauss et al., 2020). Erste Untersuchungen zu berufstätigen Physik- und Mathematik-Lehrkräften unterstreichen jedoch, dass das pädagogische Wissen und die situationsspezifischen Klassenführungsfähigkeiten von Lehrkräften in der Tat die Unterrichtsqualität steigern, indem sie die Klassenführung und das kognitive Aktivierungsniveau positiv beeinflussen (ProwiN, TEDS-Validierung; König et al., 2021; Lenske et al., 2016). Die Analysen belegen überdies, dass Wissen und situationsspezifische Fähigkeiten so einen indirekten Einfluss auf die fachliche Leistungsentwicklung der Schülerinnen und Schüler ausüben.

9.8 Welche Folgerungen können für die Praxis gezogen werden?

Zusammenfassend lässt sich festhalten, dass pädagogische Facetten professioneller Kompetenz eine praktische Relevanz für den beruflichen Alltag von Lehrkräften haben. Das pädagogische Wissen stellt eine zentrale Grundlage für die Entwicklung situationsspezifischer Fähigkeiten dar und ist eng verbunden mit fächerübergreifenden Aspekten der Unterrichtsqualität. Darüber hinaus macht der Stand der Forschung deutlich, dass das pädagogische Wissen auch mit fachlichen bzw. fachdidaktischen Kompetenzfacetten zusammenhängt und sich positiv auf die Entwicklung von Lernenden auswirkt. Nicht zuletzt können pädagogische Kompetenzfacetten im Zusammenhang mit niedrigem Belastungserleben von Lehrkräften stehen.

Zu beachten ist, dass es sich bei der dargestellten Forschung teilweise noch um junge Forschungsansätze handelt, und entsprechend sollten die Ergebnisse im Laufe der kommenden Jahre ergänzt werden. Dies schließt Replikationsstudien an ähnlichen oder auch größeren Stichproben ein, um die Aussagekraft der hier berichteten Ergebnislage zu stärken oder auszudifferenzieren. Dennoch können die Befunde als Ansatzpunkte zur Diskussion möglicher Implikationen für die Gestaltung und Praxis der Lehreraus- und -fortbildung dienen, die sich an Lehramtsausbildende und angehende sowie berufstätige Lehrkräfte richten.

9.8.1 Empfehlungen für die universitäre Lehramtsausbildung

Berufseingangsvoraussetzungen mit Vorsicht prüfen.
An diversen Hochschulen haben sich in den vergangenen Jahren bestimmte Voraussetzungen bzw. Auswahlkriterien zur Zulassung für ein Lehramtsstudium etabliert. So existiert beispielsweise für einzelne Studienfächer ein Numerus clausus, der als Kriterium herangezogen wird. Die Aussagekraft der Abiturnote über langfristigen Erwerb professioneller Kompetenz im pädagogischen Sinne sollte jedoch vor dem Hintergrund der hier berichteten Forschungsbefunde mit Vorsicht betrachtet werden. Der Einfluss der Abiturnote auf getestete Facetten pädagogischer Kompetenz ist zwar statistisch belegbar, jedoch nicht für alle Teilkompetenzen, Fächergruppen und Ausbildungsphasen gleichermaßen ausgeprägt. Zudem kann die Abiturnote an Bedeutung für Kompetenzfacetten verlieren, je weiter die angehenden Lehrkräfte in ihrer Ausbildung voranschreiten (z. B. König et al., 2015).

Vielerorts wird weiterhin ein mehrwöchiges Orientierungspraktikum vorausgesetzt, das schon vor Beginn des Lehramtsstudiums zu absolvieren ist. Zwar kann diesem eine gewisse reflexive Funktion zugeschrieben werden. Jedoch ist auch hier der Mehrwert mit Vorsicht einzuschätzen, da eine schulpraktische Erfahrung ohne inhaltliche Einbettung, aktivierende schulpraktische Tätigkeiten oder mentorielle Begleitung nur eingeschränkt förderlich für die Kompetenzentwicklung sein kann.

Pädagogische Ausbildungsanteile an Hochschulen inhaltlich und methodisch stärken.
Wenngleich der Mehrwert eines höheren Anteils pädagogischer Lehrveranstaltungen noch nicht gänzlich geklärt ist, sprechen die hier berichteten Befunde zumindest für den Status quo. Damit diese Lerngelegenheiten in einen effektiven Erwerb pädagogischen Wissens und situationsspezifischer Fähigkeiten münden, müssen sie in Überlegungen zur qualitativen Ausgestaltung eingebettet sein. Aktuelle Befunde legen die Empfehlung nahe, dass Lehrveranstaltungen ungeachtet ihrer Teilnehmendenzahl und ihres Formats (bspw. Vorlesung oder Seminar) in ihrer didaktischen Umsetzung einen besonderen Schwerpunkt auf didaktische Strukturiertheit sowie partizipatorische und kognitiv aktivierende Methoden legen sollten. Entscheidend für den Erwerb von pädagogischem Wissen sind schließlich die inhaltlichen Schwerpunktsetzungen im Curriculum.

Kooperation zwischen Pädagogik und Fachdidaktik stärken.
Die hier berichteten Befunde deuten darauf hin, dass der Erwerb pädagogischen Wissens auch auf fachdidaktische Lerngelegenheiten zurückgeführt werden kann. Die Effektivität könnte entsprechend erhöht werden, indem pädagogische und fachdidaktische Lehrveranstaltungen stärker verzahnt werden. Zukünftig könnte erprobt werden, wie eine stärkere Kooperation der Fachbereiche Pädagogik und Fachdidaktik erfolgen kann (bspw. bezüglich Diagnostik). Es wäre interessant zu klären, inwieweit dadurch Inhalte vertieft und die Verbindung der beiden Kompetenzfacetten gefördert werden können.

Verknüpfung von Theorie und Praxis durch fallbasierte Lehr-Lern-Formate.
Die Frage der engeren Abstimmung stellt sich auch zwischen universitären Lehrveranstaltungen und schulpraktischen Tätigkeiten. Deren Nutzen für die Kompetenzentwicklung unterstreicht die aktuelle Forschung zur ersten Phase der Lehramtsausbildung. Es zeigt sich, dass das Beziehen von Theorien auf Situationen in der Praxis das pädagogische Wissen angehender Lehrkräfte ebenso stärkt wie das Reflektieren von Unterrichtssituationen, was Analysen zum Kernpraktikum bzw. Praxissemester zeigen (Doll et al., 2018; König, Rothland et al. 2018). Ersteres kann auch außerhalb schulpraktischer Tätigkeiten umgesetzt werden, beispielsweise durch fallbasierte, kontextualisierte Lehr-Lern-Formate. Diese können gleichzeitig auch professionelle Unterrichtswahrnehmung fördern, wie das videobasierte Trainingsprogramm von Kramer et al. (2017) beispielhaft unterstreicht.

Um solche Lehr-Lern-Formate in Seminaren an Universitäten oder an Zentren für schulpraktische Lehramtsausbildung umzusetzen, können Ausbildende auf eine Reihe von Online-Portalen zurückgreifen (siehe Kasten in Abschn. 9.4.1). Diese können, dem Ansatz von Kramer et al. (2017) folgend, mit Unterrichtstranskripten kombiniert werden, um zuvor erworbenes theoretisches Grundwissen auf einen konkreten Fall anzuwenden und Interpretations- sowie Handlungsmöglichkeiten zu diskutieren. Angehende und bereits praktizierende Lehrkräfte können solche Angebote auch nutzen, um ihre situationsspezifischen Fähigkeiten im Selbststudium zu trainieren – sei es im Rahmen von Selbstlernmodulen der ViLLA-Datenbank oder von Selbstüberprüfung mithilfe des Observer Research Tool (siehe Kasten in Abschn. 9.3.2).

9.8.2 Empfehlungen für die schulpraktische Ausbildung und den Beruf

Strukturierte Unterrichtsreflexion in Ausbildung und Beruf.
Die strukturierte Reflexion von Unterrichtssituationen kann für die Entwicklung pädagogischer Kompetenzfacetten genutzt werden, indem angehende und berufstätige Lehrkräfte dazu angeregt werden, den eigenen oder fremden Unterricht anhand didaktischer Theorien zu analysieren und kriteriengeleitet „auszuwerten". In Abhängigkeit vom inhaltlichen Schwerpunkt können hierzu bspw. bestehende Beobachtungsinstrumente herangezogen werden, wie sie im Kasten in Abschn. 9.3.2 dargestellt sind.

Als Grundlage für die Reflexion können Hospitationsprotokolle dienen, die von beobachtenden Personen erstellt werden. Im Kontext der Lehramtsausbildung eignen sich auch Videografien von Unterrichtsversuchen, wie sie an einigen Universitäten im Rahmen von Schülerlaboren angeboten werden. Sind schulische Unterrichtsversuche nicht vorgesehen oder umsetzbar (etwa in universitären Lehrveranstaltungen), lassen sich Fremd- und Selbstbeobachtung durch Videografien auch in Peer-Teaching-Formaten umsetzen.

Mentorielle Unterstützung und Fortbildungen – über das Referendariat hinaus.
Kollegiale Hospitationen oder strukturiertere Formen der beruflichen Begleitung bzw. Weiterentwicklung können insbesondere auch für Lehrkräfte in der Berufseinstiegphase empfehlenswert sein. Zwar ist der Forschungsstand zur Kompetenzentwicklung von Lehrkräften mit langjähriger Berufserfahrung noch lückenhaft. Doch sprechen Befunde zu Lehrkräften in der Berufseinstiegsphase für eine umfassende Umstrukturierung des pädagogischen Wissens in den ersten Jahren. Entsprechend kann es für Schulen empfehlenswert sein, Lehrkräfte auch nach Abschluss ihres Referendariats regelmäßig Hospitationen durchführen zu lassen und durch spezifische Mentoring-Angebote zu unterstützen, wie Untersuchungen zur Rolle des Mentorings in schulpraktischen Lerngelegenheiten unterstreichen.

Pädagogische Fortbildungsangebote können in dieser Phase eine hervorgehobene Rolle annehmen, sollten jedoch nicht auf die Zielgruppe der Berufseinsteigerinnen und Berufseinsteiger beschränkt sein. Durch einen Aufbau des pädagogischen Wissens wie bspw. zur Klassenführung können Fortbildungen langfristig die Berufszufriedenheit erhöhen und emotionalen Belastungen entgegenwirken, die mit Burnout assoziiert werden.

Spezifische Maßnahmen für Lehrkräfte ohne Lehramtsstudium ergreifen.
In Anbetracht der aktuellen Debatte um den Lehrkräftemangel gilt es auch quer und seiteneinsteigende Lehrkräfte gesondert in den Blick zu nehmen. Dass das Referendariat das fehlende Lehramtsstudium nicht ersetzen kann, zeigen die Leistungsunterschiede zwischen quer eingestiegenen und regulären Referendarinnen und Referendaren. Quereinsteigerinnen bzw. Quereinsteiger sollten daher dazu angeregt werden, zusätzliche Pädagogikseminare zu besuchen. Seiteneinsteigerinnen und Seiteneinsteiger, die weder ein Lehramtsstudium noch das Referendariat absolviert haben, haben hingegen nicht in allen Bundesländern einen gesicherten Zugang zu einem berufsbegleitenden Vorbereitungsdienst. Eine pädagogische Grundausbildung ist für diese Zielgruppe jedoch umso essenzieller und sollte allen angehenden Lehrkräften ermöglicht werden.

Obwohl die dargestellten Forschungsergebnisse derzeit nur eingeschränkt verallgemeinert werden können, unterstreichen sie auch das Potenzial aktueller Forschungsansätze, verschiedene praxisnahe Handlungsempfehlungen für Lehramtsstudierende, -ausbildende, Schulen und berufstätige Lehrkräfte anbieten zu können. Um dieses Potenzial weiter auszuschöpfen, könnten die Forschungsansätze zukünftig noch stärker in der Lehramtsausbildung und der Schulpraxis Anwendung finden und auf diese Weise in Zusammenarbeit mit allen Akteuren eine Verwertung und Weiterentwicklung anregen.

Literatur

Ainley, J. & Carstens, R. (2018). *Teaching and Learning International Survey (TALIS) 2018 Conceptual Framework* (OECD Education Working Papers No. 187). OECD Publishing. https://www.oecd-ilibrary.org/docserver/799337c2-en.pdf?expires=1547203405&id=id&accname=guest&checksum=23452C0C50E2D75110A292347887CDAA.

Anderson, L., & Krathwohl, D. R. (Hrsg.). (2001). *A taxonomy for learning, teaching, and assessing. A revision of Bloom's taxonomy of educational objectives.* Longman.

Ball, D. L., Hill, H. C., & Bass, H. (2005). Knowing mathematics for teaching: Who knows mathematics well enough to teach third grade, and how can we decide? *American Educator, 29*(3), 14–46.

Baumert, J., & Kunter, M. (2006). Stichwort: Professionelle Kompetenz von Lehrkräften. *Zeitschrift für Erziehungswissenschaft, 9*(4), 469–520. https://doi.org/10.1007/s11618-006-0165-2.

Baumert, J., Kunter, M., Brunner, M., Krauss, S., Blum, W. & Neubrand, M. (2004). Mathematikunterricht aus der Sicht der PISA-Schülerinnen und -Schüler und ihrer Lehrkräfte. In M. Prenzel, J. Baumert, W. Blum, R. Lehmann, D. Leutner & M. Neubrand (Hrsg.), *PISA 2003. Der Bildungsstand der Jugendlichen in Deutschland – Ergebnisse des zweiten internationalen Vergleichs* (S. 314–354). Waxmann.

Baumert, J., Kunter, M., Blum, W., Brunner, M., Voss, T., Jordan, A., Klusmann, U., Krauss, S., Neubrand, M., & Tsai, Y.-M. (2010). Teachers' mathematical knowledge, cognitive activation in the classroom, and student progress. *American Educational Research Journal, 47*(1), 133–180. https://doi.org/10.3102/0002831209345157.

Bischoff, S., Brühwiler, C., & Baer, M. (2005). Videotest zur Erfassung «adaptiver Lehrkompetenz». *Beiträge zur Lehrerinnen- und Lehrerbildung, 23*(3), 283–397.

Blömeke, S., Kaiser, G. & Lehmann, R. (Hrsg.). (2010). *TEDS-M 2008. Professionelle Kompetenz und Lerngelegenheiten angehender Mathematiklehrkräfte für die Sekundarstufe I im internationalen Vergleich.* Waxmann.

Blömeke, S., Gustafsson, J.-E. & Shavelson, R. J. (2015). Beyond dichotomies. Competence viewed as a continuum. *Zeitschrift für Psychologie 223*(1), 3–13. https://doi.org/10.1027/2151-2604/a000194.

Blömeke, S., Hoth, J., Döhrmann, M., Busse, A., Kaiser, G. & König, J. (2015). Teacher change during induction. Development of beginning primary teachers' knowledge, beliefs and performance. *International Journal of Science and Mathematics Education 13* (2), 287–308. https://doi.org/10.1007/s10763-015-9619-4.

Borko, H., & Putnam, R. T. (1996). Learning to teach. In D. Berliner & R. C. Calfee (Hrsg.), *Handbook of educational psychology* (S. 673–708). Macmillan Library Reference USA.

Bromme, R. (1992). *Der Lehrer als Experte. Zur Psychologie des professionellen Wissens (Huber-Psychologie-Forschung* (1. Aufl.). Huber.

Brühwiler, C. (2014). *Adaptive Lehrkompetenz und schulisches Lernen. Effekte handlungssteuernder Kognitionen von Lehrpersonen auf Unterrichtsprozesse und Lernergebnisse der Schülerinnen und Schüler* (Pädagogische Psychologie und Entwicklungspsychologie, Bd. 91, 1. Aufl.). Waxmann

Bruhwiler, C., Hollenstein, L., Affolter, B., Biedermann, H., & Oser, F. (2017). Welches Wissen ist unterrichtsrelevant? Validierung dreier Messinstrumente zur Erfassung des pädagogisch-psychologischen Wissens. *Zeitschrift für Bildungsforschung, 7*(3), 209–228.

Dicke, T., Parker, P. D., Holzberger, D., Kunina-Habenicht, O., Kunter, M., & Leutner, D. (2015). Beginning teachers' efficacy and emotional exhaustion. Latent changes, reciprocity, and the influence of professional knowledge. *Contemporary Educational Psychology, 41,* 62–72. https://doi.org/10.1016/j.cedpsych.2014.11.003.

Doll, J., Jentsch, A., Meyer, D., Kaiser, G., Kaspar, K. & König, J. (2018). Zur Nutzung schulpraktischer Lerngelegenheiten an zwei deutschen Hochschulen. Lernprozessbezogene Tätigkeiten angehender Lehrpersonen in Masterpraktika. *Lehrerbildung auf dem Prüfstand 11*(1), 24–45.

Felske, C., König, J., Kaiser, G., Klemenz, S., Ross, N., & Blömeke, S. (2020). Pädagogisches Wissen von berufstätigen Mathematiklehrkräften – Validierung der Konstruktrepräsentation im TEDS-M-Test. *Diagnostica, 66*(2), 110–122.

Gabriel, K. (2014). *Videobasierte Erfassung von Unterrichtsqualität im Anfangsunterricht der Grundschule. Klassenführung und Unterrichtsklima in Deutsch und Mathematik.* Kassel University Press.

Gindele, V. & Voss, T. (2017). Pädagogisch-psychologisches Wissen. Zusammenhänge mit Indikatoren des beruflichen Erfolgs angehender Lehrkräfte. *Zeitschrift für Bildungsforschung 108*(6), 255–272. https://doi.org/10.1007/s35834-017-0192-5.

Gröschner, A., & Schmitt, C. (2010). Wirkt, was wir bewegen? Ansätze zur Untersuchung der Qualität universitärer Praxisphasen im Kontext der Reform der. *Erziehungswissenschaft, 21*(40), 89–97.

Grossman, P. L., & Richert, A. E. (1988). Unacknowledged knowledge growth: A re-examination of the effects of teacher education. *Teaching and Teacher Education: An International Journal of Research and Studies, 4*(1), 53–62.

Hacker, W. (2005). *Allgemeine Arbeitspsychologie. Psychische Regulation von Wissens-, Denk- und körperlicher Arbeit* (Schriften zur Arbeitspsychologie, Bd. 58, 2., vollst. überarb. und erg. Aufl.). Huber.

Helmke, A. (2012). *Unterrichtsqualität und Lehrerprofessionalität. Diagnose, Evaluation und Verbesserung des Unterrichts (Schule weiterentwickeln, Unterricht verbessern Orientierungsband, 4* (aktualisierte). Klett/Kallmeyer.

Holodynski, M., Steffensky, M., Gold, B., Hellermann, C., Sunder, C., Fiebranz, A., Meschede, N., Glaser, O., Rauterberg, T., Todorova, M., Wolters, M. & Möller, K. (2017). Lernrelevante Situationen im Unterricht beschreiben und interpretieren. Videobasierte Erfassung professioneller Wahrnehmung von Klassenführung und Lernunterstützung im naturwissenschaftlichen Grundschulunterricht. In C. Gräsel & K. Trempler (Hrsg.), *Entwicklung von Professionalität pädagogischen Personals. Interdisziplinäre Betrachtungen, Befunde und Perspektiven* (S. 283–302). Springer Fachmedien Wiesbaden.

Jentsch, A., Schlesinger, L., Heinrichs, H., Kaiser, G., König, J. & Blömeke, S. (2021). Erfassung der fachspezifischen Qualität von Mathematikunterricht: Faktorenstruktur und Zusammenhänge zur professionellen Kompetenz von Mathematiklehrpersonen. *Journal für Mathematikdidaktik, 42*, 7–121. https://doi.org/10.1007/s13138-020-00168-x.

Kaiser, G., & König, J. (2019). Competence measurement in (Mathematics) teacher education and beyond: Implications for policy. *Higher Education Policy, 32,* 597–615. https://doi.org/10.1057/s41307-019-00139-z.

Kaiser, G., Busse, A., Hoth, J., König, J. & Blömeke, S. (2015). About the complexities of video-based assessments. Theoretical and methodological approaches to overcoming shortcomings of research on teachers' competence. *International Journal of Science and Mathematics Education 13* (2), 369–387. https://doi.org/10.1007/s10763-015-9616-7.

Kaiser, G., Blömeke, S., König, J., Busse, A., Döhrmann, M., & Hoth, J. (2017). Professional competencies of (prospective) mathematics teachers—cognitive versus situated approaches. *Educational Studies in Mathematics, 94*(2), 161–182. https://doi.org/10.1007/s10649-016-9713-8.

Kersting, N. B., Givvin, K. B., Thompson, B. J., Santagata, R., & Stigler, J. W. (2012). Measuring usable knowledge: Teachers' analyses of mathematics classroom videos predict teaching quality and student learning. *American Educational Research Journal, 49*(3), 568–589.

Kirschner, S., Sczudlek, M., Tepner, O., Borowski, A., Fischer, H., Lenske, G., Leutner, D., Neuhaus, B., Sumfleth, E., Thillmann, H. & Wirth, J. (2017). Professionswissen in den Naturwissenschaften (ProwiN). In C. Gräsel & K. Trempler (Hrsg.), *Entwicklung von Professionalität pädagogischen Personals. Interdisziplinäre Betrachtungen, Befunde und Perspektiven* (S. 113–130). Springer Fachmedien Wiesbaden. https://link.springer.com/content/pdf/10.1007%2F978-3-658-07274-2_7.pdf.

Kleickmann, T., Großschedl, J., Harms, U., Heinze, A., Herzog, S., Hohenstein, F., Köller, O., Kröger, J., Lindmeier, A., Loch, C., Mahler, D., Möller, J., Neumann, K., Parchmann, I., Steffensky, M., Taskin, V. & Zimmermann, F. (2014). Professionswissen von Lehramtsstudierenden der mathematisch-naturwissenschaftlichen Fächer. Testentwicklung im Rahmen des Projekts KiL. *Unterrichtswissenschaft 42*(3), 280–288.

Klemenz, S., König, J. & Schaper, N. (2019). Learning opportunities in teacher education and proficiency levels in general pedagogical knowledge. New insights into the accountability of teacher education programs. *Educational Assessment, Evaluation and Accountability 31*(2), 221–249.

Klieme, E. & Leutner, D. (2006). Kompetenzmodelle zur Erfassung individueller Lernergebnisse und zur Bilanzierung von Bildungsprozessen. Beschreibung eines neu eingerichteten Schwerpunktprogramms der DFG. *Zeitschrift für Pädagogik 52* (6), 876–903. https://www.pedocs.de/volltexte/2011/4493/pdf/ZfPaed_2006_Klieme_Leutner_Kompetenzmodelle_Erfassung_Lernergebnisse_D_A.pdf.

Klieme, E., Pauli, C. & Reusser, K. (2005). *Dokumentation der Erhebungs- und Auswertungsinstrumente zur zur schweizerisch-deutschen Videostudie "Unterrichtsqualität, Lernverhalten und mathematisches Verständnis"* (Materialien zur Bildungsforschung, Bd. 13). Gesellschaft zur Förderung Pädagogischer Forschung (GFPF); Deutsches Institut für Internationale Pädagogische Forschung (DIPF).

Klusmann, U., Kunter, M., Voss, T. & Baumert, J. (2012). Berufliche Beanspruchung angehender Lehrkräfte. Die Effekte von Persönlichkeit, pädagogischer Vorerfahrung und professioneller Kompetenz. *Zeitschrift für Pädagogische Psychologie 26*(4), 275–290. https://doi.org/10.1024/1010-0652/a000078.

König, J. (2014). *Designing an international instrument to assess teachers' general pedagogical knowledge (GPK): Review of studies, considerations, and recommendations.* Technical paper prepared for the OECD Innovative Teaching for Effective Learning (ITEL) – Phase II Project: A Survey to Profile the Pedagogical Knowledge in the Teaching Profession (ITEL Teacher Knowledge Survey). Paris: OECD. https://www.oecd.org/education/ceri/Assessing%20Teachers%E2%80%99%20General%20Pedagogical%20Knowledge.pdf.

König, J. (2015). Measuring classroom management expertise (CME) of teachers. A video-based assessment approach and statistical results. *Cogent Education 2*(1), 1–15. https://doi.org/10.1080/2331186X.2014.991178.

König, J. (2018). Erziehungswissenschaft und der Erwerb professioneller Kompetenz angehender Lehrkräfte. In J. Böhme, C. Cramer & C. Bressler (Hrsg.), *Erziehungswissenschaft und Lehrerbildung im Widerstreit* (S. 62–81). Klinkhardt.

König, J. & Kramer, C. (2016). Teacher professional knowledge and classroom management. On the relation of general pedagogical knowledge (GPK) and classroom management expertise (CME). *ZDM Mathematics Education 48*(1–2), 139–151. https://doi.org/10.1007/s11858-015-0705-4.

König, J., & Pflanzl, B. (2016). Is teacher knowledge associated with performance? On the relationship between teachers' general pedagogical knowledge and instructional quality. *European Journal of Teacher Education, 39*(4), 419–436. https://doi.org/10.1080/02619768.2016.1214128.

König, J., & Rothland, M. (2017). Motivations that affect professional knowledge in Germany and Austria. In H. M. G. Watt, K. Smith, & P. W. Richardson (Hrsg.), *Global perspectives on teacher motivation (Current perspectives in social and behavioral sciences* (S. 162–188). Cambridge University Press.

König, J., & Rothland, M. (2022). Stichwort Unterrichtsplanungskompetenz: Empirische Zugänge und Befunde. *Zeitschrift für Erziehungswissenschaft, 25* (4), 771–813. https://doi.org/10.1007/s11618-022-01107-x.

König, J. & Seifert, A. (Hrsg.). (2012). *Lehramtsstudierende erwerben pädagogisches Professionswissen. Ergebnisse der Längsschnittstudie LEK zur Wirksamkeit der erziehungswissenschaftlichen Lehrerausbildung.* Waxmann.

König, J., Buchholtz, C. & Dohmen, D. (2015). Analyse von schriftlichen Unterrichtsplanungen. Empirische Befunde zur didaktischen Adaptivität als Aspekt der Planungskompetenz angehender Lehrkräfte. *Zeitschrift für Erziehungswissenschaft 18*(2), 375–404. https://doi.org/10.1007/s11618-015-0625-7.

König, J., Krepf, M., Bremerich-Vos, A., & Buchholtz, C. (2021). Meeting cognitive demands of lesson planning: Introducing the CODE-PLAN model to describe and analyze teachers' planning competence. *The Teacher Educator, 56* (4), 466–487. https://doi.org/10.1080/0887873 0.2021.1938324.

König, J., Lammerding, S., Nold, G., Rohde, A., Strauß, S., & Tachtsoglou, S. (2016). Teachers' professional knowledge for teaching English as a foreign language. *Journal of Teacher Education, 67*(4), 320–337. https://doi.org/10.1177/0022487116644956.

König, J., Bremerich-Vos, A., Buchholtz, C., Lammerding, S., Strauß, S., Fladung, I. & Schleiffer, C. (2017a). Modelling and validating the learning opportunities of preservice language teachers. On the key components of the curriculum for teacher education. *European Journal of Teacher Education 40*(3), 394–412. https://doi.org/10.1080/02619768.2017.1315398.

König, J., Gerhard, K., Melzer, C., Rühl, A.-M., Zenner, J., & Kaspar, K. (2017b). Erfassung von pädagogischem Wissen für inklusiven Unterricht bei angehenden Lehrkräften. *Testkonstruktion und Validierung. Unterrichtswissenschaft, 45*(4), 223–242.

König, J., Ligtvoet, R., Klemenz, S., & Rothland, M. (2017c). Effects of opportunities to learn in teacher preparation on future teachers' general pedagogical knowledge. Analyzing program characteristics and outcomes. *Studies in Educational Evaluation, 53,* 122–133. https://doi.org/10.1016/j.stueduc.2017.03.001.

König, J., Tachtsoglou, S., Lammerding, S., Strauß, S., Nold, G., & Rohde, A. (2017d). The role of opportunities to learn in teacher preparation for EFL teachers' pedagogical content knowledge. *The Modern Language Journal, 101*(1), 109–127. https://doi.org/10.1111/modl.12383.

König, J., Rothland, M., & Schaper, N. (Hrsg.). (2018). *Learning to Practice, Learning to Reflect? Ergebnisse aus der Längsschnittstudie LtP zur Nutzung und Wirkung des Praxissemesters in der Lehrerbildung.* Springer Fachmedien Wiesbaden. https://link.springer.com/book/10.1007/978-3-658-19536-6.

König, J., Doll, J., Buchholtz, N., Förster, S., Kaspar, K., Rühl, A.-M., Strauß, S., Bremerich-Vos, A., Fladung, I., & Kaiser, G. (2018). Pädagogisches Wissen versus fachdidaktisches Wissen? *Zeitschrift für Erziehungswissenschaft, 21*(3), 1–38. https://doi.org/10.1007/s11618-017-0765-z.

König, J., Bremerich-Vos, A., Buchholtz, C., Fladung, I., & Glutsch, N. (2020). Pre-service teachers' generic and subject-specific lesson-planning skills: On learning adaptive teaching during initial teacher education. *European Journal of Teacher Education, 43*(2), 131–150. https://doi.org/10.1080/02619768.2019.1679115.

König, J., Blömeke, S., Jentsch, A., Schlesinger, L., Felske, C., Musekamp, F. & Kaiser, G. (2021). The links between pedagogical competence, instructional quality, and mathematics achievement in the lower secondary classroom. *Educational Studies in Mathematics, 107*, 189–212. https://doi.org/10.1007/s10649-020-10021-0.

König, J., Santagata, R., Schreiner, Th., Adleff, A.-K., Yang, X., & Kaiser, G. (2022). Teacher noticing: A systematic literature review on conceptualizations, research designs, and findings on learning to notice. *Educational Research Review*, 36. https://doi.org/10.1016/j.edurev.2022.100453.

Kramer, C., König, J., Kaiser, G., Ligtvoet, R. & Blömeke, S. (2017). Der Einsatz von Unterrichtsvideos in der universitären Ausbildung. Zur Wirksamkeit video- und transkriptgestützter Seminare zur Klassenführung auf pädagogisches Wissen und situationsspezifische Fähigkeiten angehender Lehrkräfte. *Zeitschrift für Erziehungswissenschaft 20*(S1), 137–164. doi:https://doi.org/10.1007/s11618-017-0732-8.

Krauss, S., Bruckmaier, G., Lindl, A., Hilbert, S. Binder, K., Steib, N. & Blum, W. (2020). Competence as a continuum in the COACTIV Study—"The cascade model", *ZDM Mathematics Education*.

Kunina-Habenicht, O., Lohse-Bossenz, H., Kunter, M., Dicke, T., Förster, D., Gößling, J., Schulze-Stocker, F., Schmeck, A., Baumert, J., Leutner, D., & Terhart, E. (2012). Welche bildungswissenschaftlichen Inhalte sind wichtig in der Lehrerbildung? *Zeitschrift für Erziehungswissenschaft, 15*(4), 649–682. https://doi.org/10.1007/s11618-012-0324-6.

Kunina-Habenicht, O., Schulze-Stocker, F., Kunter, M., Baumert, J., Leutner, D., Förster, D., Lohse-Bossenz, H., & Terhart, E. (2013). Die Bedeutung der Lerngelegenheiten im Lehramtsstudium und deren individuelle Nutzung für den Aufbau des bildungswissenschaftlichen Wissens. *Zeitschrift für Pädagogik, 59*(1), 1–23.

Kunter, M. & Voss, T. (2011). Das Modell der Unterrichtsqualität in COACTIV. Eine multikriteriale Analyse. In M. Kunter, J. Baumert, W. Blum & M. Neubrand (Hrsg.), *Professionelle Kompetenz von Lehrkräften. Ergebnisse des Forschungsprogramms COACTIV* (S. 85–113). Waxmann.

Kunter, M., Kunina-Habenicht, O., Baumert, J., Dicke, T., Holzberger, D., Lohse-Bossenz, H., Leutner, D., Schulze-Stocker, F. & Terhart, E. (2017). Bildungswissenschaftliches Wissen und professionelle Kompetenz in der Lehramtsausbildung. Ergebnisse des Projektes BilWiss. In C. Gräsel & K. Trempler (Hrsg.), *Entwicklung von Professionalität pädagogischen Personals. Interdisziplinäre Betrachtungen, Befunde und Perspektiven* (S. 37–54). Springer Fachmedien Wiesbaden.

Lauermann, F., & König, J. (2016). Teachers' professional competence and wellbeing. Understanding the links between general pedagogical knowledge, self-efficacy and burnout. *Learning and Instruction, 45*, 9–19.

Lenske, G., Wagner, W., Wirth, J., Thillmann, H., Cauet, E., Liepertz, S. & Leutner, D. (2016). Die Bedeutung des pädagogisch-psychologischen Wissens für die Qualität der Klassenführung und den Lernzuwachs der Schüler/innen im Physikunterricht. *Zeitschrift für Erziehungswissenschaft 19*(1), 211–233. https://link.springer.com/content/pdf/10.1007%2Fs11618-015-0659-x.pdf.

Mulder, R., Sauer, S. & Kempka, F. (2017). FALKO-PA: Ein Instrument aus flexibel einsetzbaren Vignetten zur Erfassung pädagogischer Kompetenzen. In S. Krauss, A Lindl, A. Schilcher, M. Fricke, A. Göhring, B. Hofmann et al. (Hrsg.), *FALKO: Fachspezifische Lehrerkompetenzen. Konzeption von Professionswissenstests in den Fächern Deutsch, Englisch, Latein, Physik, Musik, Evangelische Religion und Pädagogik: Mit neuen Daten aus der COACTIV-Studie* (S. 337–380). Waxmann.

Nehls, C., König, J., Kaiser, G., & Blömeke, S. (2019). Profiles of teachers' general pedagogical knowledge: nature, causes, and effects on beliefs and instructional quality. *ZDM – The International Journal on Mathematics Education, 52*, 343–357. https://doi.org/10.1007/s11858-019-01102-3.

Oser, F., Bauder, T., Salzmann, P., & Heinzer, S. (Hrsg.). (2013). *Ohne Kompetenz keine Qualität. Entwickeln und Einschätzen von Kompetenzprofilen bei Lehrpersonen und Berufsbildungsverantwortlichen*. Verlag Julius Klinkhardt.

Praetorius, A.-K., Klieme, E., Herbert, B. & Pinger, P. (2018). Generic dimensions of teaching quality. The German framework of three basic dimensions. *ZDM Mathematics Education 47*((Suppl. 1)), 97. https://doi.org/10.1007/s11858-018-0918-4.

Praetorius, A.-K., Lauermann, F., Klassen, R. M., Dickhäuser, O., Janke, S., & Dresel, M. (2017). Longitudinal relations between teaching-related motivations and student-reported teaching quality. *Teaching and Teacher Education, 65*, 241–254. https://doi.org/10.1016/j.tate.2017.03.023.

Putnam, R. T. (1987). Structuring and adjusting content for students: A study of live and simulated tutoring of addition. *American Educational Research Journal 24*(1), 13–48. http://journals.sagepub.com/doi/pdf/10.3102/00028312024001013.

Schlesinger, L (2018). Entwicklung und Erprobung eines Beobachtungsinstruments zur Erfassung fachspezifischer Unterrichtsqualität im Mathematikunterricht. Publikationsbasierte Promotion an der Universität Hamburg. https://ediss.sub.uni-hamburg.de/volltexte/2019/9503/.

Schlesinger, L., & Jentsch, A. (2016). Theoretical and methodological challenges in measuring instructional quality in mathematics education using classroom observations. *ZDM, 48*(1–2), 29–40. https://doi.org/10.1007/s11858-016-0765-0.

Seidel, T., & Stürmer, K. (2014). Modeling and measuring the structure of professional vision in preservice teachers. *American Educational Research Journal, 51*(4), 739–771. https://doi.org/10.3102/0002831214531321.

Seifert, A., & Schaper, N. (2010). Überprüfung eines Kompetenzmodells und Messinstruments zur Strukturierung allgemeiner pädagogischer Kompetenz in der universitären Lehrerbildung. *Lehrerbildung auf dem Prüfstand, 3*(2), 179–198.

Seifert, A., Hilligus, A., & Schaper, N. (2009). Entwicklung und psychometrische Überprüfung eines Messinstruments zur Erfassung pädagogischer Kompetenzen in der universitären Lehrerbildung. *Lehrerbildung auf dem Prüfstand, 2*(1), 82–103.

Sekretariat der Ständigen Konferenz der Kultusminister der Länder in der Bundesrepublik Deutschland. (2004). *Standards für die Lehrerbildung: Bildungswissenschaften*. (Beschluss der Kultusministerkonferenz vom 16.12.2004).

Shavelson, R. J. (2010). On the measurement of competency. *Empirical research in vocational education and training 2*(1), 41–63. https://core.ac.uk/download/pdf/33978690.pdf.

Shulman, L. S. (1986). Those who understand. *Knowledge growth in teaching. Educational Researcher, 15*(2), 4–14. https://doi.org/10.3102/0013189X015002004.

Shulman, L. S. (1987). Knowledge and teaching: Foundations of the new reform. *Harvard Educational Review, 57*(1), 1–23. https://doi.org/10.17763/haer.57.1.j463w79r56455411.

Slavin, R. (1994). Quality, appropriateness, incentive, and time: A model of instructional effectiveness. *International Journal of Educational Research 21*(2), 141–157. https://ac.els-cdn.com/0883035594900299/1-s2.0-0883035594900299-main.pdf?_tid=9e8d40d4-80b2-450d-a8b1-deb8fb30cf47&acdnat=1538639203_65de4ab4ae032091aff0e365fbba2b6a.

Tachtsoglou, S., & König, J. (2018). Der Einfluss von Lerngelegenheiten in der Lehrerausbildung auf das pädagogische Wissen angehender Englischlehrkräfte. *Journal for Educational Research Online, 10*(2), 3–33.

Tepner, O., Borowski, A., Dollny, S., Fischer, H., Jüttner, M., Kirschner, S., Leutner, D., Neuhaus, B., Sandmann, A., Sumfleth, E., Thillmann, H., & Wirth, J. (2012). Modell zur Entwicklung von Testitems zur Erfassung des Professionswissens von Lehrkräften in den Naturwissenschaften. *Zeitschrift für Didaktik der Naturwissenschaften, 18*, 7–28.

Terhart, E. (2012). Wie wirkt Lehrerbildung? *Forschungsprobleme und Gestaltungsfragen. Zeitschrift für Bildungsforschung, 2*(1), 3–21. https://doi.org/10.1007/s35834-012-0027-3.

Van Es, E. A. & Sherin, M. G. (2002). Learning to notice: scaffolding new teachers' interpretations of classroom interactions. *Journal of Technology and Teacher 10*(4), 571–596.

Van Es, E. A., & Sherin, M. G. (2008). Mathematics teachers' "learning to notice" in the context of a video club. *Teaching and Teacher Education, 24*(2), 244–276. https://doi.org/10.1016/j.tate.2006.11.005.

Voss, T. & Kunter, M. (2011). Pädagogisch-psychologisches Wissen von Lehrkräften. In M. Kunter, J. Baumert, W. Blum & M. Neubrand (Hrsg.), *Professionelle Kompetenz von Lehrkräften. Ergebnisse des Forschungsprogramms COACTIV* (S. 193–214). Waxmann.

Voss, T., Kunter, M. & Baumert, J. (2011). Assessing teacher candidates' general pedagogical/psychological knowledge: Test construction and validation. *Journal of Educational Psychology 103*(4), 952–969. https://www.researchgate.net/profile/Mareike_Kunter/publication/216743444_Assessing_Teacher_Candidates%27_General_PedagogicalPsychological_Knowledge_Test_Construction_and_Validation/links/552e65d00cf2acd38cb93614.pdf.

Voss, T., Kunina-Habenicht, O., Hoehne, V. & Kunter, M. (2015). Stichwort Pädagogisches Wissen von Lehrkräften. Empirische Zugänge und Befunde. *Zeitschrift für Erziehungswissenschaft 18*(2), 187–223. https://doi.org/10.1007/s11618-015-0626-6.

Voss, T., Wagner, W., Klusmann, U., Trautwein, U., & Kunter, M. (2017). Changes in beginning teachers' classroom management knowledge and emotional exhaustion during the induction phase. *Contemporary Educational Psychology, 51,* 170–184. https://doi.org/10.1016/j.cedpsych.2017.08.002.

Watson, C., Seifert, A. & Schaper, N. (2018). Die Nutzung institutioneller Lerngelegenheiten und die Entwicklung bildungswissenschaftlichen Wissens angehender Lehrkräfte. *Zeitschrift für Erziehungswissenschaft 21*(3), 565–588. https://link.springer.com/content/pdf/10.1007%2Fs11618-017-0794-7.pdf.

Weinert, F. E. (2001). Concept of competence: A conceptual clarification. In D. S. Rychen & L. H. Salganik (Hrsg.), *Defining and selecting key competencies* (S. 45–65). Hogrefe & Huber Publishers.

Weyland, U. (2012). *Expertise zu den Praxisphasen in der Lehrerbildung in den Bundesländern.* Hamburg: Landesinstitut für Lehrerbildung und Schulentwicklung.

Bisher erschienene Bände der Reihe Mathematik Primarstufe und Sekundarstufe I + II

Herausgegeben von
Prof. Dr. Friedhelm Padberg, Universität Bielefeld
Prof. Dr. Andreas Büchter, Universität Duisburg-Essen
Bisher erschienene Bände (Auswahl):

© Springer-Verlag GmbH Deutschland, ein Teil von Springer Nature 2023
S. Krauss und A. Lindl (Hrsg.), *Professionswissen von Mathematiklehrkräften,* Mathematik Primarstufe und Sekundarstufe I + II,
https://doi.org/10.1007/978-3-662-64381-5

Didaktik der Mathematik

T. Bardy/P. Bardy: Mathematisch begabte Kinder und Jugendliche (P)

C. Benz/A. Peter-Koop/M. Grüßing: Frühe mathematische Bildung (P)

M. Franke/S. Reinhold: Didaktik der Geometrie (P)

M. Franke/S. Ruwisch: Didaktik des Sachrechnens in der Grundschule (P)

K. Hasemann/H. Gasteiger: Anfangsunterricht Mathematik (P)

K. Heckmann/F. Padberg: Unterrichtsentwürfe Mathematik Primarstufe, Band 1 (P)

K. Heckmann/F. Padberg: Unterrichtsentwürfe Mathematik Primarstufe, Band 2 (P)

F. Käpnick/R. Benölken: Mathematiklernen in der Grundschule (P)

G. Krauthausen: Digitale Medien im Mathematikunterricht der Grundschule (P)

G. Krauthausen: Einführung in die Mathematikdidaktik (P)

G. Krummheuer/M. Fetzer: Der Alltag im Mathematikunterricht (P)

F. Padberg/C. Benz: Didaktik der Arithmetik (P)

E. Rathgeb-Schnierer/C. Rechtsteiner: Rechnen lernen und Flexibilität entwickeln (P)

P. Scherer/E. Moser Opitz: Fördern im Mathematikunterricht der Primarstufe (P)

H.-D. Sill/G. Kurtzmann: Didaktik der Stochastik in der Primarstufe (P)

A.-S. Steinweg: Algebra in der Grundschule (P)

G. Hinrichs: Modellierung im Mathematikunterricht (P/S)

S. Krauss/A. Lindl: Professionswissen von Mathematiklehrkräften (P/S)

Pallack: Digitale Medien im Mathematikunterricht der Sekundarstufen I + II (P/S)

Schulz/S. Wartha: Zahlen und Operationen am Übergang Primar-/Sekundarstufe (P/S)

R. Danckwerts/D. Vogel: Analysis verständlich unterrichten (S)

Geldermann/F. Padberg/U. Sprekelmeyer: Unterrichtsentwürfe Mathematik Sekundarstufe II (S)

G. Greefrath: Didaktik des Sachrechnens in der Sekundarstufe (S)

G. Greefrath: Anwendungen und Modellieren im Mathematikunterricht (S)

© Springer-Verlag GmbH Deutschland, ein Teil von Springer Nature 2023
S. Krauss und A. Lindl (Hrsg.), *Professionswissen von
Mathematiklehrkräften,* Mathematik Primarstufe und Sekundarstufe I + II,
https://doi.org/10.1007/978-3-662-64381-5

G. Greefrath/R. Oldenburg/H.-S. Siller/V. Ulm/H.-G. Weigand: Didaktik der Analysis für
die Sekundarstufe II (S)

K. Heckmann/F. Padberg: Unterrichtsentwürfe Mathematik Sekundarstufe I (S)

W. Henn/A. Filler: Didaktik der Analytischen Geometrie und Linearen Algebra (S)

K. Krüger/H.-D. Sill/C. Sikora: Didaktik der Stochastik in der Sekundarstufe (S)

F. Padberg/S. Wartha: Didaktik der Bruchrechnung (S)

V. Ulm/M. Zehnder, Mathematische Begabung in der Sekundarstufe (S)

H.-J. Vollrath/J. Roth: Grundlagen des Mathematikunterrichts in der Sekundarstufe (S)

H.-G. Weigand et al.: Didaktik der Geometrie für die Sekundarstufe I (S)

H.-G. Weigand/A. Schüler-Meyer/G. Pinkernell: Didaktik der Algebra (S)

H.-G. Weigand/T. Weth: Computer im Mathematikunterricht (S)

Mathematik

M. Helmerich/K. Lengnink: Einführung Mathematik Primarstufe – Geometrie (P)

K. Appell/J. Appell: Mengen – Zahlen – Zahlbereiche (P/S)

Büchter/F. Padberg: Arithmetik und Zahlentheorie (P/S)

Büchter/F. Padberg: Einführung in die Arithmetik (P/S)

Filler: Elementare Lineare Algebra (P/S)

H. Humenberger/B. Schuppar: Mit Funktionen Zusammenhänge und Veränderungen beschreiben (P/S)

S. Krauter/C. Bescherer: Erlebnis Elementargeometrie (P/S)

H. Kütting/M. Sauer: Elementare Stochastik (P/S)

T. Leuders: Erlebnis Algebra (P/S)

T. Leuders: Erlebnis Arithmetik (P/S)

F. Padberg/A. Büchter: Elementare Zahlentheorie (P/S)

F. Padberg/R. Danckwerts/M. Stein: Zahlbereiche (P/S)

H. Albrecht: Elementare Koordinatengeometrie (S)

H. Albrecht: Geometrie und GPS (S)

Barzel/M. Glade/M. Klinger: Algebra und Funktionen – Fachlich und Fachdidaktisch (S)

S. Bauer, Mathematisches Modellieren (S)

Büchter/H.-W. Henn: Elementare Analysis (S)

Schuppar: Geometrie auf der Kugel – Alltägliche Phänomene rund um Erde und Himmel (S)

Schuppar/H. Humenberger: Elementare Numerik für die Sekundarstufe (S)

G. Wittmann: Elementare Funktionen und ihre Anwendungen (S)

P: Schwerpunkt Primarstufe
S: Schwerpunkt Sekundarstufe

© Springer-Verlag GmbH Deutschland, ein Teil von Springer Nature 2023
S. Krauss und A. Lindl (Hrsg.), *Professionswissen von Mathematiklehrkräften,* Mathematik Primarstufe und Sekundarstufe I + II,
https://doi.org/10.1007/978-3-662-64381-5

Stichwortverzeichnis

Stichwortverzeichnis

Printed in the United States
by Baker & Taylor Publisher Services